河合塾
SERIES

良問の風 物理

頻出・標準 入試問題集 三訂版

河合塾講師 浜島清利［著］

河合出版

良問の風に吹かれて

「良問」とはオーソドックスな問題

入試での合否は標準問題で決まると言われています。つまり，難問は解けなくてよいのです。この本は，**頻出でオーソドックスな入試問題**を選びました。同じテーマや状況設定に対して良問と言えるものはいくつもあって，それらが共通して扱っている核になるところ(斜線部)と，やや応用的ではあるものの頻出で点差のつきやすいところ(灰色部)とに絞って問題を再構成してみました。つまり，1つのテーマに対して理想に近い形の問題にしたのです。ふつう，入試問題集は原文を重視していますが，**あえて手を加えることにより，最大の学習効果が望めるものに**してみたのです。そこで，出典も(A大＋B大＋C大)のように表記しました。1つの大学名の場合も積極的に改訂しています。元々が良い素材を用いたのですから，良問と呼ぶにふさわしいものになったと自負しています。

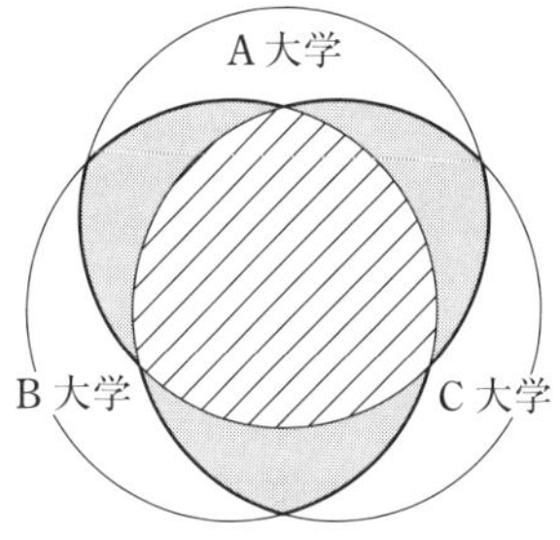

良問をつくる

解けたときに爽やかな「風」を感じられるような問題を

物理の魅力はわずかな基本法則で多くの現象が理解できることです。それにはいろいろなタイプの問題に出会うこと。法則というのは1つの式や文章で表されるに過ぎないのですが，**様々な現象に適用してみて初めて会得できていく**のです。オーソドックスであること，それは多くの人がそこから得たものが多いことを意味しています。問題を解くごとに確かにまた一歩高い所に上がった，登山に例えればそんな実感が得られるように全体の構成にも気を配りました。汗をかきつつ登って爽(さわ)やかな風を感じ，物理の風景を楽しみながら清々(すがすが)しい気持ちになってくれたら――自然に実力は伸び，大学への合格につながることでしょう。

本書の使い方

基本が確立していない状態で入試問題を解いても実力は伸びません。まず，**「物理のエッセンス」**（河合出版）などで足腰が強化できた分野から取りかかってください。

① 重要事項のまとめの確認
② 問題を解く→巻末の ***Answer*** で答え合わせをする→誤った設問への再挑戦（別冊の解説の **KEY POINT** もヒントとして活用）
③ 別冊の解説で詳しく検討（考え方をしっかり確認する。答えが合った設問でも，得る所が多いはず）→できなかった設問は解説を閉じて，解答を再現できるか確認する。
④ 間違えた設問は，後日再びやり直し，考え方を確実に定着させる。

※ 「物理基礎」に該当する問題には基と付けています。
※ 問題番号に付けた＊は難易度が高いことを表しています。
※ 大学名は出題時ではなく，現在名で表記しています。また，共通一次はセンター試験としています。
※ 設問文中，例えば「(2) …の長さ L を求めよ。」とある場合，文字 L は問(3)以下の答えには用いないようにして下さい。計算式を合わせたいための表現です。

この「三訂版」では，新課程に対処するだけでなく，問題数を増やしてより充実した内容にしています。さらには，**論述問題**を系統的に扱っています。論述問題は物理の理解を深めるのに大いに役立ちます。折りにふれて取り組んでみて下さい。

本書を作るにあたって内容のチェックをお願いした，かつての教え子でもあり，今は河合塾の講師として活躍されている窪田健一さんには貴重な意見を頂きました。

目 次

力　学

1　速度と加速度

◆　等加速度直線運動

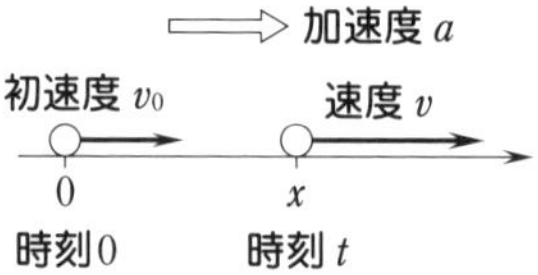

$$v = v_0 + at \quad \cdots❶$$

$$x = v_0 t + \frac{1}{2}at^2 \quad \cdots❷$$

$$v^2 - v_0{}^2 = 2ax \quad \cdots❸$$

※ a は符号をもつ（x 軸の向きを正）。
x は座標値で，負となることもある。

◆　放物運動

水平方向は等速運動
鉛直方向は重力加速度 g での等加速度運動

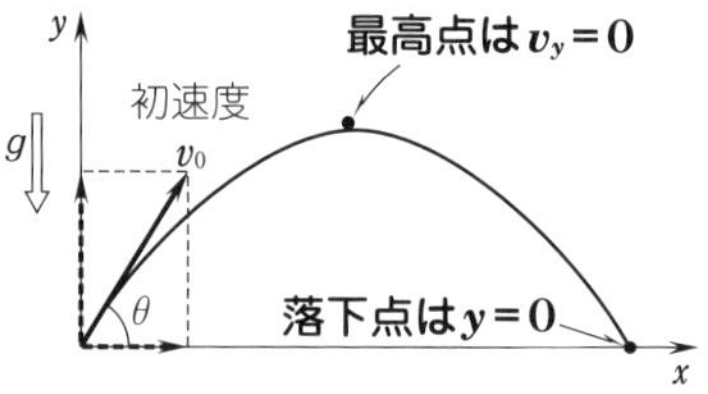

1　基　図1のように，x 軸上を運動する物体があり，時刻 t での速度 v が図2で表される。時刻 $t=0$ での物体の位置を原点 $x=0$ とする。

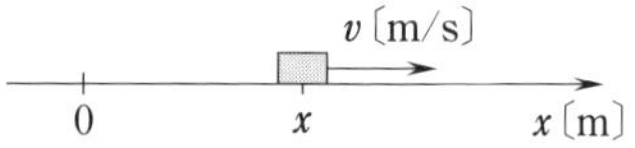

図1

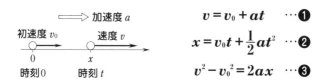

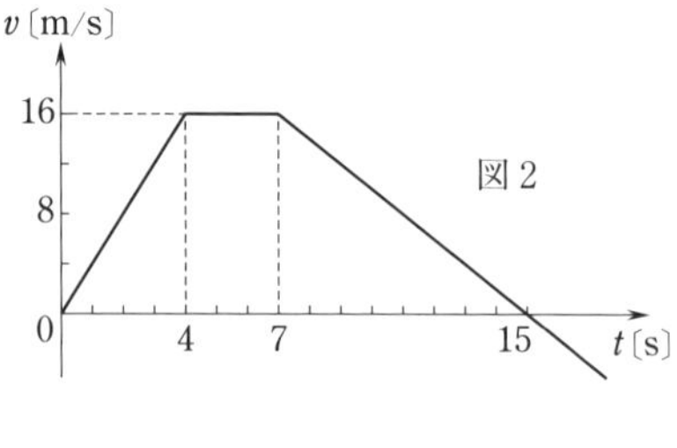

図2

(1)　時刻 $t=2$ s における物体の加速度 a は ［(ア)］ $\mathrm{m/s^2}$ であり，時刻 $t=6$ s での加速度 a は ［(イ)］ $\mathrm{m/s^2}$ であり，時刻 $t=11$ s での加速度 a は ［(ウ)］ $\mathrm{m/s^2}$ である。

(2)　時刻 $t=6$ s における物体の位置 x は ［(エ)］ m である。

(3) 物体が原点 $x=0$ から右に最も離れる時刻 t は [(オ)] s であり，その位置 x は [(カ)] m である。

(4) 時刻 $t=15$ s 以後も，そのまま運動を続けた場合，物体が再び原点に戻ってくる時刻 t は [(キ)] s であり，そのときの速度 v は [(ク)] m/s である。

（大阪産大）

2 基　高さ 144 m の高層ビルの屋上までエレベーターで昇った。はじめ地上で静止していたエレベーターは，最初の 6 秒間は一定の加速度 a で，次の 8 秒間は一定の速さで上昇して高さ 99 m まで達し，あとは一定の加速度で減速しながら上昇して屋上に着いた。

(1) 最初の 6 秒までのエレベーターの高さ y と速さ v を，a と出発からの時間 t を用いてそれぞれ文字式で表せ。

(2) 加速度 a はいくらか。

(3) 一定の速さで上昇した距離はいくらか。

(4) 減速のときの加速度はいくらか。上向きを正として答えよ。

(5) エレベーターは地上から屋上まで昇るのに全部でどれだけの時間を要したか。

（大阪電通大）

3 静水なら速さ v で進む船がある。この船が流速 $\frac{1}{2}v$ の川を上り下りして l の距離を往復するのに要する時間 t_1 を求めよ。また，川の流れに垂直に横断して l の距離を往復するのに要する時間 t_2 を求めよ。

次に，川に沿い，上流に向かって速さ v で走る自転車がある。下流に向かって進む船との距離を L とすると，出会うまでの時間 t_3 を，相対速度を考えることにより求めよ。

（東京海洋大）

4 滑らかな水平面の点 A の真上，高さ h の点 B から，小球を初速 v_0 で水平方向に投げ出した。小球は水平面の点 C ではね返り，次に落下した点を D とする。ここで，小球と水平面との反発係数（はね返り係数）を e とする。重力加速度を g とし，

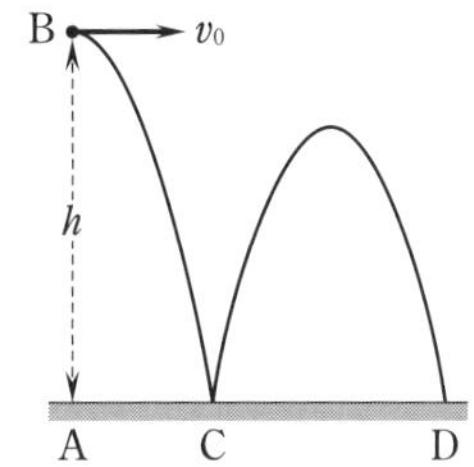

問(2)，(3)では，速度の水平成分は右向きを正，鉛直成分は上向きを正とする。

(1) 点 B から点 C に落下するまでの時間 t_1 と，AC 間の距離を求めよ。

(2) 点 C に落下する直前の，速度の水平成分と鉛直成分をそれぞれ求めよ。

(3) 点 C ではね返った直後の，速度の水平成分と鉛直成分をそれぞれ求めよ。

(4) CD 間での最高点の高さ H を求めよ。

(5) 点 C から点 D に達するまでの時間 t_2 と，CD 間の距離を求めよ。

(九州工大)

5 台車が一定の速度 v で水平に運動している。台車が A 点を通過する瞬間に，台車から台車に対して初速 u で鉛直上向きにボールを打ち上げたら，ボールは B 点で台車に落下した。次に台車を $\frac{1}{2}v$ の速度で運動させたとき，台車が A 点を通過する瞬間に台車に対して鉛直上向きにボールを打ち上げたら，ボールはやはり B 点で台車に落下した。重力加速度は 9.8 m/s² とする。

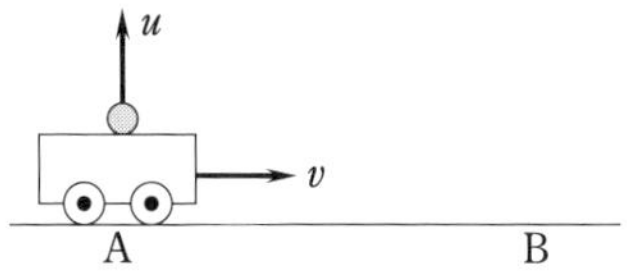

(1) 2 度目にボールを打ち上げた鉛直方向の初速は最初の初速 u の [(1)] 倍である。

(2) このとき，ボールが到達した最高点の高さは最初の場合の [(2)] 倍である。

ところで，台車を 5.6 m/s の速度で運動させて，台車が A 点を通過する瞬間に台車から鉛直上向きにボールを打ち上げたら，ボールは 10 m の高さまで上がって，やはり B 点で台車に落下した。

(3) このとき，ボールを打ち上げた鉛直方向の初速は [(3)] m/s である。

(4) そして，AB 間の距離は [(4)] m である。

(東京工芸大)

6* 水平な床面上で鉛直な壁より l だけ離れた点Aから，壁に向かって初速 v_0，角度 θ で投げた小球が，滑らかな壁面上の点Bに衝突してはね返り，最高点Hに達した後再び床に落ちた。衝突の際の反発係数を e とし，重力加速度を g とする。

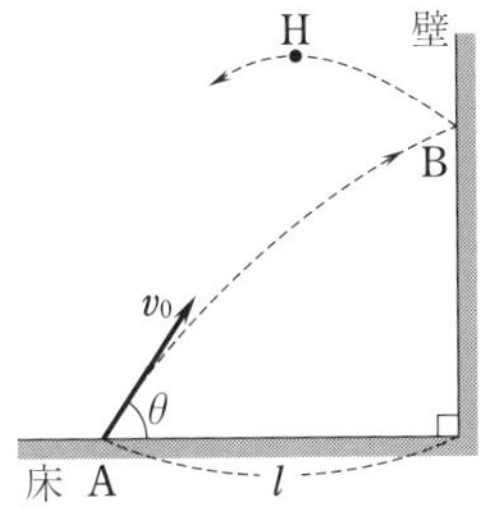

(1) 小球が投げられてから壁に衝突するまでの時間 t_1 はいくらか。衝突した点Bの高さ h は，床からどれだけか。

(2) 小球が投げられてから最高点Hに達するまでの時間 t_2 はいくらか。また，点Hの高さ H は，床からどれだけか。

(3) 最高点に達する前に壁に衝突するために v_0 が満たすべき条件は何か。

(4) はね返った小球が床上に落ちた点は，壁からどれだけ離れた距離にあるか。

(宮崎大＋神奈川工大)

2 剛体のつり合い

力のつり合い [**上・下のつり合い** / **左・右のつり合い**] ※ 力を，直角をなす2方向に分解して扱う。

力のモーメントのつり合い … 反時計回り＝時計回り

7 密度と太さが一様な長さ1mの棒の一端に質量2kgのおもりAをつるしたところ，0.4mの位置でつり合った（図1）。もう一端に別のおもりBをつるしたところ，この端から0.4mのところでつり合った（図2）。おもりBの質量はいくらか。また，図2での糸Sの張力はいくらか。重力加速度を9.8m/s² とする。 (慶應大)

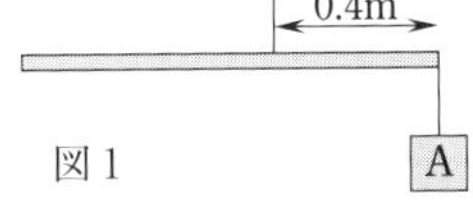

図1

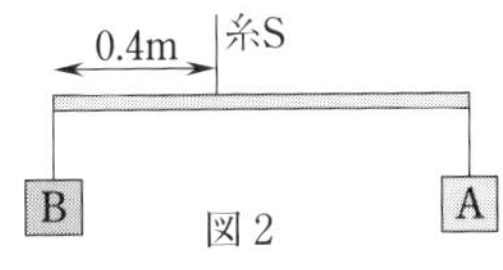

図2

8 長さLの一様でまっすぐな棒ABが，台の上にその一部がはみだして置かれている。このとき，A端から長さlだけ離れた点Pが台の端に当たっている。棒のA端にばね定数kのばねをつけて鉛直上方に引っ張ると，ばねがaだけ伸びたとき点Pが台の端を離れた。ただし，台の上の面は十分にあらくて棒は台に対してすべらないとする。また，重力加速度をgとし，$l<\frac{1}{2}L$とする。

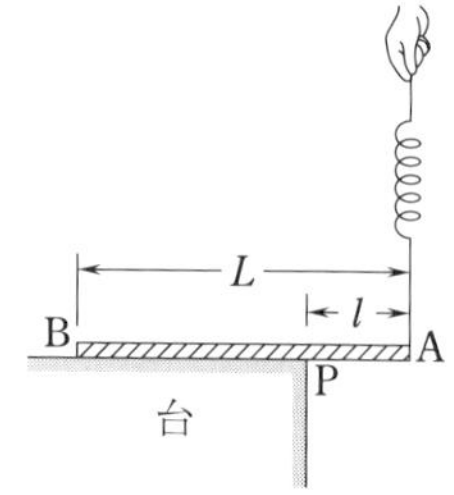

(1) 棒の質量mを求めよ。また，点Pが台の端を離れるとき，棒が台から受ける垂直抗力Nを求めよ。

(2) 次にばねをA端からはずし，B端につけかえて鉛直上方に引っ張ると，ばねがbだけ伸びたときにB端が台から離れた。bはaの何倍か。

（センター試験）

9 図のように，長さl，質量mで一様な棒ABの端Bに質量$2m$の小球を取り付け，Aに軽い糸を結び点Pからつるす。小球に水平方向の力Fを加えたところ，糸PAおよび棒ABと鉛直線とのなす角度がそれぞれαおよびβとなってつり合った。重力加速度の大きさをgとする。

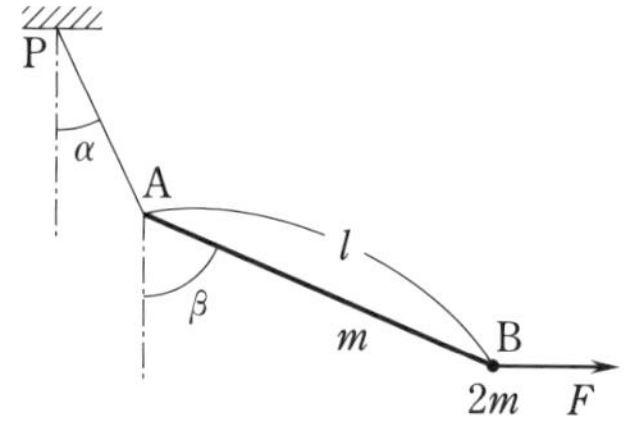

(1) 棒と小球全体の重心Gはどこになるか。Aからの距離を求めよ。

(2) 糸の張力をTとして，水平方向および鉛直方向での力のつり合いの式をそれぞれ記せ。

(3) Aのまわりの力のモーメントのつり合いの式を記せ。

(4) $\tan\alpha$と$\tan\beta$およびTを，それぞれm，g，Fを用いて表せ。

（岩手大＋宮崎大）

10 長さがlで質量Mの一様な棒ABのA端を鉛直な粗い壁面に押し当て，B端を糸で結び，糸の他端をC点に固定する。B端に質量MのおもりMをつり下げた状態で，棒はA点で壁に垂直になっている。糸BCと棒ABのなす角度は30°であり，重力加速度をgとする。

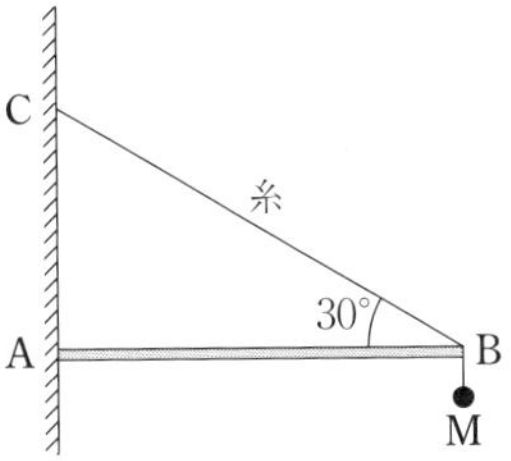

A点のまわりの力のモーメントのつり合いより，糸の張力は [(1)] である。また，A点での垂直抗力は [(2)] であり，静止摩擦力は [(3)] である。

Mをつり下げる位置をB点からAの方にゆっくり移動していくと，MがB点からx離れたPの位置に来たとき棒のA端が滑り始めた。壁面と棒の間の静止摩擦係数をμ，壁面の垂直抗力をNとすると，棒が滑り出す直前では，棒のB点のまわりでの力のモーメントのつり合いの式は，M，N，l，x，g，μを用いて表すと $\frac{1}{2}Mgl +$ [(4)] $=0$ となる。この式と水平方向での力のつり合いから，糸の張力はM，l，x，g，μを用いて [(5)] と表される。そして，PB間の距離xはl，μを用いて表すと [(6)] である。

（芝浦工大＋東海大）

11* 粗い水平な床となめらかで鉛直な壁に，質量M，長さlの一様な棒ABを，床から角θだけ傾けて立てかけた。そして棒の中点に質量mの小物体Pを置いたところ，棒の表面が粗いためPは棒の上で静止し，棒も静止したままであった。A点で棒が床から受ける摩擦力の大きさは [(1)] である。ただし，重力加速度の大きさをgとする。

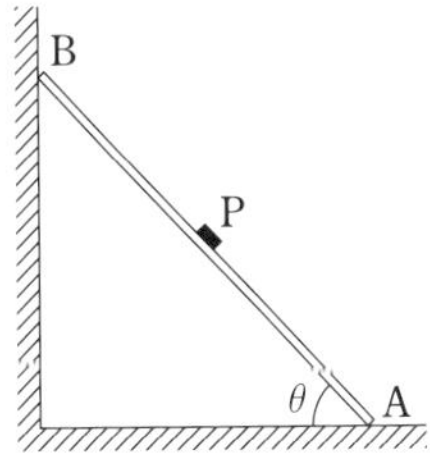

また，棒と床との間の静止摩擦係数をμとすると，棒が静止していることから$\mu \geqq$ [(2)] の条件が成り立っている。Pの位置を少しずつ変えていくと，A点からの距離がxの位置に置いたとき棒がすべらずに静止する限界になった。$x=$ [(3)] である。

（芝浦工大）

3 運動の法則

◆ 運動方程式

$$\boldsymbol{ma = F}$$

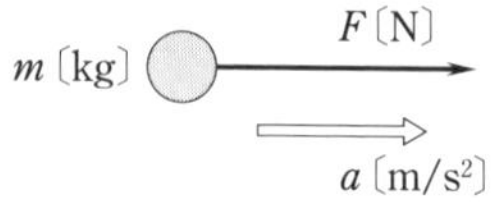

※ 本来は $m\vec{a}=\vec{F}$ で，合力 $\vec{F}$ の向きに，加速度 $\vec{a}$ が生じる。 $\vec{a}$ は地面に対しての加速度。

◆ 作用・反作用の法則 … 力は2つの物体間で生じ，大きさは同じで向きは逆向き

12 水平面に対して30°だけ傾いている高さ h の滑らかな斜面がある。その頂点Aから質量 m の小物体を手放したところ，物体は斜面を滑り落ちてB点に達し，さらにその下の水面に60°の角度で飛びこんだ。重力加速度を g とする。

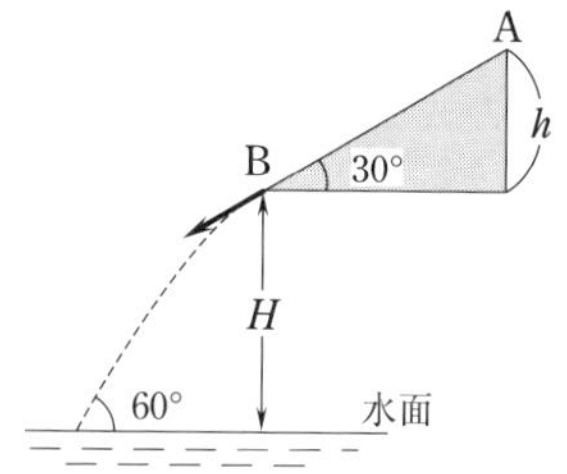

(1) 物体が斜面を滑り落ち，B点に達するまでの時間 t_1 と斜面から受ける垂直抗力 N を求めよ。

(2) B点での物体の速さ v を求めよ。

(3) B点から水面に飛びこむまでの時間 t_2 を求め，h，g を用いて表せ。

(4) 水面からB点までの高さ H を h を用いて表せ。

(工学院大)

13 基 平板上に置かれた質量 m〔kg〕の物体がある。平板と物体との間の動摩擦係数を μ，重力加速度の大きさを g〔m/s^2〕とする。

(1) 平板を水平にして，物体を初速 v_0〔m/s〕で滑らせた。止まるまでに滑る距離 l を求めよ。また，止まるまでの時間 t を求めよ。

(2) 平板を水平から45° 傾け，物体を斜面にそって上方に，(1)と同じ初速 v_0〔m/s〕で滑らせたら，$\frac{1}{2}l$〔m〕の距離を滑って点Aで止まった。動摩擦係数 μ の値を求めよ。

(3)　(2)で物体は点Aで完全に静止した。平板と物体との間の静止摩擦係数 μ_0 の値はいくら以上か。
（愛知工大＋室蘭工大）

14* 基　水平な粗い床の上に，なめらかな斜面をもつ質量 M の台が置かれている。斜面の角度は30° である。質量 m の小物体Pが，天井に固定された糸で斜め上方に引張られ，斜面上の点Aで静止していて，糸が鉛直方向となす角度も30° である。Pの床からの高さを h とし，重力加速度を g とする。

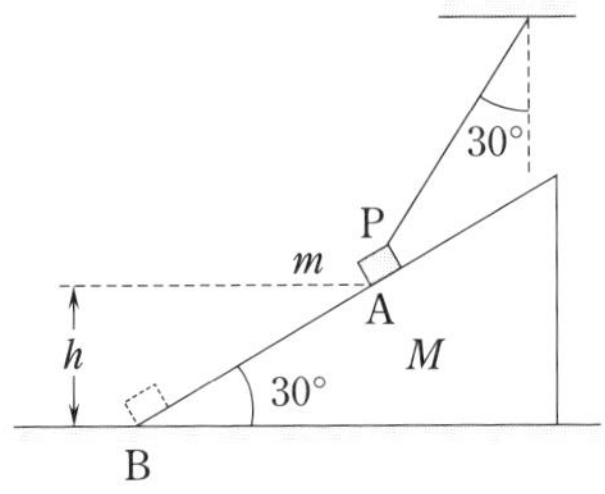

(1)　糸の張力 T，およびPが斜面から受ける垂直抗力 N_1 をそれぞれ求めよ。
(2)　台が床から受ける静止摩擦力 F と垂直抗力 R をそれぞれ求めよ。
(3)　台と床との間の静止摩擦係数 μ はいくら以上か。

糸を切るとPは斜面に沿って滑り出した。一方，台は静止していた。
(4)　Pの加速度 a，およびPが斜面から受ける垂直抗力 N_2 を求めよ。
(5)　糸を切ってから，Pが斜面を滑り，下端Bに達するまでに要する時間 t を求めよ。また，Bに達したときの速さ v を求めよ。
(6)　このようにPが斜面上を滑っている間，台が静止しているためには，台と床との間の静止摩擦係数 μ はいくら以上であればよいか。
（山形大＋徳島大）

15 基　天井から糸 γ でつるされた定滑車に糸 α をかけ，左には質量 m の物体Aを，右には質量 m の板をつるす。Aと床の間を糸 β で結び，板上に質量 M の物体Bを置く。滑車は滑らかで質量は無視でき，重力加速度の大きさを g とする。

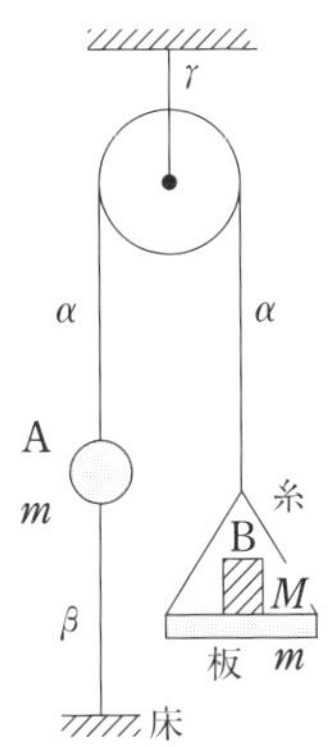

(1)　糸 α，β，γ の張力はそれぞれいくらか。
(2)　糸 β を切ると，全体が動き出した。
　(ア)　Aの加速度はいくらか。また，Aが距離 h だけ上がるのにかかる時間はいくらか。

(イ) 糸 γ の張力はいくらか。
(ウ) B が板を押している力はいくらか。

(武蔵工大＋北海道工大)

16 基 水平な床から 30° 傾いた斜面上に質量 m の物体 P があり，質量 M の小物体 Q と滑らかな滑車をかいして糸で結ばれている。P と斜面の間の静止摩擦係数を $\frac{1}{3}$，動摩擦係数を $\frac{1}{2\sqrt{3}}$ とし，重力加速度を g とする。

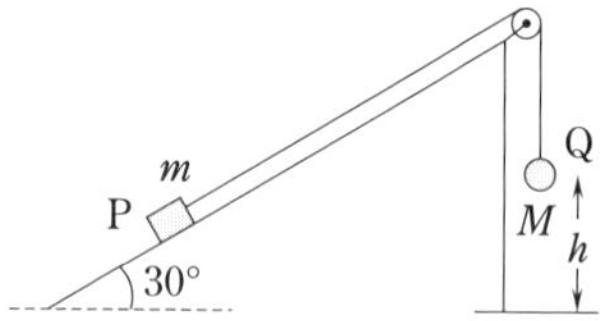

(1) P と Q が静止しているための M の範囲を m を用いて表せ。
(2) 床からの Q の高さを h とし，$M=\frac{3}{2}m$ として静かに放すと，Q が下がり始めた。P が滑車に衝突することはないものとする。
(ア) Q の加速度の大きさ a と，Q が床に達するときの速さ v を求めよ。
(イ) Q が床に達した後，P はやがて斜面上で最高点に達して止まった。P が動き始めてから止まるまでに移動した距離 l とかかった時間 t を求めよ。

(富山大＋横浜国大)

17 基 質量 M の気球 B(内部の気体も含む)が，質量 m の小物体 A を質量の無視できる糸でつるして，一定の速さ v で上昇している。重力加速度を g とし，空気の抵抗および物体 A にはたらく浮力は無視できるものとする。

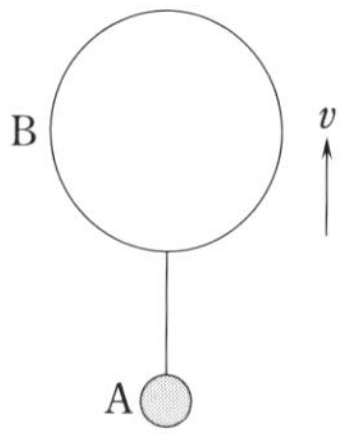

(1) 糸の張力 T はいくらか。
(2) 気球 B にはたらく浮力 F はいくらか。また，外部の空気の密度を ρ とすると，気球の体積 V はいくらか。

物体 A が地面から h の高さになったとき，糸を切断した。
(3) A が地面に到達するまでに要する時間 t_0 はいくらか。
(4) 糸が切断された後，気球がさらに h だけ上がったときの気球の速さ v_1 はいくらか。

(信州大)

18 基　傾角 θ の斜面上を図1のようなT型の物体がすべる運動を考える。物体の質量を M，動摩擦係数を μ，重力加速度の大きさを g とする。速さが v のとき，空気の抵抗力 kv が働くものとする。

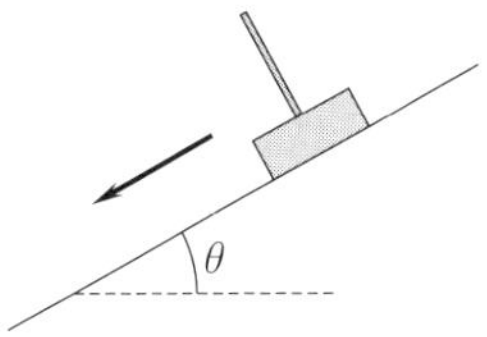

図1

(1) 運動中の物体に作用する力の名称とその向きを，矢印で図の上に示せ。

(2) 物体が速さ v，加速度 a で運動しているときの運動方程式を記せ。

(3) しばらくして，等速度運動になった場合の速さ v を求めよ。

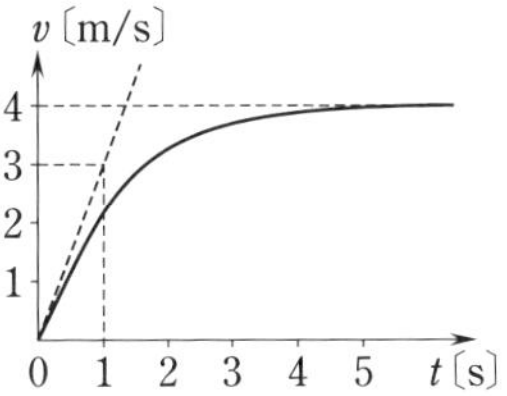

図2

$M=2.0$〔kg〕，$\theta=30°$ のとき，図2の曲線のような実験結果が得られた。なお，図2の斜めの点線は，時刻 $t=0$ のときの接線とし，$g=\underline{10}$〔m/s²〕とする。

(4) 動摩擦係数 μ を求めよ。

(5) 空気の抵抗力の係数 k を求めよ。

（岐阜大＋東京大）

19 基　なめらかな水平面 S_1，S_2 と鉛直面 S_3 からなる段差のある固定台がある。面 S_2 上に，質量 M の直方体Aを面 S_3 に接するように置く。Aの上面はあらく，その高さは面 S_1 の高さに等しい。質量 m の小物体BとAの間の動摩擦係数を μ とし，重力加速度を g とする。いま，Bを初速 v_0 で水平面 S_1 上から，Aの上面中央を直進させたところ，Aは運動をはじめ，ある時刻 t_0 以後，両物体の速さは等しくなった。

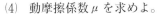

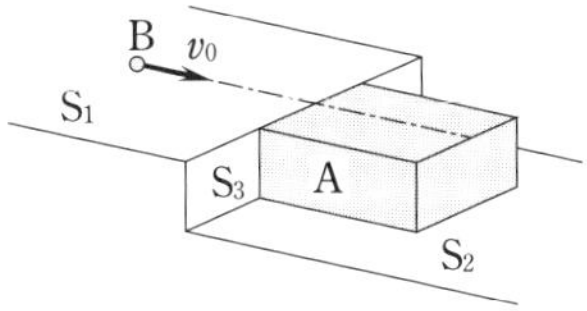

BがA上に達した時刻を $t=0$ とする。時刻 t_0 より以前の時刻 t におけるBの速さは [(1)] で，Aの速さは [(2)] である。t_0 は [(3)] で，そのときの速さは [(4)] である。また，BがA上を進んだ距離 l は [(5)] である。

（岡山大）

20* 基　滑らかな水平面上に質量 M，長さ L の板を置く。板の上面はあらい水平面で，右端に質量 m の小物体Pが置かれている。重力加速度を g とする。

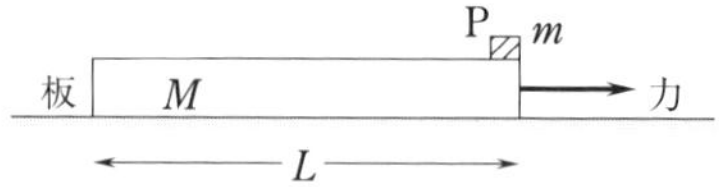

(1)　板に一定の大きさの力 F_1 を水平右向きに加え続けたところ，Pと板は一体となって運動した。

(ア)　板の加速度 a を求めよ。

(イ)　Pが板から受けている摩擦力の大きさ f を求めよ。

(2)　板とPを静止させ，板に F_1 よりも大きい一定の力 F_2 を水平右向きに加え続けたところ，板は運動し，Pは板の上をすべり続けた。Pと板の間の静止摩擦係数を μ，動摩擦係数を μ' とする。

(ア)　Pが板上ですべるためには F_2 はある値 F_0 より大きくなければならない。F_0 を求めよ。

(イ)　F_2 の力を加えているときの板の加速度 A を求めよ。

(ウ)　Pが板の左端に達するまでの時間 t を求めよ。

（神奈川大＋玉川大＋鹿児島大）

4　エネルギー保存則

◆ 力学的エネルギー保存則

運動エネルギー $\frac{1}{2}mv^2$ ＋ 位置エネルギー ＝ 一定

※ 実用上は摩擦がないとき用いられる。

※ 位置エネルギーとしては，重力の位置エネルギー mgh や，ばねの弾性エネルギー $\frac{1}{2}kx^2$ などがある。

◆ エネルギー保存則

摩擦がある場合は，摩擦熱という熱エネルギーを考えればよい。

摩擦熱 ＝ 動摩擦力 × 滑った距離

21 基　半径 r の円弧の形をした滑らかなすべり台ABCが，水平な床にB点で接して固定されている。中心をOとする円弧ABCは鉛直な平面内にあり，∠AOB＝90°，∠BOC＝60° である。A点に静止していた質量 m の小球が，すべり台をすべり落ちてB点を通り，C点ですべり台から飛び出す。そののち，最高点Dに達し，再び落下してE点において床と衝突する。重力加速度を g とする。

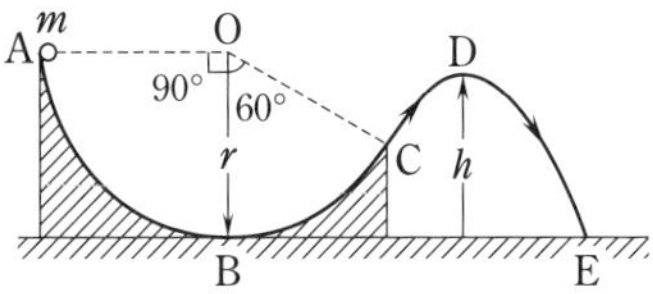

(1)　小球のB点での速さ v_B を求めよ。また，C点での速さ v_C を求めよ。

(2)　AC間で，小球にはたらく重力のした仕事と垂直抗力のした仕事をそれぞれ求めよ。

(3)　D点での小球の速さ v_D とD点の高さ h を求め，それぞれ r，g を用いて表せ。

(4)　E点で床に衝突するときの速さ v_E を求め，r，g を用いて表せ。

（センター試験）

22 基　水平面上に置かれたばね定数 k〔N/m〕の軽いばねに質量 m〔kg〕の小球Pを押し当て，ばねを自然長から a〔m〕だけ縮ませ，静かにPを放した。水平面は図の点Aより左側は滑らかであるが，右側はあらく，Pとの間の動摩擦係数は μ である。重力加速度を g〔m/s^2〕とする。

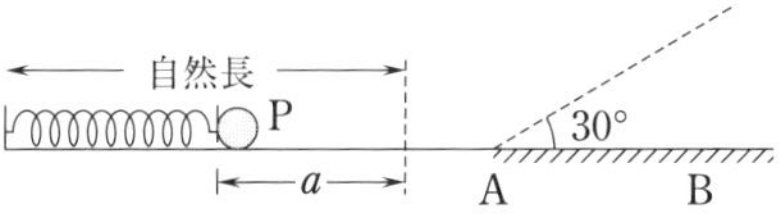

(1)　ばねから離れたPが点Aに達するときの速さ v を求めよ。

(2)　ばねの縮みが $\frac{1}{2}a$〔m〕であったときの，Pの速さ u を求めよ。

(3)　はじめにばねを自然長から a〔m〕だけ縮ませるのに必要であった外力の仕事 W を求めよ。

(4)　点Aを通り過ぎたPはやがて点Bで静止した。距離ABを v を用いて求めよ。

(5)　あらい面が水平から30° 傾いた斜面（図の点線）であった場合に，Pが達する最高点をCとし，距離ACを v を用いて求めよ。斜面と水平面はなだらかにつながるものとする。

（大阪工大＋センター試験）

23* 基　質量 M のおもりAと，おもりBを糸で結び，滑らかな定滑車と動滑車に図のように糸 α をかけてつるす。滑車の質量は無視でき，重力加速度の大きさを g とする。

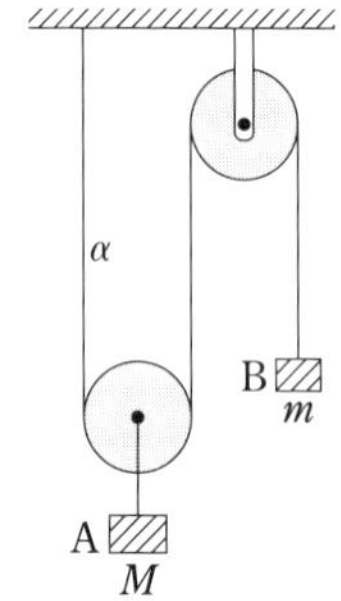

(1)　Bの質量が m_0 のとき，全体は静止した。糸 α の張力 T と m_0 を，M，g を用いて表せ。

(2)　次に，Bの質量を $m(>m_0)$ とし，全体が静止している状態からA，Bを静かに放す。

(ア)　Aが高さ h だけ上がったときの速さを v とする。このときのBの下がった距離と速さを求めよ。

(イ)　前問の間に，Bが失った重力の位置エネルギーはいくらか。

(ウ)　Aの速さ v を M，m，h，g を用いて表せ。

（金沢大＋大阪電通大）

24* 基　質量 m のおもりPを鉛直につるすと l だけ伸びる軽いばねがある。重力加速度を g とする。図のように傾角 θ の斜面上で，Pをつけたばねの上端を固定する。斜面とPの間の静止摩擦係数を μ，動摩擦係数を μ' とし，ばねが自然の長さに保たれるようにPを手で支えておく。

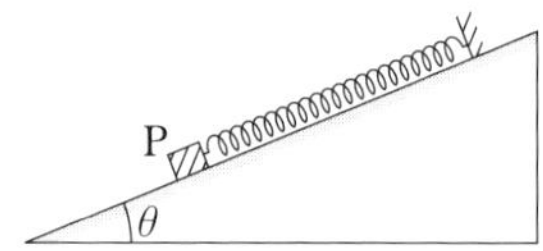

(1)　手を放したとき，Pが動き始めるためには斜面の傾角 θ は α より大きくなければならない。$\tan\alpha$ を求めよ。

(2)　傾角 $\theta(>\alpha)$ の斜面上で手を放すとPが動き始めた。ばねの伸びが最大値 x になったとき，Pの最初の位置から重力の位置エネルギーはいくら減少するか。

(3)　(2)において，ばねの弾性エネルギーはいくらか。

(4)　ばねの最大の伸び x を求めよ。

(5)　ばねの伸びが最大になったのち，Pが再び動き始めるためには $\tan\theta$ はある値より大きくなければならない。その値を μ，μ' で表せ。

（大阪電通大）

5　運動量保存則

◆　**運動量保存則** … 物体系に対して用いる

$$m_1\vec{v_1}+m_2\vec{v_2}+\cdots=一定$$

※ 実用上は，衝突や分裂という現象に対して用いる。
厳密には，物体系に対して外力が働かないことが
成立するための条件

※ **力積＝運動量の変化** という定理から導かれる。

◆　**反発係数（はね返り係数）** … 直線上の衝突について

$$e=-\frac{衝突後の速度の差}{衝突前の速度の差}\qquad(0\leqq e\leqq 1)$$

※ $e=1$ のときを(完全)弾性衝突という。

25 水平面 AB と斜面 BC がなだらかにつながっていて，AB 間は摩擦がなく，傾角 θ の斜面には摩擦がある。AB 上で，質量 m の小物体 P が速さ v_0 で，静止している質量 M の小物体 Q に正面衝突する。P，Q 間の反発係数(はね返り係数)を e，Q と斜面の間の動摩擦係数を μ，重力加速度の大きさを g とする。

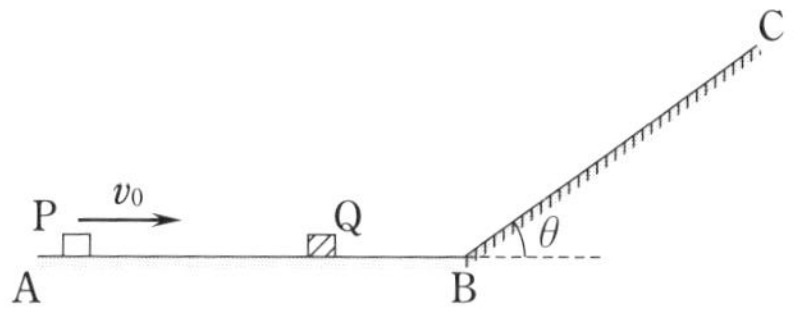

(1) 衝突直後の P の速度 v と，Q の速度 V を，右向きを正としてそれぞれ求めよ。

(2) 衝突の際，P が受けた力積を，右向きを正として求めよ。

(3) 衝突後，P が左へ動くための条件を求めよ。

(4) 衝突後，Q は斜面上の点 D に達した後，下降した。V を用いて BD 間の距離 l を求めよ。また，Q が点 B に戻ったときの速さ V_1 を V を用いて求めよ。

（センター試験＋熊本大）

26 質量 m の小球Aと $2m$ の小球Bがあり，それぞれ長さ l の糸で天井の点Oからつるされている。Bを鉛直線に沿って静止させ，Aを糸が鉛直線から $60°$ 傾いた位置に持ち上げて，静かに放したところ，最下点でBに衝突した。

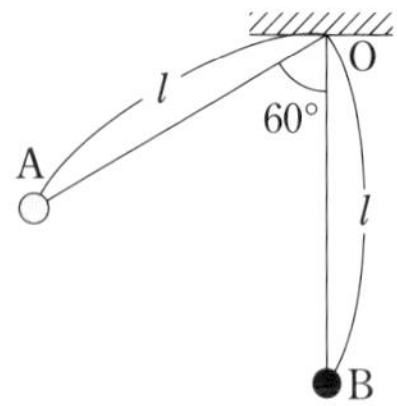

AとBの衝突が完全弾性衝突のとき，衝突直後のBの速さは，重力加速度を g とすると [(1)] である。

AとBの衝突の直後にAが最下点でそのまま静止して，Bのみが運動する場合がある。このときのAとBとのはね返り係数は [(2)] であり，Bは最下点より [(3)] の高さまで上昇する。

次に，小球Aを取り去り，鉛直線に沿って静止させた小球Bに弾丸Cを水平に打ち込んだところ，BはCと一体になって運動を始めた。衝突直後の速さが衝突直前のCの速さの $\frac{1}{5}$ になったとすると，Cの質量は [(4)] である。また，この衝突で失われた力学的エネルギーは，衝突直前のCの運動エネルギーの [(5)] 倍である。

（芝浦工大）

27* 細い円形のパイプが水平に固定され，中に同じ質量 m の小球AとBが入って接触している。Aを速さ $2v_0$，Bを速さ v_0 で逆向きに同時に打ち出したところ，AとBは半径 R の等速円運動をし，パイプ内で衝突を繰り返す。衝突の際の反発係数を $e\left(0<e<\frac{1}{3}\right)$ とし，摩擦はなく，空気抵抗は無視する。

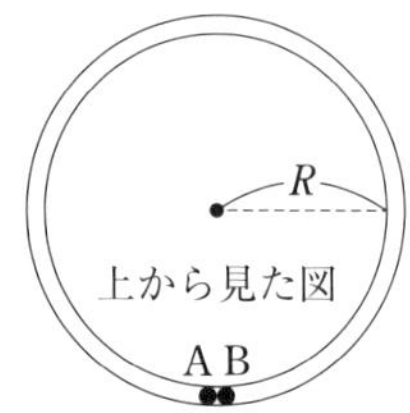

(1) AとBを打ち出してから1回目の衝突が起こるまでの時間 t はいくらか。

(2) 1回目の衝突直後のAとBの速さはそれぞれいくらか。

衝突後，AとBは同じ向きに運動し，やがてBがAに追いついて2回目の衝突が起き，以後，このような衝突を繰り返した。

(3) 2回目の衝突直後のAとBの速さはそれぞれいくらか。

(4) 衝突を繰り返していくと，AとBの速さは同じ値に近づいていく。その値はいくらか。

（福岡大）

28 水平な地面上のP点から質量mの小物体Aを鉛直に打ち上げ，同時にQ点から質量Mの小球Bを打ち出す。Bの打ち上げ角度αは変化させることができる。Aの打ち上げの初速をv，Bの初速を$V(>v)$とし，重力加速度をgとする。

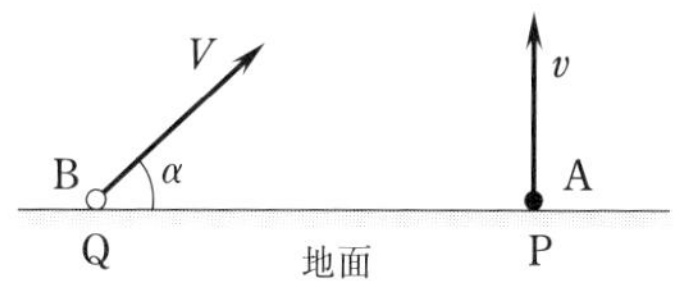

(1) AがBと衝突しない場合，Aの打ち上げから着地までの時間を求めよ。

(2) BをAに衝突させるには，角度αをいくらにすべきか。$\sin\alpha$を求めよ。

(3) Aが最高点に達したときに衝突が起こるようにしたい。そのためにはPQ間の距離lをいくらにすればよいか。αを用いずに表せ(以下，同様)。

(4) AとBが最も高い位置で衝突し両者は合体した。合体直後の速度の水平成分と鉛直成分の大きさはそれぞれいくらか。

(5) AとBは合体した後，地面に落下した。P点から落下点までの距離xを求めよ。

(センター試験)

29 質量がそれぞれ$2m$，m，mの3つの部分P，Q，Rから成るロケットが宇宙空間で静止している。はじめ，Rを左向きに打ち出した。放出後のP・Qから見たRの速さはuであったので，P・Qの速さは［(1)］である。また，この際に要したエネルギーは［(2)］である。

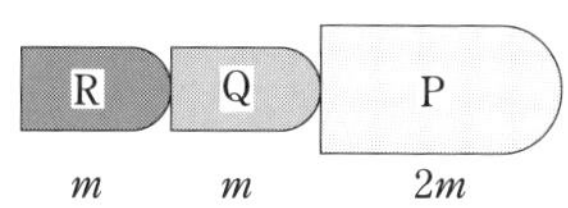

続いて，Qを左向きに打ち出した。放出後のPから見たQの速さはやはりuであったことから，Pの速さは［(3)］となっている。

(立命館大＋東北工大)

30 なめらかな水平面上に静止している質量 M の小球Bに質量 m の小球Aが x 方向への速度 v_0 で弾性衝突した。衝突後，図のようにAは x 軸から角度 $\theta\,(>0)$ の方向に速さ v で運動し，Bは角度 θ の方向に速さ V で運動した。

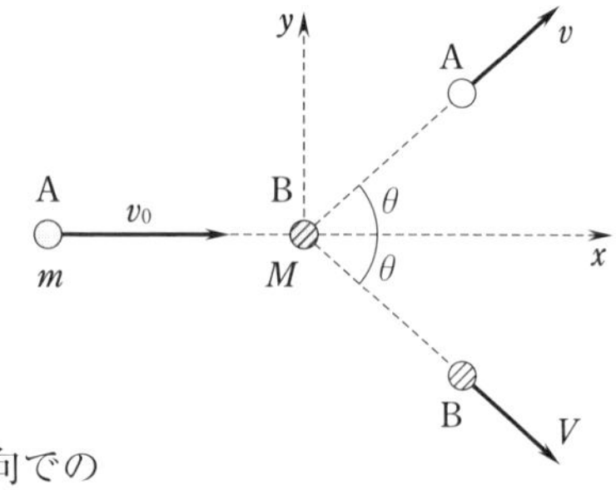

(1) x 方向およびそれに垂直な y 方向での運動量保存則の式を示せ。

(2) エネルギー保存則の式を示せ。

(3) v と V の大きさを，m，M，v_0 を用いて表せ。θ を用いてはいけない。

(4) M と m が等しいとき，角度 θ はいくらになるか。（東邦大）

6 保存則

◆ 2つの保存則

エネルギー保存則　と　運動量保存則

※ それぞれ独立な法則で，片方しか成りたたないケースも，両立するケースもある。

31* 質量 $2m$〔kg〕の物体Aと質量 m〔kg〕の物体Bとがあり，Aにはばね定数 k〔N/m〕の軽いばねがつけられ，このばねを自然長より縮めた状態に保つため，BはAと糸で結ばれている。AとBは滑らかな水平床上を右方向へ速さ v〔m/s〕で動いている。ある点で糸が急に切れ，まもなくAは静止した。一方，Bはばねから離れて，右方へ動き，壁と弾性衝突をして左へ戻り，Aのばねに接触した。重力加速度を g〔m/s^2〕とする。

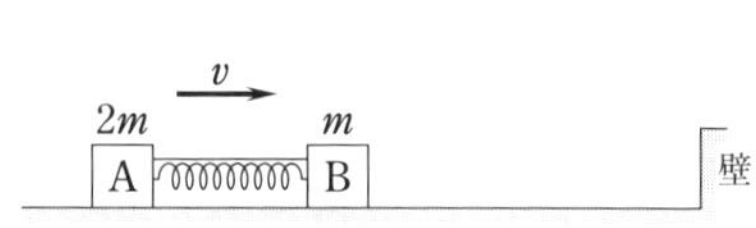

(1) 糸が切れ，ばねから離れたときのBの速さはいくらか。

⑵　はじめのばねの縮みはいくらであったか。

⑶　壁との衝突の際，Bが壁に与えた力積の大きさはいくらか。

⑷　Bとばねが接触した後，ばねが最も縮んだときのBの速さはいくらか。

⑸　Bとばねが接触した後，Bがばねから離れたときのAの速さはいくらか。

⑹　前問において，ばねから離れたBは図の左右どちらへ動くか。

（東洋大＋福岡大）

32　質量 M の台が水平な床上に置かれている。この台の上面では，摩擦がない曲面と摩擦がある水平面が点Bで滑らかにつながっている。台の水平面から高さ h にある面上の点Aに質量 m の小物体Pを置き，静かに放す。重力加速度を g とする。

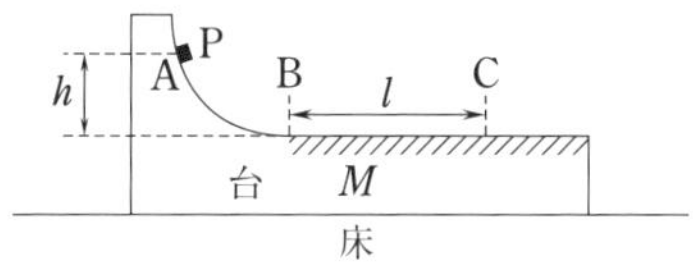

⑴　台が床に固定されているとき，Pは点Bまで滑り落ちたのち，点Bから距離 l だけ離れた点Cで止まった。BC間の水平面とPの間の動摩擦係数 μ はいくらか。

⑵　次に，台が床の上で摩擦なく自由に動くことができるようにした。台が静止した状態で，点AからPを静かに放した。Pが台上の点Bに達したときの，Pの床に対する速度を v，台の床に対する速度を V とする。ただし，速度は右向きを正とする。

㋐　このとき，v と V が満たすべき関係式を2つ書け。

㋑　v と V を求め，それぞれ h，m，M，g で表せ。

㋒　Pは点Bを通り過ぎたのち，やがて台に対して停止した。この時，台の床に対する運動はどうなるか。次のうちから選べ。

①　Pが停止しても，台は動くが，その進む方向は点Pの高さ h によって決まる。

②　Pと台の間の摩擦力により，Pが停止しても台は右向きに進む。

③　Pが曲面を下っている間は，台は小物体と反対方向に進むので，Pが停止しても，慣性の法則により台は左向きに進む。

④　Pと台を合わせた全体には水平方向に外力が働かないため，Pが台に対して停止すると台も停止する。

（センター試験）

33* 水平で滑らかな床の上に，質量 m の小物体Pと滑らかな曲面をもつ質量 M の台が静止していた。Pに速さ v_0 を与え，台に向かって動かした。Pが台に達すると，Pは曲面を上り，台は動き出した。Pはある高さまで上った後，曲面を滑り下り，再び床面上を動いた。曲面の左端は床になだらかにつながっており，重力加速度を g とする。

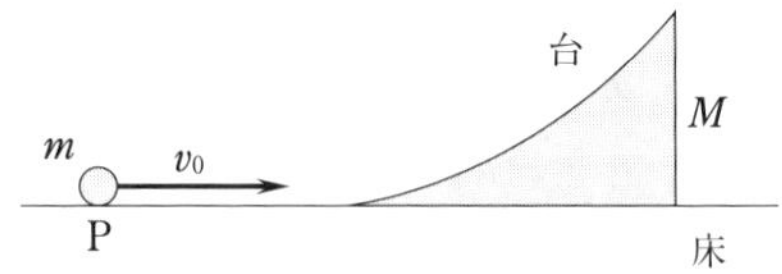

(1) Pが台上の最高点に達したとき，

(ア) 台の速さはいくらか。

(イ) 最高点の床面からの高さ h はいくらか。

(2) Pが再び床面上に達した後の，台の速さはいくらか。

（東京電機大＋大阪公立大）

34* 滑らかな水平面上に，質量 M の台車を静止させてある。台車の表面は水平で，P点より右側が滑らかで，左側は摩擦がある。台車の右端には質量 m の小物体Aが置いてあり，その鉛直上方の点から長さ l の軽い糸で質量 $\frac{1}{8}m$ の小球Bをつり下げる。摩擦面とAとの間の動摩擦係数を μ，重力加速度を g とする。

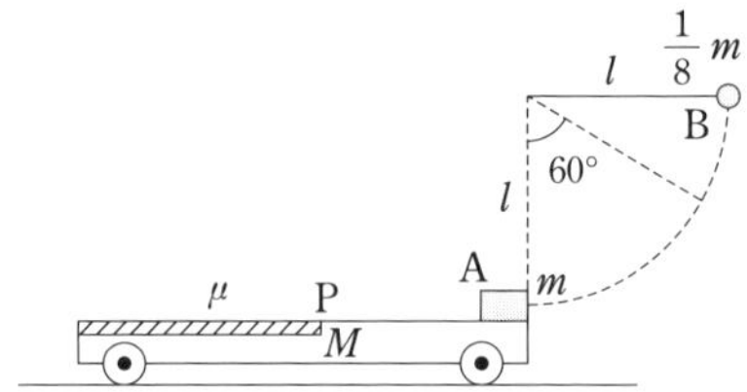

(1) 糸が水平になる位置でBを静かに放し，Aと衝突させたら，Bははね返って糸が鉛直と60° の角度をなす位置まで戻った。衝突直後のAの速さ v_0 を求めよ。（以下の問には v_0 を用いて答えよ。）

(2) 動き出したAはやがて台車に対して止まった。このときの台車の速さ V を求めよ。

(3) Aが動き出してから，台車に対して止まるまでに，Aと台車の物体系から失われた力学的エネルギー E を求めよ。

(4) 摩擦のある面上において，Aが台車に対して滑った距離 d を求めよ。

（東京電機大）

7　慣性力

◆ **慣性力** … 加速度運動をする観測者にとって現れる力

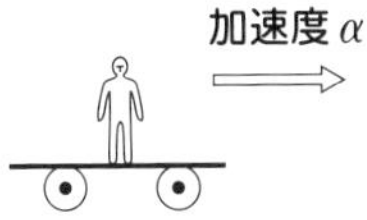

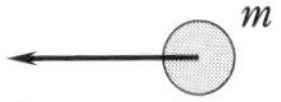

35 電車が水平でまっすぐなレールの上を一定の加速度 α〔m/s^2〕で走り出した。このとき電車の床の上で静止していた質量 M〔kg〕の物体が，電車が走り出すと同時に床上をすべり始めた。物体と床の間の動摩擦係数を μ，重力加速度を g〔m/s^2〕とする。

(1)　車内の人から見て，物体に作用している慣性力の大きさと摩擦力の大きさはそれぞれいくらか。

(2)　車内の人が見た物体の加速度の大きさ β を α，g，μ を用いて表せ。

(3)　車内の人が見て，物体が床を l〔m〕すべるのに要した時間 t と，その時の速さ v(車内の人が見た速さ)を α，g，μ，l を用いてそれぞれ表せ。

(4)　物体がすべり出したことから，静止摩擦係数 μ_0 はいくらより小さいことが分かるか。α，g を用いて表せ。

(京都府立大)

36 質量 m の小球が，エレベーターの天井から糸でつるされており，床からの高さは h である。エレベーター(中の人を含む)の質量は M であり，重力加速度の大きさを g とする。このエレベーターを，鉛直上方へ一定の大きさの力で引き上げるときの運動について考える。上昇加速度の大きさを a とする。

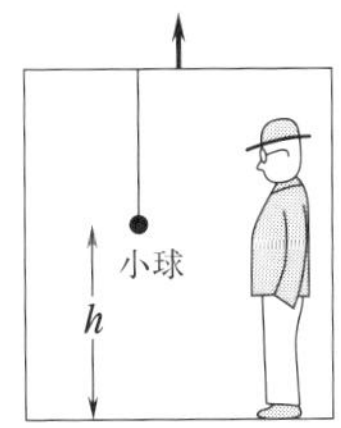

(1)　エレベーターを引き上げる力の大きさ F はいくらか。

(2)　小球をつるしている糸の張力 T は，エレベーターが静止している場合と比べて，何倍になるか。

(3) 次に，力の大きさFを変えないで，小球をつるしている糸を静かに切ったところ，エレベーターの上昇加速度の大きさがbに変わった。bはいくらか。a，M，m，gを用いて答えよ。

(4) このとき，エレベーターの中の人が小球の運動を観測すると，小球に働いている力(合力)の大きさはいくらか。答にはbを用いてよい。

(5) 糸が切れてから，小球がエレベーターの床に達するまでの時間tはいくらか。答にはbを用いてよい。

(センター試験)

37* 傾角θのなめらかな斜面をもつ三角柱が水平面の上にのせてある。三角柱の斜面の上に質量mの小物体Pをのせ，Pに糸を結びつけ糸の他端を斜面の頂点に固定した。重力加速度をgとする。

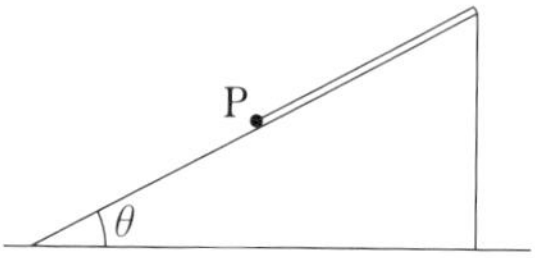

(1) 三角柱が水平面上で静止しているとき，糸の張力T_0を求めよ。また，Pが斜面から受ける垂直抗力N_0を求めよ。

(2) 三角柱を左方に適当な加速度で動かすと，Pは斜面に対して静止していて糸の張力が0になる。その加速度の大きさαを求めよ。また，そのときの垂直抗力Nを求めよ。

(3) 三角柱を右方に適当な加速度で動かすと，Pが受ける垂直抗力が0になる。その加速度の大きさβを求めよ。また，そのときの糸の張力Tを求めよ。

(4) (3)の状態で糸を切ると，Pは斜面に沿って滑り出す。Pが斜面上を距離lだけ滑り降りたとき，斜面に対するPの速さはいくらか。

(玉川大＋大阪電通大)

38* 質量mで高さh，横幅dの一様な直方体Pが水平な台上に置かれている。Pには左上の辺Aの中点で水平から角度30°の向きに外力を加えている。その大きさを徐々に大きくしたところ，F_0のときに，Pは滑ることなく傾き始めた。Pと台の間の静止摩擦係数をμとし，重力加速度をgとする。

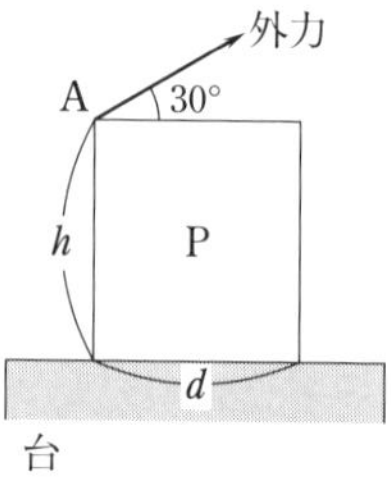

(1) F_0 を求めよ。

(2) Pが滑ることなく傾き始めたことより，μ に対する条件を定めよ。

次に，Pに外力を加えず，台に対して静止させ，台を水平右向きに動かした。台の加速度をゆっくりと増したところ，Pは滑ることなく，やがて傾き始めた。

(3) Pが傾き始めたときの加速度の大きさ α を求めよ。

(4) μ に対する条件を定めよ。　　　　　　　　　（金沢大＋お茶の水女子大）

8　円運動

◆ **等速円運動**

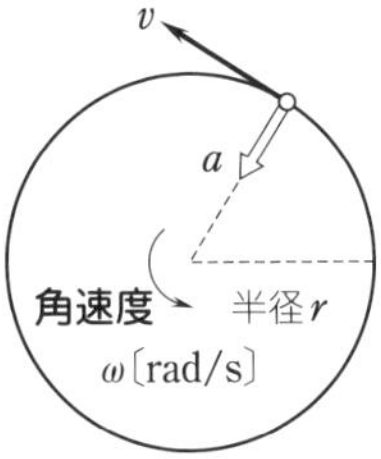

周期　$T=\dfrac{2\pi}{\omega}$　　　**速さ**　$v=r\omega$

向心加速度　$a=r\omega^2=\dfrac{v^2}{r}$

遠心力 $mr\omega^2=m\dfrac{v^2}{r}$ **を考えれば，力のつり合い**

◆ **等速でない円運動**

遠心力を考え，半径方向での力のつり合い
力学的エネルギー保存則

39 水平な板にあけた小さな穴Oに糸を通し，その一端に質量 m の小物体Aを結んで板の上に置き，他端に質量 M のおもりBをつるす。糸と穴や板の間に摩擦はなく，重力加速度を g とする。

(1) Aと板の間に摩擦はなく，図1のようにAは穴を中心とする半径 r の等速円運動をしている。その速さ v_1 を求めよ。

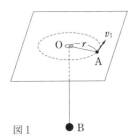

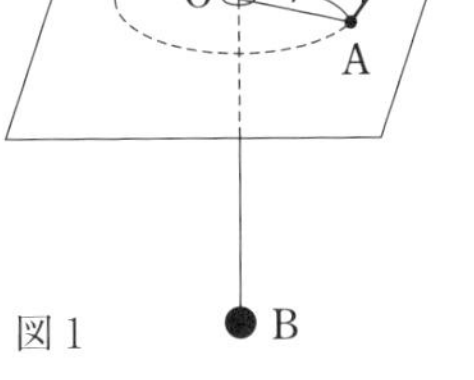

図1

(2)　A と板の間に摩擦があり，静止摩擦係数を μ とする。板を止め，A を静かに放すと，A は穴に向かって動くものとする。

そこで図 2 のように，穴を中心として板を水平面内で角速度 ω で回転させ，A を板上に置くと，板に対して A は静止した。A と穴の距離を r として，A が静止するための ω の取り得る範囲を求めよ。

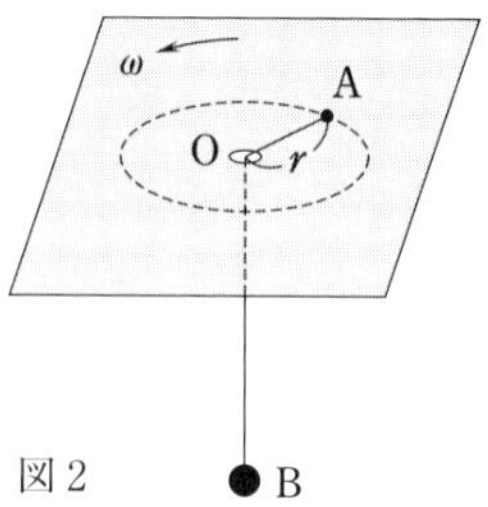

図 2

（山口大）

40　図のように軸が鉛直で半頂角 θ の円すいのなめらかな内面にそって，質量 m〔kg〕の小球が高さ h〔m〕の位置で等速円運動をしている。重力加速度の大きさを g〔m/s^2〕とする。

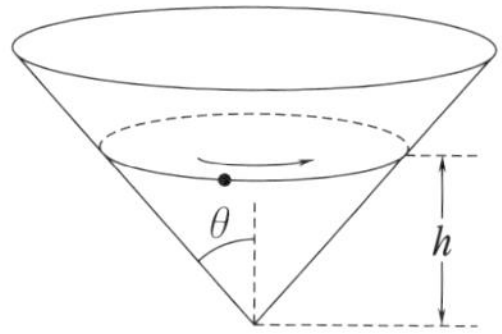

(1)　小球の速さ v〔m/s〕を θ，m，h，g のうち必要なものを用いて表せ。

(2)　小球が円すい面から受ける垂直抗力の大きさ N〔N〕を m，θ，g を用いて表せ。

(3)　円運動の周期 T〔s〕を θ，h，g を用いて表せ。

(4)　円すい面が一定の大きさの加速度 α〔m/s^2〕で上昇しているとき，同じ高さ h〔m〕で等速円運動をさせるためには，円すい面に対する小球の速さ v'〔m/s〕をいくらにすればよいか。h，g，α を用いて表せ。

（九州大＋信州大＋センター試験）

41* 図のように，鉛直方向と角 θ をなす円すい形の滑らかな斜面の頂点Aに，長さ l の軽い糸の一端を固定し，他端に質量 m の小さいおもりをつけた。重力加速度の大きさを g とする。

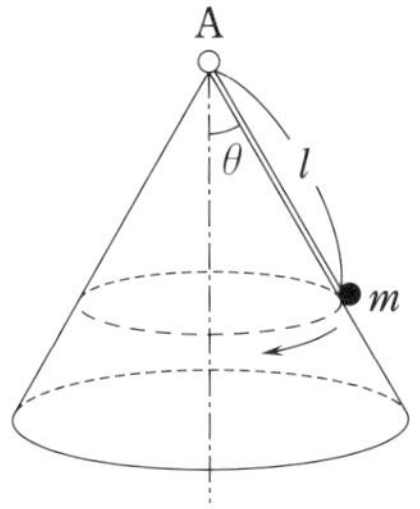

(1) おもりが円すい面上を一定の角速度 ω で回転しているとき，糸の張力 T を求めよ。また，おもりが円すい面から受ける垂直抗力 N を求めよ。

(2) おもりの角速度をゆっくりと増していくと，ついにはおもりが円すい面から離れるようになる。円すい面から離れるための最小の角速度はいくらか。

（東京電機大＋長崎大）

42 右の図で，BC 間は水平面で，AB 間の曲面や CD 間の円筒面となめらかにつながっている。円筒面の半径は r で中心軸は O である。いま，曲面上で水平面から h の高さの位置から質量 m の小球を静かに放す。摩擦はなく，重力加速度の大きさを g とする。

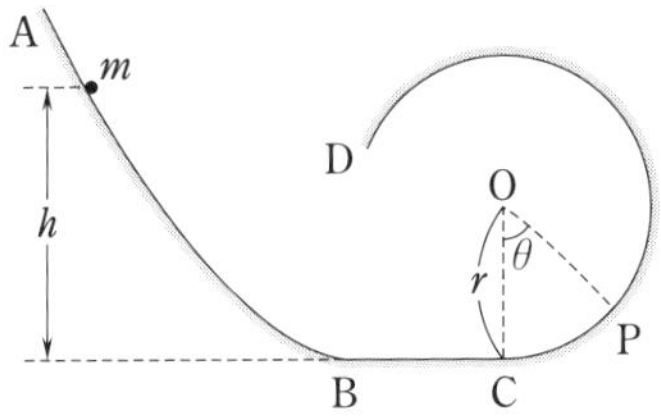

(1) 水平面 BC 上での小球の速さを求めよ。

(2) 点 C を通る直前に小球が受ける垂直抗力 N_1 と，通った直後に受ける垂直抗力 N_2 を求めよ。

(3) 図の点 P（$\angle$COP$=\theta$）での速さ v と垂直抗力 N を求めよ。

(4) 小球が円筒面に沿って，点 D に達するのに必要な高さ h の最小値 h_0 を求め，r を用いて表せ。

(5) $h=2r$ のときには，小球は途中で円筒面から離れる。離れる点での $\cos\theta$ の値を求めよ。

（山口大＋同志社大）

43* 質量 m の質点をつけた長さ l の糸の端を点Oにとめ，糸をぴんと張り質点が点Oと同じ高さの点Aにくるようにした。質点を静かに放すと，OAを含む鉛直面(紙面)内で運動する。細いなめらかな棒が点Oから鉛直下方 $l/2$ の距離にある点Pで，この鉛直面と垂直に交わるように固定されている。重力加速度の大きさを g とする。

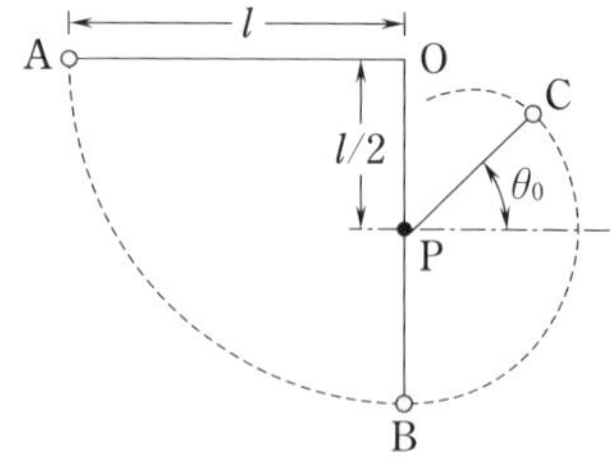

⑴ 質点が点Oの鉛直下方にある点Bを通過するときの速さ v_0 を求めよ。

⑵ 質点が点Bを通過する直前の糸の張力 T_1 と，通過した直後の張力 T_2 を求めよ。

⑶ 質点が点Cにきたとき，糸がゆるみ始めた。その時の速さ v を求めよ。また，PCが水平となす角を θ_0 として $\sin\theta_0$ の値を求めよ。

⑷ その後，質点は点Cからどれだけの高さまで上がるか。

⑸ 点Aで質点に鉛直下向きの初速を与えれば，質点は点Oに達する。必要な初速 u を求めよ。

（名古屋大＋神戸大）

44* 次の空欄に適切な数式や数値を入れよ。重力加速度の大きさを g とし，答えに用いてよい文字は，m，g，a，θ とする。

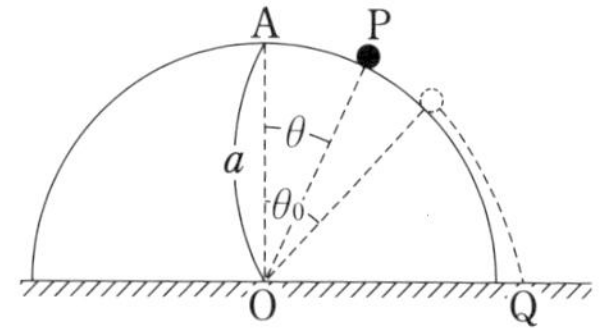

半径 a の滑らかな半円柱が図のように水平面上に置かれている。質量 m の小球を最高点Aに静かに置いたところ，小球は円柱面を滑りはじめた。この小球がP点(∠AOP＝θ)に達したときの速さは［ ⑴ ］であり，小球が円柱面を押す力は［ ⑵ ］である。

やがて小球は円柱面を離れる。このときの $\cos\theta$ の値 $\cos\theta_0$ は［ ⑶ ］であり，小球は速さ v_0＝［ ⑷ ］で円柱面を離れ，水平面上のQ点に落ちる。小球がQ点に到達するときの速さは v_1＝［ ⑸ ］となる。

（北海道大）

9 単振動

◆ **単振動** … 変位に比例する復元力による運動

$F = -Kx$ ⇨ 単振動

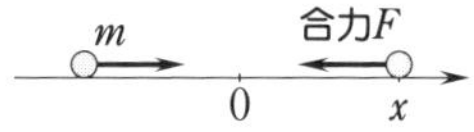

振動中心($x=0$)は力のつり合い位置

周期 $T = 2\pi\sqrt{\dfrac{m}{K}}$

エネルギー保存則 $\dfrac{1}{2}mv^2 + \dfrac{1}{2}Kx^2 = $ 一定

◆ **ばね振り子** … $K = k$(ばね定数)のケース

周期 $T = 2\pi\sqrt{\dfrac{m}{k}}$

※ ばねが水平でも鉛直でも斜面上でも不変

45 物体AとBがあり,質量はそれぞれmと$3m$である。なめらかで水平な床の上で,一端を壁にとめた軽いばねの他端にAをつなぎ,離れないようにする。次に,BをAに接触させて,ばねを自然長l_0よりx_0だけ押し縮め,静かに手を離した。ばね定数をkとする。

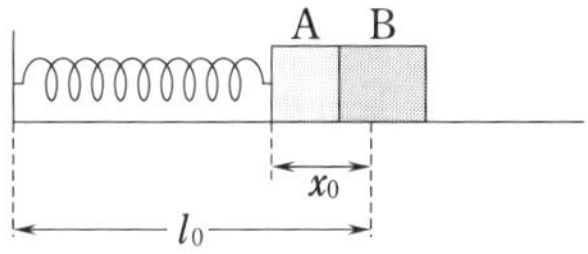

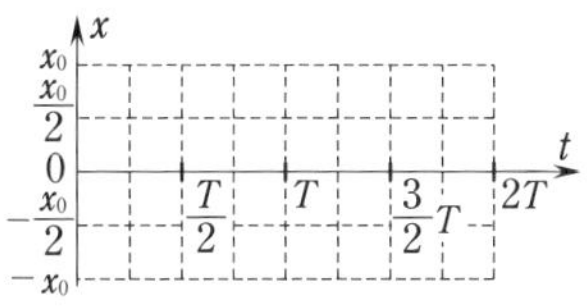

(1) 手を離したあと,はじめAとBとはいっしょに運動する。

(ア) ばねの長さがlのときの,運動方程式をA,Bそれぞれについて記せ。ただし,加速度をaとし,AがBを押す力をNとする。

(イ) Nをl,l_0,kを用いて表し,BがAから離れるときのlを求めよ。

(2) Aから離れたあとのBの速さvはいくらか。

(3) Bが離れたあと,ばねの最大の長さl_mはいくらか。

(4) 自然長からのばねの伸びをxとし,xの変化を時間tについてグラフに描け(ただし,図中のTは$T = 2\pi\sqrt{m/k}$であり,$t=0$のとき$x = -x_0$である)。

(東京学芸大+名古屋大)

46 軽いばねの下端に，質量 $2m$ の物体Pと質量 m の物体Qを接合したものをつるすと，ばねは自然長から a だけ伸びてつり合った。重力加速度を g とする。

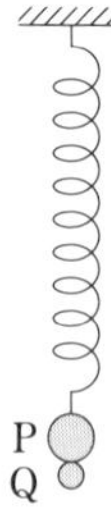

(1) ばねのばね定数は [(a)] であり，物体を上下に振動させたときの周期は [(b)] である。

つり合いの状態にあるとき，Qを静かに切り離すと，Pはもとのつり合いの位置から [(c)] だけ上の位置を中心にして，振幅 [(d)]，周期 [(e)] で振動する。また，振動の中心を通過するときの速さは [(f)] である。

(2) 次にPだけをつるしたばねをエレベーターに付けた場合を考える。

エレベーターが，上向きに大きさ α の加速度で運動しているとき，エレベーター内で見ると，ばねが自然長から a だけ伸びてPは静止した。α は [(g)] である。また，Pを上下に振動させたときの周期は，(e)の [(h)] 倍である。

（高知大）

47 軽いばねの両端に同じ質量 m の物体AとBを取りつけ，滑らかな円筒状のガードでばねが鉛直に保たれるようにして，Bを床の上に置いたところ，ばねの長さが自然長より a だけ縮んだ位置OでAは静止した。重力加速度を g とする。

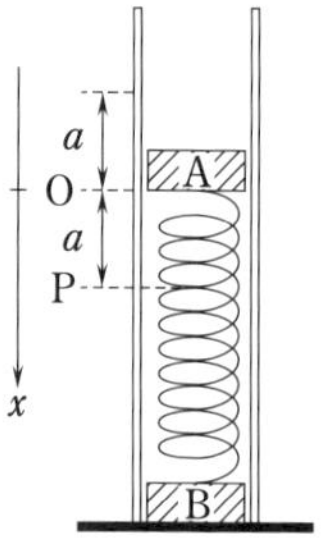

(1) ばねのばね定数はいくらか。また，床がBから受ける力の大きさはいくらか。Bに作用する力のつり合いより求めよ。

(2) AをO点よりさらに a だけ下のP点まで押し下げて，静かに放したところAは振動した。

(ア) 振動中のAの速さの最大値はいくらか。

(イ) O点を原点とし，鉛直下向きを正とする x 軸をとると，Aの位置 x は放してからの時間 t とともにどのように変わるか。x を t の関数として表せ。

(3) はじめにAをO点より押し下げる距離を b にして運動させたとき，Aの振動中にBが床から離れて上方に動き出さないためには，b の値はどれだけ以下でなければならないか。

（名城大）

48* 傾角30° の滑らかな斜面上に，質量 M の小球Aが壁と軽いばね(ばね定数 k)で結ばれ，静止している。質量 $m(<M)$ の小球Bを A から距離 d だけ離して静かに置いたところ，斜面上をすべり降り，Aと弾性衝突した。斜面に平行に x 軸をとり，はじめのAの位置を原点($x=0$)とし，重力加速度を g とする。

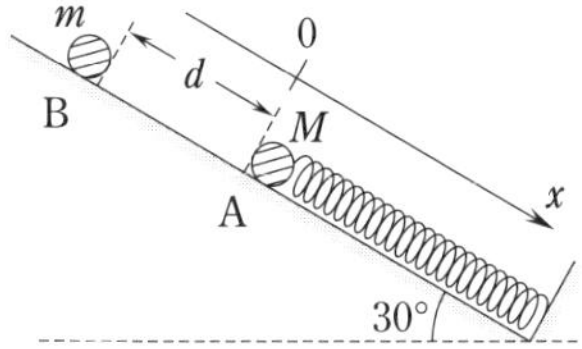

(1) 衝突直前のBの速度 u を求めよ。

(2) 衝突直後のA，Bの速度 v_A，v_B を求めよ。

(3) Aが達する最下点の座標 x_0 を求め，v_A，M，k で表せ。ただし，Aが再び原点に戻るまでの間にBとの衝突は起こらないものとする。

(4) Aが $x=\frac{1}{2}x_0$ を通るときの速さ w を求め，v_A で表せ。

(5) Aが初めて原点に戻ったとき，Bと2回目の衝突をするためには d をいくらにすればよいか。M，m，k，g で表せ。

(千葉大＋学習院大)

49 天井から長さ L の糸で質量 m のおもりをつるし，支点から真下 d の位置に細くて滑らかなくぎを固定する。おもりを水平な床から高さ h_0 の位置で静かに放す。天井の高さは H で，糸はゆるむことがなく，重力加速度を g とする。

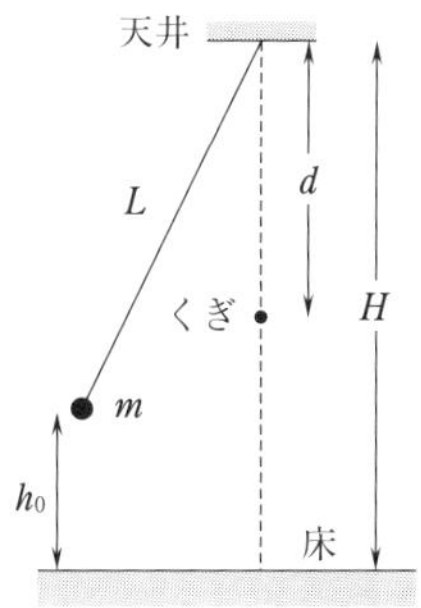

(1) 糸がくぎにひっかかった後，最初に静止したときのおもりの床からの高さを求めよ。また，おもりの速さの最大値を求めよ。

(2) おもりが運動を始めてから，最初の位置に戻ってくるまでの時間を求めよ。ただし，おもりの振れ幅は十分小さいとする。

(3) 同じ実験を，鉛直上向きに一定の加速度 a で上昇するエレベーター内で行うときについて，(1)，(2)の問いに答えよ。

(青山学院大＋センター試験)

50* 底面積 S，長さ l で一様な密度 ρ_0 の円柱が密度 ρ の液体に浮かんでいる。この円柱と同じ質量の小球を円柱の真上から落とし速さ v_0 で弾性衝突をさせた。重力加速度の大きさを g とし，円柱の運動に伴う液体からの抵抗は無視でき，液面は一定の高さを保つものとする。また，円柱の上面が液面下に沈むことはないものとする。

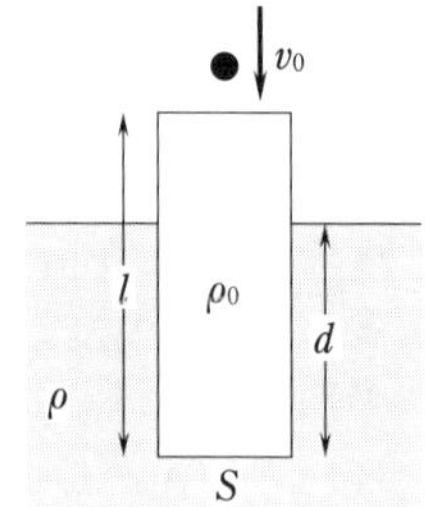

(1) 円柱が静止しているときの，液面下の深さ d を求めよ。

(2) 小球との衝突直後の円柱の速さを求めよ。

衝突後，小球は取り除かれ，円柱は単振動を始めた。

(3) 静止した状態から円柱が下方に x だけ沈んでいるとき，円柱が受ける合力 f を下向きを正として求めよ。

(4) 円柱が達する液面下の深さの最大値 d_1 を求めよ。

(5) 円柱が静止位置より上に上がって初めて速さが0になるまでの時間 t（衝突後の時間）を求めよ。

（岐阜大＋琉球大）

10　万有引力

◆ 万有引力の法則

$$F = G\frac{Mm}{r^2}$$

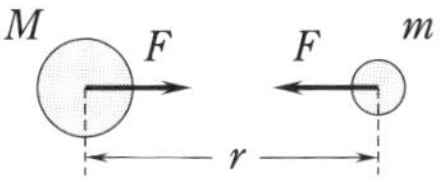

※ r は中心間の距離。天体の質量は中心点に集まっていると考えてもよい。

力学的エネルギー保存則

$$\frac{1}{2}mv^2 + \left(-\frac{GMm}{r}\right) = 一定$$

万有引力の位置エネルギー（無限遠を基準）

◆ ケプラーの法則

軌道は楕円　（第 1 法則）

面積速度一定（第 2 法則）

$\frac{T^2}{a^3} = 一定$　（第 3 法則）

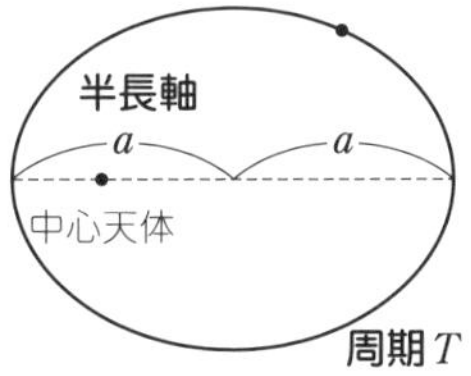

※ 第 2 法則は 1 つの楕円軌道についてのもの。第 3 法則は中心天体が同じである別々の楕円軌道についてのもの。

51 地球の質量を M，半径を R とする。また，万有引力定数を G とし，地球の自転や大気の影響は無視する。

(1) 地表での重力加速度 g を M，R，G を用いて表せ。

(2) 地表から高さ h のところを等速円運動している人工衛星がある。この人工衛星の速さ v と周期 T を，h，M，R および G を用いてそれぞれ表せ。

(3) 地表すれすれのところを等速円運動している人工衛星がある。この人工衛星の速さ v_1 を R，g を用いて表せ。また，$R = 6.4\times10^3$ km，$g = 10$ m/s^2 として，v_1 を有効数字 2 桁で求めよ。

(4) 物体を地表から打ち上げて無限の遠くへ飛び去らせる。そのための打ち上げの速さの最小値 v_2 を R，g を用いて表せ。　（関東学院大）

52 地球の質量をM，万有引力定数をGとして答えよ。

(1) 地球の自転周期をTとして，静止衛星の円軌道の半径rをM，G，Tで表せ。

(2) 地球の中心Oから距離rの位置で静止している物体Aがガス噴射をして静止衛星になろうとする。

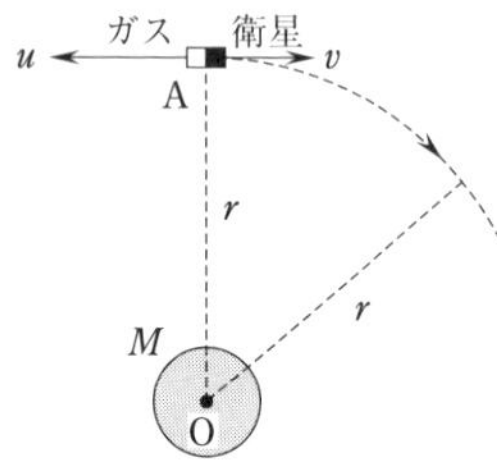

(ア) 静止衛星となるための速さvをr，M，Gで表せ。

(イ) 噴射したガスが無限遠に達するのに必要な速さuをr，M，Gで表せ。

(ウ) 噴射前のガスを含めたAの質量をm_0とし，噴射するガスの速さを(イ)のuとする。噴射すべきガスの質量をm_0で表せ。

（新潟大＋大阪公立大）

53* 地表から鉛直上方へ質量m〔kg〕の小物体を打ち上げる。地球は半径R〔m〕，質量M〔kg〕の一様な球で，万有引力定数をG〔N·m^2/kg^2〕とする。

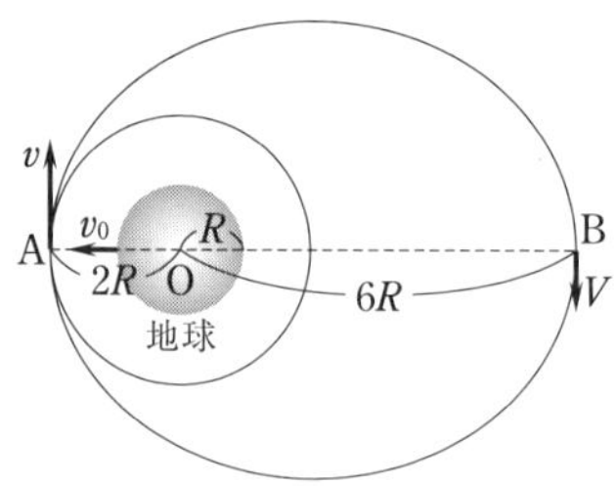

(1) 物体の速度が地球の中心Oから$2R$の距離にある点Aで 0 になるためには，初速v_0〔m/s〕をどれだけにすればよいか。

(2) 物体が点Aで静止した瞬間，物体にOAに垂直な方向の速度v〔m/s〕を与える。物体がOを中心とする等速円運動をするためには，vをどれだけにすればよいか。また，円運動の周期T_0〔s〕を求めよ。

(3) 点Aで物体に与える速さvが問(2)で求めた値からずれると，物体の軌道は楕円となる。物体がABを長軸とする楕円軌道を描くためには，vをどれだけにすればよいか，以下の手順で求めよ。ただし，点BのOからの距離は$6R$である。

(ア) 点Aと点Bにおける面積速度に注目して，点Bにおける速さV〔m/s〕をvを用いて表せ。

(イ) 速さvを求め，M，R，Gを用いて表せ。

(ウ) この楕円軌道の周期T〔s〕をT_0を用いて表せ。

（大阪公立大＋東京理科大）

熱

1　比熱・熱容量

◆ 比熱と熱容量

熱量〔J〕　質量〔g〕　比熱〔J/(g·K)〕

$$Q = mc\,\varDelta T$$

温度差〔K〕または〔℃〕

mc：熱容量〔J/K〕

※ 比熱が c〔J/(kg·K)〕のときは，m は〔kg〕を用いる。

◆ 物質の三態

物質には固体，液体，気体の 3 つの状態がある。**状態が変化している間の温度は一定**に保たれる。

54 基　質量 110 g の銅製の熱量計に水 50 g を入れて温度を測ると 20℃ であった。そこへ 80℃ の高温の水 30 g を加えたところ，全体の温度が 40℃ になった。水の比熱を 4.2 J/(g·K)とし，外部との熱の出入りはないものとする。

問 1　高温の水が失った熱量 Q_0 は［ (1) ］J となる。

問 2　熱量計の熱容量 C_M は［ (2) ］J/K となる。

問 3　問 2 より銅の比熱 c_1 は［ (3) ］J/(g·K)となる。

問 4　全体の温度を 40℃ から 50℃ にしたい場合，80℃ の高温の水をさらに［ (4) ］g 加えればよいことになる。

問 5　全体の温度が 50℃ となった問 4 の状態で，さらにこの中へ，100℃ に加熱された質量 400 g の金属球を入れたとき，全体の温度が 60℃ となった。この金属球の比熱 c_2 は［ (5) ］J/(g·K)となる。

（大阪産大）

55 基　空所［ア］には「小さく」か「大きく」を，［イ］と［ウ］には2桁の小数値を入れよ。

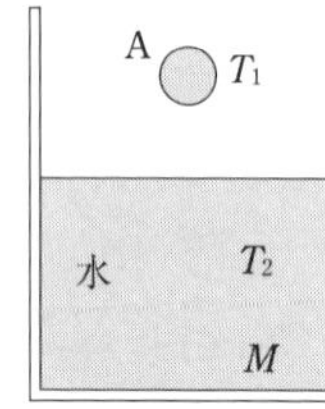

アルミニウムの比熱が0.90 J/(g·K)であることを確認する実験をしたい。温度 $T_1 = 42.0$℃，質量100 gのアルミニウム球Aを，温度 $T_2 = 20.0$℃，質量 M〔g〕の水の中に入れ，Aと水が同じ温度になったときの温度 T_3〔℃〕を測定する。水の質量 M が［ア］なるほど，温度上昇 $T_3 - T_2$ が小さくなる。

温度上昇 $T_3 - T_2$ が1.0℃ になるようにするためには，$M =$［イ］$\times 10^2$ gとしなければならない。ただし，水の比熱は4.2 J/(g·K)であり，熱はAと水の間だけで移動する。続いて，Aと水全体に 9.9×10^3 Jの熱量を加えると，温度はさらに［ウ］℃上昇する。

（共通テスト）

56 基　断熱容器内に質量250 gの薄い銅製容器を入れた水熱量計を用いて以下の実験を行った。

実験1：温度10℃ の銅製容器内に，10℃の水を100 g入れ，スイッチを閉じて消費電力10.0 Wで抵抗線を加熱し，かきまぜ棒で水をかきまぜながら水温を測定した。加熱時間と水温の関係を図2に示す。

実験2：10℃ の銅製容器内に，10℃ の水を200 g入れ，スイッチを閉じて消費電力9.0 Wで抵抗線を加熱し，実験1と同様の測定をした(図2)。

実験3：10℃ の銅製容器内に，10℃ の水を200 g入れた後，80℃ に熱した100 gの金属球を水中に沈めた。かきまぜ棒を使用し，充分時間がたったときの水温は17℃ であった。

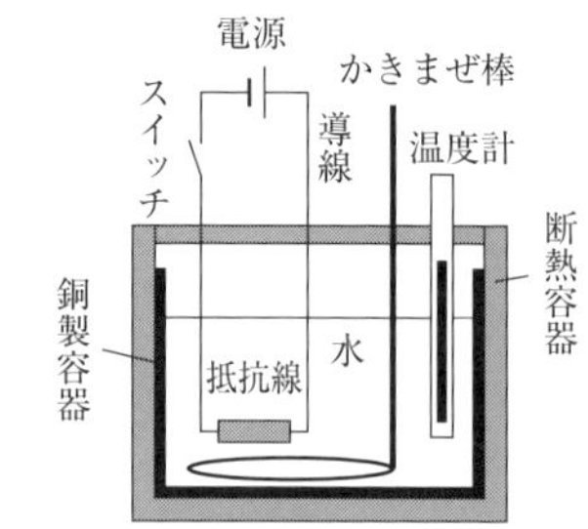

図1

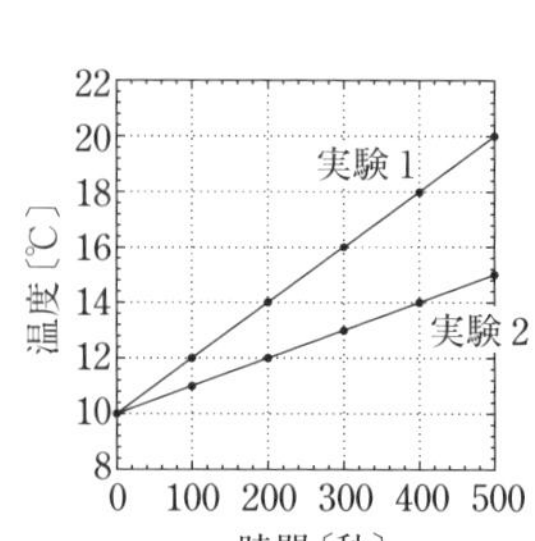

図2

以下の問いに有効数字２桁で答えよ。ただし，断熱容器によって外部との熱の出入りはなく，抵抗線で消費された電力は，水と容器の温度上昇に全て使われたものとする。

(1) 銅製容器と水の合計の熱容量を，実験 1，2 についてそれぞれ求めよ。

(2) 実験１，２の結果から水と銅の比熱をそれぞれ求めよ。

(3) 実験１～３の結果から実験３で使用した金属球の比熱を求めよ。

(4) 水熱量計の断熱容器をはずして，実験３と同様の実験を行った。このとき室温は 25℃ で，他の実験条件は実験３と同じであった。この実験の結果の水温は 17℃ より高いか，低いか。また，外部との熱の出入りがないと仮定して得られる金属球の比熱は，実験３の値より大きいか，小さいか。

（都立大）

57 基　断熱された容器の中に，－20℃の氷が 200 g 入っている。この容器にヒーターを入れて一定電力で加熱を開始したところ，容器内の温度は図に示すような変化をして，40 秒後に 0℃ になった後，しばらく温度は一定となった。加熱開始 360 秒後には，再び温度が上昇し始め，560 秒後には 50℃ になった。水の比熱は 4.2 J/(g･K) であり，容器からの熱の出入りはないものとする。

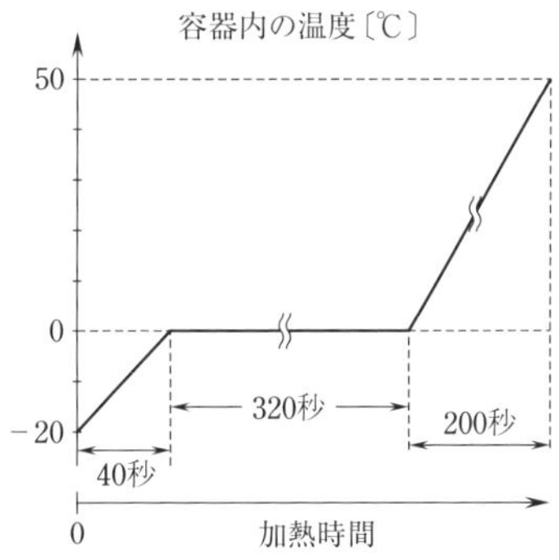

(1) 200 g の水の温度が 0℃ から 50℃ まで上昇する間に与えられた熱量を求めよ。

(2) ヒーターの電力はいくらか。

(3) 氷の融解熱 L はいくらか。

(4) 氷の比熱 c_0 はいくらか。

(5) 加熱開始 120 秒後には，この容器の中に氷はいくら残っていたか。

（北見工大）

2 熱力学

◆ 分子運動

分子の運動エネルギー（平均値） $\frac{1}{2}m\overline{v^2}=\frac{3}{2}\cdot\frac{R}{N_A}\cdot T$

$\left(\frac{R}{N_A}=k\right.$：ボルツマン定数$\left.\right)$（$R$：気体定数，$N_A$：アボガドロ定数）

◆ 熱力学

状態方程式 $PV=nRT$

P：圧力〔Pa〕=〔N/m^2〕，V：体積〔m^3〕，n：物質量〔mol〕，R：気体定数〔J/(mol·K)〕，T：絶対温度〔K〕

熱力学の第１法則 $\varDelta U=Q+W$

$\varDelta U$：内部エネルギーの変化，Q：（吸収する）熱量，W：（される）仕事

※ $Q=\varDelta U+W$ としてもよい。この場合の W はする仕事。いずれにしろ，各項は符号をもつ。

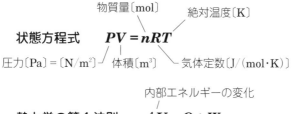

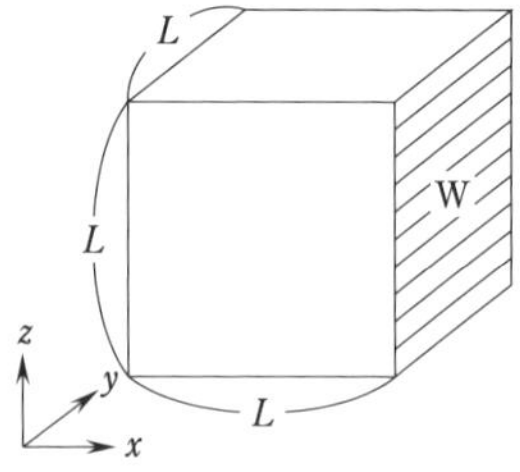

58 辺の長さ L の立方容器内の理想気体について考える。ある分子（質量 m）の速度の x 成分を v_x とすると，１回の弾性衝突によりこの分子が x 軸に垂直な壁Ｗに与える力積は［ (1) ］である。この分子は時間 t の間にＷと［ (2) ］回衝突するから，この間にＷに与える力積は［ (3) ］である。したがって，容器中の全分子 N 個についての $v_x{}^2$ の平均値 $\overline{v_x{}^2}$ を用いると，全分子がＷに与える力は［ (4) ］となる。また分子運動はどの方向についても同等であるから，$\overline{v_x{}^2}$ は v^2 の平均値 $\overline{v^2}$ で書き換えられる。

このようにして圧力 P は $\overline{v^2}$ を用いて $P=$ [(5)] となる。一方，この理想気体の状態方程式として P と T の間には，気体定数 R，アボガドロ定数 N_A を用いて [(6)] の関係式が成り立つので，分子の運動エネルギーの平均値 $\frac{1}{2}m\overline{v^2}$ は T を用いて [(7)] と表せる。そして，この理想気体が単原子分子からなるとすると，内部エネルギー U は T を用いて $U=$ [(8)] と表せる。

（北海道大）

59 容器に閉じこめた理想気体の状態変化を図の ABCDEA の順に行った。B→C は断熱過程，E→A は等温過程である。次の問いの答えを(イ)，(ロ)，(ハ)から選べ。

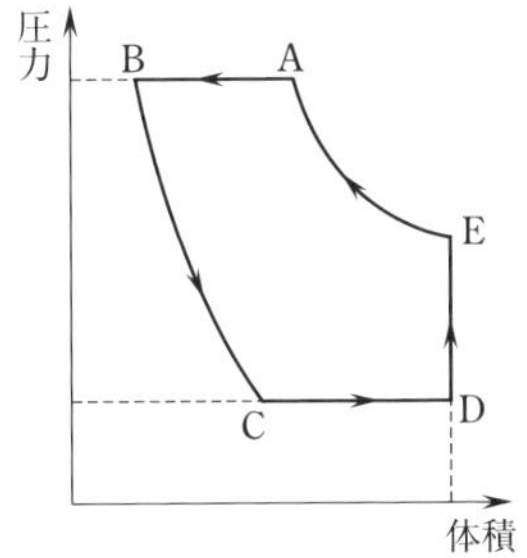

(1) 過程 A→B において気体は {(イ) 仕事をされた。(ロ) 仕事をした。(ハ) 仕事をしない。}

(2) B→C において気体の内部エネルギーは {(イ) 増加した。(ロ) 減少した。(ハ) 変わらない。}

(3) C→D において気体の温度は {(イ) 上昇した。(ロ) 下降した。(ハ) 変わらない。}

(4) D→E において気体は {(イ) 熱を放出した。(ロ) 熱を吸収した。(ハ) 熱を授受しない。}

(5) E→A において気体分子 1 個当たりの運動エネルギーは {(イ) 増加した。(ロ) 減少した。(ハ) 変わらない。}

(6) 1 サイクル ABCDEA において気体が外部にした仕事は {(イ) ゼロである。(ロ) 正である。(ハ) 負である。}

（神奈川大）

60 なめらかに動く質量 M〔kg〕，断面積 S〔m^2〕のピストンつきの容器がある。容器は断熱材でできているが，加熱器により熱を加えることができる。この容器に n モルの理想気体を入れたところ，ピストンの高さは h〔m〕であった(状態 A)。大気圧を P_0〔Pa〕，重力加速度

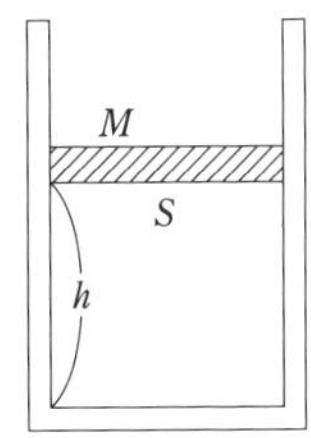

を g〔m/s^2〕, 気体定数を R〔J/(mol·K)〕とする。

(1) 状態Aでの気体の圧力 P〔Pa〕と温度 T〔K〕を求めよ。

次に, 気体をゆっくりと加熱したところ, 気体の温度は T'〔K〕となった(状態B)。

(2) 状態Bでのピストンの高さ h'〔m〕を h, T, T' で表せ。

(3) 状態AからBまで変化する間に気体がする仕事 W〔J〕を n, T, T', R で表せ。また, その間に気体に与えた熱量を Q〔J〕として, 内部エネルギーの変化 $\varDelta U$〔J〕を Q と W で表せ。

(4) (3)の結果を用いて, 定積モル比熱 C_V〔J/(mol·K)〕と定圧モル比熱 C_P〔J/(mol·K)〕との間に成りたつ関係式を求めよ。

(京都工繊大＋徳島大)

61 単原子分子理想気体をなめらかに動くピストンのついたシリンダー内に閉じ込め, 外部と熱のやりとりをすることにより, 気体の圧力 p と体積 V を図のサイクルA→B→C→Aのように変化させる。気体定数を R とする。

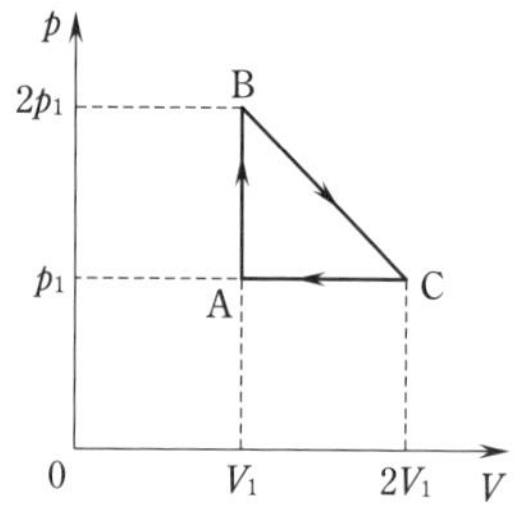

(1) Aにおける絶対温度を T_1 とするとき, BおよびCにおける絶対温度をそれぞれ求めよ。

(2) A→BおよびC→Aの過程において, 気体が吸収する熱量をそれぞれ求め, p_1, V_1 を用いて表せ。

(3) B→Cの過程で気体がする仕事と, 吸収する熱量を求め, p_1, V_1 を用いて表せ。

(4) このサイクルを一巡する間に, 気体がする仕事を求め, p_1, V_1 を用いて表せ。

(5) このサイクルにおいて, 絶対温度 T(縦軸)と体積 V(横軸)の関係を表すグラフの概形を描け。

(神戸大)

62 単原子分子の理想気体の状態を図に示すような A→B→C→A の経路に沿って，ゆっくり変化させた。B→C は等温変化である。

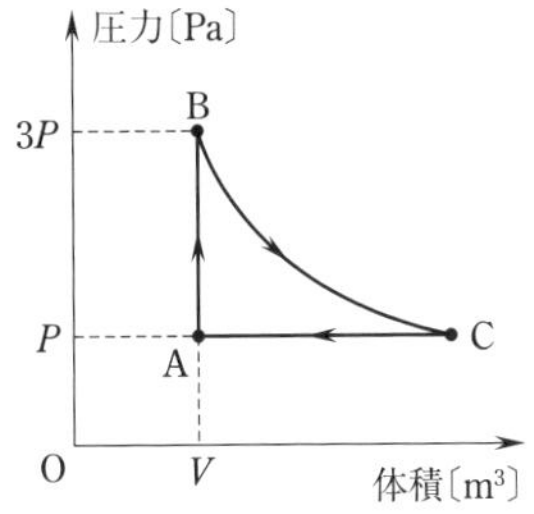

(a)　A→B の過程における気体の内部エネルギーの変化は [(1)]〔J〕である。

(b)　B→C の過程において気体が吸収した熱量が Q〔J〕であるとすると，気体の内部エネルギーの変化は [(2)]〔J〕であり，気体が外部にした仕事は [(3)]〔J〕である。

(c)　C→A の過程で気体が受けた仕事は [(4)]〔J〕である。

(d)　A→B→C→A の 1 サイクルで気体がした正味の仕事は [(5)]〔J〕であり，このサイクルの熱効率は [(6)] である。

（東京理科大）

63* なめらかに動くピストンをもったシリンダーの中に 1 mol の単原子分子気体が入れられている。図のように，気体の状態を温度 T_0〔K〕，体積 V_0〔m³〕の状態 A からゆっくり変化させて A→B，B→C，C→D，D→A の過程を経て状態 A にもどした。

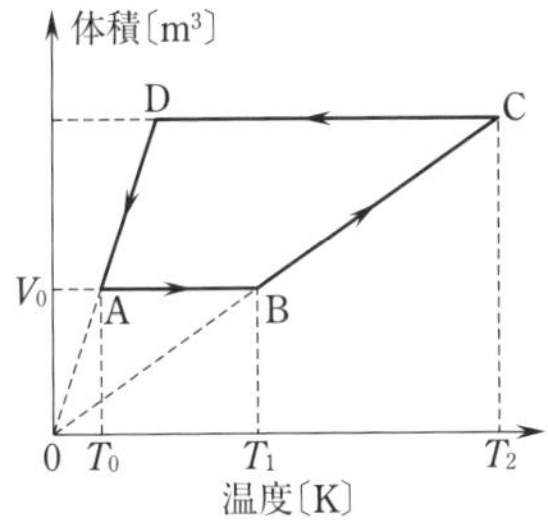

A→B および C→D の過程では体積が一定に保たれ，B→C および D→A の過程では体積は温度に対して直線的に変化している。気体定数を R〔J/(mol·K)〕とする。

(1)　A→B の過程で気体が吸収した熱量は何 J か。

(2)　状態 C での気体の圧力は何 N/m² か。

(3)　D→A の過程で気体が外部へ放出した熱量は何 J か。

(4)　A→B→C→D→A の 1 サイクルをしたとき，気体が外部へした仕事は何 J か。

(5)　この 1 サイクルの(熱)効率 e はいくらか。

（熊本大）

64* なめらかに動く質量 M〔kg〕のピストンを備えた断面積 S〔m²〕の容器がある。これらは断熱材で作られていて，ヒーターに電流を流すことにより，容器内の気体を加熱することができる。ヒーターの体積，熱容量は小さく，無視できる。容器は鉛直に保たれていて，内部には単原子分子の理想気体が n〔mol〕入っている。気体定数を R〔J/(mol·K)〕，大気圧を P_0〔N/m²〕，重力加速度を g〔m/s²〕とする。

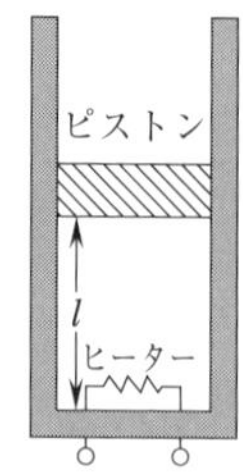

図 1

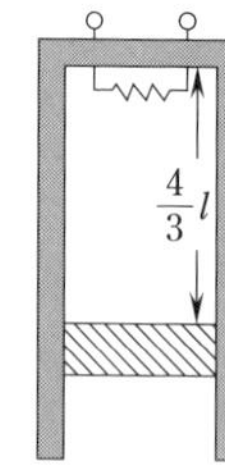

図 2

⑴　最初，ヒーターに電流を流さない状態では，図 1 のように，ピストンの下面は容器の底から距離 l〔m〕の位置にあった。このときの気体の温度はどれだけか。

⑵　次に，ヒーターで加熱したら，ピストンは最初の位置より $\frac{1}{2}l$ 上昇した。気体の温度は⑴の何倍になっているか。また，ヒーターで発生したジュール熱はどれだけか。

⑶　⑴の状態で，容器の上下を反対にして鉛直にし，気体の温度を⑴の温度と同じに保ったら，図 2 のように，ピストンの上面は容器の底から $\frac{4}{3}l$ の位置で静止した。ピストンの質量 M を他の量で表せ。

⑷　この状態で，ヒーターにより，⑵におけるジュール熱の $\frac{1}{2}$ だけの熱を加えたら，ピストンの上面は容器の底からどれだけの距離のところで静止するか。

（名城大）

65 それぞれの容積が V〔m³〕の 2 つの容器 A，B がコック K を取り付けた細い管で結ばれている。はじめ，コック K は閉じられており，それぞれ 1 モルと 2 モルの単原子分子の理想気体が入っている。A，B の気体の圧力はそれぞれ p〔Pa〕，$3p$〔Pa〕であった。気体定数を R〔J/(mol·K)〕として，［　　　］に適する数値を答えよ。

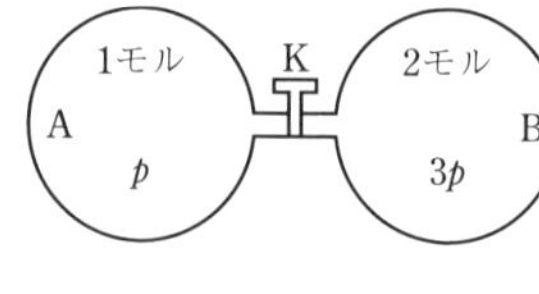

(1) Aの気体の温度を$T_A = T$〔K〕とすると，Bの気体の温度はT_B＝［(ア)］×T〔K〕である。また，AとBの気体の内部エネルギーの和は［(イ)］×RT〔J〕である。

(2) 容器の壁を通しての熱の出入りがないようにして，コックKを開いてAとBの気体を混合した。このとき混合気体の温度は［(ウ)］×T〔K〕となり，圧力は［(エ)］×p〔Pa〕となる。

(3) このの ち，Kを開いたままA，B内の気体の温度を調節し，はじめの温度T_A，T_Bにもどした。このとき，A内の気体の量は［(オ)］〔mol〕となり，圧力は［(カ)］×p〔Pa〕となる。

（近畿大＋日本大）

66 なめらかに動くピストンとシリンダーからなる容器Aと，容積Vの容器Bがあり，その間はごく細い管とこれを開閉できる弁で連結されている。器材は熱を伝えない材料でできている。容器Aに単原子分子の理想気体を入れ，体積V，圧力p，絶対温度Tの状態でピストンは固定され，弁は閉じられている。また，容器Bには同種の理想気体が圧力$2p$，絶対温度Tで封じ込められている。気体定数をRとする。

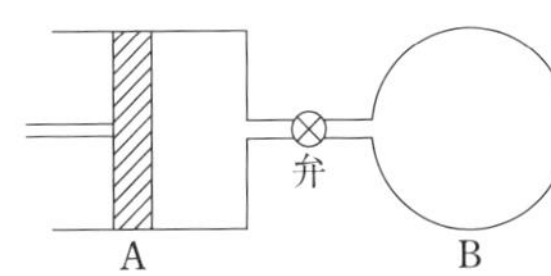

(1) 容器A内には何モルの気体が入っているか。また，気体の内部エネルギーUはいくらか。

(2) ピストンを動かし容器Aの体積を$V/8$に圧縮する。A内の気体の圧力と温度はいくらになるか。ただし，この断熱変化では気体の圧力pと体積Vの間には，$pV^{\frac{5}{3}}$＝一定 という関係がある。

(3) 上の状態でピストンを固定したまま弁を開けて十分長い時間放置する。そのときの容器内の気体の温度および圧力はいくらになるか。

（防衛大）

67* 図のように両端を密閉したシリンダーが，なめらかに動くピストンで2つの部分A，Bに分けられており，それぞれに単原子分子理想気体が1モルずつ入れられている。シリンダーの右端は熱を通しやすい材料で作られているが，それ以外はシリンダーもピストンも断熱材で作られている。初めの状態では，A，B内の気体の体積は等しく，温度はともにT_0〔K〕であった。次に，右端からB内の気体をゆっくりと熱したところ，ピストンは左方向に移動し，最終的にA内の気体の体積はもとの半分になり，温度はT_1〔K〕になった。気体定数をR〔J/(mol·K)〕とする。

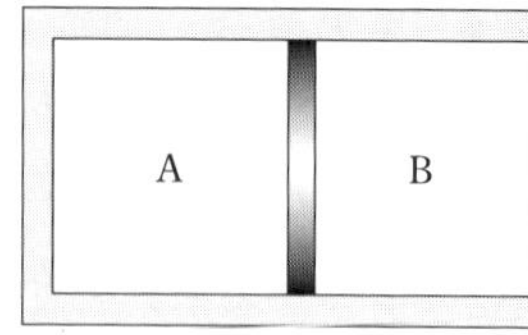

⑴　この変化の過程で，A内の気体が受けた仕事はいくらか。

⑵　変化後のA内の気体の圧力は最初の状態の何倍になったか。

⑶　変化後のB内の気体の温度はいくらになったか。

⑷　この変化の過程で，B内の気体の内部エネルギーはどれだけ増加したか。

⑸　この変化の過程で，B内の気体が外部から吸収した熱量はいくらか。

（京都府立大）

68* nモルの単原子分子からなる理想気体が，水平なばね（ばね定数はk〔N/m〕）につながれた断面積S〔m^2〕のピストンによってシリンダー（床に固定）内に封入されている。ピストン，シリンダーはともに断熱材でつくられており，ピストンはなめらかに動くものとする。さて，ヒーターにより気体を熱したところ気体はゆっくりと膨張し，加熱前の体積V_0〔m^3〕の2倍になった。加熱前のばねは自然の長さであり，気体定数をR〔J/(mol·K)〕，大気圧をP_0〔Pa〕とする。

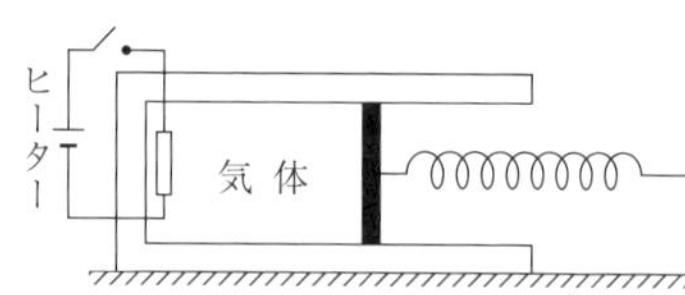

⑴　加熱前の気体の温度を求めよ。

⑵　加熱し始めてからピストンが移動した距離をx〔m〕として，そのときの気体の圧力P〔Pa〕をxの関数として表せ。また，Pを気体の体積Vの関数として表せ。

(3)　2倍の体積になったときの気体の温度を求めよ。
(4)　2倍の体積になるまでに気体がした仕事を求めよ。
(5)　気体に加えた熱量を求めよ。

（東海大＋名古屋大）

69* 断面積 S，質量 M の一端を閉じた円筒が，開口部を下にし，上端は水面に一致して鉛直に静止している。円筒には鉛直下向きに外力が加えられている。円筒の内部には気体が入っており，円筒の上端から内部の水面までの距離を d とする。円筒の厚さ，内部の気体の質量，水の蒸発は無視する。大気圧を P_0，水の密度を ρ，重力加速度を g とする。

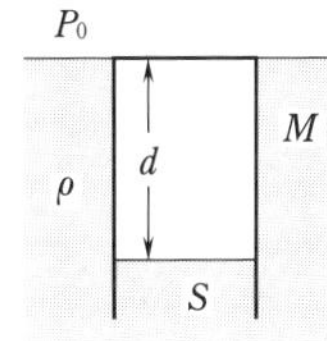

図 1

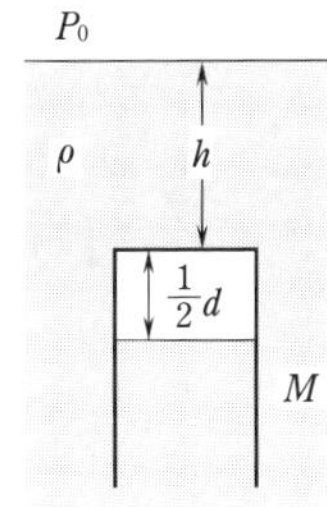

図 2

(1)　外力の大きさを求めよ。

次に，円筒を深さ h の位置まで沈めると，外力を加えなくても円筒は静止した(図2)。このときの内部の気体の高さは $\frac{1}{2}d$ であった。

(2)　円筒の質量 M を P_0，ρ，S，d，g の中から必要なものを用いて表せ。
(3)　円筒内の気体の変化は等温変化とみなせるものとする。h を P_0，ρ，S，d，g の中から必要なものを用いて表せ。
(4)　円筒内の気体の変化が断熱変化とみなせる場合を考える。円筒が静止できる深さ h は(3)で求めた値より大きいか，小さいか。

（筑波大）

70*

(1) 気体の圧力 P, 密度 ρ, 絶対温度 T の間には, 状態方程式より, $P=a\rho T$ の関係が成り立つ。定数 a を気体定数 R と1モルの気体の質量 m_0 で表せ。

(2) 熱気球がある。風船部の体積は V〔m^3〕であり, 風船部内の空気(内部空気)を除いた全体の質量は M〔kg〕である。内部空気の圧力は外気圧に等しく, 温度は自由に調節できる。地表での外気の圧力を P_0〔Pa〕, 気温を T_0〔K〕, 密度を ρ_0〔kg/m^3〕とする。

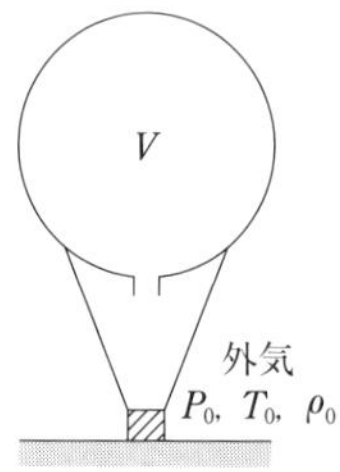

(ア) 内部空気を加熱していくと, 気球は地表に静止したまま, 温度が T〔K〕となった。内部空気の密度 ρ〔kg/m^3〕を求めよ。

(イ) 内部空気をさらに加熱し, 温度が T_1〔K〕より高くなると, 気球は地表より浮上する。T_1〔K〕を求めよ。

(ウ) 気球が浮上した後, 内部空気の温度を αT_0〔K〕$(\alpha>1)$としたところ, 気球はある高度で静止した。そこでの外気の圧力は βP_0〔Pa〕$(\beta<1)$であった。内部空気の密度 ρ'〔kg/m^3〕, および外気の密度 ρ_0'〔kg/m^3〕を求めよ。

(防衛大＋大分大)

波　　動

1　波の性質

◆ 波の基本関係

$v = f\lambda$　　$T = \dfrac{1}{f}$

波の速さ　振動数　波長　周期

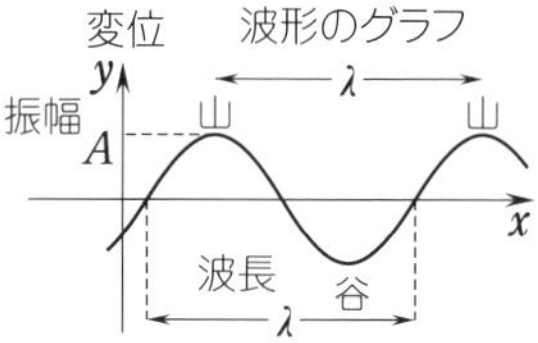

◆ 横波と縦波

横波：波の進む方向に対して垂直な方向で媒質が振動
（例：弦を伝わる波）

縦波：波の進む方向と同じ方向で媒質が振動　（例：音波）

◆ 定常波（定在波）… 逆行する２つの波により出現

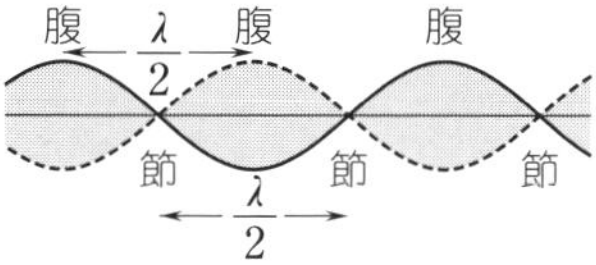

※ 反射があると，定常波ができる。

自由端は腹

固定端は節

71 基　図はx軸の正方向に進む正弦波の変位y〔cm〕を示している。実線は時刻$t=0$〔s〕での波形を，点線は$t=10$〔s〕での波形を表す。ただし，波の速さは3 cm/s より速く 15 cm/s より遅い。

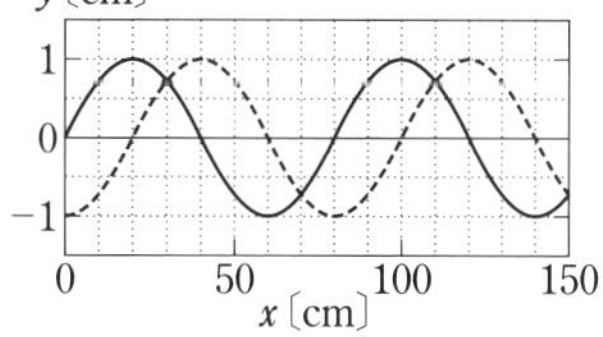

(1)　この波の，振幅，波長，速さ，振動数，周期をそれぞれ求めよ。

(2)　$t=0$〔s〕のとき，$x=220$〔cm〕における変位を求めよ。

(3)　$x=100$〔cm〕の位置で，$t=6$〔s〕のときの変位を求めよ。

(4)　$t=0$〔s〕のとき，媒質の速度が0の位置と，$+y$ 方向で最大の位置を，図の範囲で求めよ。

(5)　$x=500$〔cm〕の位置で，$t=20$〔s〕のときの変位を求めよ。

（山形大＋山梨大）

72 基　ある媒質内を x 軸の正方向に速さ 100 cm/s で進行している正弦波の縦波がある。波がないときに x にあった媒質が，波がやってきたときに y だけ変位したとする。（変位 y は $+x$ 方向を正にとる。）$x=0$ の媒質が時間 t と共に図で示されるように変化している。波は $t=0$ よりもずっと以前から存在しているとする。

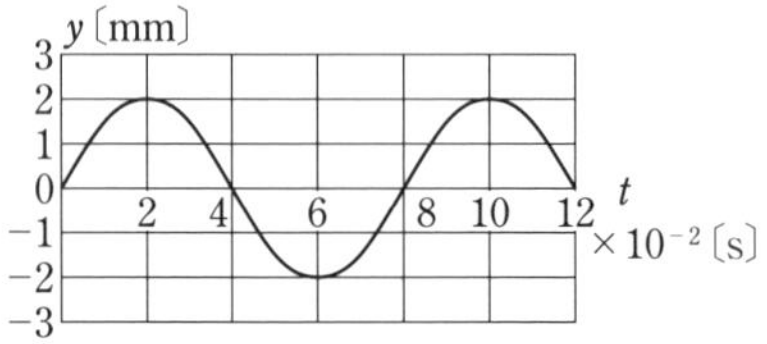

(1)　この波の周期，振動数，波長はいくらか。

(2)　時刻 $t=0$ での波形を示す y-x グラフを $0 \leqq x \leqq 12$〔cm〕の範囲で描け（横波表示）。

(3)　$x=4$〔cm〕の媒質の振動グラフを上図に点線で記入せよ。

(4)　$x=0$ の点の負の x 方向の速さが最大になる時刻は図で示された時間内でいつか。

(5)　$t=0$ で，媒質の密度が最大の点は $0 \leqq x \leqq 12$〔cm〕の範囲内でどこか。

(6)　$x=4$〔cm〕で，媒質の密度が最大になる時刻は図に示された時間内でいつか。

（九州工大）

73 基　波源AとB，観測器Mが，ある媒質中の x 軸上に置かれている。AとBは 250 m 離れており，それぞれ振幅 3.0 m，波長 16 m の波を，互いに向かって送り出している。Mは x 軸上を波源AとBの間で自由に動くことができ，その位置での波の振幅を観測する。AとBは同位相とし，波の減衰は無視する。

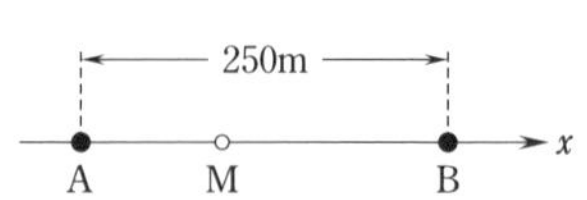

(1)　Mを静止させ，Aからの波だけを観測したところ，連続する2つの山の時間間隔は 4.0 s であった。波の速さは何 m/s か。

(2)　Mを正の向きに速さ 2.0 m/s で動かしながらAからの波を観測し

た。このとき，連続する2つの山を観測する間隔は何 s か。

(3)　M を静止させ，A と B の2つの波の合成波を観測したところ，振幅が最大となる位置が複数あった。その最大振幅は何 m か。また，A と B の間で合成波の振幅が最大となる位置は何箇所あるか。

(4)　A から正の方向に 75 m 離れた位置に，自由端反射をする反射板 R を x 軸に垂直に置いた。AR 間で合成波を観測したところ，振幅が 0 となる点が複数あった。この内，A に最も近い点は A から何 m 離れているか。

（東京理科大）

74* 基　図は縦波を表すグラフである。x 軸は媒質のつり合いの位置を，y 軸は左右への媒質の変位(右方向を正)を表す。

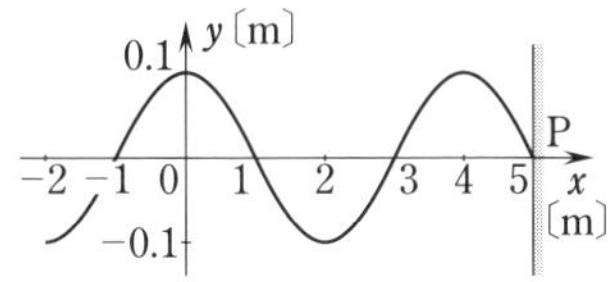

波は右へ速さ 2 m/s で進み，波の先端が自由端 P(x=5 m の位置)に達した時刻を t=0 s とする。

(1)　この波の周期はいくらか。

(2)　t=0 s において，媒質の密度が最も疎である点の x 座標を図の範囲で答えよ。

(3)　右方向の媒質の速度を正として時刻 t=0 s において，各位置における媒質の速度 u の概略を，図の範囲内でグラフに描け。

(4)(ア)　この波が自由端 P で反射して，反射波の先端が点 x=0 m に達する時刻を求めよ。

(イ)　その時刻において，図に示す各位置での変位をグラフに描け。

(ウ)　x=0 m における媒質変位の時間変化を $0 \leqq t \leqq 4.5$ s の範囲でグラフに描け。

(5)　P が固定端の場合について，前問(イ)，(ウ)のグラフを描け。

（名古屋市立大＋信州大）

75　x 軸に沿って正弦波が伝わっている。図1は時刻 t=0〔s〕における波の変位 y の空間変化，図2は x=0〔m〕における波の変位 y の時間変化である。

(1)　この波の振幅，波長，周期，振動数，速さはいくらか。

(2) この波は x 軸の正の方向へ進行しているか，負の方向へ進行しているか。

(3) この波の変位 y〔m〕は位置座標 x〔m〕と時刻 t〔s〕の関数として次のように表すことができる。A，B，C に入る数値を求めよ。

$$y = \boxed{A} \sin\{\pi(\boxed{B}\,x + \boxed{C}\,t)\}$$

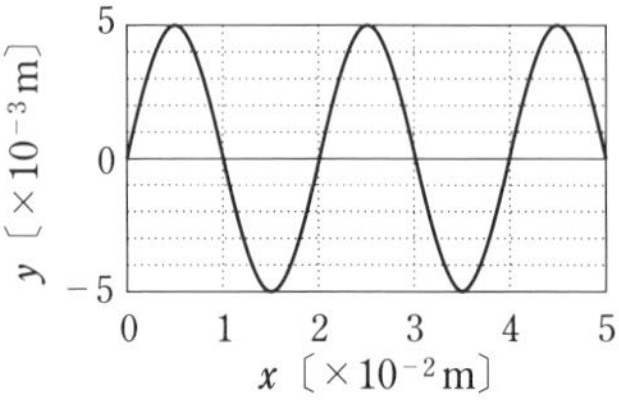

図 1

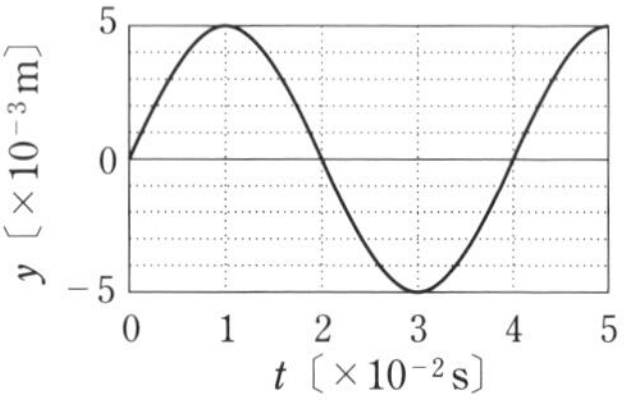

図 2

（電気通信大）

2 弦・気柱の振動

◆ 弦の共振

両端が節になる定常波

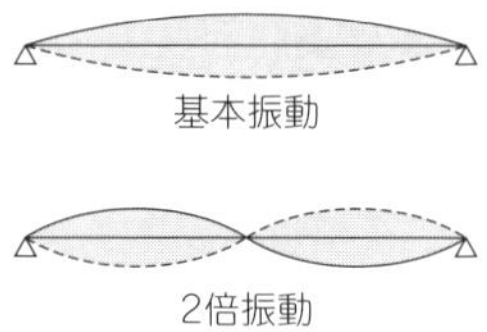

※ 振動数は，振動源の振動数と一致する。

◆ 気柱の共鳴

口が腹，底が節となる定常波

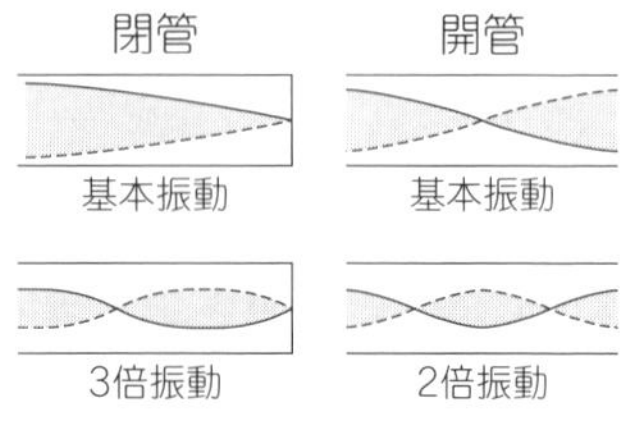

※ 実際には，腹は管の口より少し外側にできる。管口からの距離を開口端補正という。

76 基　音さAに弦の左端を固定し，水平に移動することのできる滑車を通して右端におもりをつるし，弦の長さを変えられるようにした装置がある。弦の線密度をρ，おもりの質量をmとし，重力加速度をgとする。

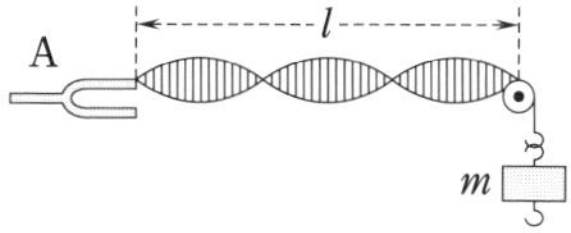

いま，弦の長さをlとし，音さを振動させると，図のように腹が3個ある定常波を生じた。これから音さの振動数fは $\boxed{\text{(1)}}$ と分かる。次に，おもりの下にもう1つ，質量Mのおもりを下げたら，同じ音さによってこんどはちょうど腹が2個の定常波ができた。これからMはmの $\boxed{\text{(2)}}$ 倍である。

こんどはAとほんの少し振動数の違う別の音さBをとりつけて，図と同じく質量mのおもりだけで実験した。このとき，同じく腹が3個の定常波を作るためには，滑車を動かして弦の長さを少しだけ長くしなければならなかった。そして，音さA，Bを同時に鳴らすと毎秒n回のうなりが聞こえた。これからBの振動数はf，nを用いて $\boxed{\text{(3)}}$ と表される。また，弦の長さは，弦を伝わる波の速さv，l，nを用いて $\boxed{\text{(4)}}$ だけ長くされたことが分かる。

（東京医歯大）

77 基　ガラス管AB中にピストンPを挿入し，開口部Aの近くでおんさを振動させる。音速を340〔m/s〕とし，開口端補正は無視できるものとする。

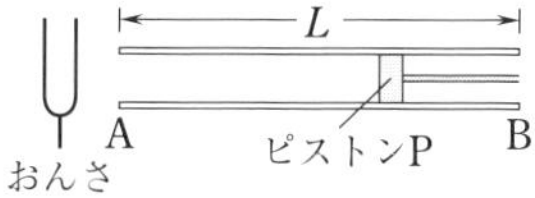

(1)　PをAからBに向けてゆっくりと移動したところ，Aからの距離が20.0〔cm〕のところで最初の共鳴が起こった。おんさの振動数f〔Hz〕を求めよ。

(2)　Pをさらに右に移動したところ，Aからある距離になったときに次の共鳴が起こった。その位置はAから何〔cm〕のところか。

(3)　Pをさらに右に移動したところBの位置までずっと共鳴は起こらなかったが，Pをガラス管から取り外したところちょうど共鳴が起こった。このガラス管の長さL〔cm〕を求めよ。また，このときの管内の定常波の様子を図に示せ。

(4)　Pを取り外したまま，振動数のより小さなおんさを用い，共鳴を起こしたい。その振動数f'〔Hz〕を求めよ。

（信州大）

78 基　ガラス管の管口の真上に取り付けたスピーカーから振動数 $f=423$ Hz の音を出しておき，ガラス管に満たした水の面をゆっくり下げていったところ，水面が管口から $l_1=18.9$ cm のときに初めて音が大きく聞こえた。さらに水面を下げていくと，音はいったん小さくなり，管口から $l_2=59.1$ cm のときに再び大きく聞こえた。開口端補正は音の振動数などによって変わらないとする。

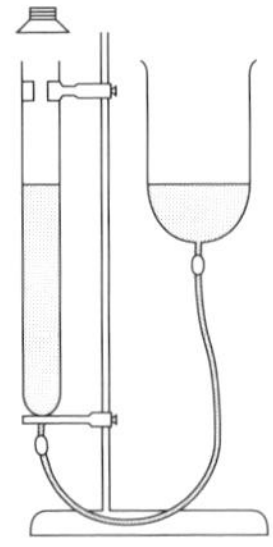

(1)　音波の波長 λ は何 cm か。音速 V は何 m/s か。また，開口端補正 Δl は何 cm か。

(2)　$l_2=59.1$ cm のとき，管内において，次の位置を管口からの距離で答えよ。

(ア)　空気の振動の振幅がとくに大きい位置

(イ)　空気の密度の変動がとくに大きい位置

(3)　もしも，気温を上げて同じ実験をすると，l_1，l_2 の値は増すか，減るか，それとも変化しないか。

(4)　$l_2=59.1$ cm に保ったまま，スピーカーの音の振動数を 423 Hz からしだいに増していくと，音はいったん小さくなり，再び大きく聞こえた。このときの振動数は何 Hz か。

（センター試験）

3　ドップラー効果

◆ ドップラー効果

$$f=\frac{V-u}{V-v}f_0$$

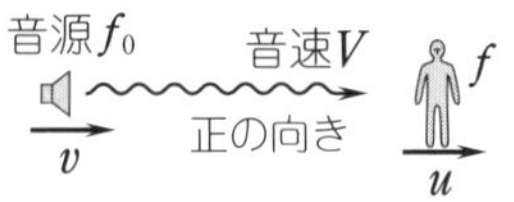

※ u，v は速度で，音波が伝わる向きを正とする。

※ 近づくと振動数は増し，遠ざかると減る。

※ 音波に限らず，一般の波でも起こる。

79

(a)　ある時，音源から出た音の波面Hが，静止している人に向かう。音速を V とし，音源が近づく速さを $v(<V)$ とすると，時間 t 後の音源と波面Hとの間の距離は [(1)] である。音源の振動数を f_0 とすると，この距離の間に [(2)] 個の波が入っているので，音波の波長は [(3)] となる。その結果，人には振動数が [(4)] の音として聞こえる。

(b)　静止している音源に向かって人が速さ $u(<V)$ で近づいていくときにも類似の現象が起こる。このとき，単位時間に人には [(5)] の距離の間に含まれる音波が達するから，人は振動数 [(6)] の音として聞く。

(c)　音源が速さ v で，人が速さ u で互いに近づくときには，人には振動数 [(7)] の音が聞こえる。

(d)　一定の速さ $w(<V)$ の風が吹いているとする。風と同じ向きに音源が速さ v で進むとき，前方で静止している人には振動数 [(8)] の音が聞こえる。

（大阪大）

80　静かな水面に，細い針金の先端につけた小球Pをふれさせ，水面波を発生させる。図は，小球Pを毎秒5回水面にふれさせながら x 軸の正の方向に一定の速さ v で移動させたとき，発生した水面波をある時刻に観測したものである。図の実線は水面波の山の位置を表している。答えは解答群から選べ。

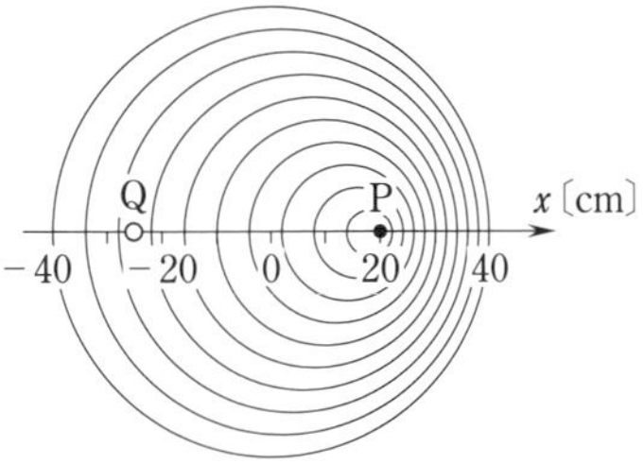

(1)　水面波の伝わる速さ V は何 cm/s か。

①　5　　②　10　　③　15　　④　20
⑤　25　　⑥　30　　⑦　35　　⑧　40

(2)　小球Pの速さ v は何 cm/s か。

①　2.5　　②　5.0　　③　7.5　　④　10
⑤　12.5　　⑥　15　　⑦　17.5　　⑧　20

(3)　図のQの位置で観測される水面波の振動数 f は何 Hz か。

①　$\frac{5}{3}$　　②　$\frac{10}{3}$　　③　5　　④　$\frac{20}{3}$　　⑤　10　　⑥　15

（センター試験）

81 岩壁に向かって一定の速さで進む船が，振動数 840 Hz の汽笛を鳴らした。船上の人は鳴らし始めてから 2 秒後に反射音を聞き，その振動数は 20 Hz ずれていた。音速を 340 m/s とする。

⑴ 船の速さはいくらか。

⑵ 音を発射したときの船の位置は，岩壁から何 m 離れていたか。

⑶ 汽笛を鳴らした時間が 10 s 間のとき，船上では反射音は何 s 間聞こえるか。

（東京電機大＋東京理科大）

82 静止している観測者，振動数 f_0〔Hz〕の音を発する音源S，音を反射する壁が図のように一直線上に並んでおり，壁はこの直線に対して垂直に置かれている。S と壁はその直線上を移動できるものとする。音速を V〔m/s〕とする。

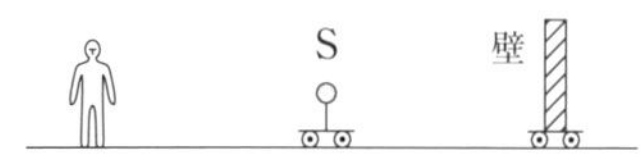

⑴ 壁は固定して，音源 S を左へ速さ v〔m/s〕で動かす場合，

㋐ S から観測者に直接到達する音の振動数はいくらか。

㋑ 壁で反射して観測者に到達する音の振動数はいくらか。

㋒ 観測者には 1 秒間に n_1 回のうなりが聞こえた。S の速さ v はいくらか。

⑵ 音源 S を固定して，壁を左へ速さ u〔m/s〕で動かす場合，

㋐ 壁で反射して観測者に到達する音の振動数はいくらか。

㋑ 観測者には 1 秒間に n_2 回のうなりが聞こえた。壁の速さ u はいくらか。

（名城大）

83 点 P の位置に静止している観測者の前を，振動数 f_0 の音波を発する音源を備えた超高速列車が直線軌道を音速 V の半分の速さ $\frac{1}{2}V$ で通過していく。点 P から軌道までの距離を l とする。

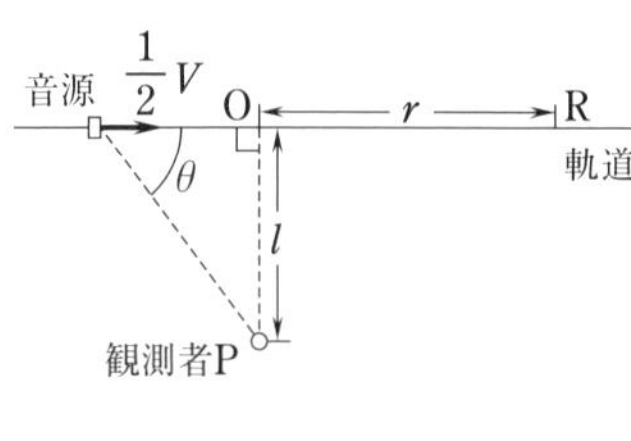

⑴ 観測者が聞く音の高さはどのように変化するか。10 字以内で簡潔に述べよ。

(2)　音源が$\theta=60^\circ$の地点で発した音波を観測者が観測するときの振動数をf_0を用いて表せ。

(3)　音源が観測者の正面の点Oで発した音波を観測者が受けた瞬間に，観測者はその受けた音波と同じ振動数fの音波を送り返した。fをf_0を用いて表せ。

(4)　観測者が送った音波は，音源が点Oから距離rだけ離れた点Rに達したときに音源に届いた。rをlを用いて表せ。

(5)　観測者が送った音波を，移動する列車上の音源の位置に置かれた測定器により，点Rを通過するとき観測したところ，その振動数はf'であった。f'をfを用いて表せ。

（岐阜大）

84　自動車に振動数f_0〔Hz〕のサイレンを乗せ，点Oを中心とする半径r〔m〕の円周上を，一定の速さv〔m/s〕で左まわりに走らせた。円の外側の点Pに人が立ち，この音を聞くこととし，音速をV〔m/s〕とする。

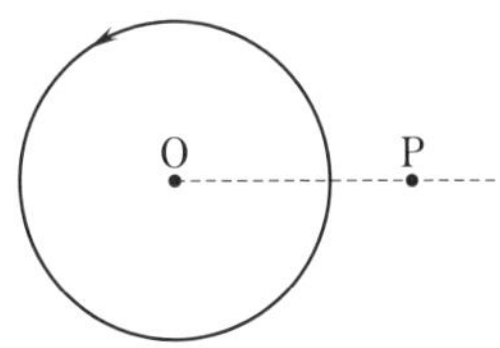

(1)　図の円周上で，最大振動数f_H〔Hz〕の音が発せられた点にAを，振動数f_0〔Hz〕の音が発せられた点にBを，最小振動数f_L〔Hz〕の音が発せられた点にCを，それぞれ記入せよ。

(2)　vとf_0を，f_H，f_L，Vを用いてそれぞれ表せ。

(3)　$f_H=525$〔Hz〕，$f_L=495$〔Hz〕，$V=340$〔m/s〕であるとき，525〔Hz〕の音を聞く周期が9.42〔s〕であった。vとrはいくらか。

(4)　(3)において，距離OPが$2r$〔m〕に等しいとき，

(ア)　f_H〔Hz〕の音を聞いて，次にf_L〔Hz〕の音を聞くまでには，どれだけの時間がかかるか。

(イ)　f_0〔Hz〕の音を聞いて，次にf_L〔Hz〕の音を聞き，再びf_0〔Hz〕の音を聞くまでには，どれだけの時間がかかるか。

（奈良女子大）

4 反射・屈折の法則

◆ 反射と屈折

反射の法則　入射角＝反射角

屈折の法則　$n_{12} = \dfrac{\sin\theta_1}{\sin\theta_2} = \dfrac{v_1}{v_2} = \dfrac{\lambda_1}{\lambda_2}$

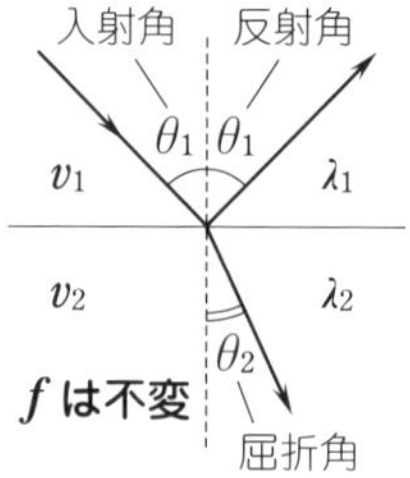

85 図のように，平行な境界面 A と B で接した 3 種の媒質 1，2，3 がある。媒質 1 から入射した平面波の一部が屈折して媒質 2 へ入っていく。図中の平行線は入射波と屈折波の波面を表している。

媒質 1 における波の波長は 2.0 cm，振動数は 25 Hz である。

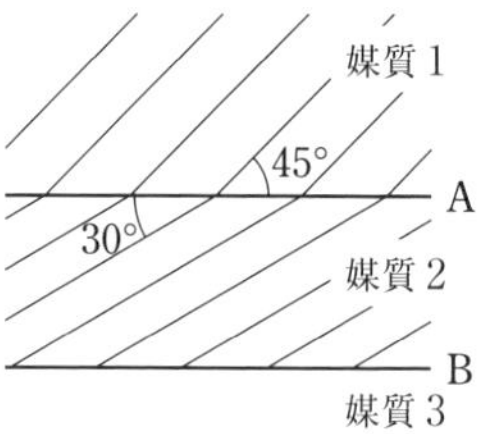

(1) 媒質 1 に対する媒質 2 の屈折率はいくらか。

(2) 媒質 1 の中での波の速さは何 cm/s か。

(3) 媒質 2 の中での，波の波長は何 cm か。振動数は何 Hz か。速さは何 cm/s か。

(4) 媒質 1 に対する媒質 3 の屈折率は 0.80 であった。媒質 2 に対する媒質 3 の屈折率はいくらか。

(5) 境界面 B で反射された波は，媒質 2 を通って，その一部が媒質 1 へもどる。そのときの屈折角は何度か。

（センター試験）

86 図のようなガラスがある。光が空気中からAC面上の点Pへガラス面に垂直に入射した。その後，はじめてガラス面上に達した点をQとする。空気とガラスの屈折率はそれぞれ1と$\sqrt{3}$とし，点Pは図の位置で考えるものとする。

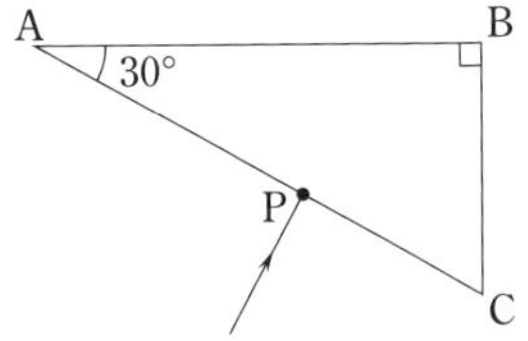

(1)　点Qから空気中へ出ていく光の屈折角を求めよ。

(2)　点Pで入射し，点Qで反射した光が空気中へ出るまでの光の進路を図示せよ。

（鹿児島大）

87 図のように，屈折率n_1のガラス直方体の上面と下面に屈折率n_2のガラス板を密着させて，光線を側面ABから入射させた。このとき，ガラス直方体中で光線が全反射を繰り返しながら，側面CDまで到達するために必要な条件を調べてみよう。ガラスは空気中に置かれ，空気の屈折率は1としてよい。

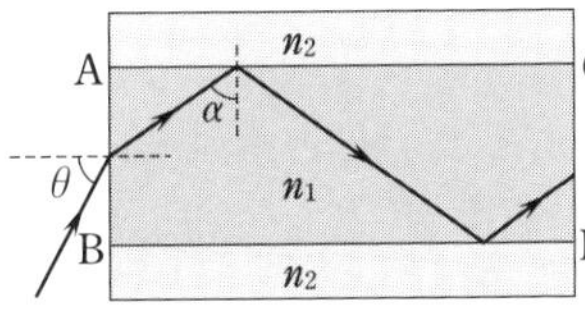

(1)　全反射が起こるための，n_1とn_2の大小関係を答えよ。

(2)　AC面での臨界角をα_0として，$\sin\alpha_0$を求めよ。

(3)　AB面への入射角をθとし，AC面への入射角をαとする。$\cos\alpha$をθとn_1を用いて表せ。

(4)　図のように全反射するための$\sin\theta$に対する条件を，n_1，n_2を用いて表せ。

(5)　$0°<\theta<90°$のすべてのθに対して全反射を起こさせるための条件を，n_1とn_2だけを用いて表せ。

（センター試験＋東京理科大）

88 矢印を組み合わせた形の光源を凸レンズの光軸上に配置したところ，スクリーン上に実像ができた。スクリーンは光軸に垂直であり，F，F′はレンズの焦点である。スクリーンと光軸の交点を原点にして，水平方向に x 軸をとり，レンズ側から見て右向きを正とし，鉛直方向に y 軸をとり上向きを正とする。光源の太い矢印は y 軸の正の向き，細い矢印は x 軸の正の向きを向いている。このとき，観測者がレンズ側から見ると，スクリーン上の像は次の [(1)] である。

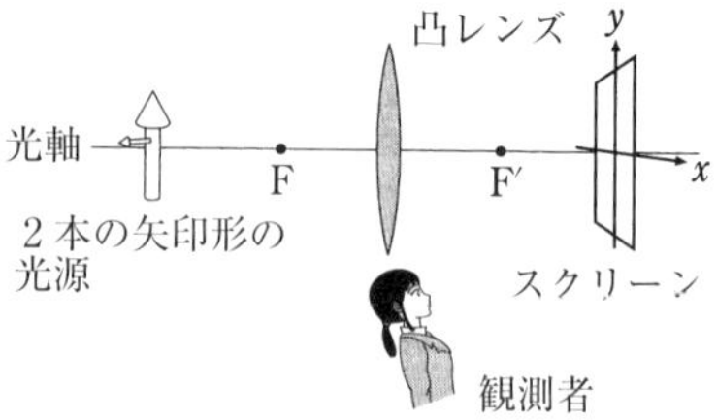

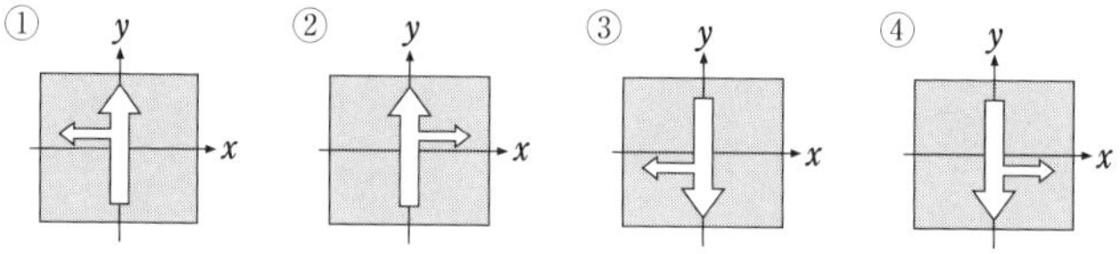

光源とスクリーンの距離が 100 cm で，実像の倍率が 1 だったので，レンズの焦点距離は [(2)] cm である。

次に，レンズの中心より上半分に黒い紙を貼った。スクリーン上の像はどのようになるか。次のうちから選べ。 [(3)]

① $y>0$ の部分が見えなくなった。　② 全体が暗くなった。
③ $y<0$ の部分が見えなくなった。　④ 何も変化がなかった。

（共通テスト＋センター試験）

89 高さ 8 cm のろうそくと，焦点距離 10 cm の凸レンズ L_1，焦点距離 10 cm の凹レンズ L_2 がある。レンズの厚さは考えなくてよい。

(1) 凸レンズ L_1 の前方 30 cm の位置に光軸に垂直にろうそくを立てる。L_1 によって作られるろうそくの像の位置および像の大きさを求めよ。さらに，像が実像か虚像か，また正立か倒立かを答えよ。

(2) L_1 により倍率 1 の実像ができるとき，ろうそくから L_1 までの距離はいくらか。

(3) 凹レンズ L_2 の前方 30 cm の位置にろうそくを立てる。像の位置および像の大きさを求めよ。さらに，実像か虚像か，また正立か倒立かを答えよ。

(4)　L_1 と L_2 を 30 cm 離し，光軸を合わせる。L_1 の前方(L_2 とは反対方向)5 cm の位置にろうそくを立てる。まず，L_1 だけによる像の位置を求めよ。次に，L_1，L_2 全体による像の位置と像の大きさを求めよ。

(電気通信大＋明治大)

5　干渉

◆ **波の干渉** … 2 つの波源からの波の重ね合わせ

強め合い：　距離差 $= m\lambda$

弱め合い：　距離差 $= \left(m + \frac{1}{2}\right)\lambda$

※ 波源が同位相の場合。逆位相の場合は条件式が入れ替わる。m は整数。定常波(定在波)も干渉の一種。

◆ **光の干渉の条件式**

明：　光路差 $= m\lambda$　　　**暗：　光路差 $= \left(m + \frac{1}{2}\right)\lambda$**

※ λ は真空中の波長を用いる。m は整数。

※ 反射があるときは位相変化に注意する。π 変わる反射があれば条件式を入れ替える。

90 異なる位置にある 2 つの音源 S および T を結ぶ直線上に観測者がいる。音源 S および T から出る音は振動数 200 Hz，音速 340 m/s であり，音源 S および T は疎密で同位相の音を左右に送り出し，音は減衰しないものとする。

(a)　音源 S および T の右側にいた観測者が，音が強め合っていると観測できたとすれば，2 つの音源の距離は最短で [(1)] 〔m〕である。

(b) 音源Sと音源Tとの間隔を5.6 mとし，SとTの間にいた観測者が音が強め合っていると観測できたとする。そのような位置は間隔 [(2)]〔m〕をなしていくつかあるが，観測者がTに最も近い位置にいたとすれば，Tまでの距離は [(3)]〔m〕である。そして，観測者がSに向かって1.7 m/sの速さで歩くと，音の大きさが繰り返し変化して聞こえる。音が強め合っていると観測する回数は1秒あたり [(4)]〔回/s〕である。

(東京理科大＋センター試験)

91 水面上でd〔m〕離れた2点A，Bを周期T〔s〕で振動させ，2つの波をつくった。図は，波源A，Bから出る波の，ある時刻での山の位置を描いたものである。

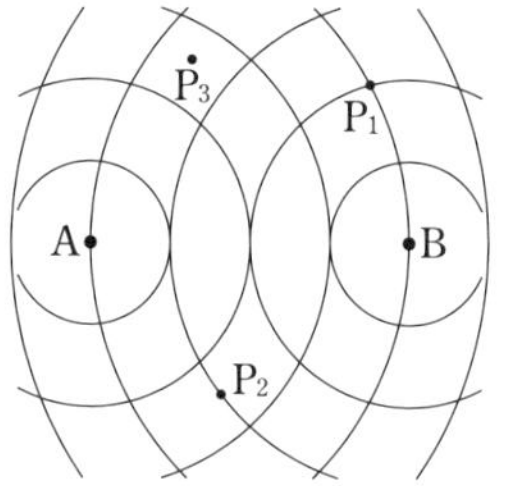

(1) この波の波長λおよび波の速さvはいくらか。

(2) 図中の点P_1，P_2，P_3は，それぞれ強め合いの位置か，弱め合いの位置か。

(3) 点A，Bから各点までの距離の差AP_1-BP_1，AP_2-BP_2，AP_3-BP_3を波長λを用いて表せ。

(4) 線分ABを横切り，波源Aの最も近くを通る強め合いの線を図に描き入れよ。

(5) AとBを逆位相で振動させると，AB間には何本の弱め合いの線が現れるか(波源は除く)。

(九州工大)

92* 図のように，一定波長の平面波の水面波を，波面と平行に並んだ間隔5 cmの2つのスリットS_1およびS_2を通して干渉させた。S_1を通り，S_1とS_2を結ぶ直線に垂直な直線S_1Tにそって水面の動きを調べたところ，波が弱め合って，水位がほとんど変化しない場所が2つだけ見つかった。そのうち，S_1から遠い方をA_1，S_1に近い方をA_2とすると，S_1からA_1までの距離は12 cmであった。

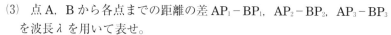

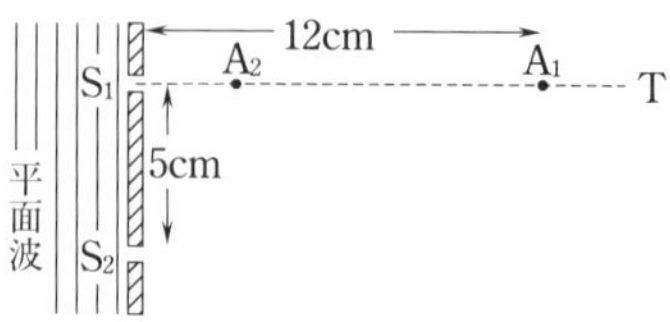

(1)　距離 S_1A_1 と S_2A_1 の差は，波長の何倍か。また，距離 S_1A_2 と S_2A_2 の差は，波長の何倍か。

(2)　この水面波の波長は何 cm か。

(3)　水面上には強め合いの線(双曲線や直線)が何本生じているか。

(4)　次に，スリット S_1 は固定したまま S_2 を動かし，S_1S_2 間の間隔を広げていった。このとき，直線 S_1T での，水位がほとんど変化しない点の個数は増すか減るか。また，A_1 は S_1 に近づくか遠ざかるか。

(センター試験)

93 図で S_0，S_1，S_2 はたがいに平行なスリットである。S_1，S_2 は間隔が $2a$ で，S_0 から等距離にある。スクリーンはスリット面 I および II に平行で，面 II から l だけ離してある。S_1 と S_2 の中点からスクリーンに下ろした垂線の足を O とし，O から距離 x だけ離れたスクリーン上の点を P とする。ここで，a および x は l に比べて十分小さい。光源から出た波長 λ の単色光を S_0 にあてると，スクリーン上に明暗のしまが現れる。

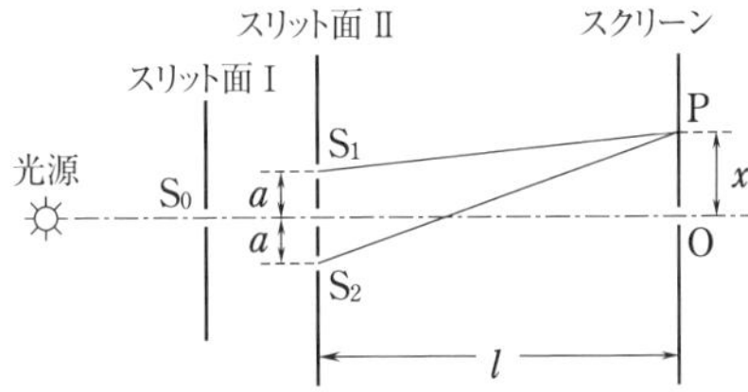

A　まず，空気(屈折率は 1)中に置かれた装置で実験する。

(1)　P 点が暗くなるとき，x が満たしている条件を整数 m を用いて表せ。

(2)　a を 0.47 mm，l を 6.1 m にとって実験した。このとき，スクリーン上に現れた暗線の間隔は 4.1 mm であった。単色光の波長 λ は何 m か。

B　次に，装置の一部を屈折率 n の媒質で満たす。

(3)　スリット面 I とスリット面 II の間だけを，この媒質で満たしたとき，暗線の間隔は，A の場合の何倍になるか。

(4)　スリット面 II とスクリーンの間だけを，この媒質で満たしたとき，暗線の間隔は，A の場合の何倍になるか。

(センター試験)

94 格子定数dの回折格子に垂直に単色光を入射させ，入射光の進行方向と回折光の進行方向のなす角度をθとして，円筒状スクリーン上に現れる明線を$-60° < \theta < 60°$の範囲で観測する。回折格子の位置を原点Oとして，入射光および円筒の中心軸に垂直な方向にx軸を定める。

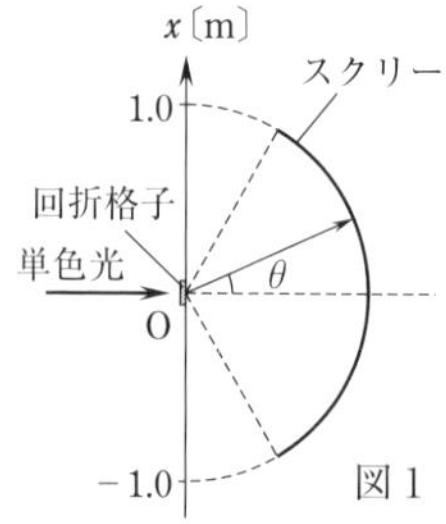

図1

(1) $d = 1.2 \times 10^{-6}$ mの回折格子に，波長$\lambda = 6.0 \times 10^{-7}$ mの光を入射させたとき，スクリーン上$(-60° < \theta < 60°)$に現れる明線の数は何本か。

(2) 格子定数が分かっていない回折格子に取り替えた。この回折格子に，赤色の単色光と青色の単色光を同時に入射させたところ，スクリーンの$0° < \theta < 60°$の範囲には，図2のP，Q，Rの位置にのみ明線が観測された。3本の明線のうち，青色の明線はどれか。次のうちから選べ。

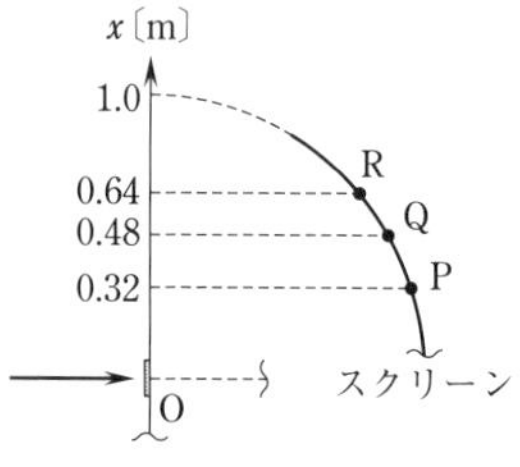

図2

① Pのみ　② Qのみ　③ Rのみ
④ PとQ　⑤ QとR　⑥ PとR

(3) (2)において，赤色の波長を$\lambda_R = 6.8 \times 10^{-7}$ mとする。格子定数を求めよ。

（センター試験）

95 図のように，格子定数d〔m〕の回折格子に光源からの光を垂直に入射し，回折格子から距離Lだけ離れているところにスクリーンを配置して以下の実験を行った。

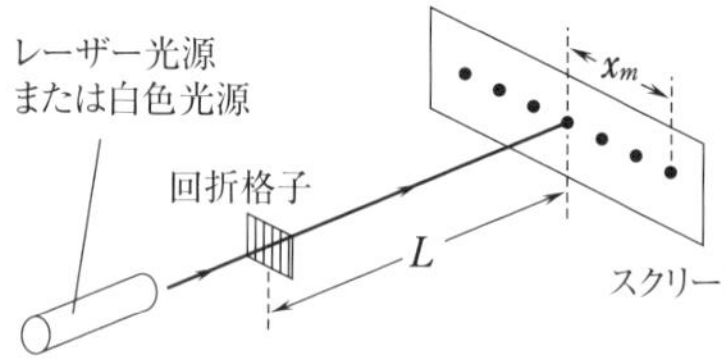

(1) 光源として波長λ〔m〕のレーザー光を用いたところ，スクリーン上に明るい点の列が観測された。中心の明るい点から測ってm番目の明るい点までの距離をx_m〔m〕とし，x_mがL〔m〕に比べて十分小さいとした場合，x_mをλ，d，L，mを用いて表せ。ただし，中心の明るい点を$m = 0$とし，微小角θに対して$\sin\theta \fallingdotseq \tan\theta$の近似を用いて

よい。またこのとき，明るい点の間隔 Δx〔m〕を求めよ。

(2) 前問において，回折格子のすじが 1 mm あたり 100 本あり，L が 1.00〔m〕のとき $m=3$ の明るい点までの距離 x_3 が 19.0〔cm〕と測定された。レーザー光の波長 λ〔nm〕を求めよ。

(3) 光源としてレーザー光のかわりに可視光領域の白色光を用いると，スクリーン上にはどのような像が見られるか，$m=0$ と $m=1$ の明るい点について簡単に説明せよ。

(4) 可視光の波長範囲は 380〔nm〕〜770〔nm〕である。$m=1$ のときの x_1 の広がる範囲〔cm〕を求めよ。 （宇都宮大）

96 油膜が水面に広がっていて，空気中での波長 6.0×10^{-7} m の光がこの油膜へ垂直に入射している。空気，水，および油膜の屈折率はそれぞれ 1.0，1.3，および 1.5 とし，空気中の光速を 3.0×10^{8} m/s とする。

(1) 油膜中での光の速さと波長はいくらか。

(2) 油膜の表面と裏面で反射した光が干渉によって強め合う膜の最小の厚さはいくらか。

(3) 油膜の厚さを前問の状態から厚くしていった場合，次に強め合う膜の厚さはいくらか。

(4) 波長 6.0×10^{-7} m の光では強め合い，波長 4.5×10^{-7} m の光では弱め合う膜の最小の厚さはいくらか。 （京都府立大）

97 媒質 G 上に厚さ d の薄膜があり，空気中から単色光が斜めに入射する場合の干渉を考える。空気中での光の波長を λ，屈折角を ϕ とする。また，空気，薄膜，G の屈折率はそれぞれ 1，n，n_G とする。A_1A_2 は入射波の波面で，B_1B_2 は屈折波の波面である。同じ波面上では同位相である。したがって，$A_1\to C\to B_2\to D$ の経路をとる光と $A_2\to B_2\to D$ の経路をとる光との間に位相差をもたらす経路の差は，B_1C+CB_2 になる。この長さは d，ϕ を用いて表すと [(1)] となる。これら 2 つの光が点 B_2 で同位相であれば干渉により強め合い，D の方向から観測すると反射光は明るく見える。薄膜の中では光の波長は

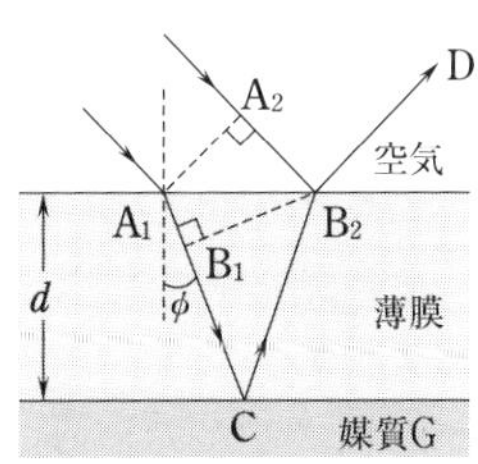

［ (2) ］である。$n<n_G$ の場合，各反射面での反射光の位相のずれの有無を考慮すると，干渉して反射光が明るくなる条件は，正の整数 m を用いて［ (3) ］と書ける。$\lambda=6.0\times10^{-7}$〔m〕，$\phi=60°$，$n=1.5$，$n_G=1.6$ のとき，反射光が明るくなる薄膜の最小の厚さは［ (4) ］〔m〕である。また，G のみを替え，$n_G=1.4$ とすると，明るくなる最小の厚さは［ (5) ］〔m〕となる。

（岡山大）

98*　2 枚の平板ガラス A，B の一端 O から $L=0.10$ m 離れたところにアルミ箔（はく）をはさむ。真上から波長 $\lambda=5.9\times10^{-7}$ m の光をあてて，上から見ると干渉じまが見えた。空気の屈折率を 1 とする。

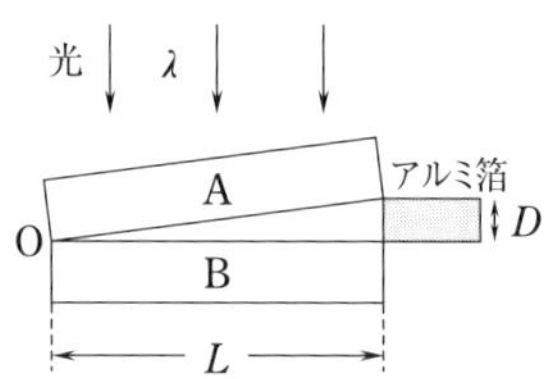

(1)　O 点のしまは明線になるか，暗線になるか，それともそのいずれでもないかを答えよ。
(2)　隣り合う明線の間隔 Δx が $\Delta x=2.0$ mm のとき，はさんだアルミ箔の厚さ D〔m〕を求めよ。
(3)　光の方向と反対側（ガラス板 B 側）から干渉じまを観察する。上から見る場合と比べて，干渉じまはどう変わるか，簡潔に述べよ。
(4)　2 枚のガラス板の間を屈折率 n の水で満たす。空気中と比べて明線の間隔は何倍になるか。

（弘前大）

99*　平面ガラス板の上に，大きい曲率半径 R をもつ平凸レンズをのせ，上から波長 λ の単色光をあてて上から見ると，レンズとガラス板の接点 C を中心とする明暗の輪が同心円状に並んでいるのが見える（ニュートンリング）。

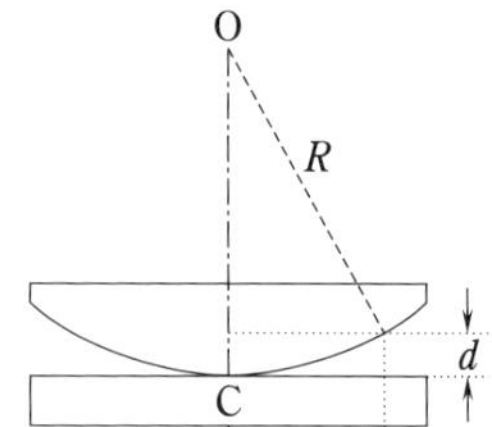

(1)　輪の半径を r とする。その位置での空気層の厚さ d を R，r を用いて表せ。ただし，d は R に比べて十分に小さいとする。
(2)　平凸レンズの中心部は明るく見えるか，暗く見えるか。また，青色の光と赤色の光では，輪の半径はどちらが大きいか。

$\lambda = 540$〔nm〕の光を用いたところ，中心から3番目の明輪が$r =$ 3.0〔mm〕の位置に見えた。

(3) 平凸レンズの曲率半径R〔m〕を求めよ。

(4) 平凸レンズと平面ガラスの間に，ある液体を満たして，これまで3番目の明輪のあった位置に4番目の明輪が見えるようにした。その液体の屈折率nはいくらか。

(5) 再びレンズとガラス板のすきまを空気にして，こんどはガラス板の下から単色光をあててレンズの上から見るとする。この場合，ニュートンリングはどのように見えるか簡潔に述べよ。

（富山医薬大＋慶應大）

電　磁　気

1　静電気，電場と電位

◆ クーロンの法則

$$F = k\frac{q_1 q_2}{r^2}$$

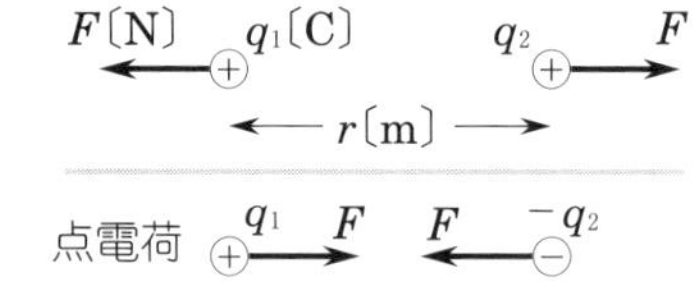

◆ 電場(電界) E〔N/C〕… +1〔C〕が受ける力

静電気力　$F = qE$

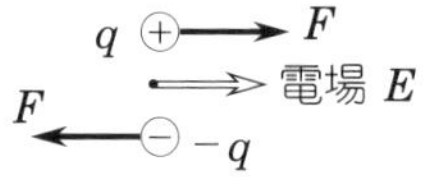

■ 点電荷の電場　$E = \dfrac{kQ}{r^2}$

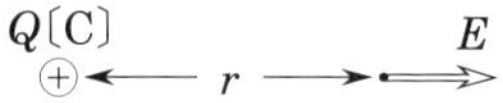

◆ 電位　V〔V〕… +1〔C〕がもつ(静電気力の)位置エネルギー

位置エネルギー　$U = qV$〔J〕　※ q，V は符号つき

■ 点電荷の電位　$V = \dfrac{kQ}{r}$　※ Q は符号つき
無限遠を基準(0 V)

100　真空中で，質量 m〔kg〕の小球Aに $-q$〔C〕の負電荷を与え，絶縁性の糸でつるす。いま，正電荷 $+2q$〔C〕をもつ小球BをAに水平方向から近づけると，BA間が d〔m〕のとき，糸は鉛直方向と 30° の角をなしてつり合った。重力加速度を g〔m/s²〕とする。

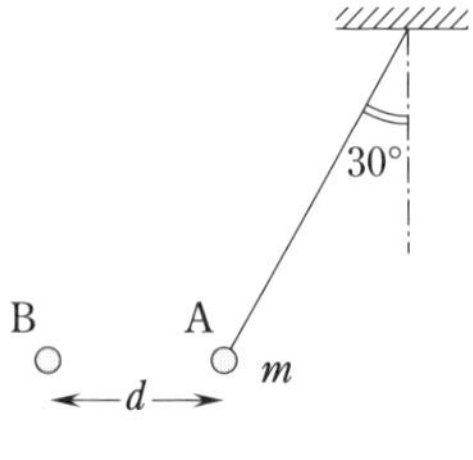

(1)　糸の張力は何〔N〕か。

(2)　クーロンの法則の比例定数を k〔N·m²/C²〕として，q を他の量で表せ。

(3)　AとBは同じ金属球とする。A，B両球を接触させた後に，再び水平方向 d〔m〕の距離に保つ。糸が鉛直方向となす角を θ として，$\tan\theta$ を数値で表せ。

（福井工大＋法政大）

101　r〔m〕離れた2点P，Qにそれぞれ q_1〔C〕，q_2〔C〕の小帯電球が固定して置かれている。まわりの電場の様子を一平面上で調べたら電気力線は図のようになった。それらは直線PQおよびその垂直2等分線AOに対して対称になっている。

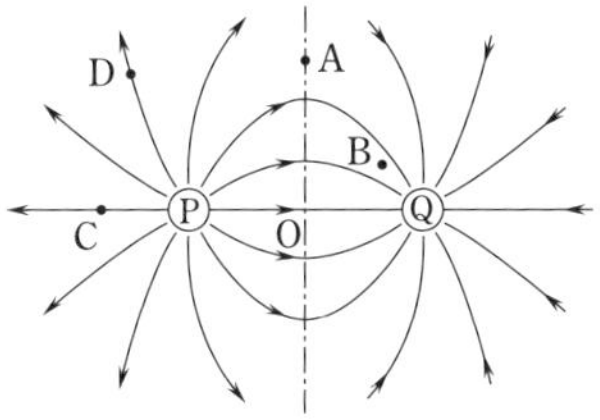

(1)　q_1 の符号は［(ア)］で，q_2 の符号は［(イ)］である。そして，$|q_1|$ と $|q_2|$ の比の値は［(ウ)］である。また，帯電体が点Aで受ける力の大きさは，点Bの場合より［(エ)］。

(2)　図の点CとDを通る等電位線をそれぞれ図示せよ。

(3)　点O，A，B，C，Dの電位をそれぞれ V_O，V_A，V_B，V_C，V_D〔V〕として，大小関係を $V_O < V_A = V_B < \cdots$ のように表せ。

(4)　正の電荷 q_0〔C〕を A→B→C→D→A の順にゆっくり移動させるとき，外力のする仕事が正となる区間はどこか。また，全体での仕事はいくらか。

（琉球大＋大阪産大）

102　図のように，2つの正の点電荷 Q〔C〕をそれぞれ点A(0, d)，B(0, $-d$)に置いて固定した。クーロンの法則の比例定数を k〔N·m²/C²〕とする。

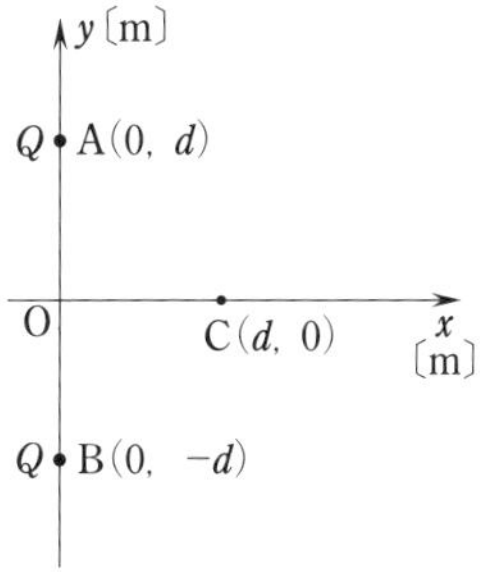

(1)　原点Oおよび点Cでの電場(電界)の強さはそれぞれいくらか。

(2)　原点Oおよび点Cの電位 V_O，V_C はそれぞれいくらか。ただし，電位の基準は無限遠点とする。

(3)　点C(d, 0)に正電荷 q〔C〕，質量 m〔kg〕の点電荷Pを置くとき，Pが受ける静電気力の大きさはいくらか。また，その向きを答えよ。

(4)　Pを点C(d, 0)から原点Oまで静かに運ぶのに要する仕事 W_1 はいくらか。また，その際，静電気力のする仕事 W_2 はいくらか。

(5) 点 C(d, 0)に点電荷 P を置いて静かに放す。十分に時間が経過した後の P の速さ v はいくらか。

（東京電機大）

103* 水平右向きに一様な電場 E〔V/m〕がかけられ，面 A と B は鉛直面で，電場に垂直である。図の 3 点 P，Q，R を考える。PQ は水平で，角 θ をなす PR の長さを l〔m〕，重力加速度を g〔m/s^2〕とする。質量 m〔kg〕，電荷 q〔C〕($q>0$)をもつ荷電粒子 M について考える。

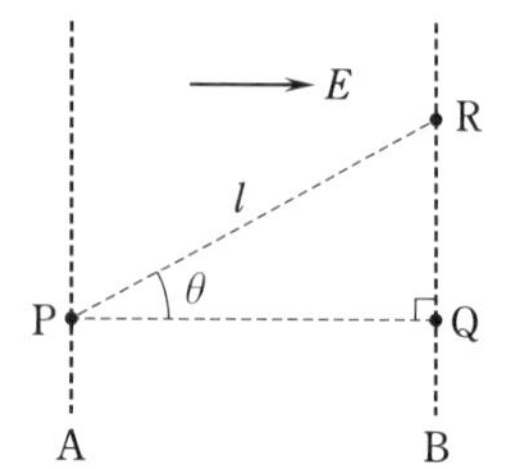

(1) P と R ではどちらの電位が高いか。また，PR 間の電位差を求めよ。

(2) 荷電粒子 M を Q 点から R 点を経て P 点へ移すとき，静電気力のする仕事を求めよ。

(3) M を P 点で静かに放すとき，面 B に達するのに要する時間はいくらか。また，このときの運動の軌跡はどのようになるか簡潔に述べよ。

(4) M を P 点で鉛直上向きに発射するとき，Q 点に到達するのに必要な初速 v_0 を求めよ。

（福岡大）

104 手で触れているはく検電器の電極に，正に帯電したガラス棒を近づけた後，手を離してから次にガラス棒を遠ざけた場合の記述として最も適当なものを選べ。

① 閉じていたはくは，手を離しても変化せず，ガラス棒を遠ざけると開く。

② 閉じていたはくは，手を離すと開き，ガラス棒を遠ざけると再び閉じる。

③ 開いていたはくは，手を離しても変化せず，ガラス棒を遠ざけると閉じる。

④ 開いていたはくは，手を離すと閉じ，ガラス棒を遠ざけると再び開く。

問 帯電していないはく検電器の電極に，正に帯電したガラス棒を近づけた後，手を電極に触れ，そして離す。次にガラス棒を遠ざけた場合のはくのふるまいを上に習って記述せよ。

（センター試験）

2 コンデンサー

◆ コンデンサー

$$Q=CV \qquad V=Ed$$

$$C=\frac{\varepsilon S}{d}=\frac{\varepsilon_r\varepsilon_0 S}{d}$$

（ε：誘電率　　ε_0：真空の誘電率
$\varepsilon_r=\varepsilon/\varepsilon_0$：比誘電率）

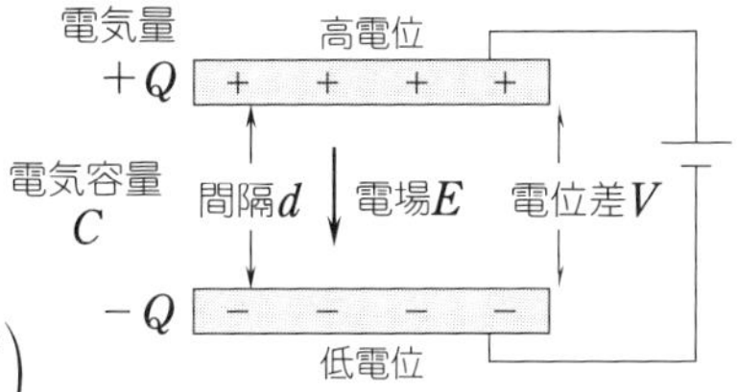

静電エネルギー　$\frac{1}{2}CV^2=\frac{1}{2}QV=\frac{Q^2}{2C}$

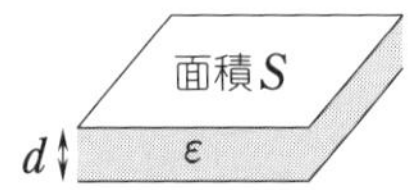

◆ 合成容量

並列 … 電圧が共通 … $C=C_1+C_2+\cdots$

直列 … 電気量が共通 … $\frac{1}{C}=\frac{1}{C_1}+\frac{1}{C_2}+\cdots$

※ 直列は，はじめ帯電していないこと

105 共に面積 S〔m^2〕の２枚の金属板を距離 d〔m〕だけ離して平行板コンデンサーをつくった。このコンデンサーに起電力 V_0〔V〕の電池とスイッチＳをつなぎ，Ｓを閉じて十分に時間がたった（以下，これをはじめの状態とする）。真空の誘電率を ε_0〔F/m〕とする。

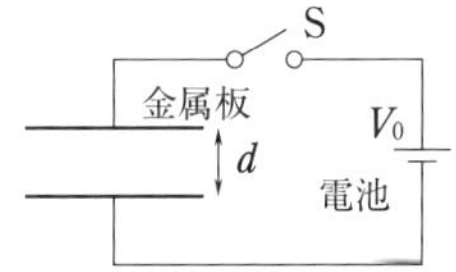

(1) コンデンサーの電気量 Q_0，極板間の電場（電界）の強さ E_0，静電エネルギー U_0 はそれぞれいくらか。

(2) スイッチＳを閉じたまま，コンデンサーの極板間隔を $2d$ に広げた。コンデンサーの電気量と電場はそれぞれ何倍になるか。

(3) はじめの状態に戻し，スイッチＳを開き，極板間隔を $2d$ に広げた。極板間の電場，電位差，静電エネルギーはそれぞれ何倍になるか。

(4) (3)に続いて，極板と同形で厚さ d，比誘電率 2 の誘電体を極板間に入れた。極板間の電位差 V_1 を V_0 で表せ。

（センター試験＋福岡大）

106 間隔 d だけ離れた極板 A，B からなる電気容量 C の平行板コンデンサー，起電力 V の電池とスイッチ S からなる図 1 のような回路がある。まず，スイッチ S を閉じた。

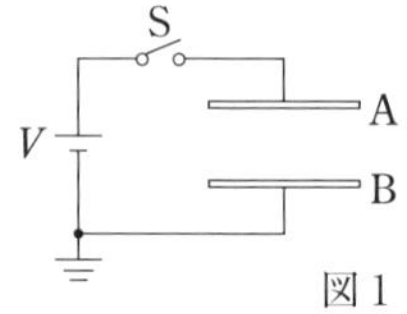

図 1

(1) コンデンサーに蓄えられた電気量はいくらか。

次に，スイッチ S は閉じたまま，厚さ $\frac{d}{2}$ の金属板 P を図 2 のように極板 A，B に平行に極板間の中央に挿入した。

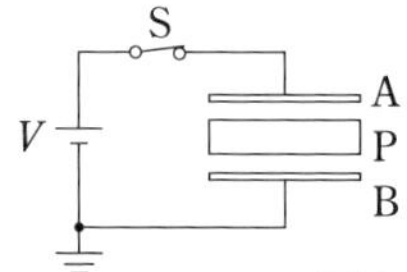

図 2

(2) このときの極板 A から極板 B までの電位の変化の様子を極板 A からの距離を横軸としてグラフに描け。

(3) また，このとき極板 A に蓄えられた電気量はいくらか。

(4) さらに，スイッチ S を開いた後，金属板 P を取り去った。このときの極板間の電位差 V' はいくらか。

(5) P を取り去るときに外力のした仕事 W はいくらか。

（愛知工大＋静岡大）

107 図はコンデンサー C_1，C_2，C_3（電気容量はそれぞれ C，$2C$，$3C$），電池（起電力 V）およびスイッチ S_1，S_2 と抵抗 R からなる回路である。最初，スイッチはどちらも開いており，いずれのコンデンサーにも電荷はない。

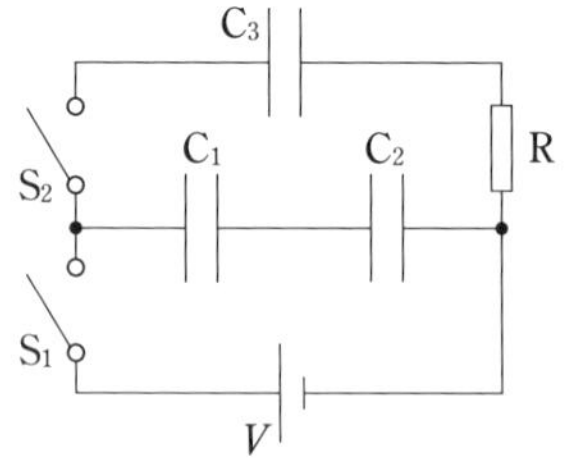

Ⅰ．まず，スイッチ S_1 を閉じ，C_1 と C_2 とを充電した。

(1) C_1 に蓄えられる電気量はいくらか。

(2) C_2 にかかる電圧はいくらか。

Ⅱ．次に，S_1 を開いてから，S_2 を閉じ，十分に時間がたった。

(3)　C_3 にかかる電圧はいくらか。

(4)　C_2 に蓄えられる電気量はいくらか。

(5)　抵抗Rで発生したジュール熱はいくらか。　(京都産大)

108　起電力がVで内部抵抗の無視できる電池E，電気容量がCの平行板コンデンサーC，抵抗値Rの抵抗R，およびスイッチSを接続した回路がある。G点は接地されており，その電位は0である。はじめSは開いており，コンデンサーに電荷は蓄えられていない。

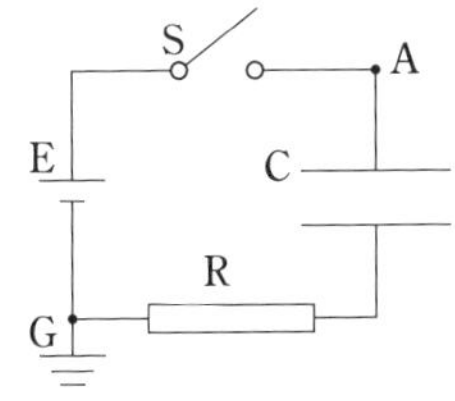

(a)　まずSを閉じ，Cを充電する。Sを閉じた瞬間に抵抗Rを流れる電流は［ (1) ］である。

(b)　Sを閉じてから十分に時間がたったとき，Cに蓄えられている静電エネルギーは［ (2) ］である。またこの充電の過程で電池がした仕事は［ (3) ］であり，抵抗Rで発生したジュール熱は［ (4) ］である。

(c)　次に(b)の状態からSを開いた。最初Cの極板間隔はdであったが，極板を平行に保ったままゆっくりと$2d$に広げた。このときA点の電位は［ (5) ］である。また極板を広げるのに必要な仕事は［ (6) ］であり，極板間に働く静電気力の大きさ(一定と考えてよい)は［ (7) ］と表される。　(近畿大＋防衛大)

109　極板A，Bからなるコンデンサーがあり，電荷Q〔C〕が充電されている。極板は一辺の長さがl〔m〕の正方形で，極板間隔はd〔m〕である。極板間は真空で，電場(電界)は一様とし，真空の誘電率をε_0〔F/m〕とする。

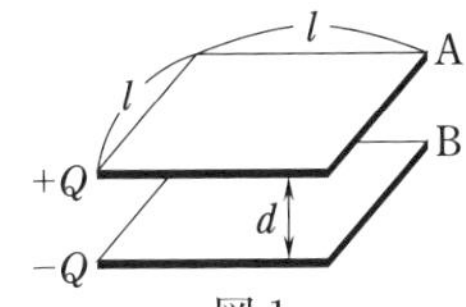

図1

A，B間に，図2のように誘電体を挿入する。誘電体は一辺l〔m〕の正方形で，厚さd〔m〕，比誘電率ε_rである。誘電体をx〔m〕だけ挿入したとき，誘電体部分の電気容量は［ (1) ］〔F〕であり，真空部分の電気容量は［ (2) ］〔F〕だから，全体での電気容量は［ (3) ］〔F〕となる。

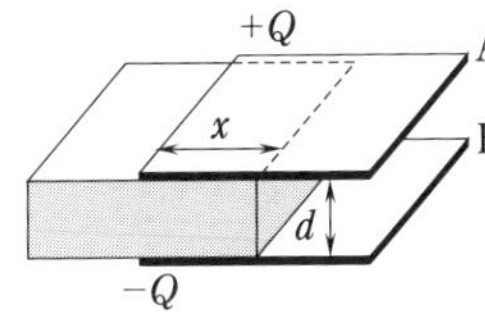

図2

また，静電エネルギーは[(4)]〔J〕となり，xを増すと[(5)]する。したがって，この誘電体にはxが[(6)]する方向に静電気力が働くことが分かる。また，極板上の電荷の面密度(単位面積あたりの電気量)は，誘電体部分と真空部分では[(7)]の比となっている。

(立教大＋千葉工大)

110* 図で，A，B，Dは，同じ大きさの金属板で，A，Bは薄く，Dの厚さはdである。それらは平行で，AD，DBの間隔がそれぞれ$2d$，dとなるよう配置されている。また，Eは起電力Vの電池，K_1，K_2はスイッチ，Gは接地点である。なお，金属板A，Bだけで間隔dの平行板コンデンサーをつくったときの電気容量はCである。まず，K_1，K_2を閉じる。

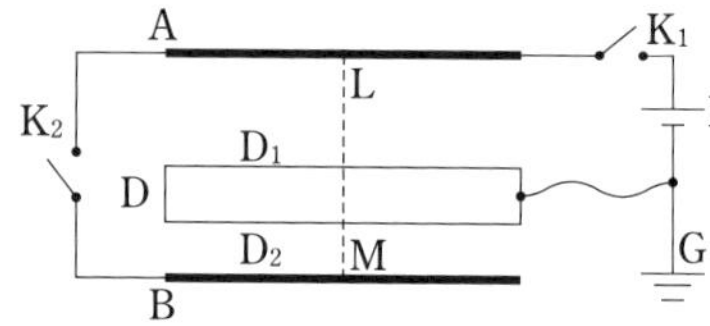

(1) DのA，Bに対向した面D_1，D_2に現れる電荷はそれぞれいくらか。

(2) 図の直線LM上の各点の電位を，Lからの距離を横軸にとってグラフに描け。接地点を電位0とする。

(3) 同様に，直線LM上の各点の電界(電場)をグラフに描け。ただし，LからMに向かう向きの電界を正とする。

次に，K_1とK_2を共に開き，Dを平行に保ったまま距離dだけAの方向に動かす。

(4) 動かした後の直線LM上の各点の電位をグラフに描け。

(5) Dを移動させるのに必要な仕事はいくらか。

(愛知工大)

111* 図1のように，面積の等しい3枚の導体板 P_1，P_M，P_2 を平行に置き，間隔が共に a となるようにして固定する。P_1 と P_2 は接地し，スイッチSを閉じて P_M の電位を V_0 とする。このとき，P_1 の電荷は $-Q_0$ であった。

(1) P_M 全体の電荷を求めよ。

次に，スイッチを切り，P_M を P_2 の方へ平行に x $(x<a)$ だけ移動した（図2）。

(2) P_M の電位を求めよ。

(3) P_1 の電荷を求めよ。

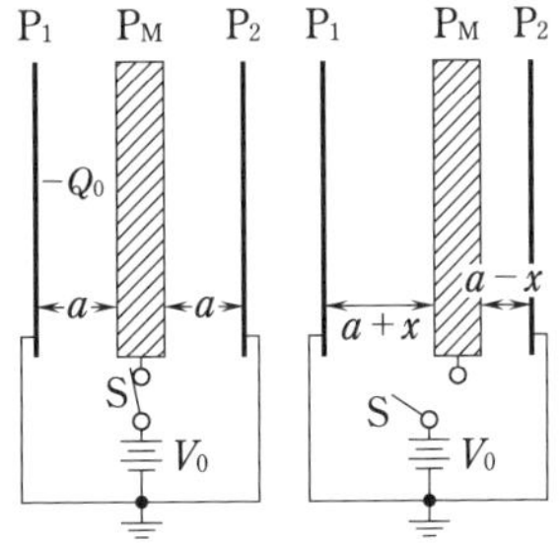

図1　　図2

（防衛大＋センター試験）

3 直流回路

◆ オームの法則

電位降下　$V=RI$
（電圧降下）

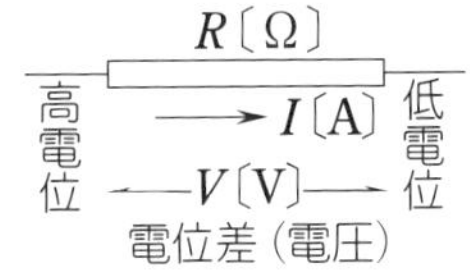

◆ キルヒホッフの法則

第1法則 … 回路の分岐点で
流れ込む電流の和＝流れ出る電流の和

第2法則 … 閉回路について
起電力の和＝電位降下の和

◆ 消費電力 … 抵抗でのジュール熱の発生

$$RI^2=\frac{V^2}{R}=VI\ 〔\mathrm{W}〕$$

112 断面積S〔m^2〕，長さl〔m〕の導体中に，電荷$-e$〔C〕の自由電子が1 m^{3}あたりn個ある。この導体の両端に電圧V〔V〕をかけると，導体内部には強さ[(1)]〔V/m〕の一様な電場が生じる。1個の自由電子は大きさ[(2)]〔N〕の力を受ける。また，自由電子は導体中のイオンなどとの衝突によって，その速さv〔m/s〕に比例する抵抗力kv〔N〕(k〔N･s/m〕は比例定数)を受け，一定の速さ$v=$[(3)]〔m/s〕で移動すると考えることができる。この速さvを用いると導体を流れる電流Iは，$I=$[(4)]〔A〕と表される。

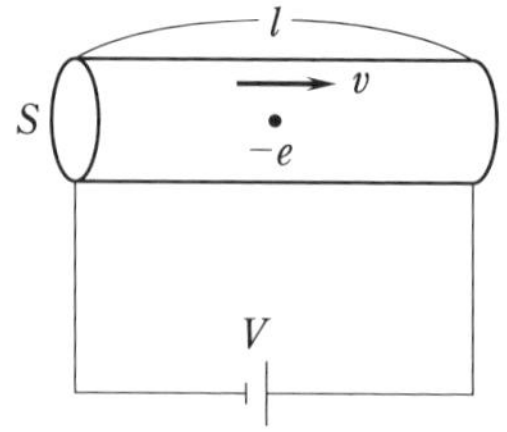

したがって，電圧と電流は比例することが分かり，導体の電気抵抗Rは$R=$[(5)]〔Ω〕と表される。また，導体の抵抗率ρが$\rho=$[(6)]〔Ω･m〕と表されることも分かる。

(九州産大)

113 起電力E，内部抵抗rの電池が2個ある。この2個の電池を直列につないで，抵抗Rの抵抗線に接続して電流を流すと，電池1個の端子電圧は，共に[(1)]となる。また，その2個の電池を並列につないで，同じ抵抗線に接続して電流を流すと，両者共通の端子電圧は[(2)]となる。

(愛知工大)

114 1 kΩと2 kΩの抵抗と電池を使って図のような回路を組んだところ，BC間の抵抗には1 mA，CD間の抵抗には3 mAの電流が流れた。AC間の2 kΩの抵抗に流れる電流I_1は[(1)]mAであり，AD間の電位差は[(2)]Vである。また，AB間の1 kΩの抵抗に流れる電流I_2は[(3)]mAである。そして，CD間の抵抗を[(4)]kΩのものに取り替えると，BC間には電流が流れなくなる。

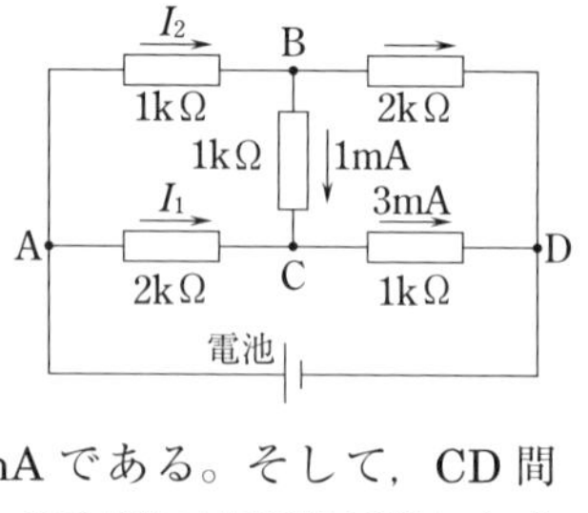

(センター試験＋愛媛大)

115　内部抵抗の無視できる電池Eと抵抗Rを図1のように接続すると，電流計Aと電圧計Vの読みは，それぞれ5 mA，3.5 Vであり，図2のように接続すると4.8 mA，3.6 Vであった。電流計と電圧計にはそれぞれ内部抵抗がある。次の値を求めよ。

(1)　電池Eの起電力E

(2)　電流計Aの内部抵抗r_A

(3)　抵抗Rの抵抗値R

(4)　電圧計Vの内部抵抗r_V

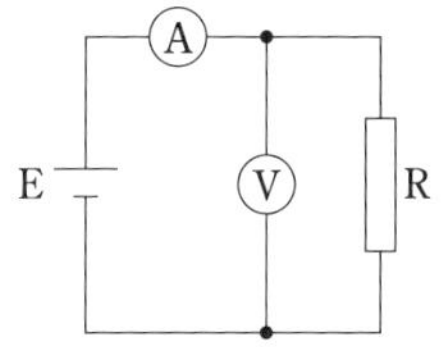

図1

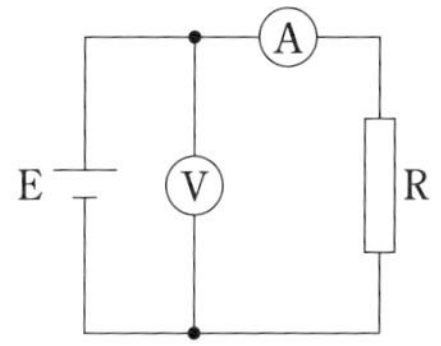

図2

（富山大）

116　図の回路で，E_1とE_2は起電力100 Vと30 Vの電池，R_1，R_2，R_3はそれぞれ15Ω，20Ω，8Ωの抵抗である。電池の内部抵抗は無視できるものとする。

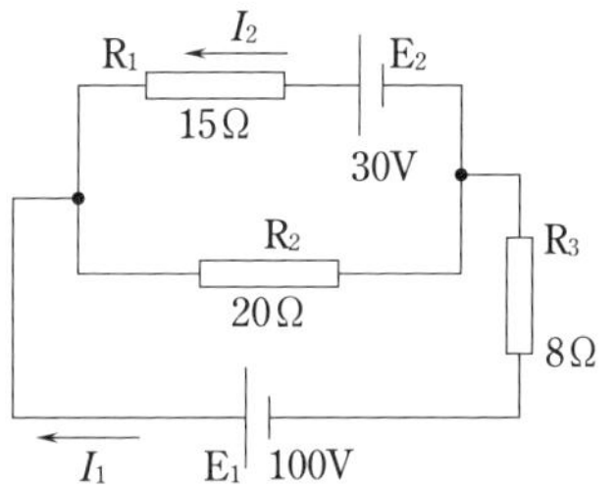

(1)　E_1とR_1を流れる電流を，図の矢印の向きにI_1〔A〕，I_2〔A〕とする。次の閉回路についてキルヒホッフの法則を記せ。

　(ア)　E_1→R_2→R_3→E_1　　　(イ)　E_1→R_1→E_2→R_3→E_1

(2)　E_1，E_2を流れる電流の強さはそれぞれいくらか。また，E_2を流れる電流の向きは，図の左・右どちら向きか。

(3)　3つの抵抗での消費電力の和Pはいくらか。

(4)　E_1の供給電力Qはいくらか。

(5)　QがPと一致しない理由を簡潔に述べよ。

（金沢工大＋岩手大）

117* 乾電池Kの両端に可変抵抗を接続し，抵抗値を変えて回路を流れる電流I〔A〕と乾電池Kの両極間の電位差V〔V〕を測定したところ，図1のような直線のグラフが得られた。

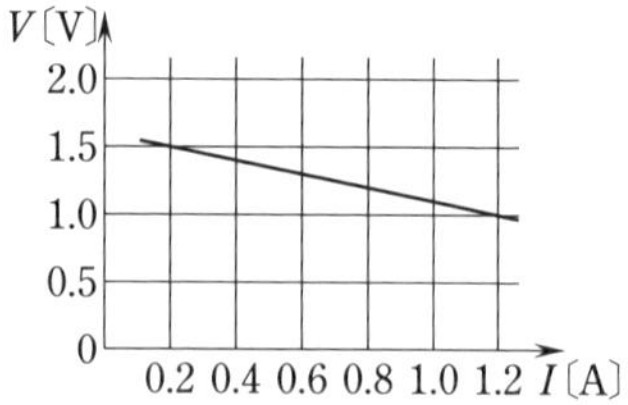

図1

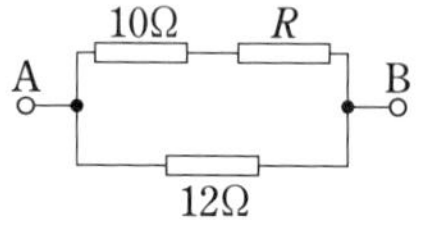

図2

(1) 乾電池Kの起電力Eを求めよ。

(2) 乾電池Kの内部抵抗rを求めよ。

(3) 回路を流れる電流が1.0〔A〕のとき，乾電池Kの両極間の電位差を求めよ。

(4) R〔Ω〕の抵抗を含む図2のような回路がある。乾電池Kを端子A，Bに接続したところ，0.20〔A〕の電流がAを流れた。AB間の3つの抵抗での消費電力の和を求めよ。また，Rを求めよ。

（千葉工大）

118 図1のように，起電力E〔V〕，内部抵抗r〔Ω〕の電池Dに内部抵抗r_V〔Ω〕の電圧計Vを接続した。このときVが示す値は，Eではなく，［ (1) ］〔V〕である。

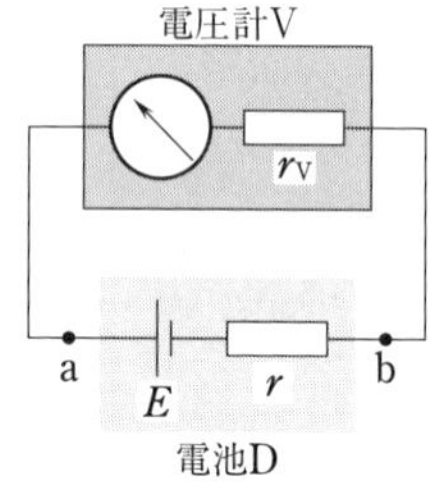

図1

そこで電池Dを，図2のように，電池E_0，抵抗線AB，検流計G，既知の起電力E_S〔V〕をもつ標準電池E_SおよびスイッチS_1，S_2を組み合わせた回路に接続した。ABは太さが一様で，接点Cの位置は調整でき，AC間の抵抗値が読み取れるようになっている。S_1を開いたとき，ABに流れる電流をI〔A〕とする。S_1を閉じ，S_2を①に入れた状態でGに電流が流れないようにCの位置を調整したときのAC間の抵抗値R_S〔Ω〕は，R_S＝［ (2) ］〔Ω〕となる。

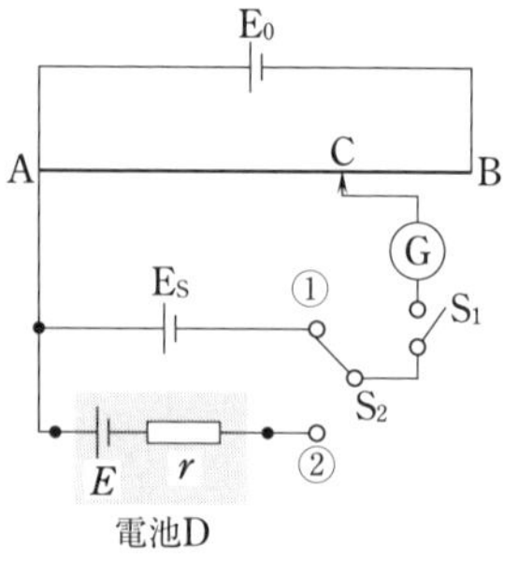

図2

次にS_2を②に入れ，再びGに電流が流れないようにCの位置を調整したとき，AC間の抵抗値をR〔Ω〕とすると，Eは既

知の E_s, R_s, R を用いて $E=$ $\boxed{(3)}$ 〔V〕と表すことができる。

（岡山大）

119　図1は電球Lに加えた電圧と，それを流れる電流を測定した結果を示したものである。この電球Lを含む図2の回路を考える。ただし，100〔V〕の直流電源の内部抵抗は無視できるものとする。

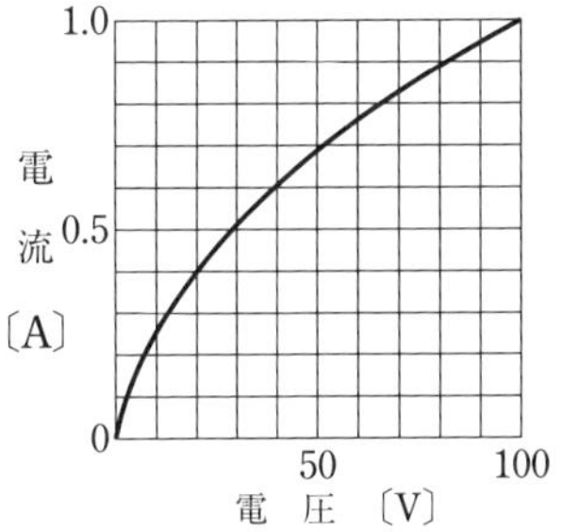

図1

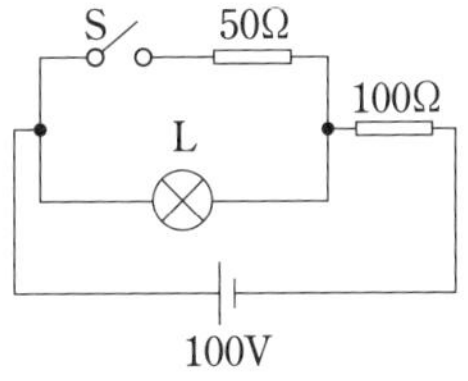

図2

まず，スイッチSが開いている状態を考える。Lにかかる電圧は $\boxed{(1)}$ 〔V〕で，流れる電流は $\boxed{(2)}$ 〔A〕である。このときのLの消費電力は $\boxed{(3)}$ 〔W〕である。

次に，Sが閉じた状態を考える。このときのLの抵抗値は $\boxed{(4)}$ 〔Ω〕である。また，100〔Ω〕の抵抗には $\boxed{(5)}$ 〔A〕の電流が流れる。

最後に，50Ωの抵抗を電球Lに取り替えて，2つのLを並列にし，Sを閉じる。このとき回路全体での消費電力は $\boxed{(6)}$ 〔W〕となる。

（大阪工大＋日本大）

120　内部抵抗が無視できる起電力 V の電池E，抵抗値がそれぞれ R, $2R$, $3R$ である抵抗 R_1, R_2, R_3, 電気容量がそれぞれ C, $3C$ であるコンデンサー C_1, C_2 およびスイッチSよりなる回路がある。はじめスイッチSは開いた状態であり，コンデンサー C_1, C_2 には電荷は蓄えられていない。

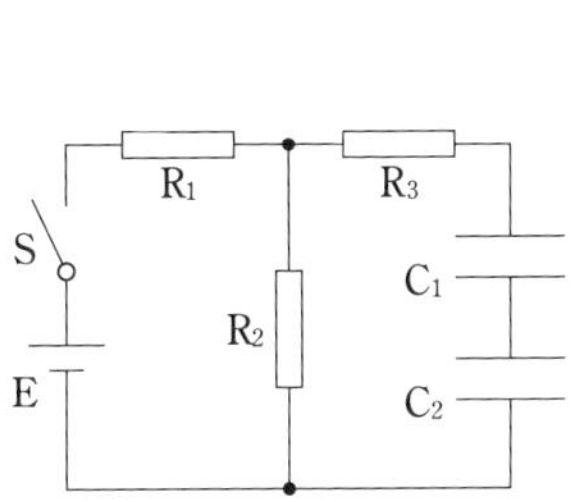

⑴　S を閉じた直後に R_1 を流れる電流 I_0 はいくらか。

⑵　S を閉じて十分に時間がたった後，R_1 を流れる電流はいくらか。

⑶　S を閉じて十分に時間がたった後，C_1 に蓄えられている電荷はいくらか。

⑷　次に，S を開く。その直後に R_3 を流れる電流 i_0 はいくらか。また，その後 R_3 で発生するジュール熱 J はいくらか。

（愛知工大）

121*　内部抵抗が無視できる直流電源 E，電気抵抗 R_1，R_2，コンデンサー C_1，C_2 およびスイッチ S_1，S_2 からなる回路がある。E の起電力は 100 V，R_1，R_2 の抵抗値はそれぞれ 20Ω，30Ω であり，C_1，C_2 の容量はそれぞれ 20 μF，30 μF である。はじめ S_1，S_2 は共に開いていて，C_1，C_2 には電荷は蓄えられていないものとする。

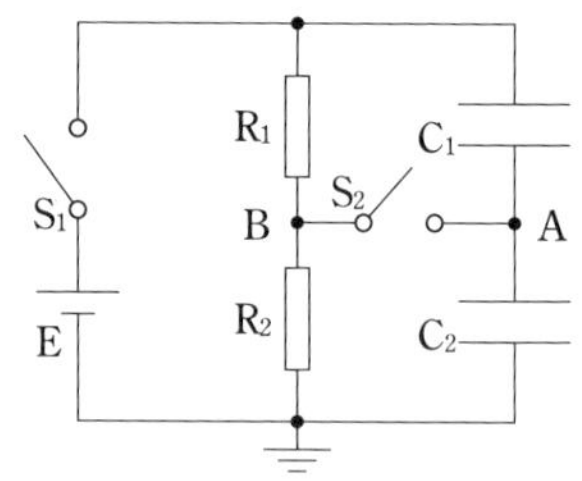

⑴　S_1 を閉じて十分長い時間が経過した後に，

　㋐　E を流れる電流は何 A か。

　㋑　C_1 に蓄えられる電荷は何 μC か。

⑵　S_1 を閉じたまま S_2 を閉じる。S_2 を閉じてから十分長い時間が経過するまでに，S_2 を通過する正電荷は何 μC か。また，どちら向きに通過するか。

⑶　S_2 を開き，つづいて S_1 を開いてから十分長い時間が経過した後には，

　㋐　点 A の電位は何 V か。アース点の電位を 0 V とする。

　㋑　C_1 および C_2 に蓄えられている電荷はそれぞれ何 μC か。

　㋒　S_1 を開いた後，抵抗で生じたジュール熱は何 J か。

（名城大）

4 電流と磁場(磁界)

◆ 電流がつくる磁場

直線電流	円形電流	ソレノイド
$H=\dfrac{I}{2\pi r}$ （十分長い導線）	$H=\dfrac{I}{2r}$ （円の中心での値）	$H=nI$ （内部は一様磁場）

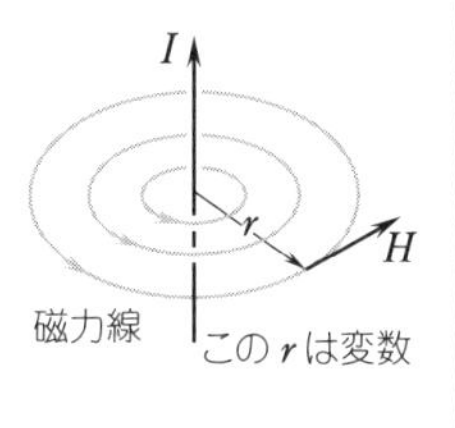

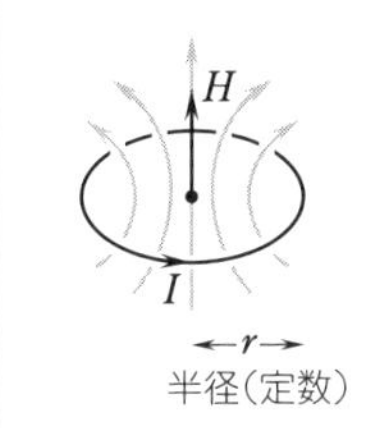

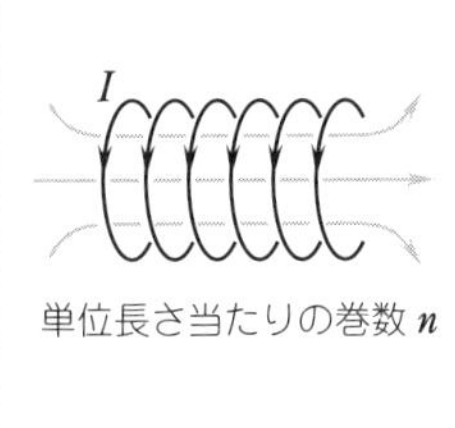

◆ 電流が磁場から受ける力

電磁力　$F=IBl$

※ 電流に垂直な $\vec{B}$ の成分で発生

※ $B=\mu H$　（μ：透磁率）

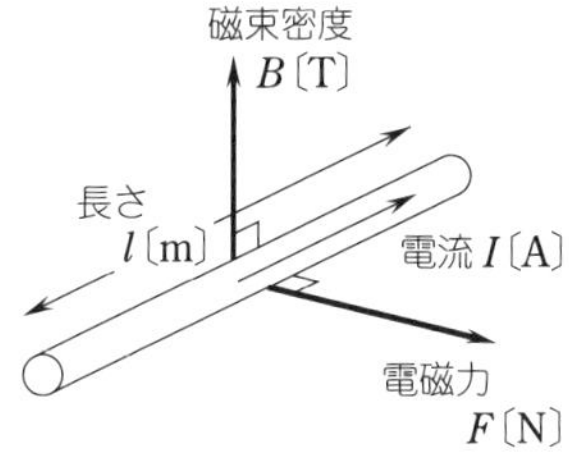

◆ ローレンツ力 … 荷電粒子が磁場から受ける力

ローレンツ力　$f=qvB$

※ $\vec{B}$ に垂直な $\vec{v}$ の成分で発生

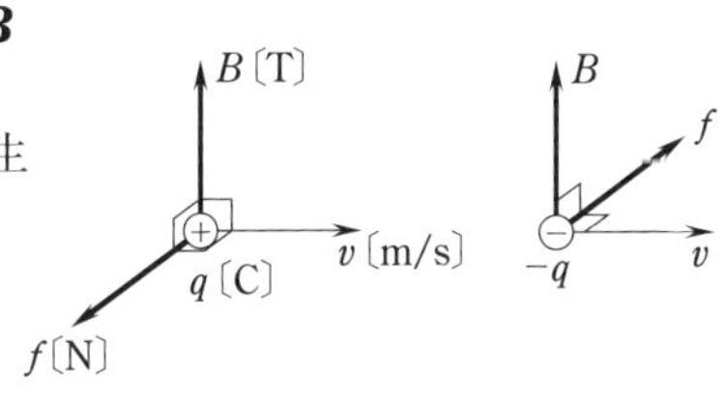

122 図のように，xy 平面に垂直で，それぞれ点$(a,\ 0)$，点$(-a,\ 0)$を通る２つの長い直線導線を，同じ強さの電流が互いに逆向きに流れている。これらの電流による原点Oでの磁場の強さを H_0 とすると，点A$(0, \sqrt{3}a)$での磁場の強さ H_1 は［（1）］である。また，これと同じ磁場の強さ H_1 の点を正の x 軸上でさがすと点B［（2）］である。電流の位置は除く。

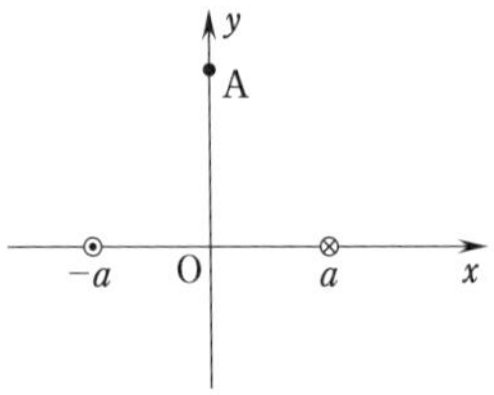

（愛知工大）

123 図のように，磁束密度 B〔T〕で右向きの磁界（磁場）中に置かれた導線内を電流 I〔A〕が下向きに流れている。導線の断面積を S〔m^2〕，長さを l〔m〕とし，導線内の自由電子の個数密度を n〔個/m^3〕，自由電子の速さを v〔m/s〕，電荷を $-e$〔C〕とする。まず，電流 I は，$I=$［（1）］〔A〕と表される。一方，１つの自由電子は磁界から大きさ［（2）］〔N〕の［（3）］力とよばれる力を，図で［（4）］向きに受ける。導線内の電子の総数は［（5）］個であるから，導線を流れる電流が磁界から受ける力の大きさ F は［（6）］〔N〕となり，I を用いると［（7）］〔N〕と表され，力の向きは［（8）］向きとなる。

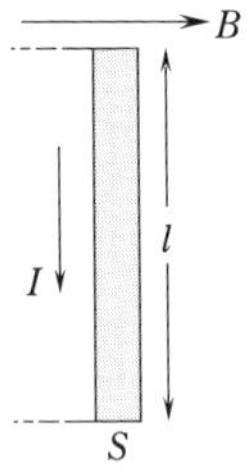

（九州産大＋福井工大）

124 十分に長い導線XYと導線MNが平行に固定されている。その間に１辺の長さ a の正方形のコイルABCDを置く。辺ADはXYに平行で，ADとXYの距離は b，BCとMNの距離は c であり，周囲の透磁率を μ とする。

まず，導線XYに強さ I_1 の電流をXからYの向きに流した。辺AD上での磁場の強さは［（1）］となる。次にこの位置の磁場の強さを０とするために，導線MNに強さ I_2 の電流を［（2）］の向きに流す。I_2 は I_1 の［（3）］倍である。また，辺BC上での磁場の強さは［（4）］$\times I_1$ となる。

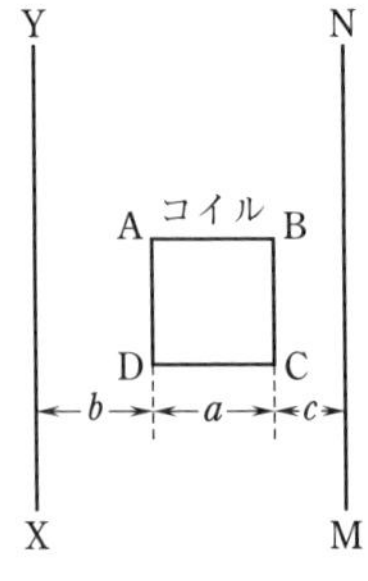

この状態でコイルに強さ i の電流を反時計回りに流すと，コイルは電流 I_1 と I_2 による磁場から力を受ける。コイル全体が受ける力の大きさは［ (5) ］$\times I_1$ となり，向きはコイルが導線［ (6) ］に近づく向きとなる。

そこで導線 MN に流す電流の向きを変え，コイルの全体に働く力が 0 となるように電流を調節した。そのときの MN の電流の強さは I_1 の［ (7) ］倍である。

（法政大）

5　電磁誘導

◆ 磁場中を動く導体棒

誘導起電力　$V = vBl$〔V〕

※ 磁力線を切る動きで発生（$\vec{B}$ に垂直な速度成分を v として用いる）

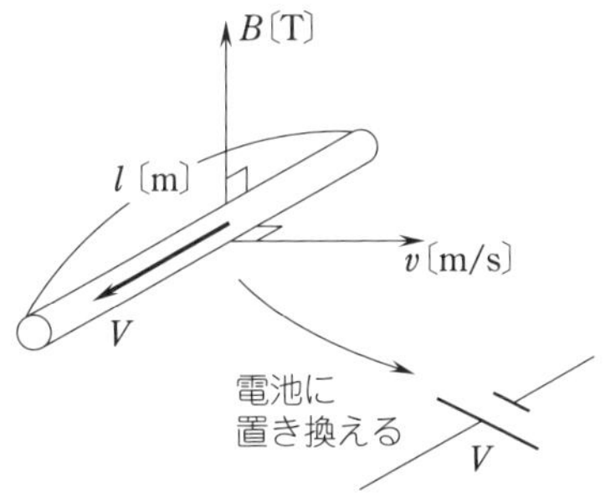

◆ ファラデーの電磁誘導の法則

$$V = -N\frac{\Delta\Phi}{\Delta t}$$

※ 向きは磁束の変化を妨げる向き

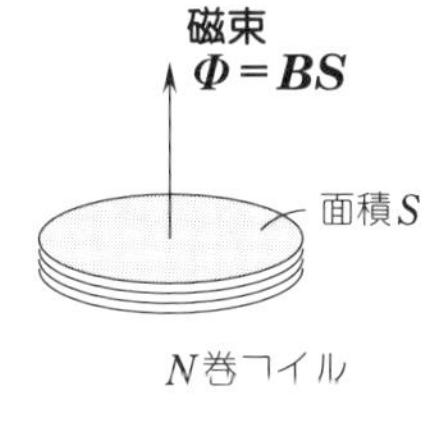

125　誘導起電力の発生のメカニズムを考えてみよう。図に示すように，磁束密度 B〔T または Wb/m^2〕の一様な磁場（磁界）に垂直に置かれた長さ l〔m〕の 1 本の導体棒 CD を，棒自身にも磁場にも直角方向に速度 v〔m/s〕で動かしてみる。

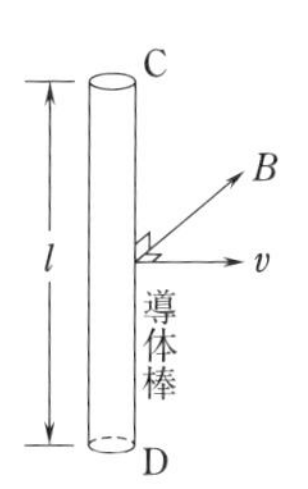

導体棒中の，電荷 $-e$〔C〕の自由電子は，棒とともに速度 v〔m/s〕で動くから，磁場によるローレンツ力を受ける。その大きさは $f=$ [(1)]〔N〕で，その向きは [(2)] である。自由電子はこの力の向きに移動する。その結果，棒の [(3)] 端は負に帯電し， [(4)] 端は正に帯電する。これらの電荷により，棒 CD 中には強さ E〔V/m〕の一様な電場が生じる。残りの自由電子はこの電場から電気力も受けることになる。その大きさは $F=$ [(5)]〔N〕で，その向きはローレンツ力と [(6)] 向きである。したがって，電子の移動はやがて終わり，電場の強さは $E=$ [(7)]〔V/m〕となる。そして，棒の [(8)] 端は [(9)] 端より電位が $V=$ [(10)]〔V〕だけ高い。こうして，導体棒 CD は，電位の高い方がプラスとなるような起電力 V〔V〕の電池と同等に考えることができる。これを誘導起電力とよぶ。

（茨城大＋京都府立大）

120 辺の長さ a〔m〕と b〔m〕の長方形のコイル ABCD があり（以下，P とよぶ），その全抵抗は R〔Ω〕である。灰色で示した幅 $2a$〔m〕の領域には，紙面に垂直に表から裏へ向かう方向に，磁束密度 B〔T〕の一様な磁場が加えられている。P を磁場に垂直な方向に一定の速度 v〔m/s〕で動かす。時間を t〔s〕で表し，辺 BC が磁場領域に達した時を $t=0$〔s〕とする。

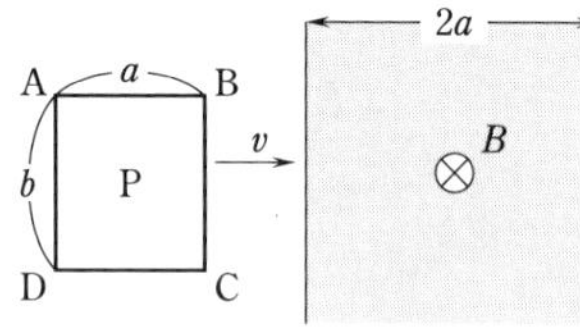

(1) $0 \leqq t \leqq a/v$ において，P に誘導される起電力の大きさは [(ア)]〔V〕であるから，P を流れる電流の強さは [(イ)]〔A〕で，P は磁場から [(ウ)] の向きに [(エ)]〔N〕の力を受けている。

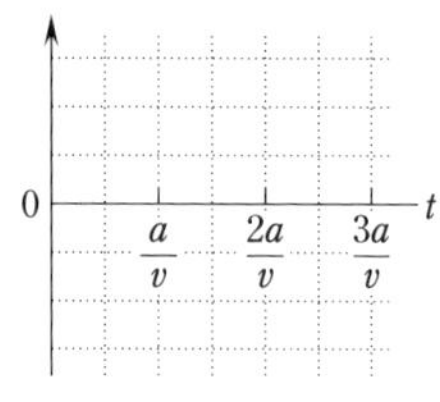

(2) $0 \leqq t \leqq 3a/v$ において，P を流れる電流と t との関係を図に示せ。最大値と最小値も示すこと。ただし，時計回りを電流の正の向きとする。

(3) $0 \leqq t \leqq 3a/v$ において，P に加えている外力と t との関係を図に示せ。最大値と最小値も示すこと。ただし，P の速度の向きを力の正の向きとする。

(4)　Pが磁場領域を完全に通過し終える間に，発生した全熱エネルギーを求めよ。　（大分大）

127　抵抗のない導体棒ab，cd，efと抵抗Rとからなる回路が，磁束密度Bの一様な磁場(鉛直上向き)中に水平に置かれている。cd，efは距離lを隔てて平行に固定されていて，十分に長い。質量m，長さlの導体棒abは，この上に直角に置かれ，左右になめらかに動けるようになっている。abに軽い糸を結んで滑車を通し，その端に質量Mのおもりを下げて，abを右向きに運動させた。重力加速度の大きさをgとする。

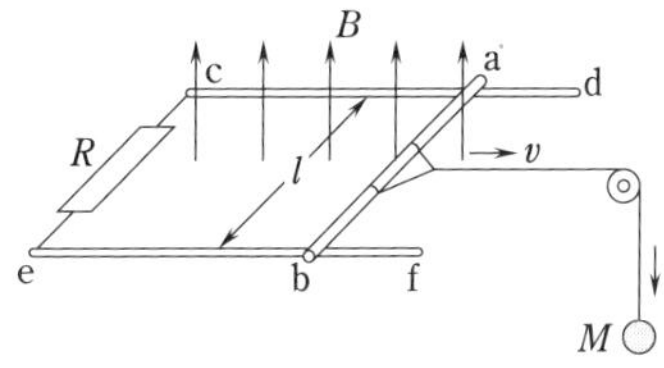

(1)　導体棒abの速さをvとしたとき，棒に流れる電流の大きさと向きを求めよ。また，棒が磁場から受ける力の大きさと向きを求めよ。

(2)　しばらくたつと，abは一定の速さv_0で運動するようになった。

(ア)　このとき回路に流れている電流I_0と速さv_0を求めよ。

(イ)　単位時間に，おもりが失う重力の位置エネルギーをP，回路で発生するジュール熱をQとする。PとQの間の関係を答えよ。考え方の根拠も10字以内で記せ。

(ウ)　(イ)の関係を，PとQを計算して確かめよ。

(3)　次におもりをつないでいる糸を切った。その後に回路で発生するジュール熱の総量はいくらか。

（琉球大）

128　鉛直上向きで磁束密度Bの一様な磁界中に，十分に長い2本の導線abとcdが水平に間隔lだけ隔てて置かれている。ac間には，抵抗値Rの抵抗と起電力Eの電池が接続されている。導線ab，cd間には，これらと垂直になるように質量Mの導線Lが置かれている。はじめ，Lは固定されており，Lと導線ab，cd間の静止

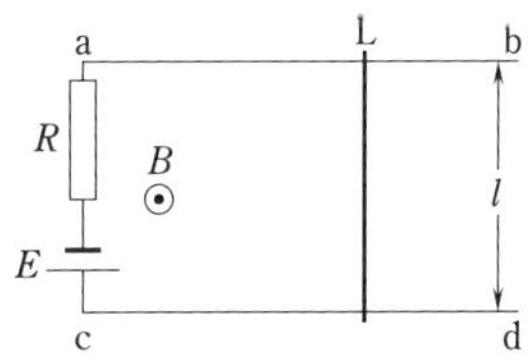

鉛直上方から見た回路

摩擦係数を μ，動摩擦係数を μ' とする。重力加速度は g である。R 以外の抵抗や回路を流れる電流がつくる磁界は無視できるとする。

(1) Lが固定されているとき，Lが磁界から受ける力の大きさと向きを求めよ。

(2) 固定がはずされたとき，Lは滑り出した。μ が満たす条件を求めよ。

(3) Lが滑り出したのち十分時間が経過すると，Lの速度は一定になる。このときの電流の大きさ I_0 と速さ v_0 を求めよ。

(4) Lが一定速度で運動しているときに，摩擦によって単位時間当たりに発生する熱量 Q を求めよ。

(5) Lが一定速度で運動しているとき，電池のエネルギーはどのように消費されるか，20字程度で述べよ。

（筑波大）

129* 金属棒を間隔 L〔m〕で平行に並べてレールをつくり，水平面に対して傾斜角 θ で設置した。レールの下端 a，b は抵抗値 R〔Ω〕の抵抗でつないである。一様な磁束密度 B〔T〕の磁場を鉛直下向きにかけた状態で，質量 m〔kg〕の金属棒をレールの上に水平に静かに置いた。棒とレールとの摩擦と電気抵抗とは無視でき，棒はレールに対して常に直交しているものとする。重力加速度を g〔m/s^2〕とする。

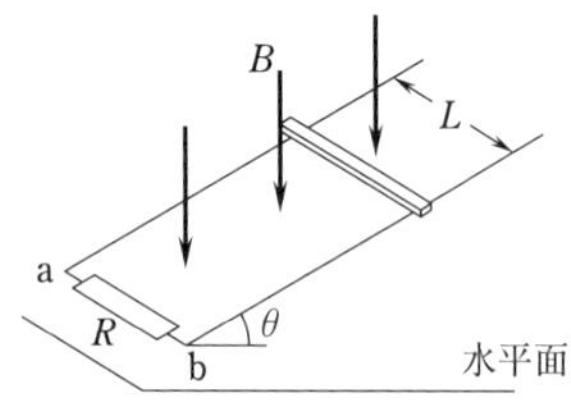

(1) 棒が滑り下りるとき，抵抗に流れる電流の向きは，図中の a→b と b→a のどちらか。

(2) 棒が速さ v〔m/s〕で動いているとき，抵抗に流れる電流の大きさを求めよ。

(3) 十分に時間が経過した後の棒の速さを求めよ。このとき，棒はレール上にあるものとする。

(4) (3)の状態のとき，抵抗で単位時間あたり発生する熱エネルギー Q と重力が棒にする仕事率 P との比 $\dfrac{Q}{P}$ を求めよ。

（熊本大）

130*　細い導線で作った半径a〔m〕の円形レール(S，P 間は切れている)があり，このレール面の中心 O とレール上の点 P との間にはR〔Ω〕の抵抗が接続されている。さらに，中心 O とレールの間には，レールに接しながら回転できる導体の棒 OQ が橋渡ししてあり，この棒は一定の角速度ω〔rad/s〕で回転している。レール面には，それに垂直に磁束密度B〔T〕の一様な磁場(磁界)が紙面の表から裏への向きに加わっている。

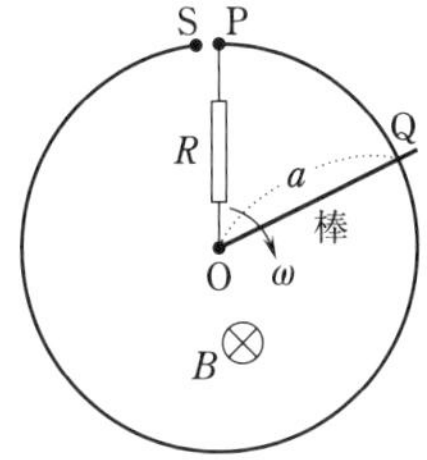

(1)　コイル OPQ を貫く磁束はΔt〔s〕間にどれだけ増加するか。
(2)　抵抗 R〔Ω〕の両端に発生する電位差Vを求めよ。また，抵抗を流れる電流の向きは O→P かそれとも P→O か。
(3)　抵抗R〔Ω〕で消費する電力はいくらか。
(4)　棒 OQ が磁場から受ける力はいくらか。その向きは回転と同方向か，逆方向か。
(5)　棒 OQ を一定の角速度ω〔rad/s〕で回転させるために必要な外力の仕事率Pはいくらか。

(東京電機大＋筑波大)

131　図 1 のように，紙面に垂直で裏から表に向かう磁場中に，一辺の長さLの正方形のコイル ABCD が紙面内に置かれている。コイルを通る磁場は一様で，その磁束密度の大きさBが図 2 のように時間tとともに変化した。コイルの電気抵抗をRとする。

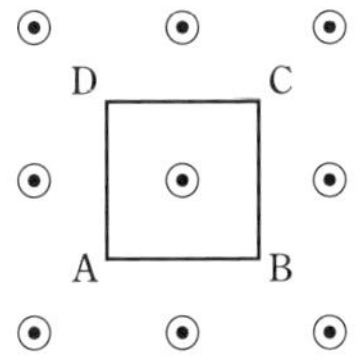

図 1

(1)　時間帯 I ($0 \leqq t \leqq 2t_0$) について，
(ア)　コイルを貫く磁束Φを，時間tの関数として表せ。
(イ)　コイルに生じる誘導起電力の大きさV_0をB_0，L，t_0を用いて表せ。
(ウ)　コイルを流れる誘導電流の大きさI_0を求め，B_0，L，t_0，Rを用いて表せ。

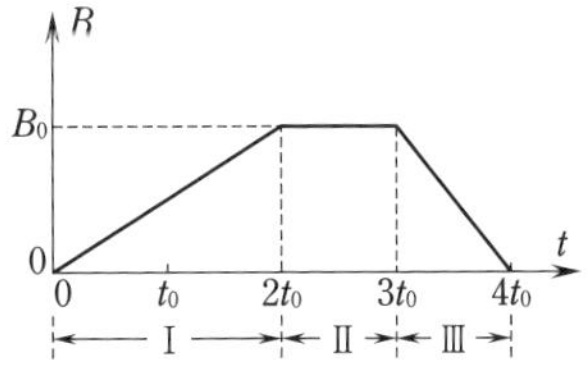

図 2

(エ)　この時間内でコイルに生じるジュール熱Q_Jを求め，B_0，L，t_0，Rを用いて表せ。

(2) コイルを流れる誘導電流 I の時間変化をグラフに描け。A→B の向きの電流を正とし，目盛りには I_0 を用いてよい。

（関東学院大＋九州大）

132* 鉛直上向きで磁束密度の大きさ B の一様な磁場中に，十分に長い 2 本の金属レールが水平面内に間隔 d で平行に固定されている。その上に導体棒 P，Q をのせ，静止させた。P と Q の質量は共に m，単位長さあたりの抵抗値は r である。導体棒はレールと垂直を保ったまま，レール上を摩擦なく動くものとする。また，自己誘導の影響とレールの電気抵抗は無視できる。時刻 $t=0$ に P にのみ，右向きの初速度 v_0 を与えた。

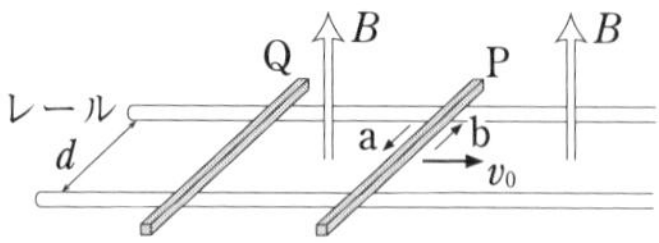

(1) P が動き出した直後に，P を流れる電流の向きと大きさ I_0 を求めよ。向きは図の a か b で答えよ。

(2) P が動き始めると，Q も動き始めた。P と Q が磁場から受ける力の大きさは等しいか，異なるか。また，力の向きは同じか，反対か。

(3) P が動き始めた後の，P と Q の速度(右向きを正)の時間変化のグラフを描け。概略でよいので，P は実線，Q は点線で一つのグラフに描け。また，P の最終速度 v_f を求めよ。さらに，P の実線のグラフに対して，$t=0$ での接線の傾きを求めよ。

（共通テスト）

133* 単位長さあたりの巻き数 n，長さ l，断面積 S のソレノイド A があり，その外側に単位長さあたりの巻き数 n，長さ $l/2$ のソレノイド B が巻きつけられている。図はソレノイドの中心軸を含む断面図である。A の両端には電源が接続されており，A に電流を流すことができる。他方，B の両端は開いており，B には電流は流れない。両ソレノイドは真空中に置かれていて，真空の透磁率を μ_0 とする。

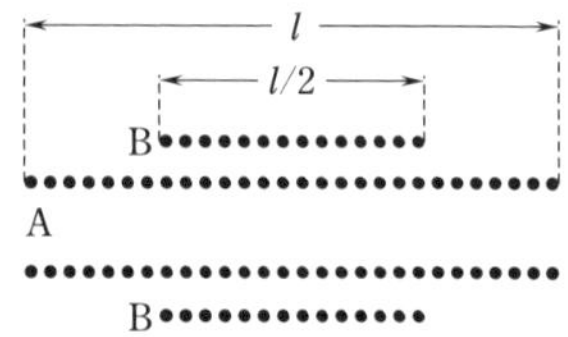

(1) ソレノイドAに電流Iを流したとき，Aの内部に生じる磁場の強さHおよびAを貫く磁束Φはそれぞれいくらか。

(2) 微小時間Δtの間に，Aに流れる電流がΔIだけ増加した。

(ア) Aを貫く磁束の変化$\Delta\Phi$はいくらか。

(イ) Aに生じる誘導起電力の大きさV_1はいくらか。

(ウ) Aの自己インダクタンスLはいくらか。

(エ) Bに生じる誘導起電力の大きさV_2はいくらか。

(オ) AとBの間の相互インダクタンスMはいくらか。

（名城大＋京都工繊大）

134* 抵抗値がR〔Ω〕とr〔Ω〕の抵抗，自己インダクタンスL〔H〕のコイル，起電力E〔V〕の電池およびスイッチSからなる回路がある。電池の内部抵抗とコイルの抵抗は無視できるものとする。

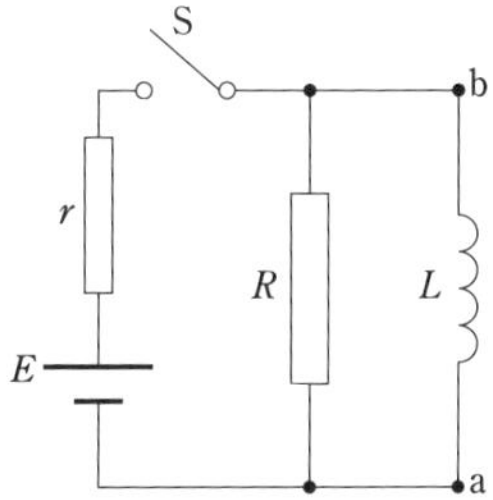

(1) Sを閉じた直後に電池を流れる電流I_1〔A〕を求めよ。また，そのときaに対するbの電位V_1〔V〕を求めよ。

(2) Sを閉じてから十分に時間がたったときに電池を流れる電流I_2〔A〕を求めよ。

(3) この後Sを開く。その直後にRを流れる電流I_3〔A〕と，aに対するbの電位V_3〔V〕を求めよ。また，Sを開いてから十分に時間が経過する間に，抵抗Rで発生するジュール熱W〔J〕を求めよ。

（山形大＋長崎大）

6 交流

◆ 電圧と電流

抵抗 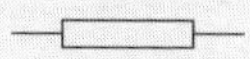 $R〔\Omega〕$	コイル  $L〔H〕$	コンデンサー  $C〔F〕$
$\boldsymbol{V=RI}$	$\boldsymbol{V=\omega L\cdot I}$	$\boldsymbol{V=\frac{1}{\omega C}\cdot I}$
電圧の位相と **電流の位相は同じ**	電圧に対して **電流は $\frac{\pi}{2}$ 遅れる**	電圧に対して **電流は $\frac{\pi}{2}$ 進む**

※ V, I は共に実効値，または共に最大値。　ω は角周波数

$$\textbf{実効値}=\frac{\textbf{最大値}}{\sqrt{2}}$$

※ 消費電力は抵抗でのみ生じ　$\boldsymbol{RI_e^2=V_eI_e}$　（V_e, I_e は実効値）

◆ 電気振動

周期　$\boldsymbol{T=2\pi\sqrt{LC}}$

静電エネルギー ＋ $\boldsymbol{\frac{1}{2}Li^2}$ ＝ 一定

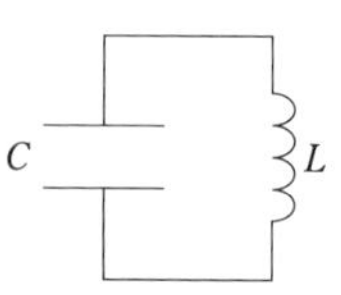

交流 i が流れる

135 空欄に入る数値を，解答群から選べ。同じものを繰り返し選んでもよい。

発電所で発電された交流の電気は，変圧器(トランス)により電圧を高くして，送電線を通して送られる。たとえば，電圧を10倍にするには変圧器の1次コイルの巻数に対して2次コイルの巻数を［(1)］倍にすればよい。このとき周波数は［(2)］倍になる。発電所から同じ電力を送るとき，送電線に送り出す電圧(送電電圧)を10倍にすると，送電線を流れる電流は［(3)］倍になる。この結果，送電線の抵抗によって熱として失われる電力は［(4)］倍になる。ただし，送電線の抵抗は変化しないものとする。

① $\frac{1}{100}$　② $\frac{1}{10}$　③ $\frac{1}{\sqrt{10}}$　④ 1

⑤ $\sqrt{10}$　⑥ 10　⑦ 100

（センター試験）

136 図1のように，抵抗値 R の抵抗，電気容量 C のコンデンサーおよび自己インダクタンス L のコイルを直列に接続し，交流電源につないだ回路がある。オシロスコープで抵抗の両端の電圧を観測したところ，図2のような周期 T，最大値 V_0 の正弦曲線であった。

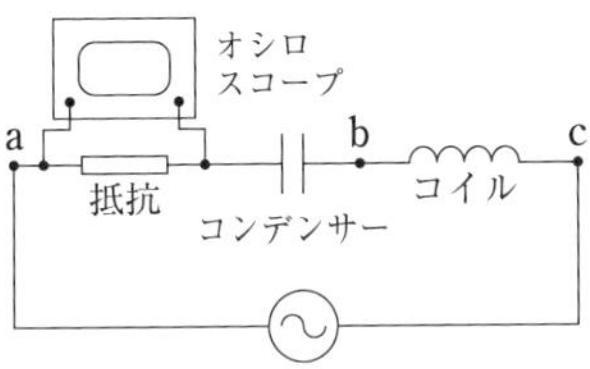

図1

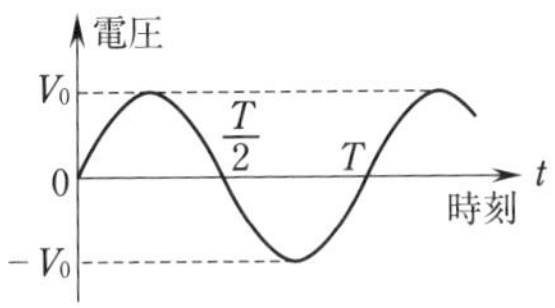

図2

(1) 交流の角周波数 ω を求めよ。
　以下，(5)以外は T の代わりに ω を用いて答えよ。

(2) 抵抗に流れる電流を時刻 t の関数として表せ。また実効値を求めよ。

(3) この直列回路での消費電力(平均電力)を求めよ。

(4) コンデンサーにかかる電圧の実効値を求めよ。また，電圧 v_C を時刻 t の関数として表せ。

(5) 図2で，コンデンサーにかかる電圧が0になる時刻 t を $0 \leqq t \leqq T$ の範囲で求めよ。

(6) コイルにかかる電圧の実効値を求めよ。また，電圧 v_L を時刻 t の関数として表せ。

(7) 電源電圧の最大値 V_1 を求めよ。また，ab間の電圧の最大値 V_2 を求めよ。

（富山大＋上智大）

137 電池(起電力 V)，抵抗(抵抗値 R)，コンデンサー(容量 C)，コイル(自己インダクタンス L)，スイッチ S_1，S_2 からなる回路があり，最初 S_1，S_2 は開いている。電

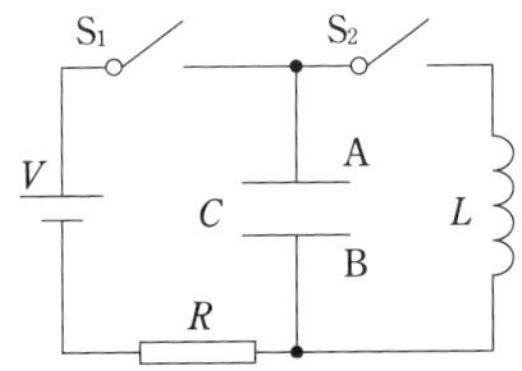

池やコイルなどの内部抵抗は無視する。

(1) S_1 を閉じる。

(ア) 閉じた直後に抵抗に流れる電流 I_0 を求めよ。

(イ) 電流が I $(0 \leqq I \leqq I_0)$ になったとき，コンデンサーに蓄えられた電気量 q を求めよ。

(ウ) 十分時間が経過した後，コンデンサーに蓄えられる電気量 Q を求めよ。

(2) S_1 を閉じて十分時間が経過した後，S_1 を開き，次に S_2 を閉じる。

(ア) 回路を流れる振動電流 i の最大値 i_m を求めよ。

(イ) S_2 を閉じた直後からの i の時間変化を図示せよ。ただし，i は時計回りの向きを正とする。

(ウ) S_2 を閉じてから，コンデンサーの下側極板Bの電荷が正で最大となるまでにかかる時間を求めよ。

(横浜市立大＋奈良女子大)

138* 電気容量 C のコンデンサー，自己インダクタンス L のコイル，抵抗値 R の抵抗および起電力 V の電池を図のように接続した。初めスイッチSを開いておく。R 以外の抵抗はないものとする。

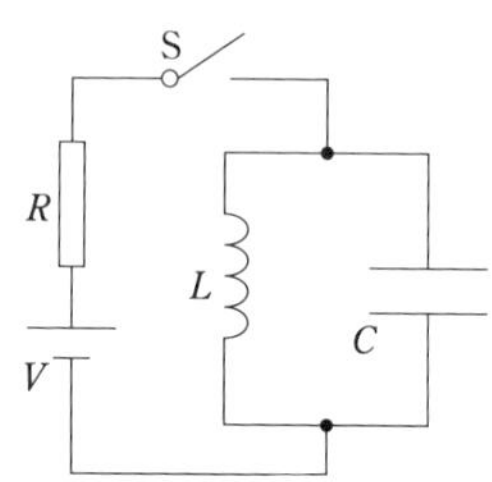

(1) Sを閉じた直後に電池を流れる電流 I_0 を求めよ。

(2) Sを閉じてから十分に時間がたったとき，コイルを流れる電流 I_1 を求めよ。また，このときのコンデンサーの電気量を求めよ。

(3) 次にSを開いた。コイルを流れる電流が最初に0になるまでの時間を求めよ。

(4) その後のコンデンサーの電位差の最大値 V_m を求めよ。

(自治医科大＋山形大)

7 電磁場内の荷電粒子

◆ 一様電場内

放物運動

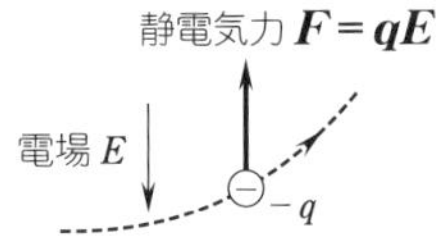

◆ 一様磁場内

等速円運動

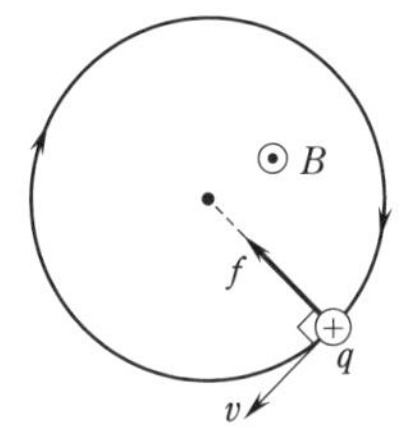

※ ローレンツ力 $\boldsymbol{f}=\boldsymbol{qvB}$ が向心力
※ 磁場方向は等速運動

139 質量 m〔kg〕, 電荷 $-e$〔C〕, 初速0の電子を電圧 V_0〔V〕で加速し, 間隔 d〔m〕, 長さ l〔m〕, 極板間電圧 V〔V〕の平行極板間を通過させる。電子の入射方向に x 軸をとり, 極板の左端を原点Oとする。極板は x 軸に平行で, 電子は極板間の一様な電場(電界)から力を受け, 蛍光面上に到達する。y 軸は極板に垂直であり, 蛍光面は x 軸に垂直で $x=L$〔m〕の位置にある。

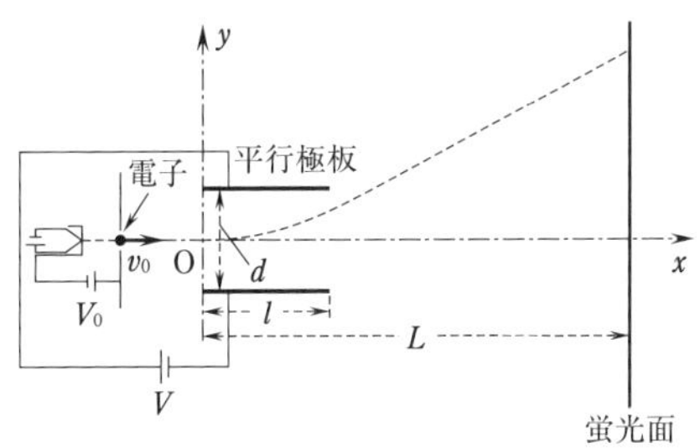

(1) 平行極板間に入射するときの電子の速さ v_0 はいくらか。

(2) 極板間で電子が受ける力の大きさはいくらか。また, 極板の右端($x=l$)における電子の y 座標 y_1 を求めよ。v_0 を用いてよい(以下の問も同様)。

(3) 蛍光面上に到達したときの電子の y 座標 y_2 を求めよ。

(4) 平行極板間の領域に一様な磁場(磁界)を加えることによって電子の軌道を x 軸からそれないようにしたい。磁束密度 B および磁場の向きをどのように選べばよいか。

(富山大)

140 z 軸の正の方向に磁束密度が B の一様な磁界がかかっている。質量が m で電荷が $q(>0)$ の荷電粒子を，原点 O から yz 面内で y 軸から角度 θ の方向に一定速度 v で打ち出した。重力の影響は無視する。

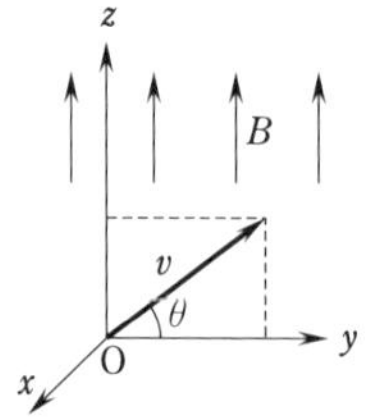

(1) y 軸の正の方向($\theta=0$)に打ち出した場合，荷電粒子は等速円運動をする。この等速円運動の中心点の座標(x_0, y_0, z_0) を求めよ。また，1 周するのに要する時間はいくらか。

(2) z 軸の正の方向$\left(\theta=\dfrac{\pi}{2}\right)$に打ち出した場合，この荷電粒子はどのような運動をするか説明せよ。

(3) y 軸との角度$\theta\left(0<\theta<\dfrac{\pi}{2}\right)$の方向に打ち出した場合について，

(ア) 荷電粒子はどのような運動をするか，説明せよ。

(イ) 原点 O から荷電粒子が打ち出されてから，次に初めて z 軸と交わるまでの時間を求めよ。また，この交点を P とするとき，OP 間の距離はいくらか。

(奈良女子大＋横浜市立大)

141 次の(1)〜(5)には式を，(a)〜(e)には適当な語句を入れよ。

直方体の n 型半導体があり，x, y, z 方向の長さをそれぞれ a, b, c とする。また，半導体は単位体積あたり n 個の電子をもつ。図のように y 軸の正の向きに強さ I の一様な電流が流れている。電子の電荷の大きさを e，平均の速さを v とすると，電流 I は［ (1) ］と表される。

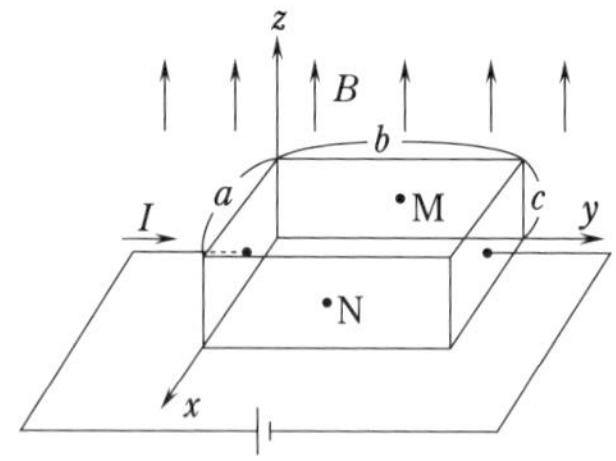

いま，z 軸の正の向きに磁束密度 B の一様な磁場を加えた。電子はやはり平均の速さ v で運動しているとすると，大きさ［ (2) ］の力を x 軸の［ (a) ］の向きに受ける。この力は［ (b) ］とよばれる。その結果，電子が x 軸方向で移動するため，M に対して N の電位は［ (c) ］なり，MN 間には電場が発生する。やがて半導体内の電子に対して磁場による

力と電場による力がつりあうことになる。この状態での電場の強さは［(3)］と表される。したがって，MN 間の電位差 V は［(4)］と表され，I を用いると $V=$［(5)］と表される。

次に，n 型半導体のかわりに p 型半導体で同様な実験を行った。p 型では［(d)］が電流のにない手となるので，M に対して N の電位は［(e)］なる。

（愛媛大）

142 ［　　］に語句または式を記し，問いに答えよ。

電気量には最小の単位があり，全ての電気量はその整数倍になっている。この最小単位を電気素量といい，これは［(ア)］のもっている電気量の大きさに等しい。ミリカンは，図 1 のような装置に霧吹きから油滴を吹き込み，間隔 d〔m〕の平行な極板 A，B の間を上下する油滴を顕微鏡で観察し，電気素量 e〔C〕を測定した。密度 ρ〔kg/m^3〕，半径 r〔m〕の球形の油滴の運動を考える。重力加速度を g〔m/s^2〕とし，空気の浮力は無視する。

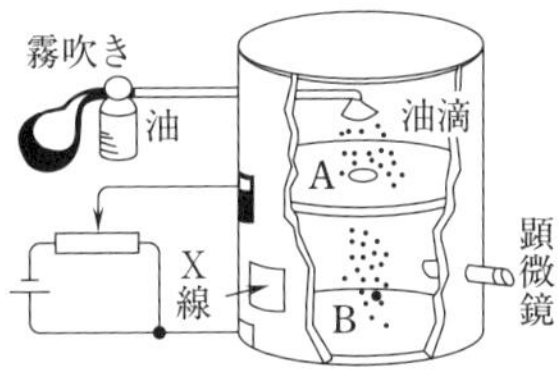

図 1

油滴は極板間に電場がないときは，重力と空気の抵抗力を受けて，鉛直下向きに一定の速さ（終端速度）v_1〔m/s〕で落下する。空気の抵抗力は r と v_1 の積に比例するので，比例定数を k とすると，この抵抗力と重力のつり合いの式は［(イ)］と書ける。

油滴は一般に帯電している。その電気量を q〔C〕とする。A に対する B の電位を V〔V〕（$V>0$）とすると，油滴は図 2 に示すように，鉛直上向きに一定の速さ v_2〔m/s〕で上昇した。このときのつり合いの式は［(ウ)］となる。

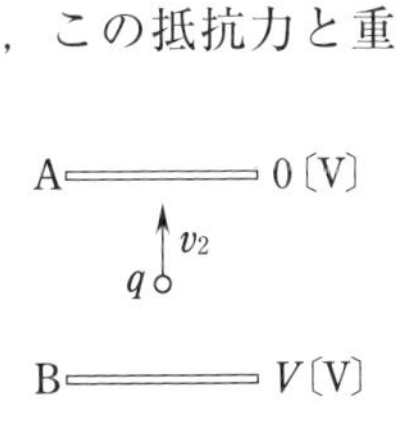

図 2

(イ)と(ウ)より q は v_1，v_2，d，r，k，V を用いて，$q=$［(エ)］と表される。

問 1　密度 855 kg/m^3 のパラフィン油を用いて測定したところ，ある油滴の v_1 は 3.0×10^{-5} m/s であった。k は 3.41×10^{-4} kg/(m･s) なので，(イ)より $r=5.4\times10^{-7}$〔m〕であることがわかる。この油滴は極板 A，B の間隔 d が 5.0×10^{-3} m，電位 V が 320 V のとき，8.0×10^{-5} m/s で上昇した。油滴の電気量を求めよ。

問 2　いろいろな油滴の電気量 q〔C〕を測定したところ，6.4，4.8，11.3，8.1（単位は $\times10^{-19}$ C）を得た。問 1 の結果も合わせて電気素量の値を求めよ。

（徳島大）

原　子

1　粒子性と波動性

◆ **光電効果** … 光の粒子性

光の振動数

$$\frac{1}{2}mv_{\max}^2 = h\nu - W$$

電子の運動エネルギーの最大値　プランク定数　仕事関数

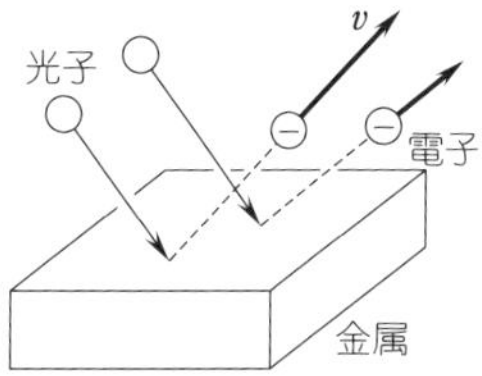

光子：　エネルギー＝$h\nu$　　運動量＝$\dfrac{h\nu}{c}=\dfrac{h}{\lambda}$

（光速 $c=\nu\lambda$）

◆ **物質波** … 粒子の波動性

物質波の波長（ド・ブロイ波長）　$\lambda=\dfrac{h}{mv}$

143　ナトリウム Na を陰極とする光電管を用いて図1の回路を作り，波長 3.0×10^{-7}m の紫外線を当てて光電効果の実験を行った。光速度 $c=3.0\times10^{8}$m/s，電気素量 $e=1.6\times10^{-19}$C，プランク定数 $h=6.6\times10^{-34}$〔J·s〕とする。

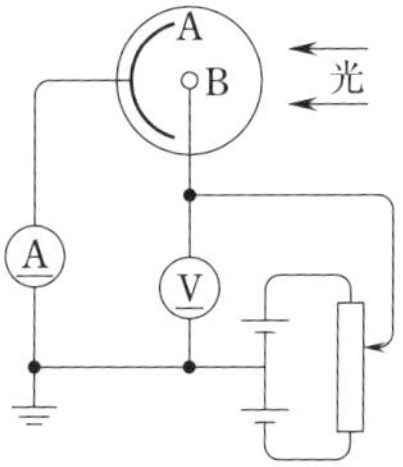

図1

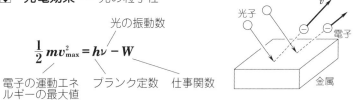

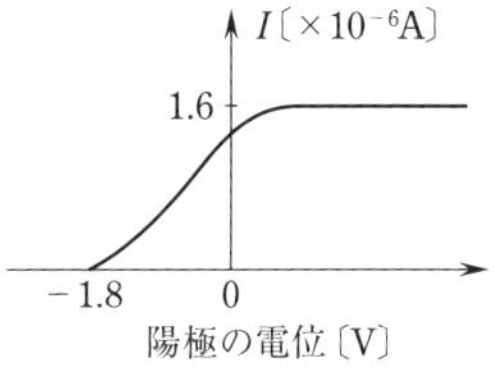

図2

(1)　AB 間に十分な電圧をかけたところ，回路に 1.6×10^{-6}A の電流が流れた。陰極 A から陽極 B に達する電子の数 N は毎秒何個か。

(2) AB 間の電圧を変えながら光電流 I を測定すると，図 2 のようなグラフが得られた。陰極から飛び出す光電子の最大運動エネルギー K〔J〕はいくらか。

(3) 光子のエネルギー〔J〕と Na の仕事関数 W〔J〕を求めよ。また，W を〔eV〕で表せ。そして Na に対する限界振動数 ν_0〔Hz〕を求めよ。

(4) 光の波長を変えずに光の明るさを半分にすると，図 2 の曲線はどう変わるか。図に概形を描き込め。

(5) 当てる光の波長を変えながら(2)と同様の実験を行う。

横軸を光の振動数 ν〔Hz〕，縦軸を K〔J〕とするとき，得られるグラフを文字 ν_0 と W を用いて定性的に示せ。また，h はグラフの何と対応しているか。

（弘前大＋北見工大）

144* X 線の粒子性は，コンプトン効果の実験からわかる。静止している質量 m の電子に波長 λ の X 線光子をあて，電子を角度 ϕ の方向に速さ v ではね飛ばす。散乱 X 線は波長が λ' となり，角度 θ の方向に進む。光速を c，プランク定数を h とする。

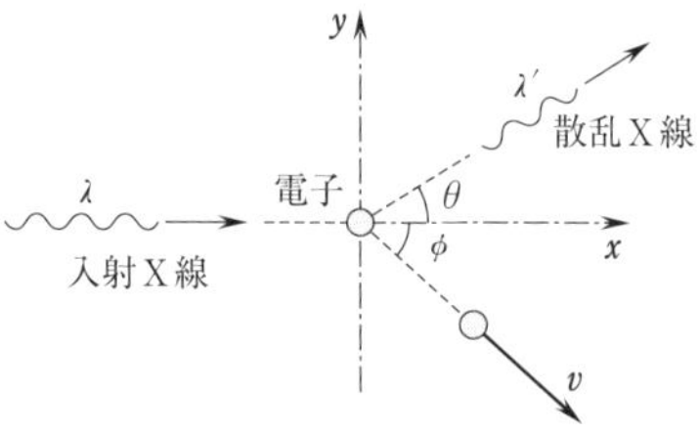

(1) 衝突前後のエネルギー保存則を表す式を示せ。

(2) 入射方向（x 方向）およびそれと垂直な方向（y 方向）の運動量保存則を表す式を示せ。

(3) 以上の結果から次の関係式を導け。ただし，$\lambda' \fallingdotseq \lambda$ であり，$\dfrac{\lambda'}{\lambda}+\dfrac{\lambda}{\lambda'} \fallingdotseq 2$ と近似できる。

$$\lambda' - \lambda = \frac{h}{mc}(1-\cos\theta)$$

(4) $\theta = 90°$ の場合の $\tan\phi$ を λ，λ' を用いて表せ。

（名古屋大＋兵庫県立大）

145 結晶に入射した電子線(電子波)は，規則正しく並んだ原子によって散乱され，互いに［ (1) ］して特定の方向に強く反射することがある。結晶中の原子は格子面(原子面)上に並んでおり，入射した電子線は各格子面で鏡面のように反射すると考えられる。格子面に対して角度θで電子線が入射するとき，隣り合う2つの電子線の道のりの差(経路差)は，格子面間隔dと角度θで表すと［ (2) ］である。そして反射電子線が互いに強め合う条件は，電子線の波長をλとし，自然数nを用いると［ (3) ］と表される。

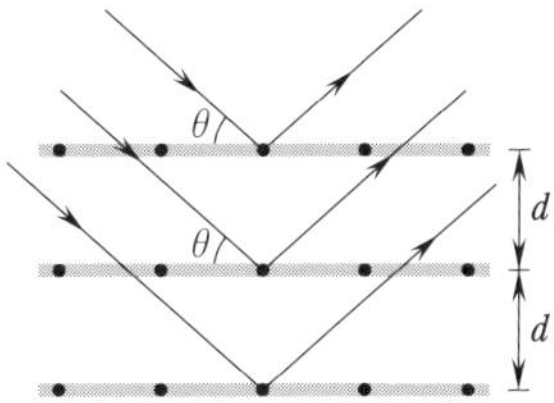

電気素量$e=1.6\times10^{-19}$〔C〕，電子の質量$m=9.1\times10^{-31}$〔kg〕，プランク定数$h=6.6\times10^{-34}$〔J·s〕とする。静止している電子を2.9×10^{2}〔V〕の電圧で加速したとき，電子の速さは$v=$［ (4) ］〔m/s〕となり，その波長は$\lambda=$［ (5) ］〔m〕となる。この電子線を角度$\theta=50°$で入射させ，そのあとθを増加させると，強い反射が起こる角度がいくつかある。その最初の角度をθ_1とすると，$\sin\theta_1=$［ (6) ］である。ただし，$d=3.5\times10^{-10}$〔m〕であり，$\sin 50°=0.77$とする。θを$50°\leqq\theta<90°$の範囲で変化させると［ (7) ］回強い反射が起こる。

(中部大)

2 原子構造

◆ 水素原子の構造

円運動の式　$m\dfrac{v^2}{r}=\dfrac{ke^2}{r^2}$　⇦ 粒子性

量子条件　$2\pi r=n\cdot\dfrac{h}{mv}$　⇦ 波動性

$(n=1,\ 2,\ \cdots)$

※ 軌道半径 r やエネルギー E は n による とびとびの値になる

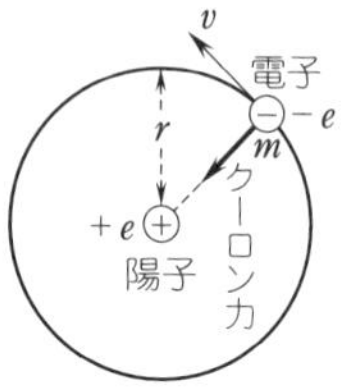

◆ 光の放出(と吸収)

$h\nu$ = エネルギー準位の差

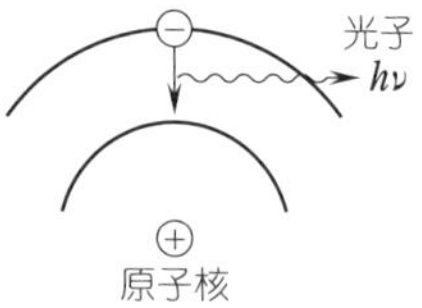

146 ボーアの水素原子模型では，$+e$ の電荷をもつ原子核のまわりに $-e$ の電荷をもつ質量 m の電子が，半径 r の円軌道上を速さ v で運動している。プランク定数を h，クーロン定数を k とする。

(1) 電子の円運動について成りたつ関係式を示せ。

(2) クーロン力による位置エネルギーの基準点を無限遠として，電子のもつ全エネルギー E を k，e，r を用いて表せ。

(3) 量子数を $n(=1,\ 2,\ 3)$ として，電子が安定な円軌道を描き続けるための，波長に関する条件(量子条件)を m，v，r，h，n を用いて表せ。

(4) 量子数 n の安定な軌道半径 r_n を，m，e，h，k，n を用いて表せ。

(5) 量子数 n のエネルギー準位 E_n を，m，e，h，k，n を用いて表せ。

(6) 量子数 $n=1$ のエネルギー準位は -13.6〔eV〕となることを用いて，$n=3$ から $n=2$ の状態に移るときに放射される光の波長〔m〕を有効数字 2 桁で求めよ。$h=6.63\times10^{-34}$〔J･s〕，電気素量 $e=1.60\times10^{-19}$〔C〕，光速 $c=3.00\times10^8$〔m/s〕とする。

(千葉大)

147　電子がエネルギー E_1 の準位にあり，全体として静止している水素原子がある。この原子に光をあてたところ，振動数 ν の光を吸収して，電子はエネルギー E_2 の準位に移り，原子は光の進行方向に速さ V の運動を始めた。光は光子として，次の問いに答えよ。光速を c，プランク定数を h，水素原子の質量を M とする。

(1)　原子の運動の速さ V と，吸収した光の振動数 ν の間に成り立つ関係式を書け。

(2)　E_1，E_2 および ν，V の間に成り立つ関係式を書け。

（金沢大）

148　電気素量 $e=1.6\times10^{-19}$〔C〕，光速 $c=3.0\times10^{8}$〔m/s〕，プランク定数 $h=6.6\times10^{-34}$〔J･s〕とする。図1は，加速電圧 V によってX線管から発生したX線スペクトルを示している。1個の電子の運動エネルギーがすべてX線光子のエネルギーに変わるとすると，e，c，h を用いてその波長は［　(1)　］と表される。図1に示されたスペクトルは，X線管に［　(2)　］〔V〕の加速電圧を加えたときのものである。また，図1の K_α 固有(特性)X線はエネルギー差が $\Delta E=$［　(3)　］〔eV〕のエネルギー準位間を電子が移るときに発生する。

図2に示すように，波長が λ のX線を結晶格子面(間隔が d)に対して角度 θ で入射したとき，散乱X線が強め合うための条件は［　(4)　］(ただし，$n=1,\ 2,\ 3,\ \cdots$)と表される。図1に示すスペクトルをもつX線を $d=8.0\times10^{-11}$〔m〕の格子面に入射したとき，$\theta=45°$ の方向に強く散乱されるX線の波長は［　(5)　］〔m〕である。

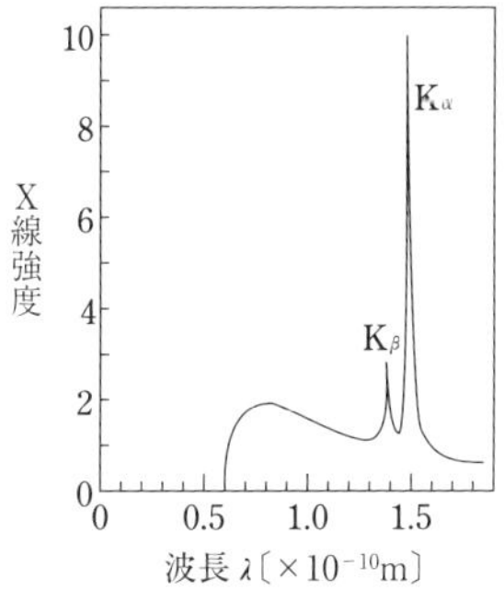

図1

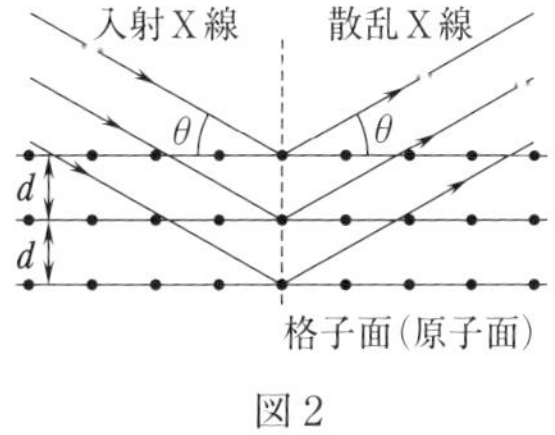

図2

（岡山大）

3 原子核

◆ **原子核の構成** … 陽子と中性子からなる

原子番号 Z = 陽子数　　質量数 A = 陽子数 + 中性子数

※ Z が同じで A が異なるものが同位体

◆ **放射性崩壊** … α, β, γ 崩壊

α 線の本体は ${}^4_2\mathrm{He}$ 原子核　　β 線は電子　　γ 線は電磁波

半減期　$$N = N_0\left(\frac{1}{2}\right)^{\frac{t}{T}}$$

（N：現在の数，N_0：初めの数，t：経過時間，T：半減期）

◆ **原子核反応** … $E = mc^2$（質量とエネルギーの等価性）が本質

質量数の和が保存　　原子番号の和が保存
エネルギー保存則　　運動量保存則

149　ある放射性物質 A から出た放射線を，紙面に垂直に手前から向こうに貫く磁場 B 中に入れたところ，図のように曲がった。

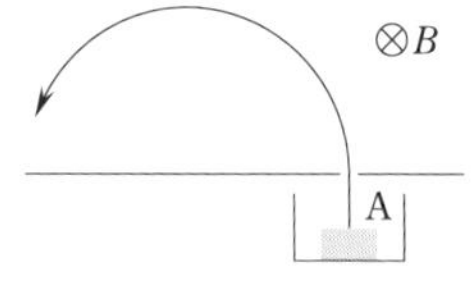

(1)　この放射線は何という粒子か。

(2)　この放射性物質 A の原子番号は 86，質量数は 222 であった。放射線を出した後の物質 X の原子番号と質量数を求めよ。

(3)　この物質 A は 8 日間で元の量の $\frac{1}{4}$ に減少した。元の量の $\frac{1}{64}$ まで減少するには何日かかるか。また，物質 A が元の量の 1 % まで減少するには何日かかるか。$\log_{10} 2 = 0.30$ とする。

（横浜市立大）

150 宇宙からやってくる放射線(宇宙線)は，大気中で原子核と衝突して中性子($^{1}_{0}n$)などの粒子を生み出す。この$^{1}_{0}n$が大気中の$^{14}_{7}N$と衝突すると $^{1}_{0}n+^{14}_{7}N \rightarrow$ [(1)] $+^{14}_{6}C$ という原子核反応で放射性炭素$^{14}_{6}C$がつくられる。$^{14}_{6}C$はβ崩壊をして [(2)] に変わる。その原子核中の中性子の数は [(3)] である。大気中の$^{14}_{6}C$の$^{12}_{6}C$に対する割合(存在比)は，ほぼ一定であると考えられており，この現象を利用して種々の年代測定が行われている。

ある遺跡を発掘調査していたところ，古代住居に用いられた木が発掘された。この木に含まれる炭素の同位体を調べてみると，$^{14}_{6}C$の存在比は，大気中の0.25倍であった。したがってこの木が伐採されたのは [(4)] 年前と推定できる。$^{14}_{6}C$の半減期を5.7×10^{3}年とする。

(三重大)

151 $^{235}_{92}U$は，αまたはβ崩壊をくり返し，安定な$^{207}_{82}Pb$になる。1個の$^{235}_{92}U$原子核が$^{207}_{82}Pb$になるまでの間にくり返されるα崩壊の回数は [(1)] 回で，β崩壊の回数は [(2)] 回である。

最初，1個の$^{235}_{92}U$原子核が1回目の崩壊で$^{231}_{90}Th$原子核と1個の粒子Xになる。Xとは [(3)] である。そして，続く崩壊では$^{231}_{90}Th \rightarrow ^{x}_{91}Pa \rightarrow ^{y}_{89}Ac$となる。ここで，$x=$ [(4)]，$y=$ [(5)] である。はじめの$^{235}_{92}U$原子核は静止しており，Xの運動エネルギーが7.0×10^{-13}〔J〕であったとすれば，$^{231}_{90}Th$原子核の運動エネルギーは [(6)] 〔J〕である。

(芝浦工大)

152 空所 [ア] ～ [オ] にあてはまる数値を答えよ。ただし，数値が整数でない場合は有効数字2桁で記せ。必要ならば次の数値を用いよ。

電子の質量$m_e=9.1\times10^{-31}$〔kg〕，電気素量$e=1.6\times10^{-19}$〔C〕，真空中の光速$c=3.0\times10^{8}$〔m/s〕，ボルツマン定数$k=1.4\times10^{-23}$〔J/K〕，プランク定数$h=6.6\times10^{-34}$〔J·s〕

(1) α崩壊するビスマス$^{212}_{83}Bi$が崩壊後タリウム$^{ア}_{イ}Tl$になり静止した。その後，さらにエネルギーが4.5×10^{5}〔eV〕の光子を1個放出した。この光子の振動数は [ウ] 〔Hz〕である。光子を放出する際にTlに与えられた運動量の大きさは [エ] 〔kg·m/s〕である。

(2) 陽電子は正の電荷をもち，その質量は電子の質量に等しい。静止している陽電子と電子が結合し，陽電子と電子は消滅し，エネルギーの等しい2個の光子が発生した。この光子1個のエネルギーは［　オ　］〔MeV〕である。ただし，$1\,\mathrm{MeV} = 10^6\,\mathrm{eV}$ である。

（立教大）

153 超高温において，リチウムの同位核1個と重水素の原子核(質量数2) 1個が結合して，2個のヘリウムの原子核(質量数4)を構成する。中性子の質量は1.0087〔u〕，陽子の質量は1.0073〔u〕，リチウムの同位核1個の質量は6.0135〔u〕，重水素の原子核1個の質量は2.0136〔u〕，ヘリウムの原子核1個の質量は4.0015〔u〕とし，1〔u〕は931〔MeV〕に相当する。

(a) 重水素原子核の質量欠損は［　(1)　］〔u〕で，結合エネルギーは［　(2)　］〔MeV〕である。

(b) 上の反応は次の核反応式で表される。

$$^{\boxed{(3)}}_{\boxed{(4)}}\mathrm{Li} + {}^{2}_{\boxed{(5)}}\mathrm{H} \rightarrow \boxed{(6)} \times {}^{4}_{\boxed{(7)}}\mathrm{He}$$

(c) この反応で失われた質量は［　(8)　］〔u〕である。答えは小数点以下第4位まで求めよ。

(d) この反応で［　(9)　］〔MeV〕のエネルギーが放出される。答えは有効数字3桁で求めよ。

（東海大）

154* 等しい運動エネルギー0.26 MeVをもつ2個の重水素原子核 $^2_1\mathrm{H}$ が正面衝突して，ヘリウム3原子核 $^3_2\mathrm{He}$ と中性子 $^1_0\mathrm{n}$ が生成される。これは核融合反応と呼ばれ，次の反応式で表される。

$$^2_1\mathrm{H} + {}^2_1\mathrm{H} \rightarrow {}^3_2\mathrm{He} + {}^1_0\mathrm{n}$$

ただし，中性子，重水素原子核，ヘリウム3原子核の質量は，原子質量単位uで表すと，それぞれ1.0087 u，2.0136 u，3.0150 uである。ここで $1\,\mathrm{u} = 1.7 \times 10^{-27}\,\mathrm{kg}$，$1\,\mathrm{MeV} = 1.6 \times 10^{-13}\,\mathrm{J}$，光速 $c = 3.0 \times 10^8\,\mathrm{m/s}$ とする。

(1) 質量を失うことによって生じたエネルギーは［　(1)　］〔MeV〕である。

(2) 衝突後のヘリウム3原子核の速さ V と中性子の速さ v の比 $\frac{V}{v}$ は [(2)] である。

(3) 中性子の運動エネルギーは [(3)]〔MeV〕である。

（日本大）

論 述 問 題

論述問題はダイレクトには理解力・論理力・文章力を試すものであるが，定性的考察力を養うのに好適なものでもある。

入試では問題の中で設問のうちの一つとして問われることが多い。以下では，代表的なものに加えて，物理の理解を試したり，深めるのに効果的なものを取り上げている。物理現象，特に自然現象に関わる要因は複数ある場合も多いが，主因と考えられるものについて，（　　）で示された文字数以内で答えよ。

［力　学］

A　粗い水平面上に置かれた物体に対して，鉛直下向きの外力が加わると，物体は水平方向に滑り出しにくくなる。その理由を述べよ。

（30 字）

B　物体が複数の力を受けながら等速直線運動をしているとき，複数の力が満たしている特徴的な性質について述べよ。（15 字）

C　重いエレベーターをまともに引き上げるのは大変である。そこで，ある工夫が施されている。それは何か。（35 字）

D　水中の物体は浮力を受けている。浮力が生じる原因を述べよ。

（50 字）

E　図は‘やじろべえ’の基本構造を示している。支点で支えられた‘やじろべえ’が少々揺らされても支点から落ちない理由を述べよ。（40 字）

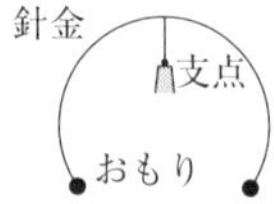

F　鉛直上向きに加速しているエレベーター内で体重計に乗ると，本来の体重より大きな値になる。その理由を述べよ。（20 字）

G　宇宙空間に出ることなく，無重力状態を体験できる方法を一つあげ，理由とともに述べよ。(50字)

H　ペットボトルにいくらかの水を入れ，ゴム栓(せん)でふたをし，中の空気を(自転車の空気入れなどで)圧縮すると，やがてふたがはずれペットボトルは水を吹き出しながら勢いよく飛ぶ。この‘水ロケット’とよばれるものが水が入っていない場合よりよく飛ぶのはなぜか。(60字)

I　物体が等速円運動をしているとき，等速であるにも関わらず，加速度が0とならないのはなぜか。(20字)

J　単振り子の実験をし，糸の長さlを変化させ，周期Tを測定した。結果をグラフにするとき，横軸をlとすると，縦軸はどのようにし，何を確かめればよいか。(35字)

K　重力加速度gの値が，極(北極と南極)に比べて赤道の方が少し小さくなっている理由を述べよ。(30字)

L　人工衛星の打ち上げ基地は，北半球の国では南の地域に置くことが多い。その理由を考察せよ。(20字)

M　宇宙ステーションの中では，物体が浮き，無重力状態となる理由を説明せよ。(30字)

N　宇宙ステーション内に，見た目は全く同じだが，質量が異なる2つの物体がある。質量の大小を区別する方法を一つあげよ。(40字)

O　惑星について，太陽からの距離aと公転周期Tを掲げている表がある。ケプラーの第3法則を確かめるにはどのようなグラフを作成するとよいか。(25字)

［熱］

A　庭や街路に打ち水(水をまくこと)をすると，涼しくなるのはなぜか。(20字)

B　温度一定のもとで，ピストンを押し込み，気体の体積を半分にすると，圧力は2倍になる。その理由を分子運動の観点から説明せよ。(40字)

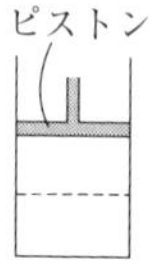

C＊ 図は‘浮沈子(ふちんし)’とよばれるおもちゃを示す。水の中に，空気を含む柔らかいプラスチック容器Aが静止している。上端のゴム膜を押すと，Aは下降する。なぜ下降するのか。(40字)

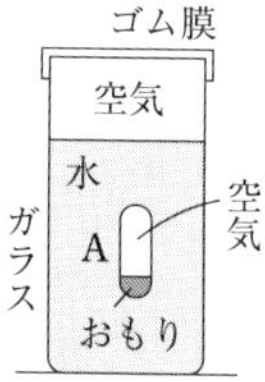

D　滑らかに動くピストンをもつ鉛直シリンダーの中の気体を暖める。気体がする仕事がピストンの位置エネルギーの増加に等しくならないのはなぜか。(20字)

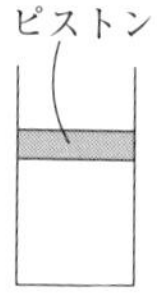

E　定圧モル比熱は定積モル比熱より大きい。その理由を説明せよ。(25字)

F　気体を断熱圧縮すると，温度が上昇する。その理由を述べよ。(60字)

G＊ 大気圧は上空ほど小さく(低く)なる。その理由を説明せよ。(30字)

H　湿った空気を含む風が，山にそって吹き上がると雲が発生する。その過程の概略を説明せよ。(70字)

I＊ 湿った空気を含む風が，平地から山脈を乗り越え，平地に戻るとはじめの温度よりかなり高い温度になることがある。フェーン現象とよばれるが，その理由を説明せよ。(100字)

[波　動]

A　閉管に生じる音の定常波では，管の底の位置は節になる。それはなぜか。(10字)

B　閉管がおんさに共鳴している。室温を少し上げると共鳴しなくなった。再び共鳴させるにはピストンを左・右どちらへ移動させればよいか。理由とともに答えよ。(理由は45字)

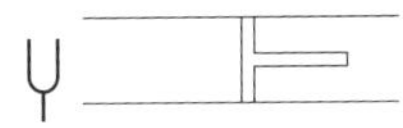

C　水面波は水深が深いほど速く伝わる。そのために海岸近くで見られる波の波面の特徴を述べよ。(20字)

D　音波が全反射を起こすのは空気中から水中へ伝わるときか，水中から空気中へ伝わるときか。理由とともに答えよ。(理由は25字)

E　音源が近づいてくると音は高くなる。その理由を「音速」と「波長」という用語を用いて説明せよ。(40字)

F　音波は回折しやすいが，光が回折しにくいのはなぜか。(30字)

G　ヤングの実験で，光源ランプと複スリットDの間にスリットSを1つ入れる理由を説明せよ。(20字)

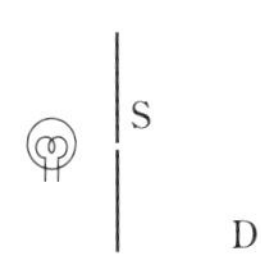

H　空が青い原因を，用語を用いて簡潔に述べよ。(30字)

I　虹が見える原因を，用語を用いて簡潔に述べよ。(20字)

J　白色光を凸レンズの光軸に平行に入射させたところ，焦点にできるはずの点像は広がりをもち，しかも色づいた。理由を用語を用いて簡潔に述べよ。(25字)

［電磁気］

A　下敷きなどをこすって静電気(摩擦電気)を帯びさせると，電気を帯びていない消しゴムのかすや小さな紙切れを引き寄せる。理由を説明せよ。(35字)

B　金属製の抵抗体の抵抗値は温度が増すと共に増加する。その理由を「自由電子」という用語を用いて説明せよ。(35字)

C　電池の起電力を測るのに，電圧計を用いたら正確な値が得られなかった。その理由は何か。(30字)

D　荷電粒子が一様でない磁場中で運動するとき，軌道は曲線となっても粒子の速さが変わらないのはなぜか。(25字)

E＊ 金属製のばねを用いた図のような回路でスイッチを閉じるとどのような現象が起こるか。ただし，ばねは少しだけ水銀に入っているとする。(20字)

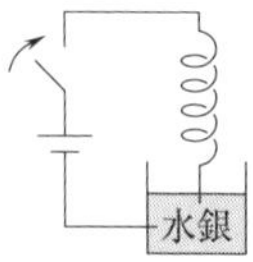

F　金属製の円筒とボール紙製の同形の円筒がある。鉛直に立てて強力な小磁石を落とした場合の運動の違いを述べよ。(30字)

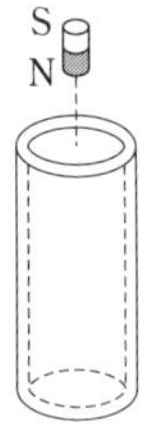

G　図の回路でスイッチSを切ったら，Sの接点で火花が走った。なぜか。(30字)

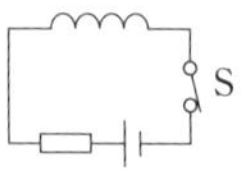

H　充電したコンデンサーをコイルにつなぐと電気振動が起こる。なぜ起こるかをコンデンサーとコイルそれぞれの性質に基づいて説明せよ。(80字)

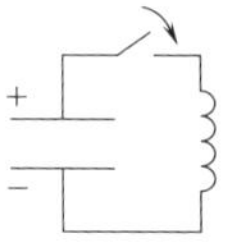

I　前問のような回路では，電気振動は現実的には長続きしない。その理由を2つあげよ。(30字)

[原　子]

A * xy 平面上，原点で静止している電子に，光子を x 軸にそって当てたところ，光子は第 4 象限に向かった。このとき，電子は第何象限を運動しているか。理由とともに答えよ。（理由は 30 字）

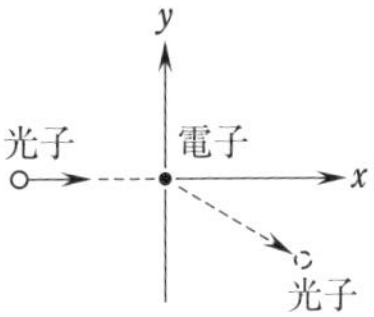

B　電子を一定の速さで 2 つのスリットめがけて次々と当てていくと，蛍光板上に縞(しま)模様が現れた。その理由を述べよ。（15 字）

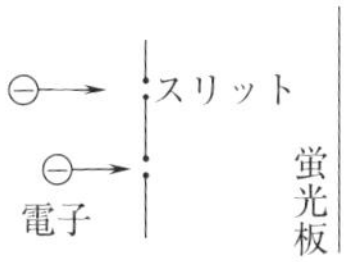

C * 水素原子核 4 つからヘリウム原子核 1 つを原子核反応によってつくるとエネルギーが取り出せる（核融合）。このとき，高温で反応させなければならない理由を述べよ。（70 字）

D　静止している原子核が γ 崩壊をすると，原子核が動き出す理由は何か。（20 字）

E * 電子と陽電子が出合うと対(つい)消滅を起こして光子になる。このとき光子は 1 つでなく 2 つ発生する理由は何か。電子と陽電子は静止していたものとする。（25 字）

Answer

力　学

1 (1) (ア) 4　(イ) 0　(ウ) -2
(2) (エ) 64　(3) (オ) 15　(カ) 144
(4) (キ) 27　(ク) -24

2 (1) $y=\frac{1}{2}at^2$　$v=at$
(2) $1.5\ \mathrm{m/s^2}$　(3) 72 m
(4) $-0.9\ \mathrm{m/s^2}$　(5) 24 秒

3 $\frac{8l}{3v}$　$\frac{4l}{\sqrt{3}v}$　$\frac{2L}{5v}$

4 (1) $t_1=\sqrt{\frac{2h}{g}}$　$\mathrm{AC}=v_0\sqrt{\frac{2h}{g}}$
(2) 水平成分：v_0　鉛直成分：$-\sqrt{2gh}$
(3) 水平成分：v_0　鉛直成分：$e\sqrt{2gh}$
(4) e^2h
(5) $t_2=2e\sqrt{\frac{2h}{g}}$　$\mathrm{CD}=2ev_0\sqrt{\frac{2h}{g}}$

5 (1) 2　(2) 4　(3) 14　(4) 16

6 (1) $t_1=\frac{l}{v_0\cos\theta}$
$h=l\tan\theta-\frac{g}{2}\left(\frac{l}{v_0\cos\theta}\right)^2$
(2) $t_2=\frac{v_0}{g}\sin\theta$　$H=\frac{v_0^2}{2g}\sin^2\theta$
(3) $v_0>\sqrt{\frac{gl}{\sin\theta\ \cos\theta}}$
(4) $\frac{2ev_0^2}{g}\sin\theta\ \cos\theta-el$

7 5 kg　147 N

8 (1) $m=\frac{2ka}{g}$　$N=ka$
(2) $\frac{L-2l}{L-l}$ 倍

9 (1) $\frac{5}{6}l$
(2) $T\sin\alpha=F$　$T\cos\alpha=3mg$
(3) $Fl\cos\beta=3mg\cdot\frac{5}{6}l\sin\beta$
(4) $\tan\alpha=\frac{F}{3mg}$　$\tan\beta=\frac{2F}{5mg}$
$T=\sqrt{F^2+9m^2g^2}$

10 (1) $3Mg$　(2) $\frac{3\sqrt{3}}{2}Mg$
(3) $\frac{1}{2}Mg$　(4) $Mgx-\mu Nl$
(5) $\frac{Mg(l+2x)}{\sqrt{3}\mu l}$　(6) $\frac{3\sqrt{3}\mu-1}{2(\sqrt{3}\mu+1)}l$

11 (1) $\frac{(M+m)g}{2\tan\theta}$　(2) $\frac{1}{2\tan\theta}$
(3) $\frac{l}{2m}\{2\mu(M+m)\tan\theta-M\}$

12 (1) $t_1=2\sqrt{\frac{2h}{g}}$　$N=\frac{\sqrt{3}}{2}mg$
(2) $\sqrt{2gh}$　(3) $\sqrt{\frac{2h}{g}}$　(4) $2h$

13 (1) $l=\frac{v_0^2}{2\mu g}$ 〔m〕　$t=\frac{v_0}{\mu g}$ 〔s〕
(2) $\frac{1}{2\sqrt{2}-1}$　(3) 1

14 (1) $T=\frac{mg}{\sqrt{3}}$　$N_1=\frac{mg}{\sqrt{3}}$
(2) $F=\frac{mg}{2\sqrt{3}}$　$R=\left(M+\frac{m}{2}\right)g$
(3) $\frac{m}{\sqrt{3}(2M+m)}$
(4) $a=\frac{1}{2}g$　$N_2=\frac{\sqrt{3}}{2}mg$
(5) $t=2\sqrt{\frac{2h}{g}}$　$v=\sqrt{2gh}$
(6) $\frac{\sqrt{3}m}{4M+3m}$

15 (1) α：$(m+M)g$　β：Mg
γ：$2(m+M)g$
(2) (ア) $\frac{Mg}{2m+M}$　$\sqrt{\frac{2(2m+M)h}{Mg}}$
(イ) $\frac{4m(m+M)g}{2m+M}$
(ウ) $\frac{2mMg}{2m+M}$

16 (1) $\frac{3-\sqrt{3}}{6}m\leqq M\leqq\frac{3+\sqrt{3}}{6}m$
(2) (ア) $a=\frac{3}{10}g$　$v=\sqrt{\frac{3}{5}gh}$
(イ) $l=\frac{7}{5}h$　$t=14\sqrt{\frac{h}{15g}}$

17 (1) $T=mg$
(2) $F=(M+m)g$　$V=\frac{M+m}{\rho}$

(3) $t_0 = \frac{1}{g}(v + \sqrt{v^2 + 2gh})$

(4) $v_1 = \sqrt{v^2 + \frac{2mgh}{M}}$

18 (1)

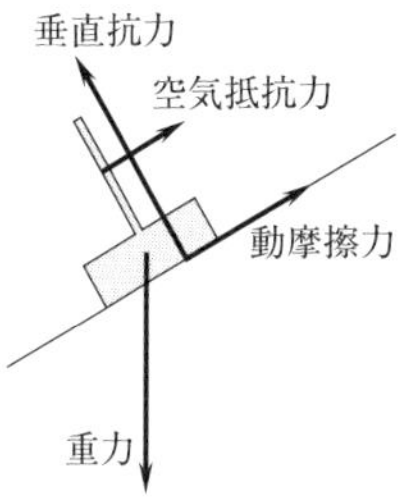

(2) $Ma = Mg\sin\theta - \mu Mg\cos\theta - kv$

(3) $v = \frac{Mg}{k}(\sin\theta - \mu\cos\theta)$

(4) $\mu = 0.23$　(5) $k = 1.5$〔N·s/m〕

19 (1) $v_0 - \mu gt$　(2) $\frac{\mu mg}{M}t$

(3) $\frac{Mv_0}{\mu(m+M)g}$　(4) $\frac{m}{m+M}v_0$

(5) $\frac{Mv_0^2}{2\mu(m+M)g}$

20 (1) (ア) $\frac{F_1}{m+M}$　(イ) $\frac{m}{m+M}F_1$

(2) (ア) $\mu(m+M)g$

(イ) $\frac{F_2 - \mu' mg}{M}$

(ウ) $\sqrt{\frac{2ML}{F_2 - \mu'(m+M)g}}$

21 (1) $v_B = \sqrt{2gr}$　$v_C = \sqrt{gr}$

(2) 重力：$\frac{1}{2}mgr$　垂直抗力：0

(3) $v_D = \frac{1}{2}\sqrt{gr}$　$h = \frac{7}{8}r$

(4) $\sqrt{2gr}$

22 (1) $a\sqrt{\frac{k}{m}}$〔m/s〕

(2) $\frac{a}{2}\sqrt{\frac{3k}{m}}$〔m/s〕

(3) $\frac{1}{2}ka^2$〔J〕　(4) $\frac{v^2}{2\mu g}$〔m〕

(5) $\frac{v^2}{(1+\sqrt{3}\mu)g}$〔m〕

23 (1) $T = \frac{1}{2}Mg$　$m_0 = \frac{1}{2}M$

(2) (ア) $2h$　$2v$　(イ) $2mgh$

(ウ) $\sqrt{\frac{2(2m-M)}{4m+M}gh}$

24 (1) μ　(2) $mgx\sin\theta$

(3) $\frac{mg}{2l}x^2$

(4) $2l(\sin\theta - \mu'\cos\theta)$

(5) $\mu + 2\mu'$

25 (1) $v = \frac{m - eM}{m+M}v_0$　$V = \frac{(1+e)m}{m+M}v_0$

(2) $-\frac{(1+e)mMv_0}{m+M}$

(3) $m < eM$

(4) $l = \frac{V^2}{2g(\sin\theta + \mu\cos\theta)}$

$V_1 = V\sqrt{\frac{\sin\theta - \mu\cos\theta}{\sin\theta + \mu\cos\theta}}$

26 (1) $\frac{2}{3}\sqrt{gl}$　(2) $\frac{1}{2}$　(3) $\frac{1}{8}l$

(4) $\frac{1}{2}m$　(5) $\frac{4}{5}$

27 (1) $\frac{2\pi R}{3v_0}$

(2) $v_A = \frac{1-3e}{2}v_0$　$v_B = \frac{1+3e}{2}v_0$

(3) $v_A' = \frac{1+3e^2}{2}v_0$　$v_B' = \frac{1-3e^2}{2}v_0$

(4) $\frac{1}{2}v_0$

28 (1) $\frac{2v}{g}$　(2) $\frac{v}{V}$　(3) $\frac{v}{g}\sqrt{V^2 - v^2}$

(4) 水平：$\frac{M}{M+m}\sqrt{V^2 - v^2}$　鉛直：0

(5) $\frac{Mv}{(M+m)g}\sqrt{V^2 - v^2}$

29 (1) $\frac{1}{4}u$　(2) $\frac{3}{8}mu^2$　(3) $\frac{7}{12}u$

30 (1) $x \cdots mv_0 = mv\cos\theta + MV\cos\theta$

$y \cdots 0 = mv\sin\theta - MV\sin\theta$

(2) $\frac{1}{2}mv_0^2 = \frac{1}{2}mv^2 + \frac{1}{2}MV^2$

(3) $v = v_0\sqrt{\frac{M}{m+M}}$

$V = \frac{mv_0}{\sqrt{M(m+M)}}$

(4) 45°　あるいは　$\frac{\pi}{4}$ rad

31 (1) $3v$〔m/s〕　(2) $v\sqrt{\frac{6m}{k}}$〔m〕

(3) $6mv$〔N·s〕　(4) v〔m/s〕

(5) $2v$〔m/s〕 (6) 右

32 (1) $\dfrac{h}{l}$ (2) (ア) $0=mv+MV$

$mgh=\dfrac{1}{2}mv^2+\dfrac{1}{2}MV^2$

(イ) $v=\sqrt{\dfrac{2Mgh}{m+M}}$

$V=-m\sqrt{\dfrac{2gh}{M(m+M)}}$

(ウ) ④

33 (1) (ア) $\dfrac{m}{m+M}v_0$ (イ) $\dfrac{Mv_0^{\,2}}{2(m+M)g}$

(2) $\dfrac{2m}{m+M}v_0$

34 (1) $\dfrac{\sqrt{2}+1}{8}\sqrt{gl}$ (2) $\dfrac{m}{m+M}v_0$

(3) $\dfrac{mMv_0^{\,2}}{2(m+M)}$ (4) $\dfrac{Mv_0^{\,2}}{2\mu(m+M)g}$

35 (1) Ma〔N〕 μMg〔N〕

(2) $a-\mu g$〔m/s²〕

(3) $t=\sqrt{\dfrac{2l}{a-\mu g}}$〔s〕

$v=\sqrt{2(a-\mu g)l}$〔m/s〕

(4) $\dfrac{a}{g}$

36 (1) $(M+m)(g+a)$ (2) $\dfrac{g+a}{g}$

(3) $a+\dfrac{m}{M}(g+a)$ (4) $m(g+b)$

(5) $\sqrt{\dfrac{2h}{g+b}}$

37 (1) $T_0=mg\sin\theta$ $N_0=mg\cos\theta$

(2) $a=g\tan\theta$ $N=\dfrac{mg}{\cos\theta}$

(3) $\beta=\dfrac{g}{\tan\theta}$ $T=\dfrac{mg}{\sin\theta}$

(4) $\sqrt{\dfrac{2gl}{\sin\theta}}$

38 (1) $\dfrac{d}{d+\sqrt{3}h}mg$ (2) $\mu>\dfrac{\sqrt{3}d}{d+2\sqrt{3}h}$

(3) $\dfrac{d}{h}g$ (4) $\mu>\dfrac{d}{h}$

39 (1) $\sqrt{\dfrac{M}{m}gr}$

(2) $\sqrt{\dfrac{(M-\mu m)g}{mr}}\leqq\omega\leqq\sqrt{\dfrac{(M+\mu m)g}{mr}}$

40 (1) $\sqrt{gh}$ (2) $\dfrac{mg}{\sin\theta}$

(3) $2\pi\sqrt{\dfrac{h}{g}}\tan\theta$ (4) $\sqrt{(g+a)h}$

41 (1) $T=m(g\cos\theta+l\omega^2\sin^2\theta)$

$N=m(g-l\omega^2\cos\theta)\sin\theta$

(2) $\sqrt{\dfrac{g}{l\cos\theta}}$

42 (1) $\sqrt{2gh}$

(2) $N_1=mg$ $N_2=mg\left(1+\dfrac{2h}{r}\right)$

(3) $v=\sqrt{2g(h-r+r\cos\theta)}$

$N=mg\left(\dfrac{2h}{r}-2+3\cos\theta\right)$

(4) $\dfrac{5}{2}r$ (5) $-\dfrac{2}{3}$

43 (1) $\sqrt{2gl}$

(2) $T_1=3mg$ $T_2=5mg$

(3) $v=\sqrt{\dfrac{gl}{3}}$ $\sin\theta_0=\dfrac{2}{3}$

(4) $\dfrac{5}{54}l$ (5) $\sqrt{\dfrac{gl}{2}}$

44 (1) $\sqrt{2ga(1-\cos\theta)}$

(2) $mg(3\cos\theta-2)$ (3) $\dfrac{2}{3}$

(4) $\sqrt{\dfrac{2}{3}ga}$ (5) $\sqrt{2ga}$

45 (1) (ア) A：$ma=k(l_0-l)-N$

B：$3ma=N$

(イ) $\dfrac{3}{4}k(l_0-l)$ l_0

(2) $\dfrac{x_0}{2}\sqrt{\dfrac{k}{m}}$ (3) $l_0+\dfrac{x_0}{2}$

(4)

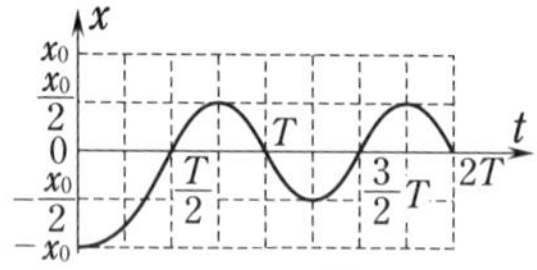

46 (a) $\dfrac{3mg}{a}$ (b) $2\pi\sqrt{\dfrac{a}{g}}$ (c) $\dfrac{a}{3}$

(d) $\dfrac{a}{3}$ (e) $2\pi\sqrt{\dfrac{2a}{3g}}$ (f) $\sqrt{\dfrac{ga}{6}}$

(g) $\dfrac{g}{2}$ (h) 1

47 (1) $\dfrac{mg}{a}$ $2mg$

(2) (ア) $\sqrt{ga}$ (イ) $x=a\cos\sqrt{\dfrac{g}{a}}\,t$

(3) $2a$

48 (1) $\sqrt{gd}$

(2) $v_A = \dfrac{2m}{m+M}\sqrt{gd}$

$v_B = \dfrac{m-M}{m+M}\sqrt{gd}$

(3) $v_A\sqrt{\dfrac{M}{k}}$

(4) $\dfrac{\sqrt{3}}{2}v_A$　(5) $\dfrac{\pi^2 Mg}{16k}\left(\dfrac{M+m}{M-m}\right)^2$

49 (1) h_0　$\sqrt{2g(h_0+L-H)}$

(2) $\dfrac{\pi}{\sqrt{g}}(\sqrt{L}+\sqrt{L-d})$

(3) h_0　$\sqrt{2(g+a)(h_0+L-H)}$

$\dfrac{\pi}{\sqrt{g+a}}(\sqrt{L}+\sqrt{L-d})$

50 (1) $\dfrac{\rho_0}{\rho}l$　(2) v_0

(3) $-\rho Sgx$

(4) $\dfrac{\rho_0}{\rho}l + v_0\sqrt{\dfrac{\rho_0 l}{\rho g}}$

(5) $\dfrac{3\pi}{2}\sqrt{\dfrac{\rho_0 l}{\rho g}}$

51 (1) $\dfrac{GM}{R^2}$

(2) $v = \sqrt{\dfrac{GM}{R+h}}$

$T = 2\pi(R+h)\sqrt{\dfrac{R+h}{GM}}$

(3) $\sqrt{gR}$　8.0×10^3〔m/s〕

(4) $\sqrt{2gR}$

52 (1) $\left(\dfrac{GMT^2}{4\pi^2}\right)^{\frac{1}{3}}$

(2) (ア) $\sqrt{\dfrac{GM}{r}}$　(イ) $\sqrt{\dfrac{2GM}{r}}$

(ウ) $\dfrac{m_0}{1+\sqrt{2}}$

53 (1) $\sqrt{\dfrac{GM}{R}}$

(2) $v = \sqrt{\dfrac{GM}{2R}}$　$T_0 = 4\pi R\sqrt{\dfrac{2R}{GM}}$

(3) (ア) $\dfrac{v}{3}$　(イ) $\dfrac{1}{2}\sqrt{\dfrac{3GM}{R}}$

(ウ) $2\sqrt{2}\,T_0$

熱

54 (1) 5040　(2) 42　(3) 0.38

(4) 30　(5) 0.32

55 ア 大きく　イ 4.5　ウ 5.0

56 (1) 5.0×10^2 J/K　9.0×10^2 J/K

(2) 水：4.0 J/(g·K)

銅：0.40 J/(g·K)

(3) 1.0 J/(g·K)　(4) 高い　大きい

57 (1) 4.2×10^4 J　(2) 210 W

(3) 336 J/g　(4) 2.1 J/(g·K)

(5) 150 g

58 (1) $2mv_x$　(2) $\dfrac{v_x t}{2L}$　(3) $\dfrac{m{v_x}^2 t}{L}$

(4) $\dfrac{Nm\overline{{v_x}^2}}{L}$　(5) $\dfrac{Nm\overline{v^2}}{3L^3}$

(6) $PL^3 = \dfrac{N}{N_A}RT$　(7) $\dfrac{3RT}{2N_A}$

(8) $\dfrac{3NRT}{2N_A}$

59 (1) (イ)　(2) (ロ)　(3) (イ)

(4) (ロ)　(5) (ハ)　(6) (ハ)

60 (1) $P = P_0 + \dfrac{Mg}{S}$　$T = \dfrac{(P_0S+Mg)h}{nR}$

(2) $\dfrac{T'}{T}h$

(3) $W = nR(T'-T)$　$\Delta U = Q - W$

(4) $C_P = C_V + R$

61 (1) B：$2T_1$　C：$2T_1$

(2) A→B：　$\dfrac{3}{2}p_1V_1$

C→A：　$-\dfrac{5}{2}p_1V_1$

(3) 仕事：$\dfrac{3}{2}p_1V_1$　熱量：$\dfrac{3}{2}p_1V_1$

(4) $\dfrac{1}{2}p_1V_1$

(5)

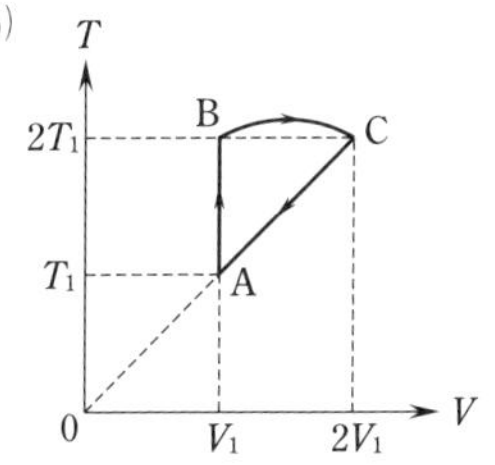

62 (1) $3PV$ (2) 0 (3) Q
(4) $2PV$ (5) $Q-2PV$
(6) $\dfrac{Q-2PV}{Q+3PV}$

63 (1) $\dfrac{3}{2}R(T_1-T_0)$ (2) $\dfrac{RT_1}{V_0}$
(3) $\dfrac{5RT_0}{2T_1}(T_2-T_1)$
(4) $\dfrac{R}{T_1}(T_1-T_0)(T_2-T_1)$
(5) $\dfrac{2(T_1-T_0)(T_2-T_1)}{T_1(5T_2-3T_0-2T_1)}$

64 (1) $\dfrac{(P_0S+Mg)l}{nR}$〔K〕
(2) $\dfrac{3}{2}$倍 $\dfrac{5}{4}(P_0S+Mg)l$〔J〕
(3) $\dfrac{P_0S}{7g}$〔kg〕 (4) $\dfrac{5}{3}l$〔m〕

65 (ア) $\dfrac{3}{2}$ (イ) 6 (ウ) $\dfrac{4}{3}$
(エ) 2 (オ) $\dfrac{9}{5}$ (カ) $\dfrac{9}{5}$

66 (1) $\dfrac{pV}{RT}$ $U=\dfrac{3}{2}pV$
(2) $32p$ $4T$
(3) $2T$ $\dfrac{16}{3}p$

67 (1) $\dfrac{3}{2}R(T_1-T_0)$〔J〕 (2) $\dfrac{2T_1}{T_0}$倍
(3) $3T_1$〔K〕
(4) $\dfrac{3}{2}R(3T_1-T_0)$〔J〕
(5) $3R(2T_1-T_0)$〔J〕

68 (1) $\dfrac{P_0V_0}{nR}$〔K〕 (2) $P=P_0+\dfrac{kx}{S}$
$P=P_0+\dfrac{k}{S^2}(V-V_0)$
(3) $\dfrac{2V_0(P_0S^2+kV_0)}{nRS^2}$〔K〕
(4) $\left(P_0+\dfrac{kV_0}{2S^2}\right)V_0$〔J〕
(5) $\left(\dfrac{5}{2}P_0+\dfrac{7kV_0}{2S^2}\right)V_0$〔J〕

69 (1) $(\rho Sd-M)g$
(2) $\dfrac{1}{2}\rho Sd$ (3) $\dfrac{3}{2}d+\dfrac{P_0}{\rho g}$
(4) 大きい

70 (1) $a=\dfrac{R}{m_0}$
(2) (ア) $\rho=\dfrac{T_0}{T}\rho_0$
(イ) $T_1=\dfrac{\rho_0V}{\rho_0V-M}T_0$
(ウ) $\rho'=\dfrac{\beta}{\alpha}\rho_0$
$\rho'_0=\dfrac{M}{V}+\dfrac{\beta}{\alpha}\rho_0$

波　動

71 (1) 振幅 1 cm　波長 80 cm
速さ　10 cm/s
波動数 0. 125 Hz　周期 8 s
(2) −1 cm　　(3) 0 cm
(4) 速度 0：20，60，100，140 cm
最大：40，120 cm
(5) −1 cm

72 (1) 8×10^{-2}s　　12. 5 Hz　　8 cm
(2)
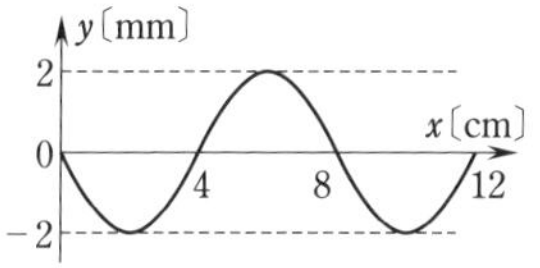

(3)
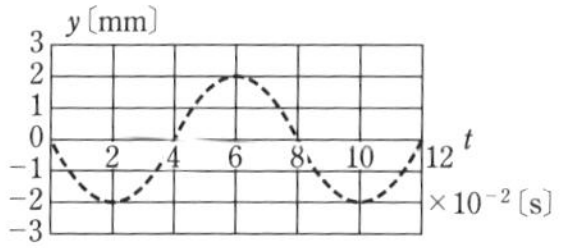

(4) 4×10^{-2}s，12×10^{-2}s
(5) 0 cm，8 cm
(6) 4×10^{-2}s，12×10^{-2}s

73 (1) 4. 0 m/s　　(2) 8. 0 s
(3) 6. 0 m　　31 箇所
(4) 7. 0 m

74 (1) 2 s　　(2) −1 m，3 m
(3)
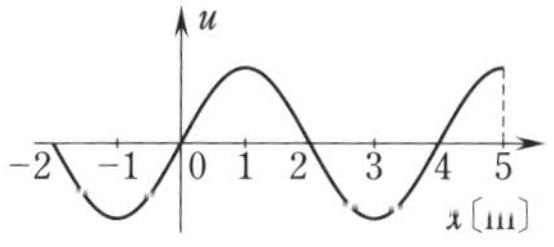

(4) (ア) 2. 5 s
(イ)
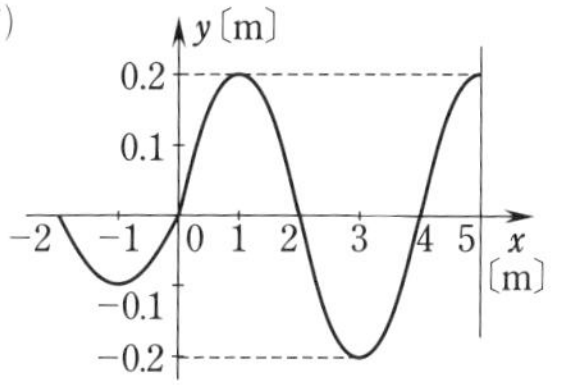

(ウ)
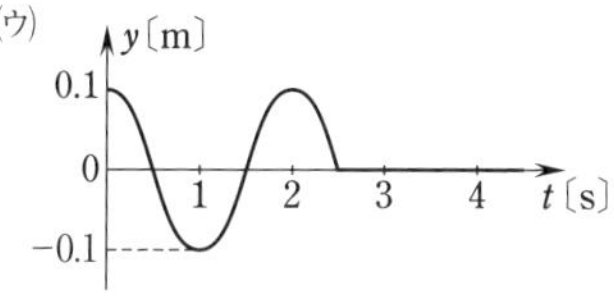

(5) (イ)
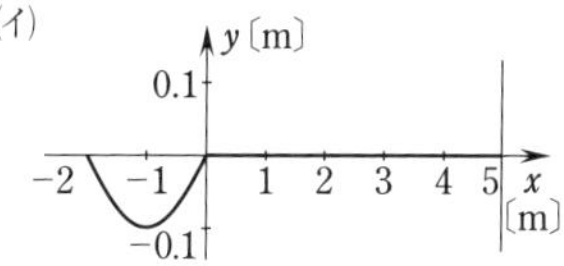

(ウ)
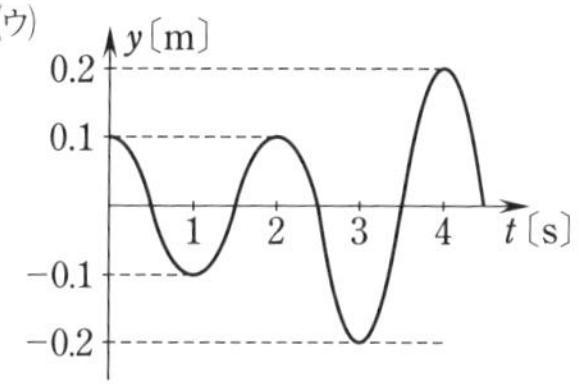

75 (1) 5×10^{-3}m，2×10^{-2}m，4×10^{-2}s
25 Hz，0. 5 m/s
(2) 負の方向
(3) $A=5\times10^{-3}$　$B=100$
$C=50$

76 (1) $\dfrac{3}{2l}\sqrt{\dfrac{mg}{\rho}}$　　(2) $\dfrac{5}{4}$
(3) $f-n$　　(4) $\dfrac{2nl^2}{3v-2nl}$

77 (1) 425 Hz　　(2) 60. 0 cm
(3) 80. 0 cm　　(4) 213 Hz

78 (1) 80. 4 cm　　3.40×10^2 m/s
1. 2 cm
(2) (ア) 39. 0 cm
(イ) 18. 9 cm と 59. 1 cm
(3) 増す　　(4) 705 Hz

79 (1) $(V-v)t$　　(2) f_0t
(3) $\dfrac{V-v}{f_0}$　　(4) $\dfrac{V}{V-v}f_0$
(5) $V+u$　　(6) $\dfrac{V+u}{V}f_0$
(7) $\dfrac{V+u}{V-v}f_0$　　(8) $\dfrac{V+w}{V+w-v}f_0$

80 (1) ④　　(2) ④　　(3) ②

81 (1) 4 m/s　　(2) 344 m
(3) 9. 8 s 間

82 (1) (ア) $\dfrac{V}{V-v}f_0$〔Hz〕

(イ) $\dfrac{V}{V+v}f_0$〔Hz〕

(ウ) $\dfrac{V}{n_1}(\sqrt{f_0^2+n_1^2}-f_0)$〔m/s〕

(2) (ア) $\dfrac{V+u}{V-u}f_0$〔Hz〕

(イ) $\dfrac{n_2}{2f_0+n_2}V$〔m/s〕

83 (1) 単調に減少する。 (2) $\dfrac{4}{3}f_0$

(3) f_0 (4) $\dfrac{4}{3}l$ (5) $\dfrac{3}{5}f$

84 (1)

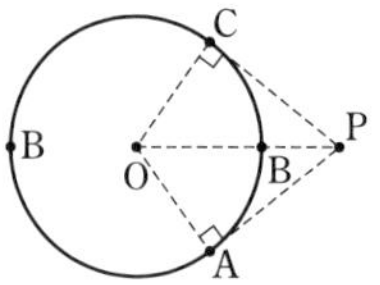

(2) $v=\dfrac{f_H-f_L}{f_H+f_L}V$ $f_0=\dfrac{2f_Hf_L}{f_H+f_L}$

(3) $v=10$〔m/s〕 $r=15$〔m〕

(4) (ア) 3.14 s (イ) 4.8 s

85 (1) 1.4 (2) 50 cm/s

(3) 1.4 cm 25 Hz 35 cm/s

(4) 0.57 (5) 45°

86 (1) 60°

(2)

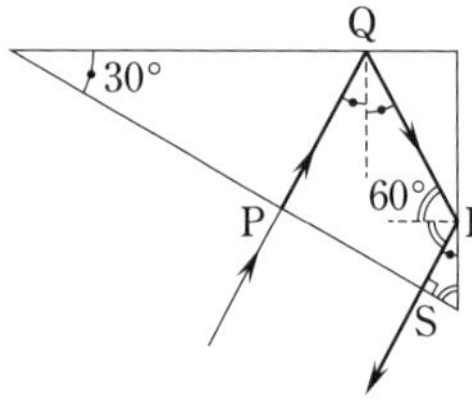

87 (1) $n_1>n_2$ (2) $\dfrac{n_2}{n_1}$

(3) $\dfrac{\sin\theta}{n_1}$ (4) $\sin\theta<\sqrt{n_1^2-n_2^2}$

(5) $1\leqq n_1^2-n_2^2$

88 (1) ③ (2) 25 (3) ②

(解答編での追加設問の答 (A))

89 (1) レンズの後方 15 cm

大きさ 4 cm 実像 倒立

(2) 20 cm

(3) レンズの前方 7.5 cm

大きさ 2 cm 虚像 正立

(4) L_1 の前方 10 cm

L_2 の前方 8 cm 大きさ 3.2 cm

90 (1) 1.7 (2) 0.85

(3) 0.25 (4) 2

91 (1) $\lambda=\dfrac{d}{4}$〔m〕 $v=\dfrac{d}{4T}$〔m/s〕

(2) P_1：強め合い P_2：弱め合い

P_3：強め合い

(3) $AP_1-BP_1=2\lambda$

$AP_2-BP_2=-\dfrac{1}{2}\lambda$

$AP_3-BP_3=-\lambda$

(4)

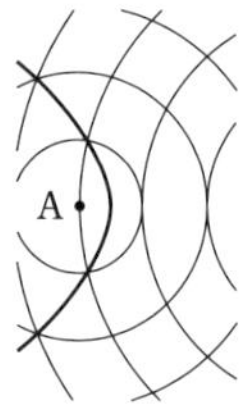

(5) 7 本

92 (1) A_1：$\dfrac{1}{2}$ 倍 A_2：$\dfrac{3}{2}$ 倍 (2) 2 cm

(3) 5 本 (4) 増す 遠ざかる

93 (1) $x=\left(m+\dfrac{1}{2}\right)\dfrac{\lambda l}{2a}$

(2) 6.3×10^{-7} m (3) 1 倍

(4) $\dfrac{1}{n}$ 倍

94 (1) 3 本 (2) ⑥

(3) 1.4×10^{-6} m

95 (1) $x_m=\dfrac{m\lambda L}{d}$ $\Delta x=\dfrac{\lambda L}{d}$

(2) 633 nm (3) $n=0$：白色

$n=1$：中心に近い側から青→黄→赤のように色づく。

(4) $3.80\leqq x_1\leqq 7.70$〔cm〕

96 (1) 2.0×10^8 m/s 4.0×10^{-7} m

(2) 1.0×10^{-7} m

(3) 3.0×10^{-7} m

(4) 3.0×10^{-7} m

97 (1) $2d\cos\phi$ (2) $\dfrac{\lambda}{n}$

(3) $2nd\cos\phi=m\lambda$

(4) 4.0×10^{-7} m

(5) 2.0×10^{-7} m

98 (1) 暗線　(2) 1.5×10^{-5} m

(3) 明線と暗線が入れ替わる。

(4) $\dfrac{1}{n}$ 倍

99 (1) $\dfrac{r^2}{2R}$

(2) 暗く見える。　赤色の光

(3) 6.7 m　(4) 1.4

(5) 明暗の輪が入れ替わる。

電磁気

100 (1) $\dfrac{2}{\sqrt{3}}mg$　(2) $d\sqrt{\dfrac{mg}{2\sqrt{3}\,k}}$

(3) $\dfrac{1}{8\sqrt{3}}$

101 (1) (ア) 正　(イ) 負　(ウ) 1

(エ) 小さい

(2)

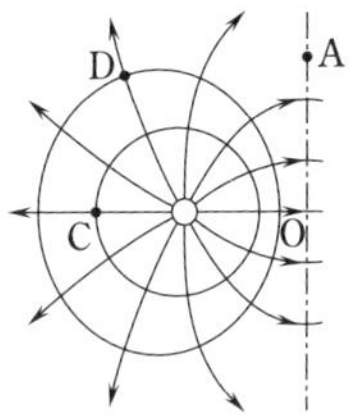

(3) $V_B < V_A = V_O < V_D < V_C$

(4) B→C　0 J

102 (1) 0〔N/C〕　$\dfrac{\sqrt{2}kQ}{2d^2}$〔N/C〕

(2) $V_O = \dfrac{2kQ}{d}$〔V〕

$V_C = \dfrac{\sqrt{2}\,kQ}{d}$〔V〕

(3) $\dfrac{\sqrt{2}\,kqQ}{2d^2}$〔N〕　x 軸の正の向き

(4) $W_1 = \dfrac{(2-\sqrt{2})kqQ}{d}$〔J〕

$W_2 = -\dfrac{(2-\sqrt{2})kqQ}{d}$〔J〕

(5) $\sqrt{\dfrac{2\sqrt{2}\,kqQ}{md}}$〔m/s〕

103 (1) P　$El\cos\theta$〔V〕

(2) $-qEl\cos\theta$〔J〕

(3) $\sqrt{\dfrac{2ml}{qE}\cos\theta}$〔s〕 直線になる。

(4) $\dfrac{g}{2}\sqrt{\dfrac{2ml}{qE}\cos\theta}$〔m/s〕

104 ①　開いていたはくは，手を触れると閉じ，手を離しても変化せず，ガラス棒を遠ざけると再び開く。

105 (1) $\dfrac{\varepsilon_0 S}{d}V_0$〔C〕

$\dfrac{V_0}{d}$〔V/m〕,〔N/C〕

$\dfrac{\varepsilon_0 S}{2d}V_0^2$〔J〕

(2) $\dfrac{1}{2}$倍　$\dfrac{1}{2}$倍

(3) 1倍　2倍　2倍

(4) $\dfrac{3}{2}V_0$〔V〕

106 (1) CV

(2)

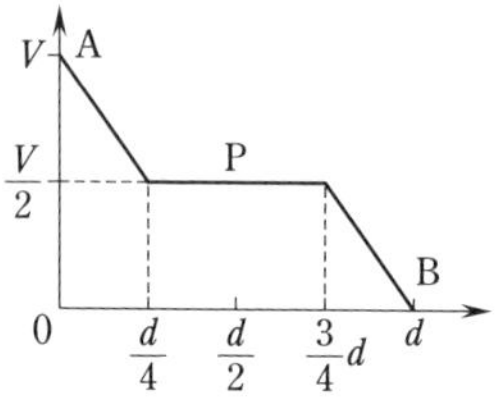

(3) $2CV$　(4) $2V$　(5) CV^2

107 (1) $\dfrac{2}{3}CV$　(2) $\dfrac{1}{3}V$

(3) $\dfrac{2}{11}V$　(4) $\dfrac{4}{33}CV$

(5) $\dfrac{3}{11}CV^2$

108 (1) $\dfrac{V}{R}$　(2) $\dfrac{1}{2}CV^2$　(3) CV^2

(4) $\dfrac{1}{2}CV^2$　(5) $2V$

(6) $\dfrac{1}{2}CV^2$　(7) $\dfrac{CV^2}{2d}$

109 (1) $\dfrac{\varepsilon_r\varepsilon_0 lx}{d}$

(2) $\dfrac{\varepsilon_0 l(l-x)}{d}$

(3) $\dfrac{\varepsilon_0 l}{d}\{l+(\varepsilon_r-1)x\}$

(4) $\dfrac{Q^2 d}{2\varepsilon_0 l\{l+(\varepsilon_r-1)x\}}$

(5) 減少　(6) 増加

(7) $\varepsilon_r:1$

110 (1) D_1：$-\dfrac{1}{2}CV$　D_2：$-CV$

(2)

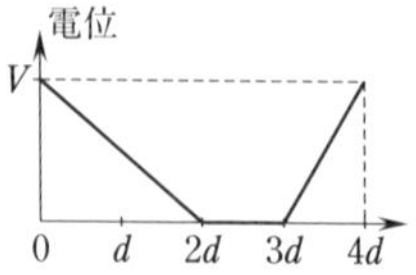

(3)

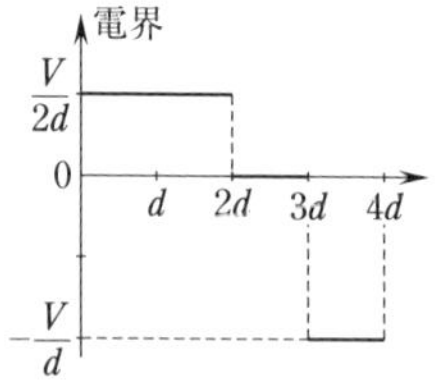

(4)

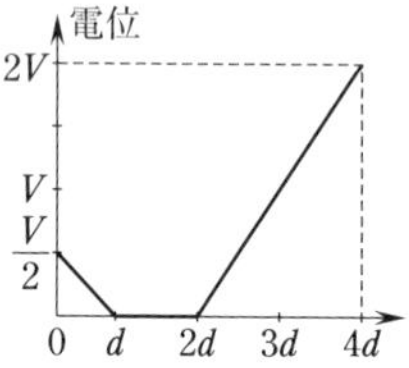

(5) $\dfrac{3}{8}CV^2$

111 (1) $2Q_0$

(2) $\dfrac{a^2-x^2}{a^2}V_0$　(3) $-\dfrac{a-x}{a}Q_0$

112 (1) $\dfrac{V}{l}$　(2) $\dfrac{eV}{l}$　(3) $\dfrac{eV}{kl}$

(4) $enSv$

(5) $\dfrac{kl}{e^2nS}$　(6) $\dfrac{k}{e^2n}$

113 (1) $\dfrac{RE}{R+2r}$　(2) $\dfrac{2RE}{2R+r}$

114 (1) 2　(2) 7　(3) 3　(4) 4

115 (1) 3.6 V　(2) 20 Ω

(3) 730 Ω　(4) 1.7×10^4 Ω

116 (1) (ア) $100=20(I_1+I_2)+8I_1$

(イ) $100-30=-15I_2+8I_1$

(2) E_1：5 A　E_2：2 A，右向き

(3) 440 W　(4) 500 W

(5) E_2の充電にエネルギーが使われているから。

117 (1) 1.6 V　(2) 0.50 Ω

(3) 1.1 V　(4) 0.30 W　10 Ω

118 (1) $\dfrac{r_vE}{r_v+r}$　(2) $\dfrac{E_S}{I}$　(3) $\dfrac{RE_S}{R_S}$

119 (1) 40　(2) 0.6　(3) 24

(4) 50　(5) 0.8　(6) 80

120 (1) $\dfrac{5V}{11R}$　(2) $\dfrac{V}{3R}$　(3) $\dfrac{CV}{2}$

(4) $\dfrac{2V}{15R}$　$\dfrac{1}{10}CV^2$

121 (1) (ア) 2 A　(イ) 1200 μC
(2) 1000 μC　B→A
(3) (ア) 20 V
(イ) C_1：400 μC　C_2：600 μC
(ウ) 6×10^{-2} J

122 (1) $\frac{1}{4}H_0$　(2) $(\sqrt{5}a,\ 0)$

123 (1) $enSv$　(2) evB
(3) ローレンツ
(4) 紙面に垂直で裏から表への
(5) nSl　(6) $enSlvB$
(7) IBl
(8) 紙面に垂直で裏から表への

124 (1) $\frac{I_1}{2\pi b}$　(2) M から N
(3) $\frac{a+c}{b}$　(4) $\frac{a(a+b+c)}{2\pi bc(a+b)}$
(5) $\frac{\mu a^2(a+b+c)i}{2\pi bc(a+b)}$　(6) MN
(7) $\frac{c(a+c)}{b(a+b)}$

125 (1) evB　(2) C→D　(3) D
(4) C　(5) eE　(6) 反対
(7) vB　(8) C　(9) D
(10) vBl

126 (1) (ア) vBb　(イ) $\frac{vBb}{R}$
(ウ) B→A　(エ) $\frac{vB^2b^2}{R}$
(2)
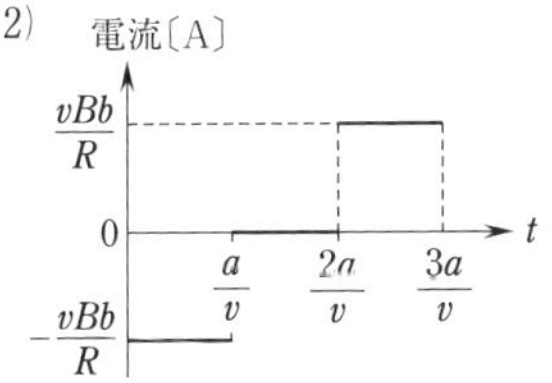

(3)
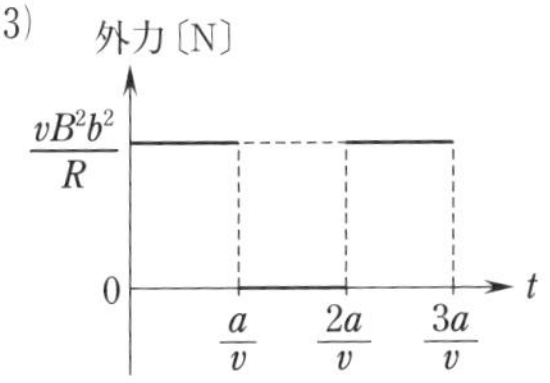

(4) $\frac{2vB^2b^2a}{R}$〔J〕

127 (1) 電流：$\frac{vBl}{R}$　a→b
力：$\frac{vB^2l^2}{R}$　a→c
(2) (ア) $I_0=\frac{Mg}{Bl}$　$v_0=\frac{MgR}{B^2l^2}$
(イ) $P=Q$　エネルギー保存則
(ウ) $P=\frac{M^2g^2R}{B^2l^2}=Q$
(3) $\frac{m(MgR)^2}{2(Bl)^4}$

128 (1) $\frac{EBl}{R}$　a→b
(2) $\mu<\frac{EBl}{MgR}$
(3) $I_0=\frac{\mu' Mg}{Bl}$
$v_0=\frac{EBl-\mu' MgR}{B^2l^2}$
(4) $\frac{\mu' Mg}{B^2l^2}(EBl-\mu' MgR)$
(5) 摩擦熱と抵抗でのジュール熱として消費される。

129 (1) b→a　(2) $\frac{vBL}{R}\cos\theta$〔A〕
(3) $\frac{mgR\sin\theta}{(BL\cos\theta)^2}$〔m/s〕　(4) 1

130 (1) $\frac{1}{2}Ba^2\omega\Delta t$〔Wb〕
(2) $\frac{1}{2}Ba^2\omega$〔V〕　P→O
(3) $\frac{B^2a^4\omega^2}{4R}$〔W〕
(4) $\frac{B^2a^3\omega}{2R}$〔N〕　逆方向
(5) $\frac{B^2a^4\omega^2}{4R}$〔W〕

131 (1) (ア) $\frac{B_0L^2}{2t_0}t$　(イ) $\frac{B_0L^2}{2t_0}$
(ウ) $\frac{B_0L^2}{2Rt_0}$　(エ) $\frac{B_0{}^2L^4}{2Rt_0}$
(2)
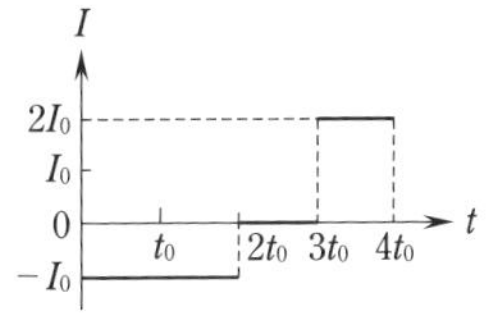

132 (1) a の向き　$I_0=\frac{v_0B}{2r}$

(2) 等しい　反対

(3) $v_f = \frac{1}{2}v_0$

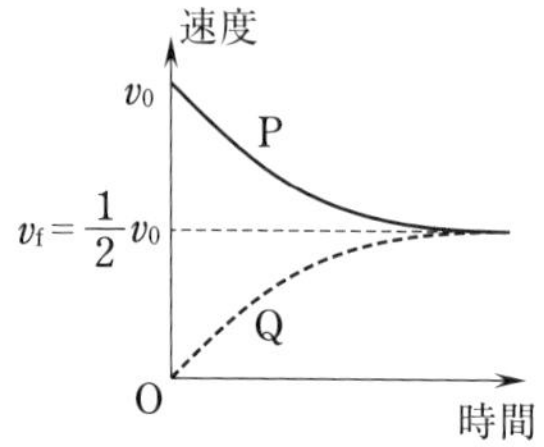

接線の傾き：　$-\frac{v_0 B^2 d}{2rm}$

133 (1) $H = nI$　$\Phi = \mu_0 nSI$

(2) (ア) $\mu_0 nS\Delta I$

(イ) $\mu_0 n^2 lS\frac{\Delta I}{\Delta t}$　(ウ) $\mu_0 n^2 lS$

(エ) $\frac{1}{2}\mu_0 n^2 lS\frac{\Delta I}{\Delta t}$

(オ) $\frac{1}{2}\mu_0 n^2 lS$

134 (1) $I_1 = \frac{E}{r+R}$　$V_1 = \frac{R}{r+R}E$

(2) $I_2 = \frac{E}{r}$　(3) $I_3 = \frac{E}{r}$

$V_3 = -\frac{R}{r}E$　$W = \frac{LE^2}{2r^2}$

135 (1) ⑥　(2) ④

(3) ②　(4) ①

136 (1) $\frac{2\pi}{T}$　(2) $\frac{V_0}{R}\sin\omega t$　$\frac{V_0}{\sqrt{2}R}$

(3) $\frac{V_0^2}{2R}$　(4) $\frac{V_0}{\sqrt{2}\omega CR}$

$v_C = -\frac{V_0}{\omega CR}\cos\omega t$

(5) $\frac{1}{4}T$　$\frac{3}{4}T$

(6) $\frac{\omega LV_0}{\sqrt{2}R}$　$v_L = \frac{\omega LV_0}{R}\cos\omega t$

(7) $V_1 = \frac{V_0}{R}\sqrt{R^2 + \left(\omega L - \frac{1}{\omega C}\right)^2}$

$V_2 = \frac{V_0}{R}\sqrt{R^2 + \frac{1}{\omega^2 C^2}}$

137 (1) (ア) $\frac{V}{R}$　(イ) $C(V-RI)$

(ウ) CV　(2) (ア) $V\sqrt{\frac{C}{L}}$

(イ)

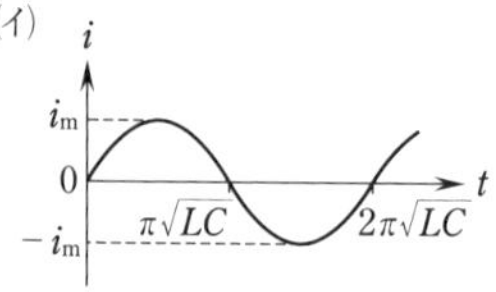

(ウ) $\pi\sqrt{LC}$

138 (1) $\frac{V}{R}$　(2) $\frac{V}{R}$　0

(3) $\frac{\pi}{2}\sqrt{LC}$　(4) $\frac{V}{R}\sqrt{\frac{L}{C}}$

139 (1) $\sqrt{\frac{2eV_0}{m}}$〔m/s〕

(2) $\frac{eV}{d}$〔N〕　$y_1 = \frac{eVl^2}{2mdv_0^2}$〔m〕

(3) $\frac{eVl}{2mdv_0^2}(2L-l)$〔m〕

(4) $\frac{V}{dv_0}$〔T〕

紙面の表から裏への向き

140 (1) $\left(\frac{mv}{qB},\ 0,\ 0\right)$　$\frac{2\pi m}{qB}$

(2) z 軸に沿って速度 v で等速運動をする。

(3) (ア) xy 平面内では速さ $v\cos\theta$ で等速円運動をし，z 軸方向では速さ $v\sin\theta$ で等速運動をする。実際にはらせん運動をする。

(イ) $\frac{2\pi mv}{qB}\sin\theta$

141 (1) $enacv$　(2) evB　(a) 正

(b) ローレンツ力　(c) 低く

(3) vB　(4) vBa　(5) $\frac{BI}{enc}$

(d) ホール(正孔)　(e) 高く

142 (ア) 電子　(イ) $krv_1 = \frac{4}{3}\pi r^3 \rho g$

(ウ) $\frac{qV}{d} = \frac{4}{3}\pi r^3 \rho g + krv_2$

(エ) $\frac{krd}{V}(v_1 + v_2)$

問1　3.2×10^{-19} C

問2　1.61×10^{-19} C

原 子

143 (1) 1.0×10^{13} 個/s
(2) 2.9×10^{-19} J
(3) 6.6×10^{-19} J
$W=3.7\times10^{-19}\,\mathrm{J}=2.3\,\mathrm{eV}$
5.6×10^{14} Hz
(4)
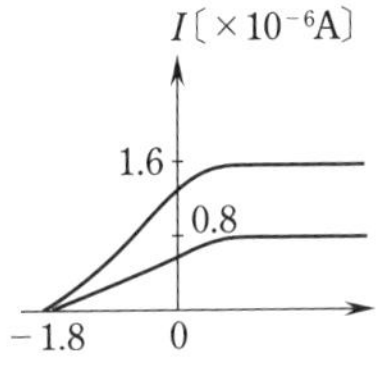

(5)
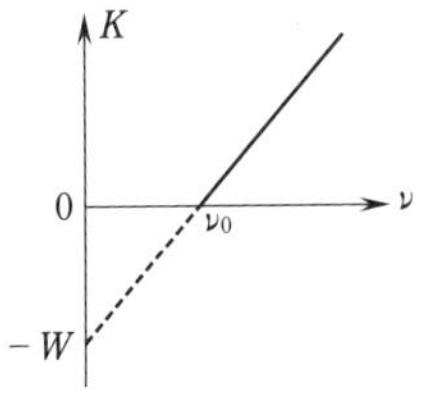

h：グラフの傾き

144 (1) $h\dfrac{c}{\lambda}=h\dfrac{c}{\lambda'}+\dfrac{1}{2}mv^2$
(2) x：$\dfrac{h}{\lambda}=\dfrac{h}{\lambda'}\cos\theta+mv\cos\phi$
y：$0=\dfrac{h}{\lambda'}\sin\theta-mv\sin\phi$
(3) 略　(4) $\dfrac{\lambda}{\lambda'}$

145 (1) 干渉　(2) $2d\sin\theta$
(3) $2d\sin\theta=n\lambda$　(4) 1.0×10^{7}
(5) 7.3×10^{-11}　(6) 0.83
(7) 2回

146 (1) $m\dfrac{v^2}{r}=\dfrac{ke^2}{r^2}$　(2) $-\dfrac{ke^2}{2r}$
(3) $2\pi r=n\dfrac{h}{mv}$　(4) $\dfrac{n^2h^2}{4\pi^2kme^2}$
(5) $-\dfrac{2\pi^2k^2me^4}{n^2h^2}$　(6) 6.6×10^{-7} m

147 (1) $\dfrac{h\nu}{c}=MV$
(2) $h\nu=E_2-E_1+\dfrac{1}{2}MV^2$

148 (1) $\dfrac{hc}{eV}$　(2) 2.1×10^{4}
(3) 8.3×10^{3}　(4) $2d\sin\theta=n\lambda$
(5) 1.1×10^{-10}

149 (1) ${}^{4}_{2}\mathrm{He}$ 原子核
(2) 84　218
(3) 24日　27日

150 (1) ${}^{1}_{1}\mathrm{H}$　(2) ${}^{14}_{7}\mathrm{N}$　(3) 7
(4) 1.1×10^{4}

151 (1) 7　(2) 4　(3) ${}^{4}_{2}\mathrm{He}$
(4) 231　(5) 227
(6) 1.2×10^{-14}

152 ア 208　イ 81
ウ 1.1×10^{20}　エ 2.4×10^{-22}
オ 0.51

153 (1) 0.0024　(2) 2.2
(3) 6　(4) 3　(5) 1
(6) 2　(7) 2
(8) 0.0241　(9) 22.4

154 (1) 3.3
(2) $\dfrac{1}{3}$ (0.33)
(3) 2.9

※「**論述問題**」の解答例は
「解答・解説編」に掲載

24920

河合塾 SERIES

良問の風 物理

頻出・標準 入試問題集 三訂版

河合塾講師 浜島清利［著］

解答・解説 編

河合出版

良問の風　物理

解答・解説編

単なる答え合わせに終わらせることなく，
解説をじっくり読みこんでください。

♣ **KEY POINT** は，問題編のまとめをよりくわしく説明したものです。問題が解けないときのヒントとして用いることもできます。

♣ 解答の中の赤字の文字式は，公式であることを意味しています。

♣ 答えの表記が一致しなくても，数学的に同値であれば正解です。

力　学

1　速度と加速度

KEY POINT　等加速度運動の3つの公式(問題編 p6の❶〜❸)を適切に用いていく。注意点は，**加速度 $\boldsymbol{a}$ と速度 $\boldsymbol{v}$ が符号をもつこと**。正(プラス)となるのは，加速度や速度が座標軸 x の向きとなるとき。**座標軸 $\boldsymbol{x}$ ははじめ(時刻 $\boldsymbol{t=0}$)の位置を原点とし，初速度 $\boldsymbol{v_0}$ の向きに(ふつうは)セットする**。なお，公式の $\boldsymbol{x}$ **も距離ではなく，座標**であって，$a<0$ のときには，Uターン形の運動をし，$x<0$ となることもある。

1　v-t グラフ(速度-時間グラフ)の2つの特徴を活用する。

(1)　**加速度 $\boldsymbol{a}$ は $\boldsymbol{v}$-$\boldsymbol{t}$ グラフの傾きに等しい**から

(ア) $0\leqq t\leqq 4$ s では　$a=\dfrac{16}{4}=\mathbf{4}$ m/s^2　(イ) $4\leqq t\leqq 7$ では　$a=\mathbf{0}$ m/s^2

(ウ) $7\leqq t$ では　$a=-\dfrac{16}{15-7}=\mathbf{-2}$ m/s^2

等速運動では $a=0$ は自明

(2)　物体が**移動した距離は $\boldsymbol{v}$-$\boldsymbol{t}$ グラフの面積で表される**から，斜線部(台形)の面積より　$x=\dfrac{1}{2}\times(2+6)\times16=\mathbf{64}$ m

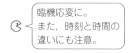

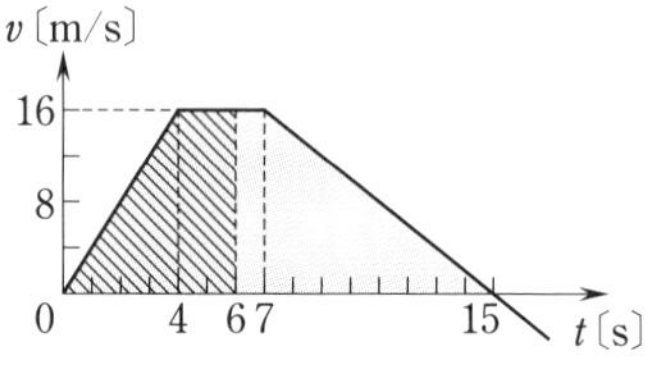

別解　公式❷より $0\leqq t\leqq 4$ での移動距離は $\dfrac{1}{2}\times4\times4^2=32$ m であり，その後の2s間は等速運動だから $16\times2=32$ m 動く。これらの和を求めればよい。グラフでは三角形と長方形の面積の和に対応する。

(3) (オ)　$v>0$ の間は右へ進み，$v<0$ になると左へ戻る。よって，右に最も離れたのは，一瞬止まった $t=\mathbf{15}$ s の時である。

(カ)　上図の赤色部の面積より　$\dfrac{1}{2}\times(3+15)\times16=\mathbf{144}$ m

(4) (キ)　$t=15$ s 以後は左向きを正とした方がよい。

臨機応変に。また，時刻と時間の違いにも注意。

初速0，加速度 $a'=2$ m/s^2 で原点まで144 m動くので，要する時間を T とすると，公式❷より

$$144=\frac{1}{2}\times2\times T^2 \qquad \therefore\ T=12\text{ s} \qquad \therefore\ t=15+T=\mathbf{27}\text{ s}$$

(ク)　公式❶より　$v'=a'T=2\times12=24$ m/s　$v=-v'=\mathbf{-24}$ m/s

2　(1)　初速が 0 なので，公式❷より　$y=\boldsymbol{\frac{1}{2}at^2}$　❶より　$v=\boldsymbol{at}$

(2)　$t=6$ s での高さ y_1 と速度 v_1 は　$y_1=\frac{1}{2}\times a\times 6^2=18a$　$v_1=a\times 6=6a$

次の 8 s 間は速度 v_1 での等速運動であり，高さ 99 m に達したことより

$$99=y_1+v_1\times 8=18a+48a \qquad \therefore \quad a=\mathbf{1.5\ m/s^2}$$

(3)　$v_1=6a=6\times 1.5=9$ m/s　$\therefore$　$v_1\times 8=9\times 8=\mathbf{72\ m}$

(4)　エレベーターは速度 $v_1=9$ m/s となった後，$144-99=45$ m だけ上昇して止まるから，公式❸を用いて　$0^2-9^2=2\times a'\times 45$　$\therefore$　$a'=\mathbf{-0.9\ m/s^2}$

(5)　減速し始めてから止まるまでの時間を t' とすると，公式❶より

$$0=9+(-0.9)\times t' \qquad \therefore \quad t'=10\text{ s}$$

全体の時間は　$6+8+10=$ **24 秒**

別解　v-t グラフを描いてみる。

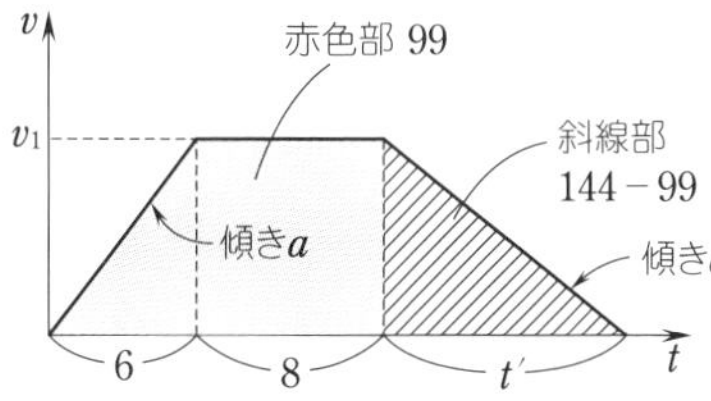

赤色部の面積が 99 m だから

$$99=\frac{1}{2}\times(8+14)\times v_1 \quad \therefore \quad v_1=9$$

次に，斜線部に注目して

$$144-99=\frac{1}{2}\times 9\times t' \qquad \therefore \quad t'=10$$

a と a' はグラフの傾きから求める。

3　**速度の合成はベクトルの和，相対速度はベクトルの差**となる。

(1)　川を上るときの合成速度は，$v+\left(-\frac{1}{2}v\right)=\frac{1}{2}v$

下るときは，$v+\frac{1}{2}v=\frac{3}{2}v$

$$\therefore \quad t_1=\frac{l}{v/2}+\frac{l}{3v/2}=\boldsymbol{\frac{8l}{3v}}$$

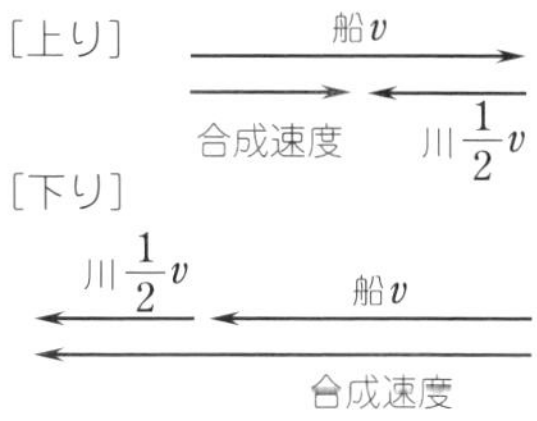

一方，川を横断するときには，下図のように川の上流側に船首を向けることになり，合成速度は $\sqrt{v^2-\left(\frac{1}{2}v\right)^2}=\frac{\sqrt{3}}{2}v$ となる。向こう岸から引き返す場合も同じだから　$t_2=\frac{l}{\sqrt{3}v/2}\times 2=\boldsymbol{\frac{4l}{\sqrt{3}v}}$

$8/3>4/\sqrt{3}=4\sqrt{3}/3$ より $t_1>t_2$ であり，同じ距離 l の往復でも上り下りの方が時間がかかることが分かる。

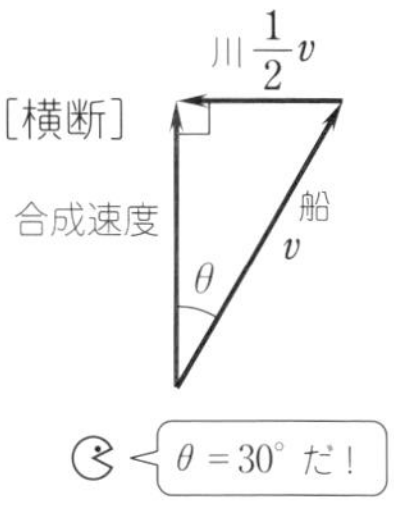

船は前述のように$\frac{3}{2}v$で岸に対して動き，人はvで上流へ向かう。人から見た船の相対速度は$\frac{3}{2}v-(-v)=\frac{5}{2}v$ となる。　$t_3=\frac{L}{5v/2}=\boldsymbol{\frac{2L}{5v}}$

KEY POINT　放物運動は，水平方向と鉛直方向に運動を分解して考えることが鉄則。**水平方向は等速運動，鉛直方向は重力加速度 g での等加速度運動**となる。したがって，鉛直方向は等加速度運動の公式❶～❸で扱えばよい。重力加速度は鉛直下向きであるが，$a=g$ か $a=-g$ かは座標軸の取り方による。

4　(1)　鉛直方向は自由落下なので，公式❷より　$h=\frac{1}{2}gt_1^2$　　$\therefore\ t_1=\boldsymbol{\sqrt{\frac{2h}{g}}}$

水平方向は v_0 での等速運動だから　　$AC=v_0t_1=\boldsymbol{v_0\sqrt{\frac{2h}{g}}}$

小球や小物体は物体の大きさを無視してよいことを意味している。問題文にとくに断りがなければ，空気抵抗は無視する。また，「重力加速度 g」は「重力加速度の大きさ g」と同じこと。

(2)　水平成分は $\boldsymbol{v_0}$ で不変。鉛直成分の大きさ（「大きさ」は絶対値のことで，負の値はありえない）を v_1 とすると，公式❶より

$v_1=gt_1=\sqrt{2gh}$　　ただし，下向きの速度成分なので，$\boldsymbol{-\sqrt{2gh}}$

(3)　**滑らかな固定面との衝突では，面に平行な速度成分は変わらず，垂直な速度成分の大きさは e 倍になる。**これは水平面に限らず成りたつ。

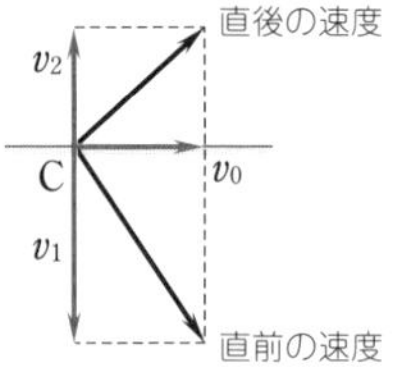

そこで，水平成分はやはり $\boldsymbol{v_0}$

鉛直成分 v_2 は上向きで，大きさは直前の値 v_1 の e 倍となるので　　$v_2=\boldsymbol{e\sqrt{2gh}}$

(4)　**最高点では速度の鉛直成分が0となる**から，公式❸より

$$0^2-v_2^2=2\cdot(-g)\cdot H \qquad \therefore\ H=\frac{v_2^2}{2g}=\boldsymbol{e^2h}$$

(5)　**落下点の y 座標は0**だから（Cを原点として上向きに y 軸をセット），公式❷より　$0=v_2t_2+\frac{1}{2}\cdot(-g)\cdot t_2^2$　　$\therefore\ t_2=\frac{2v_2}{g}=\boldsymbol{2e\sqrt{\frac{2h}{g}}}$

$$\therefore\ CD=v_0t_2=\boldsymbol{2ev_0\sqrt{\frac{2h}{g}}}$$

5　等速で動く台車に対して鉛直に打ち上げれば，その初速によらず，ボールは必ず台車上に戻ってくる。なぜなら，水平方向の速度成分が台車と等しいので，落下してくる間に両者は同じ距離だけ右へ移動しているからである。もちろん，この間ボールは放物線を描いているが，台車から見れば単なる鉛直投げ上げ運動である。

(1)　初速 u で投げ上げたときに，台車に戻るまでの時間 t は

$$0=ut+\frac{1}{2}(-g)t^2 \quad より \quad t=\frac{2u}{g} \quad \cdots①$$

台車の速さが半分になると，台車が AB 間を移動する時間は 2 倍になる。①より時間 t は u に比例しているから，初速は **2** 倍にしなければいけない。

u を定数でなく，変数とみるとよい

(2)　初速 u のときの最高点の高さ h は

$$0^2-u^2=2\cdot(-g)h \quad より \quad h=\frac{u^2}{2g} \quad \cdots②$$

h は u^2 に比例し，u は前問のように 2 倍にしているので，高さ h は $2^2=$ **4** 倍となる。

(3)　②より　$u=\sqrt{2gh}=\sqrt{2\times9.8\times10}=2\times7=\mathbf{14}\ \mathrm{m/s}$

(4)　$\mathrm{AB}=vt=v\cdot\dfrac{2u}{g}=5.6\times\dfrac{2\times14}{9.8}=\mathbf{16}\ \mathrm{m}$

6　(1)　水平方向に着目すると

$$l=(v_0\cos\theta)t_1 \qquad \therefore\ t_1=\boldsymbol{\frac{l}{v_0\cos\theta}}$$

鉛直方向に対して，公式❷より

$$h=(v_0\sin\theta)t_1+\frac{1}{2}(-g)t_1^2$$

$$=\boldsymbol{l\tan\theta-\frac{g}{2}\left(\frac{l}{v_0\cos\theta}\right)^2}$$

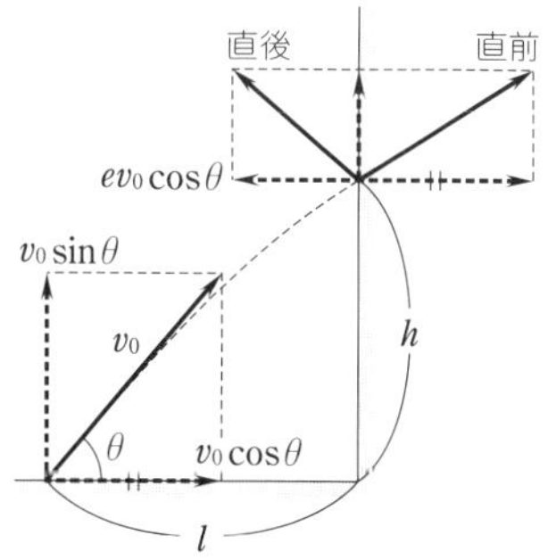

(2)　壁との衝突の際，鉛直方向(面方向)の速度成分は変わらないので，鉛直方向だけに注目すると，投げ上げ運動が続いている。最高点では速度の鉛直成分が 0 となるので

❶より　$0=v_0\sin\theta+(-g)t_2 \qquad \therefore\ t_2=\boldsymbol{\frac{v_0}{g}\sin\theta}$

❸より　$0^2-(v_0\sin\theta)^2=2\cdot(-g)H$

$$\therefore\ H=\boldsymbol{\frac{v_0^2}{2g}\sin^2\theta}$$

H は❷で求めることもできるが，❸の方がはやい

(3) 先に壁に衝突するためには，$t_1<t_2$ となればよいから

$$\frac{l}{v_0\cos\theta}<\frac{v_0}{g}\sin\theta \qquad \therefore\ \boldsymbol{v_0>\sqrt{\frac{gl}{\sin\theta\cos\theta}}=\sqrt{\frac{2gl}{\sin2\theta}}}$$

(4) 投げ出されてから床に落ちるまでの時間を t_3 とする。やはり鉛直方向は1つの投げ上げ運動に過ぎないので　$t_3=2t_2=\dfrac{2v_0}{g}\sin\theta$

一方，壁との衝突で速度の水平成分の大きさは $e(v_0\cos\theta)$ となる。衝突後，床に落下するまでの時間は t_3-t_1 だから，水平方向に着目して

$$ev_0\cos\theta\cdot(t_3-t_1)=ev_0\cos\theta\left(\frac{2v_0}{g}\sin\theta-\frac{l}{v_0\cos\theta}\right)$$

$$=\boldsymbol{\frac{2ev_0^2}{g}\sin\theta\cos\theta-el=e\left(\frac{v_0^2}{g}\sin2\theta-l\right)}$$

※ 以上，放物運動を扱ってきたが，一般に加速度ベクトルが一定の場合，平面内での運動の軌跡は放物線になる。一例として，一様な電場内での荷電粒子の運動(問題編 p 93)があげられる。

2 剛体のつり合い

KEY POINT 物体が静止しているときは力のつり合いが成りたっている。**力を上下，左右方向のような直角をなす2方向に分解し，各方向での力のつり合いを考えればよい。**

物体が静止しているとき，物体の大きさまで考慮すると，力のつり合いだけでなく，力のモーメントのつり合いも成立している。それにより物体の回転を止められる。**適当な位置を回転軸とし，反時計回りモーメントと時計回りモーメントの大きさが等しいと立式する。**

7 棒の質量を m とする。棒の重心Gは棒の中央にあるので，Pのまわりのモーメントのつり合いより

$mg\times0.1=2g\times0.4$ 　　$\therefore\ m=8$〔kg〕

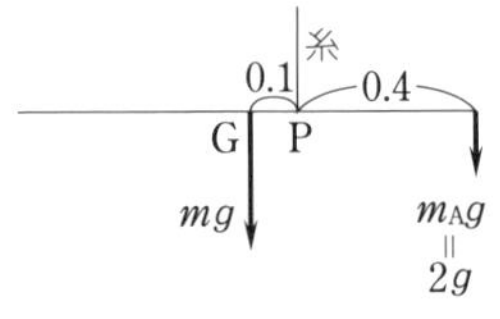

モーメントのつり合いでは，すべての力のモーメントを考える必要があるが，糸の張力は回転軸Pに直接かかり，モーメントが0（うでの長さが0）となっているので式には顔を出さない。また，反時計回りを正として，$mg\times0.1+(-2g\times0.4)=0$ と立式してもよい。

モーメントでは回転軸に直接かかる力は考えなくてよい。

Qのまわりのモーメントのつり合いより

$$m_B g\times0.4=8g\times0.1+2g\times0.6$$

$$\therefore\quad m_B=\mathbf{5}\,\text{〔}\mathbf{kg}\text{〕}$$

また，力のつり合いより，糸の張力 T は

$$T=5g+8g+2g$$

$$=15g=15\times9.8=\mathbf{147}\,\text{〔}\mathbf{N}\text{〕}$$

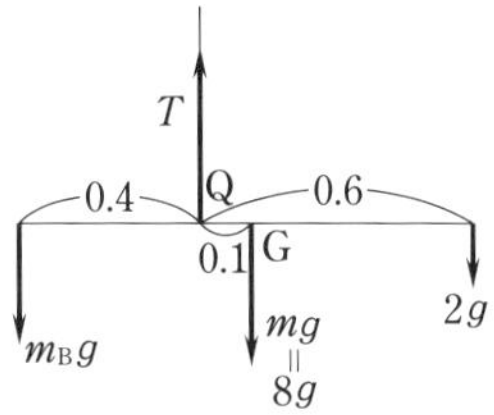

8　ばねの力，弾性力 F は，自然長からの伸び（あるいは縮み）を x として，$\boldsymbol{F=kx}$ と表される。

(1)　点Pが台を離れるときには，棒は事実上，点Bでだけ台と接触している。つまり，N の作用点はBになる。そこで，Bのまわりのモーメントのつり合いより（N のモーメントは0）

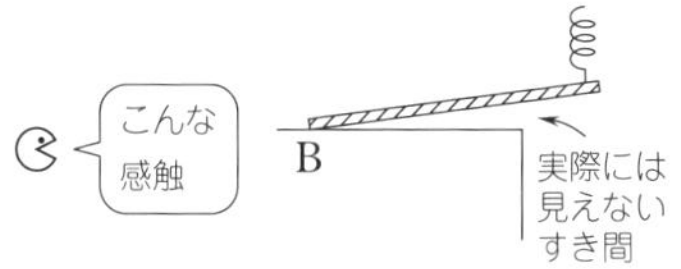

$$ka\cdot L=mg\cdot\frac{L}{2}\quad\cdots①\qquad\therefore\ m=\boldsymbol{\frac{2ka}{g}}$$

力のつり合いより

$$N+ka=mg\qquad\therefore\ N=\boldsymbol{ka}$$

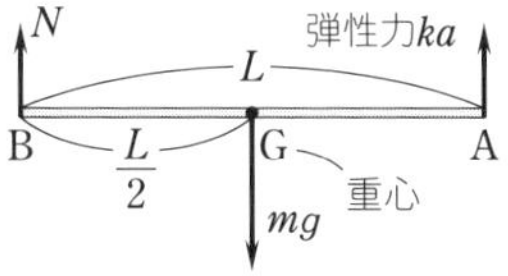

別解　**モーメントのつり合いでは，どこを回転軸としてもよい。**Gのまわりのモーメントのつり合いより

$$N\cdot\frac{L}{2}=ka\cdot\frac{L}{2}\qquad\therefore\ N=ka$$

(2)　B端が台から離れるときには，点Pだけの接触となる。Pのまわりのモーメントのつり合いより

$$kb\cdot(L-l)=mg\cdot\left(\frac{L}{2}-l\right)\quad\cdots②$$

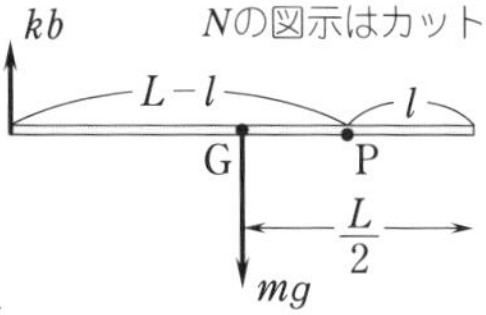

$$\frac{②}{①}\text{より}\quad\frac{b(L-l)}{aL}=\frac{L/2-l}{L/2}\qquad\therefore\ \frac{b}{a}=\boldsymbol{\frac{L-2l}{L-l}}\text{倍}$$

9　「軽い糸」とは質量を無視してよいことを表す。単に「糸」と書くことも多い。

(1)　質点系に対する重心の公式 $\boldsymbol{x_G=\dfrac{m_1x_1+m_2x_2+\cdots}{m_1+m_2+\cdots}}$ を用いる。まず，棒の重心はABの中点Mにある。Aを原点として棒方向に x 軸をとると

$$x_G=\frac{m\cdot\frac{1}{2}l+2m\cdot l}{m+2m}=\boldsymbol{\frac{5}{6}l}$$

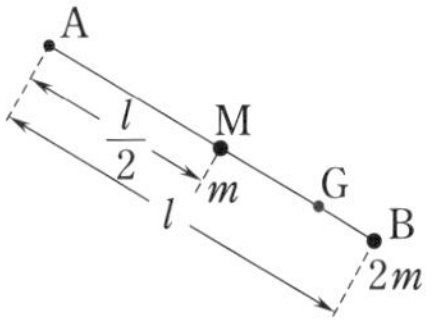

別解　**2質点の重心は，質量の逆比で内分する点**だから，Mからの距離は

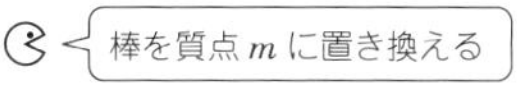

$$\mathrm{MG}=\frac{2m}{m+2m}\times\mathrm{MB}=\frac{2}{3}\cdot\frac{1}{2}l=\frac{1}{3}l$$

$$\therefore\quad \mathrm{AG}=\frac{1}{2}l+\frac{1}{3}l=\frac{5}{6}l$$

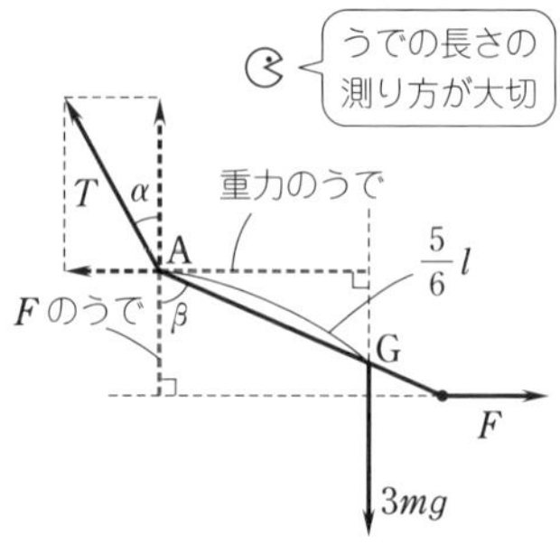

(2) 水平 … $\boldsymbol{T\sin\alpha=F}$ …①

鉛直 … $\boldsymbol{T\cos\alpha=3mg}$ …②

(3) Fと重力のうでの長さは赤点線となるので（Tのモーメントは0）

$$\boldsymbol{F\cdot l\cos\beta=3mg\cdot\frac{5}{6}l\sin\beta}\quad\cdots③$$

(4) $\frac{①}{②}$より　$\tan\alpha=\boldsymbol{\frac{F}{3mg}}$

③より　$\tan\beta=\boldsymbol{\frac{2F}{5mg}}$

①^2+②^{2}より　$T^2(\sin^2\alpha+\cos^2\alpha)=F^2+(3mg)^2$　$\therefore\quad T=\boldsymbol{\sqrt{F^2+9m^2g^2}}$

10 (1) Aのまわりのモーメントのつり合いを考える（F_0, N_0のモーメントは0）。張力T_0のうでの長さ（赤点線）は$l\sin30°$だから

$$T_0\cdot l\sin30°=Mg\cdot\frac{l}{2}+Mg\cdot l$$

$$\therefore\quad T_0=\boldsymbol{3Mg}$$

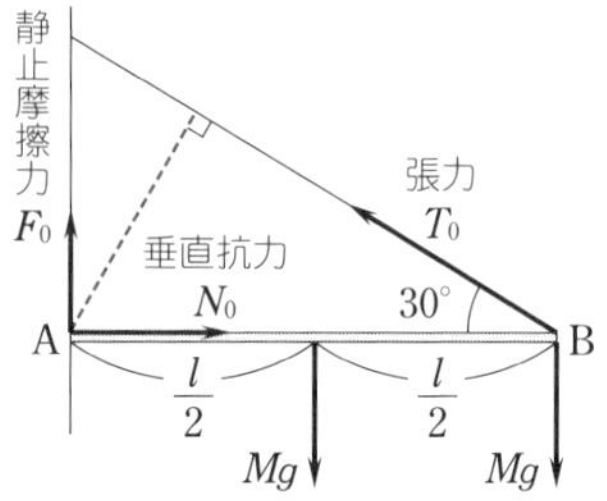

未知の力F_0, N_0が集まっているAこそ回転軸にしたい。なお，張力のモーメントは，ABをうでの長さとし，それに垂直な分力を用いて，$T_0\sin30°\cdot l$として求めてもよい。

(2) 水平方向での力のつり合いより　$N_0=T_0\cos30°=\boldsymbol{\frac{3\sqrt{3}}{2}Mg}$

(3) 鉛直方向での力のつり合いより　$F_0+T_0\sin30°=Mg+Mg$

T_0を代入してF_0を求めると　$F_0=\boldsymbol{\frac{1}{2}Mg}$

別解 Bのまわりのモーメントのつり合いより（T_0, Mg, N_0のモーメントは0）

$$Mg\cdot\frac{l}{2}=F_0\cdot l\qquad\therefore\quad F_0=\frac{1}{2}Mg$$

この見方だとF_0が上向きとなることが歴然としている。本解の方は，本当は$T_0\sin30°$と$2Mg$の大小を比べて初めて上向きと判断できている。あるいは，上向きを正としてF_0を求めていると考えてもよい。結果が$F_0>0$となり，上向きと確定している。

(4)　摩擦は最大摩擦力 $\boldsymbol{\mu N}$ となっている。

Bのまわりのモーメントのつり合いは

$$Mg\cdot\frac{l}{2}+Mg\cdot x=\mu N\cdot l$$

$$\therefore\quad \frac{1}{2}Mgl+\boldsymbol{Mgx-\mu Nl}=0\quad\cdots①$$

$$\therefore\quad N=\frac{Mg(l+2x)}{2\mu l}$$

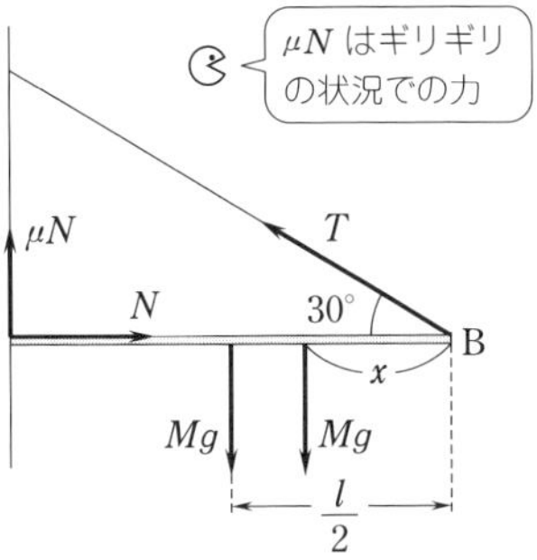

①のように，モーメントのつり合いでは，反時計回りモーメントを正，時計回りモーメントを負として，全体の総和を0とおくことも多い。

(5)　水平方向のつり合いより　$N=T\cos 30^\circ$　$\therefore\quad T=\boldsymbol{\dfrac{Mg(l+2x)}{\sqrt{3}\mu l}}$

(6)　鉛直方向のつり合いより　$\mu N+T\sin 30^\circ=Mg+Mg$

N と T を代入して x を求めると　$x=\boldsymbol{\dfrac{3\sqrt{3}\mu-1}{2(\sqrt{3}\mu+1)}l}$

11*　(1)　棒に働く力は右のようになる。棒はPを鉛直上向きの抗力 mg で支え，その反作用を受ける。図中の下向き mg がそれである。Aのまわりのモーメントのつり合いより

$$Mg\cdot\frac{l}{2}\cos\theta+mg\cdot\frac{l}{2}\cos\theta=R\cdot l\sin\theta\quad\cdots①$$

$$\therefore\quad R=\frac{(M+m)g\cos\theta}{2\sin\theta}=\frac{(M+m)g}{2\tan\theta}$$

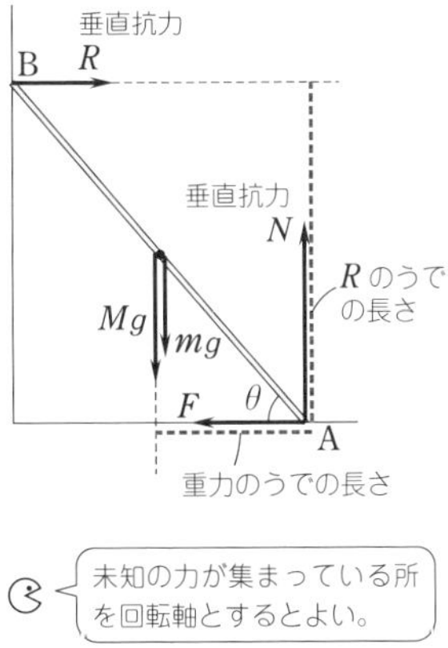

水平方向のつり合いより，静止摩擦力 F は

$$F=R=\boldsymbol{\frac{(M+m)g}{2\tan\theta}}$$

力の図示の際，F の向きはこのつり合いを考えて左向きと決めている。

(2)　鉛直方向のつり合いより　$N=Mg+mg=(M+m)g\quad\cdots②$

$F\leqq\mu N$　より　$\dfrac{(M+m)g}{2\tan\theta}\leqq\mu(M+m)g$　$\therefore\quad \mu\geqq\boldsymbol{\dfrac{1}{2\tan\theta}}$

(3)　②のように N は一定であるが，PをBへ近づけると mg による反時計回りモーメントが増し，①から R が増す。つまり F が増す。よって，限界でのモーメントのつり合いは

$$Mg\cdot\frac{l}{2}\cos\theta+mg\cdot x\cos\theta=R\cdot l\sin\theta$$

ここで，$R=F$ であり，$F=\mu N=\mu(M+m)g$ だから

$$x=\frac{\boldsymbol{2\mu(M+m)\sin\theta-M\cos\theta}}{\boldsymbol{2m\cos\theta}}\boldsymbol{l}=\frac{\boldsymbol{l}}{\boldsymbol{2m}}\{\boldsymbol{2\mu(M+m)\tan\theta-M}\}$$

3 運動の法則

KEY POINT 物体が運動しているときは，運動方程式 $\boldsymbol{ma=F}$ が成りたっている。m は注目している物体の質量〔kg〕，F はその物体が受けている力の合力〔N〕，a は地面に対する加速度〔$\mathrm{m/s^2}$〕である。

まず，力の図示をすること。**直線運動では，運動方向とそれに垂直な方向とに力を分解し，運動方向に対して $\boldsymbol{ma=F}$ と立式する。**このとき，1つ1つの力の正・負をしっかり見きわめる。ふつうは進行方向を正とし，加速度 a には符号を含める。

運動方程式から a が求められたら（a が一定であることを確認した上で），等加速度運動の公式 ❶〜❸ を用いて運動を調べていく。1つ1つの力が一定なら，a は一定となる。一方，**運動に垂直な方向では力のつり合いが成りたつ。**

接触する2つの物体を扱うときには作用・反作用の法則に注意する。

12 (1) 運動方向の力は重力 mg の斜面方向成分 $mg\sin30°$

加速度を a として，運動方程式は

$$ma=mg\sin30° \qquad \therefore\quad a=\frac{g}{2}$$

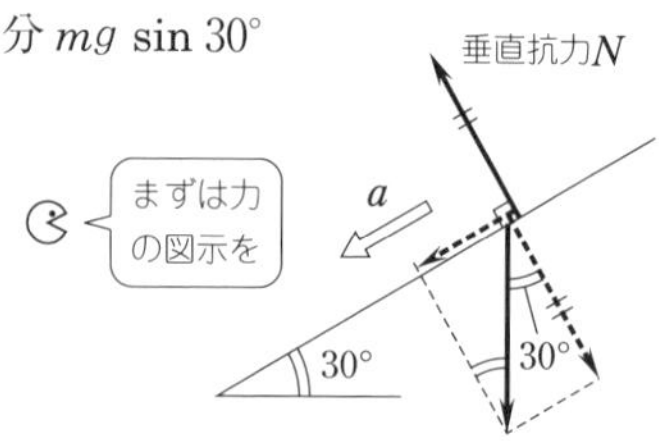

$\mathrm{AB}=2h$ だから，公式❷より

$$2h=\frac{1}{2}\cdot\frac{g}{2}t_1^2 \qquad \therefore\quad t_1=\boldsymbol{2\sqrt{\frac{2h}{g}}}$$

一方，垂直方向での力のつり合いより

$$N=mg\cos30°=\boldsymbol{\frac{\sqrt{3}}{2}mg}$$

(2) 公式❶より　$v=at_1=\boldsymbol{\sqrt{2gh}}$

別解　公式❸を用い，$v^2-0^2=2a\cdot\mathrm{AB}$ より求めてもよい。

(3) 水面に飛びこむ時の速度の鉛直成分を v_y とすると，水平成分は $v\cos 30°$ だから

$$v_y = (v\cos 30°)\tan 60°$$
$$= \sqrt{2gh}\cdot\frac{\sqrt{3}}{2}\cdot\sqrt{3} = 3\sqrt{\frac{gh}{2}}$$

鉛直方向に注目すると，公式❶より

$$v_y = v\sin 30° + gt_2$$

$$\therefore\quad 3\sqrt{\frac{gh}{2}} = \sqrt{\frac{gh}{2}} + gt_2 \quad \therefore\quad t_2 = \sqrt{\boldsymbol{\frac{2h}{g}}}$$

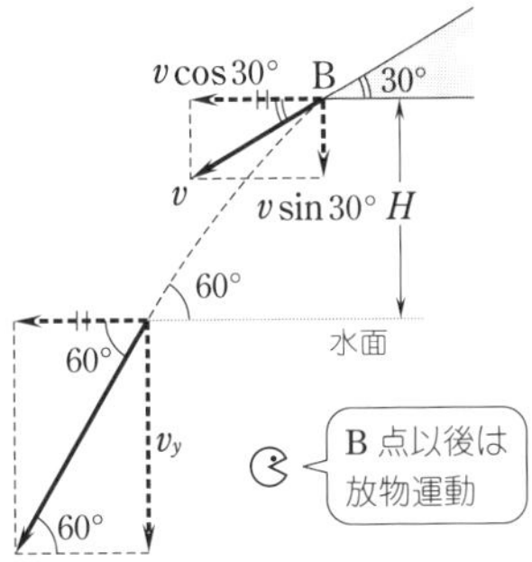

(4) ❸より　$v_y{}^2 - (v\sin 30°)^2 = 2gH$　∴ $\frac{9}{2}gh - \frac{1}{2}gh = 2gH$　∴ $H = \boldsymbol{2h}$

別解　❷より　$H = (v\sin 30°)t_2 + \frac{1}{2}gt_2{}^2 = 2h$

13 (1) 加速度を a（進行方向を正）として，運動方程式を立てると

$$ma = -\mu N = -\mu mg \qquad \therefore\quad a = -\mu g$$

公式❸より　$0^2 - v_0{}^2 = 2\cdot(-\mu g)l$

$$\therefore\quad l = \boldsymbol{\frac{v_0{}^2}{2\mu g}}\ \text{〔}\mathbf{m}\text{〕}$$

❶より　$0 = v_0 + (-\mu g)t$　∴ $t = \boldsymbol{\frac{v_0}{\mu g}}$〔**s**〕

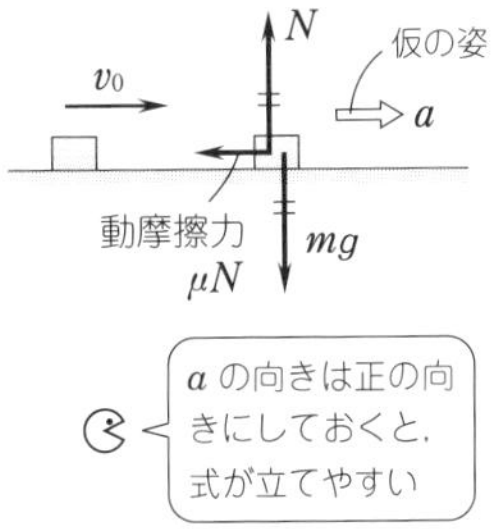

問題文に単位が記されている場合は，単位を付けて答えること。
反対に，**単位のない問題では答えに単位を付けてはいけない。**

(2) 斜面に垂直な方向では，力のつり合いが成りたつので　$N = mg\cos 45°$

加速度を a' とすると，運動方程式は

$$ma' = -mg\sin 45° - \mu N$$
$$= -\frac{1}{\sqrt{2}}mg - \mu\cdot\frac{1}{\sqrt{2}}mg$$
$$\therefore\quad a' = -\frac{1+\mu}{\sqrt{2}}g$$

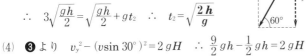

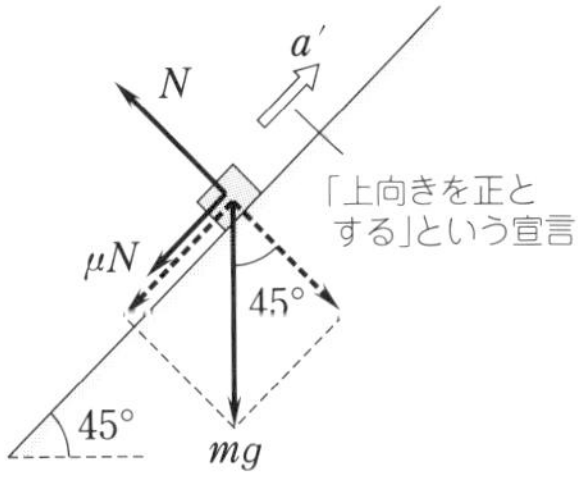

公式❸より　$0^2 - v_0{}^2 = 2\cdot\left(-\frac{1+\mu}{\sqrt{2}}g\right)\cdot\frac{1}{2}l$

(1)で求めた l を代入して整理すると　$1 = \frac{1+\mu}{2\sqrt{2}\mu}$　∴ $\mu = \boldsymbol{\frac{1}{2\sqrt{2}-1}}$

(3) 最大摩擦力 $\mu_0 N$ が，重力の斜面方向成分 $mg\sin 45°$ 以上であれば，点Aで止まり続けるから　$\mu_0 mg\cos 45° \geqq mg\sin 45°$　∴ $\mu_0 \geqq \mathbf{1}$

14 (1) 斜面方向での力のつり合いより

$$T\sin \underset{\sim\sim}{60^\circ} = mg\sin 30^\circ \qquad \therefore\quad T = \boldsymbol{\frac{mg}{\sqrt{3}}}$$

斜面に垂直な方向での力のつり合いより

$$N_1 + T\cos \underset{\sim\sim}{60^\circ} = mg\cos 30^\circ$$

$$N_1 + \frac{mg}{\sqrt{3}}\cdot\frac{1}{2} = \frac{\sqrt{3}}{2}mg$$

$$\therefore\quad N_1 = \boldsymbol{\frac{mg}{\sqrt{3}}}$$

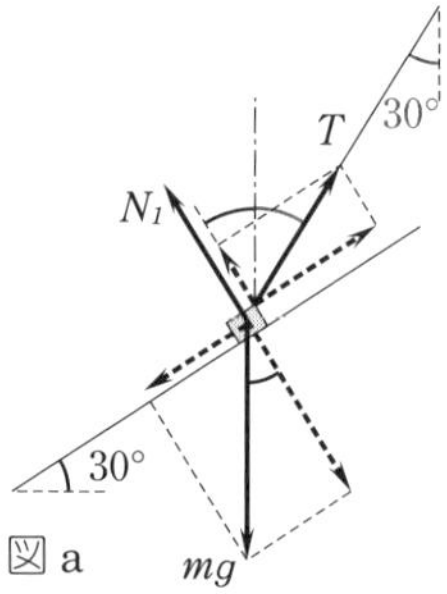

図 a

角度の移動に注意。赤の 30° と黒の 30°
T の分解には 30° + 30° = 60° を用いる。

別解 水平と鉛直方向に分解してもよい。

水平 … $N_1\sin 30^\circ = T\sin 30^\circ \quad \therefore\quad N_1 = T$

鉛直 … $N_1\cos 30^\circ + T\cos 30^\circ = mg$

連立で求める

(2) 台はPと接触しているので，作用・反作用に注意すると，台にはたらく力は右のようになる。

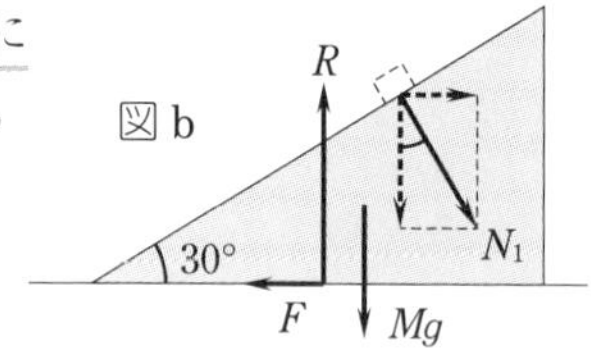

図 b

水平方向のつり合いより

$$F = N_1\sin 30^\circ = \boldsymbol{\frac{mg}{2\sqrt{3}}}$$

鉛直方向のつり合いより

$$R = Mg + N_1\cos 30^\circ = \boldsymbol{\left(M + \frac{m}{2}\right)g}$$

反作用 N_1 が大切。
$mg\cos 30^\circ$ を受けるわけではない！

(3) $F \leqq \mu R$ より $\quad \mu \geqq \dfrac{F}{R} = \boldsymbol{\dfrac{m}{\sqrt{3}(2M+m)}}$

(4) 運動方程式より $\quad ma = mg\sin 30^\circ \qquad \therefore\quad a = \boldsymbol{\dfrac{1}{2}g}$

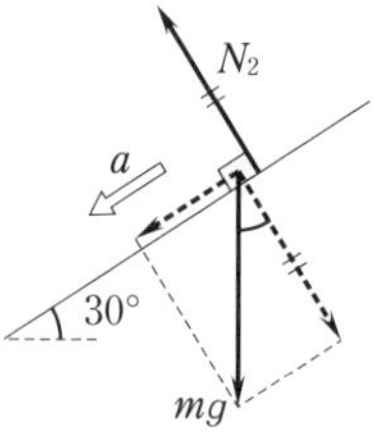

斜面に垂直な方向では力のつり合いが成りたち

$$N_2 = mg\cos 30^\circ = \boldsymbol{\frac{\sqrt{3}}{2}mg}$$

(5) $\mathrm{AB} = \dfrac{1}{2}at^2$ と $\mathrm{AB}\sin 30^\circ = h$ を用いて

$$t = \boldsymbol{2\sqrt{\frac{2h}{g}}} \qquad また\quad v = at = \boldsymbol{\sqrt{2gh}}$$

別解 $v^2 - 0^2 = 2a\cdot\mathrm{AB}$ から v を求めてもよい。

(6) 図 b で N_1 を N_2 と読み換えればよい。

水平 … $F = N_2\sin 30^\circ = \dfrac{\sqrt{3}}{4}mg$

鉛直 … $R = Mg + N_2\cos 30^\circ = \left(M + \dfrac{3}{4}m\right)g$

$$F \leqq \mu R より \qquad \mu \geqq \frac{F}{R} = \boldsymbol{\frac{\sqrt{3}m}{4M+3m}}$$

15 糸は質量が無視できるため，張力は一本の糸のどこでも等しい。

(1) α, β, γ の張力を T_1, T_2, T_3 とし，力のつり合いを考えていく。まず，板とBを一体(質量 $m+M$)とみなすと(図a)　$T_1=(\boldsymbol{m}+\boldsymbol{M})\boldsymbol{g}$

（斜めの糸まで含めて板とBを一体化する）

Aについて　$T_1=mg+T_2$　　∴　$T_2=\boldsymbol{Mg}$

滑車について　$T_3=T_1+T_1=\boldsymbol{2(m+M)g}$

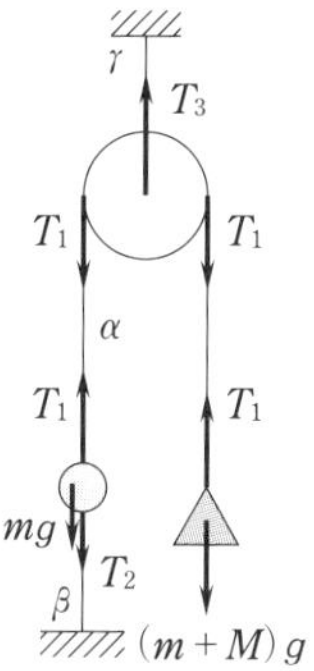

図a

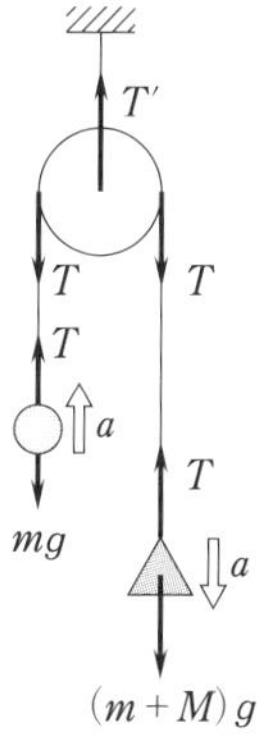

図b

(2)(ア) 加速度を a，α の張力を T とすると，運動方程式は(図b)

A … $ma=T-mg$　…①

板とB … $(m+M)a=(m+M)g-T$　…②

①+②より　$a=\dfrac{\boldsymbol{M}}{\boldsymbol{2m+M}}\boldsymbol{g}$　…③

公式❷より　$h=\dfrac{1}{2}at^2$

$$\therefore\quad t=\sqrt{\frac{2h}{a}}=\sqrt{\frac{\boldsymbol{2(2m+M)h}}{\boldsymbol{Mg}}}$$

(イ) ③の a を①に代入することにより　$T=\dfrac{2m(m+M)g}{2m+M}$

（運動すると張力は変わる）

滑車は静止しているので，力のつり合いより γ の張力 T' は

$$T'=T+T=\frac{\boldsymbol{4m(m+M)g}}{\boldsymbol{2m+M}}$$

(ウ) Bが板から受ける垂直抗力を N とすると，Bの運動方程式は　$Ma=Mg-N$　③の a を代入し，N を求めると　$N=\dfrac{\boldsymbol{2mMg}}{\boldsymbol{2m+M}}$

（Bに注目）

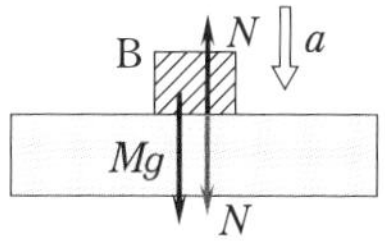

作用・反作用の法則により，これはBが板を押す力に等しい。問われているのは赤矢印 N であることはしっかり認識してほしい。

答えが出たら次元(ディメンション)を調べてみるとよい。単位が正しいかどうかのチェックである。たとえば，(ウ)の N なら，次元的には m と M は同じであり，頭の中で次のように形を変えていく。

$$N=\frac{2mMg}{2m+M}\rightarrow\frac{m\cdot mg}{m}\rightarrow mg$$

こうして重力 mg と同じ力の次元であることが確認できる。また，和や差は同じ単位でしかあり得ないので，式の中に $m+M^2$ のような形は決して現れない。答えのチェックだけでなく，計算途中でも次元を意識しているとかなりミスが防げる。

16 ⑴ Pが動く直前のギリギリの状況で考える。

Pが斜面が受ける垂直抗力は $N = mg\cos 30^\circ$ であり，最大摩擦力は　$\mu N = \frac{1}{3}\cdot\frac{\sqrt{3}}{2}mg$

M の最小値を M_1，張力を T_1 とし，μN の向きに注意すると，図aの力のつり合いより

P … $mg\sin 30^\circ = T_1 + \mu N$

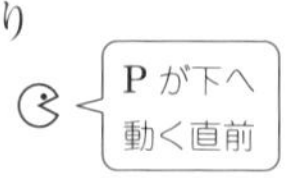

Q … $T_1 = M_1 g$

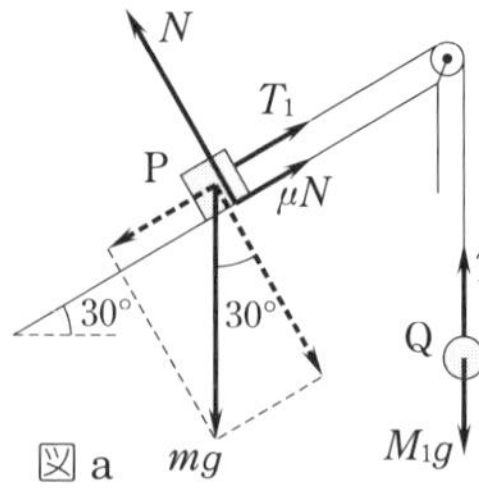

図a

T_1 を消去して　$M_1 = \frac{3-\sqrt{3}}{6}m$

同様に，M の最大値を M_2 とすると，図bより

$mg\sin 30^\circ + \mu N = T_2 = M_2 g$

$\therefore\ M_2 = \frac{3+\sqrt{3}}{6}m$

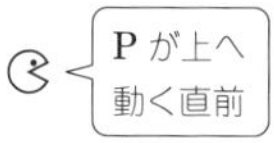

以上より　$\boldsymbol{\frac{3-\sqrt{3}}{6}m \leqq M \leqq \frac{3+\sqrt{3}}{6}m}$

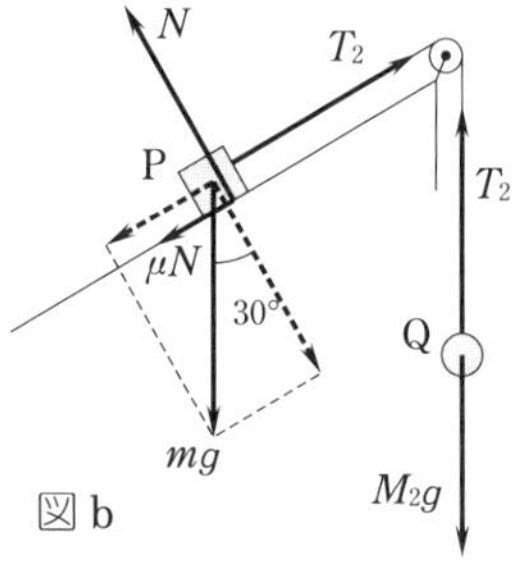

図b

⑵㈠ 動摩擦力 F は　$F = \mu' N = \frac{1}{2\sqrt{3}}\cdot mg\cos 30^\circ = \frac{1}{4}mg$

加速度を a，張力を T とすると

P … $ma = T - mg\sin 30^\circ - \frac{1}{4}mg$ …①

Q … $\frac{3}{2}m\cdot a = \frac{3}{2}mg - T$ ……②

①＋② として a を求めると　$a = \boldsymbol{\frac{3}{10}g}$

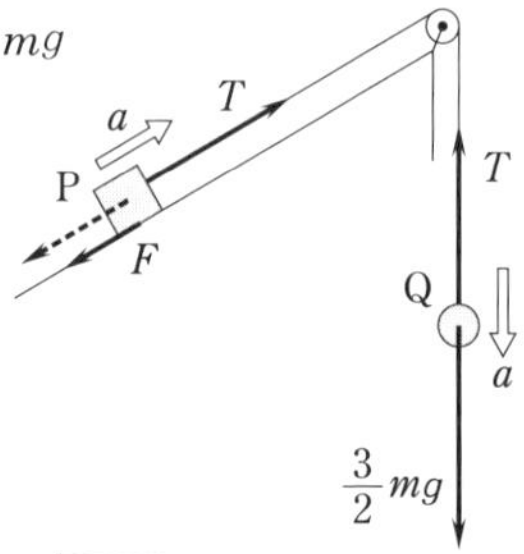

公式❸より　$v^2 - 0^2 = 2\cdot\frac{3}{10}g\cdot h$　　$\therefore\ v = \boldsymbol{\sqrt{\frac{3}{5}gh}}$

この間の時間を t_1 とすると，公式❷を用いて

$$h = \frac{1}{2}\cdot\frac{3}{10}g\cdot t_1^2 \qquad \therefore\ t_1 = 2\sqrt{\frac{5h}{3g}}$$

㈡ Qが床に達し，糸がゆるんだ後のPの運動方程式は

$$ma' = -mg\sin 30^\circ - \frac{1}{4}mg \qquad \therefore\ a' = -\frac{3}{4}g$$

この間のPの移動距離 x は　$0^2 - v^2 = 2a'x$　より　$x = \frac{2v^2}{3g} = \frac{2}{5}h$

$\therefore\ l = h + x = \boldsymbol{\frac{7}{5}h}$　　また，この間の時間 t_2 は

$0 = v + a't_2$ より　$t_2 = 4\sqrt{\dfrac{h}{15g}}$　$\therefore\ t = t_1 + t_2 = \mathbf{14\sqrt{\dfrac{h}{15g}}}$

17　**等速度運動(等速直線運動)では力のつり合いが成りたつ。**

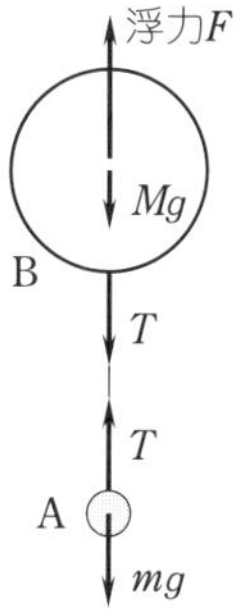

(1) Aに注目すると　$T = \boldsymbol{mg}$

(2) Bに注目すると　$F = Mg + T = \boldsymbol{(M+m)g}$　…①

浮力の公式 $\boldsymbol{F = \rho V g}$ より

$$V = \frac{F}{\rho g} = \boldsymbol{\frac{M+m}{\rho}}$$

浮力は周りの流体の密度で決まる

(3) Aは初速 v での投げ上げ運動に入る。地面の座標は $x = -h$ だから，公式❷を用いて

$$-h = vt_0 + \frac{1}{2}\cdot(-g)t_0^2 \quad より \quad gt_0^2 - 2vt_0 - 2h = 0$$

$t_0 > 0$ より　$t_0 = \boldsymbol{\dfrac{1}{g}\left(v + \sqrt{v^2 + 2gh}\right)}$

この方法をマスターしたい

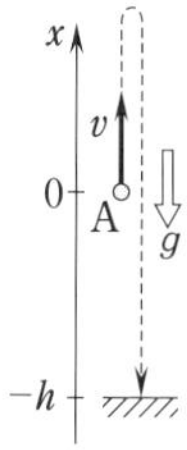

(4) 糸が切断された後の気球の運動方程式は，加速度を a として

$Ma = F - Mg$　①を代入して　$a = \dfrac{m}{M}g$

公式❸より　$v_1^2 - v^2 = 2ah$　$\therefore\ v_1 = \boldsymbol{\sqrt{v^2 + \dfrac{2mgh}{M}}}$

18　(1) 右のようになる(Mg, N などの文字は不要)。

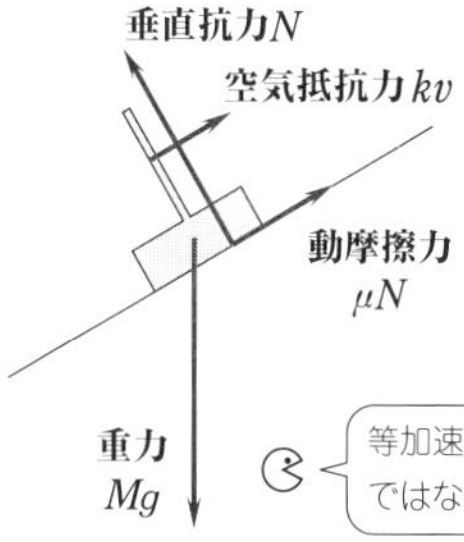

(2) $N = Mg\cos\theta$ だから

$$\boldsymbol{Ma = Mg\sin\theta - \mu Mg\cos\theta - kv} \quad …①$$

(3) 等速度運動では力のつり合いが成りたつ。斜面方向について

$$Mg\sin\theta = \mu Mg\cos\theta + kv$$

$$\therefore\ v = \boldsymbol{\frac{Mg}{k}(\sin\theta - \mu\cos\theta)} \quad …②$$

等加速度ではない

別解　等速度では $a=0$ なので，①より v を求めてもよい。

(4) $t=0$ では，$v=0$ なので抵抗力はなく，加速度を a_0 とすると，①より

$$Ma_0 = Mg\sin 30° - \mu Mg\cos 30° \quad …③$$

一方，図2の v-t グラフでは接線の傾きは加速度を表すから，$a_0 = 3$〔m/s²〕と分かる。③より(M は両辺からカットして)

$$3 = \frac{10}{2} - \mu\cdot 10\cdot\frac{\sqrt{3}}{2} \qquad \therefore\ \mu = \frac{2}{5\sqrt{3}} = \frac{2\sqrt{3}}{15} \fallingdotseq \mathbf{0.23}$$

有理化すると計算しやすい

(5) 図より終端速度は $v = 4$〔m/s〕だから，②を用いて

$$4=\frac{2.0\times10}{k}\left(\frac{1}{2}-\frac{2}{5\sqrt{3}}\cdot\frac{\sqrt{3}}{2}\right) \qquad \therefore\quad k=\mathbf{1.5\,〔N\cdot s/m〕}$$

k の単位は，抵抗力が kv〔N〕となることから決めている。さらに，〔N〕=〔kg·m/s²〕を用い，〔kg/s〕としてもよい。

数値で扱う問題では無理数や分数でなく，小数で答える。その際，有効数字に注意する。ここでは $M=2.0$〔kg〕から 2 桁(けた)としている。一方，**文字式の問題では小数にはしない**。

①より v が増すと a が減る。つまり v-t グラフの傾きが減る――こうして，図 2 の概略が理解できる。

19 (1) B は左向きに動摩擦力 μmg を受ける。B の加速度を a とすると，運動方程式は

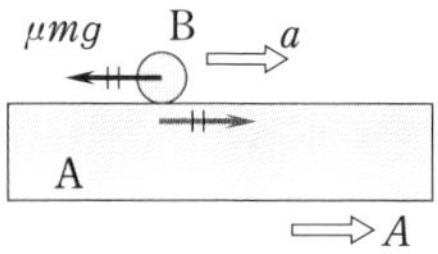

$$ma=-\mu mg \qquad \therefore\quad a=-\mu g$$

公式❶より　$v=v_0+at=\boldsymbol{v_0-\mu g t}$　…①

(2) A は動摩擦力の反作用を右向きに受ける(赤矢印)。A の加速度を A とすると，A の運動方程式は

> a や v は地面に対する値

$$MA=\mu mg \quad \cdots② \qquad \therefore\quad A=\frac{\mu m}{M}g$$

> ②の左辺を $(M+m)A$ としてはいけない！

したがって，A の速度 V は　$V=At=\boldsymbol{\dfrac{\mu m}{M}gt}$

(3) $v=V$ より　$v_0-\mu g t_0=\dfrac{\mu m}{M}gt_0$ 　$\therefore\quad t_0=\boldsymbol{\dfrac{Mv_0}{\mu(m+M)g}}$

(4) $V=At_0=\boldsymbol{\dfrac{m}{m+M}v_0}$

> v を求めてもよいが，V の方が計算しやすい。

(5) A に対する B の相対加速度 α は

$$\alpha=a-A=-\frac{m+M}{M}\mu g$$

> 台 A 上の人が見れば，B だけの単純な運動。ただし，すべてはその人が見た値で。

A に対しては，B は初め v_0 でやってきて，加速度 α で運動し，やがて止まる。したがって

$$0^2-v_0{}^2=2\alpha l \qquad \therefore\quad l=\boldsymbol{\frac{Mv_0{}^2}{2\mu(m+M)g}}$$

別解 固定台に対する運動を調べてもよい。

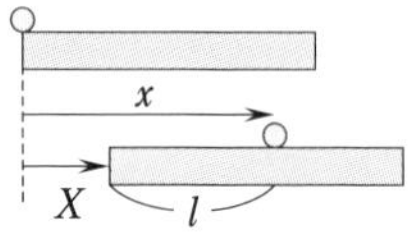

$$x=v_0t_0+\frac{1}{2}at_0{}^2 \qquad X=\frac{1}{2}At_0{}^2$$

右図より，$l=x-X$ として求められるが，本解の方が計算が速く，応用範囲も広い。

20　(1)(ア)　Pと板の**一体化の見方**により，運動方程式は

$$(m+M)a=F_1 \quad \cdots① \qquad \therefore \quad a=\boldsymbol{\frac{F_1}{m+M}}$$

(イ)　Pだけに注目する。Pは板から静止摩擦力 f を受けるが，Pの加速度が右向きだから，f も右向きと決まる（$\boldsymbol{m\vec{a}=\vec{F}}$ **より** $\boldsymbol{\vec{a}}$ **の向きは** $\boldsymbol{\vec{F}}$ **の向き**）。あるいは，Pは板によって右に「引きずられて」動いているという考え方でもよい。Pの運動方程式は

すべりがなければ静止摩擦力

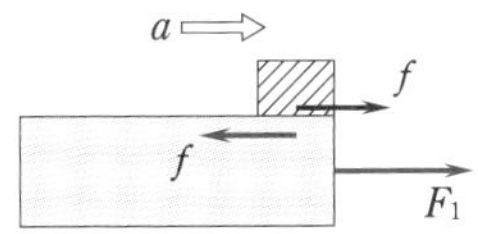

$$ma=f \quad \cdots② \qquad \therefore \quad f=ma=\boldsymbol{\frac{m}{m+M}F_1}$$

別解　板に注目する。板はPから反作用 f（赤矢印）を左向きに受ける。そこで，板の運動方程式は

接触があれば作用・反作用に注意

$$Ma=F_1-f \quad \cdots③$$

この式に(ア)で求めた a を代入すれば f が求められる。　初めから②と③の連立（未知数は a と f）で解いてもよい。②＋③＝① の関係がある。つまり，各部分について正しければ，全体についての式が自然に得られる。

(2)(ア)　$F_1=F_0$ のとき，f は最大摩擦力 μmg になるから，上の結果より

$$\frac{m}{m+M}F_0=\mu mg \qquad \therefore \quad \boldsymbol{F_0=\mu(m+M)g}$$

(イ)　Pは板に対して左へ滑るから，動摩擦力 $f'=\mu' mg$ を右向きに受ける。板はその反作用（赤矢印）を左向きに受けるので，板の運動方程式は

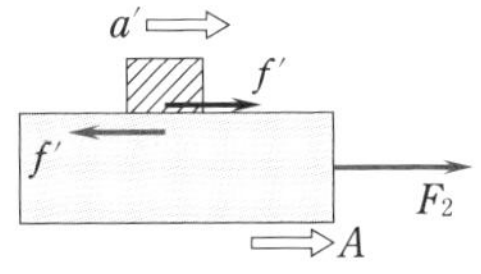

$$MA=F_2-\mu' mg \qquad \therefore \quad A=\boldsymbol{\frac{F_2-\mu' mg}{M}}$$

(ウ)　Pの加速度を a' とすると

やはり板はPを右へ引きずる

$$ma'=\mu' mg \qquad \therefore \quad a'=\mu' g$$

板に対するPの相対加速度 α は　$\alpha=a'-A=-\dfrac{F_2-\mu'(m+M)g}{M}$

Pは板に対して初速0で左へ動くから，ここで左向きを正に切り換えると

$$L=\frac{1}{2}|\alpha|t^2 \qquad \therefore \quad t=\sqrt{\frac{2L}{|\alpha|}}=\boldsymbol{\sqrt{\frac{2ML}{F_2-\mu'(m+M)g}}}$$

右向きを正として続けるなら，Pの座標 x が $x=-L$ となることに注意し，$-L=\dfrac{1}{2}\alpha t^2$ と立式する。

なお，一般に $\mu>\mu'$ であり，$F_2>F_0=\mu(m+M)g>\mu'(m+M)g$ より $\alpha<0$ となっている。

4 エネルギー保存則

KEY POINT 力学的エネルギー保存則は，実用上は摩擦がないことを確認して用いればよい。厳密な条件は「保存力以外の力が仕事をしていない」ことである。典型例としては，放物運動・滑らかな(曲)面上の運動・振り子運動の３つがあげられる。関連するエネルギーが運動エネルギーと位置エネルギーだけであればよい。

一方，摩擦があれば，熱エネルギー(摩擦熱)まで考慮し，エネルギー保存則を用いる。**摩擦熱＝動摩擦力×滑った距離** である。

21 (1) AB 間について力学的エネルギー保存則を用いると

$$mgr=\frac{1}{2}mv_B{}^2 \qquad \therefore\ v_B=\boldsymbol{\sqrt{2gr}}$$

AC 間について $mgr=\frac{1}{2}mv_C{}^2+mg(r-r\cos 60^\circ)$ $\qquad \therefore\ v_C=\boldsymbol{\sqrt{gr}}$

BC 間について考えてもよい。左辺は $\frac{1}{2}mv_B{}^2$ となり，v_B を代入する。

(2) **重力のする仕事は移動の経路によらない**ので，AC 間では鉛直方向の移動($r\cos 60^\circ$ だけ下へ移動)に着目し，$mg\cdot r\cos 60^\circ=\boldsymbol{\frac{1}{2}mgr}$ なお，AB 間の仕事 mgr と，BC 間での仕事 $-mg\cdot\frac{r}{2}$ の和として求めてもよい。 一方，垂直抗力の仕事は，たえず力の向きと移動の向きが直角をなすので，**0** となる。

このように，**保存力**(この場合は重力)**以外の力**(この場合は垂直抗力)**が仕事をしないとき，力学的エネルギー保存則が成りたつ。**

(3) C 点で飛び出した後は放物運動に入る。最高点 D では速度の水平成分 $v_C\cos 60^\circ$ が速度 v_D そのものとなるから

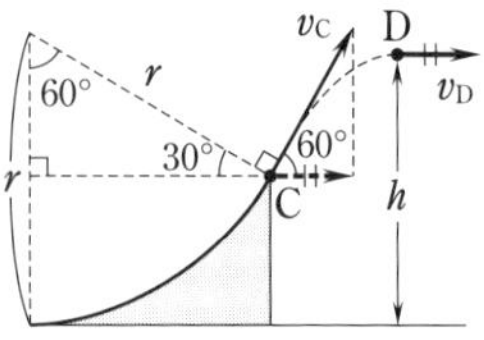

$$v_D=v_C\cos 60^\circ=\boldsymbol{\frac{1}{2}\sqrt{gr}}$$

CD 間について

$$\frac{1}{2}mv_C{}^2+mg(r-r\cos 60^\circ)=\frac{1}{2}mv_D{}^2+mgh$$

C 点での速度は円の接線方向。その後は放物運動。

$$\therefore\ \frac{1}{2}mgr+\frac{1}{2}mgr=\frac{1}{8}mgr+mgh \qquad \therefore\ h=\boldsymbol{\frac{7}{8}r}$$

実は，A→B→C→D と力学的エネルギー保存が続いているので，AD 間について立式すると早く解ける。 $mgr=\frac{1}{2}mv_D{}^2+mgh$

別解　CD 間の鉛直成分に着目し，$0^2-(v_C \sin 60°)^2=2\cdot(-g)y$

C 点(高さ $r/2$)が $y=0$ なので，$h=r/2+y$ と放物運動の解法に従ってもよい。

(4) 力学的エネルギー保存則を CE 間で適用してもよいが，AE 間が早い。

$$mgr=\frac{1}{2}mv_E{}^2 \qquad \therefore\ v_E=\boldsymbol{\sqrt{2gr}}$$

どこを結ぶかが腕の見せ所

22 ばねの場合，力学的エネルギー保存則は $\boldsymbol{\frac{1}{2}mv^2+\frac{1}{2}kx^2}$ **= 一定** となる。

(1) P は自然長の位置でばねから離れる。

$$0+\frac{1}{2}ka^2=\frac{1}{2}mv^2+0 \qquad \therefore\ v=\boldsymbol{a\sqrt{\frac{k}{m}}}\ \text{〔m/s〕}$$

$\frac{1}{2}kx^2$ の x は自然長からの伸びや縮み

(2) $0+\frac{1}{2}ka^2=\frac{1}{2}mu^2+\frac{1}{2}k\left(\frac{a}{2}\right)^2 \qquad \therefore\ u=\boldsymbol{\frac{a}{2}\sqrt{\frac{3k}{m}}}$ 〔m/s〕

(3) エネルギー保存則より，外力のした仕事の分だけ弾性エネルギーが増加するので(一般に，摩擦がない状況で物体を静かに移動させるときには，**外力の仕事 = 位置エネルギーの変化** となる)

$$W=\frac{1}{2}ka^2-0=\boldsymbol{\frac{1}{2}ka^2}\ \text{〔J〕}$$

(4) P の運動エネルギーが AB 間で摩擦熱に変わっている。動摩擦力は $\mu N=\mu mg$ なので

$$\frac{1}{2}mv^2=\mu mg\cdot\text{AB} \qquad \therefore\ \text{AB}=\boldsymbol{\frac{v^2}{2\mu g}}\ \text{〔m〕}$$

別解　**仕事 = 運動エネルギーの変化** の関係を用いる。
動摩擦力の仕事が負であることに注意して(重力と垂直抗力の仕事は 0)

摩擦熱で考える方が分かりやすい

$$-\mu mg\cdot\text{AB}=0-\frac{1}{2}mv^2 \quad \text{(以下，略)}$$

別解　運動方程式　$ma=-\mu mg$ より　$a=-\mu g$　$0^2-v^2=2a\cdot\text{AB}$ から求める。

(5) P の運動エネルギーが重力の位置エネルギーと摩擦熱に変わっている。動摩擦力は $\mu N=\mu mg\cos 30°$ なので

$$\frac{1}{2}mv^2=mg\cdot\text{AC}\sin 30°+\mu mg\cos 30°\cdot\text{AC}$$

$$\therefore\ \text{AC}=\boldsymbol{\frac{v^2}{(1+\sqrt{3}\mu)g}}\ \text{〔m〕}$$

(4)と同様な別解もあるが，このエネルギー保存則が扱いやすい。

23 (1) Aと動滑車を一体とみなすと，力は図aのように働いている。また，Bについては図bのようになる。これらの力のつり合いより

$$T+T=Mg \qquad \therefore \quad T=\boldsymbol{\frac{1}{2}Mg}$$

$$T=m_0 g \qquad \therefore \quad m_0=\boldsymbol{\frac{1}{2}M}$$

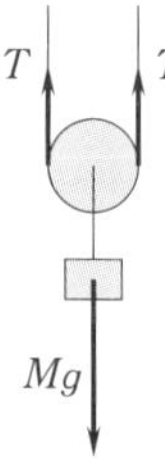

図a

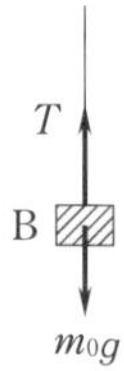

図b

Bの代わりに手で支えるとすると，Mg の物体Aを支えるのに $\frac{1}{2}Mg$ の力ですむのが動滑車のメリット。

(2)(ア) 動滑車が h だけ上がると，右の赤で示した $h+h=2h$ の部分の糸がB側に移るからBは $\boldsymbol{2h}$ だけ下がる。

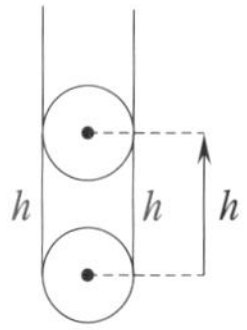

このようにつねにBはAの2倍の距離を動くので，速さも2倍で $\boldsymbol{2v}$

(イ) Bは $2h$ 下がったので，失った位置エネルギーは

$$mg\cdot 2h=\boldsymbol{2mgh}$$

(ウ) 前問で求めたエネルギーは，力学的エネルギー保存則より，AとBの運動エネルギーとAの位置エネルギーの増加に変わっているはずなので

$$2mgh=\frac{1}{2}Mv^2+\frac{1}{2}m(2v)^2+Mgh \qquad \therefore \quad v=\sqrt{\boldsymbol{\frac{2(2m-M)}{4m+M}gh}}$$

このように2物体が力を及ぼし合いながら動くときは，全体について(物体系について)力学的エネルギー保存則を適用する必要がある。そのとき，**失った分 = 現れた分（減った分 = 増えた分）**という見方が大いに役立つ。

いまの場合，全体での位置エネルギーの減少分 $mg\cdot 2h-Mgh$ が運動エネルギーとして現れたと考えて立式してもよい。

なお，運動方程式で扱うときには，Aの加速度を a とすると，Bの加速度は $2a$ としなければいけない。運動方程式を用いて v を求めてみるとよい。

$$\left(\begin{array}{l} \text{A}:Ma=2T-Mg \qquad \text{B}:m(2a)=mg-T \quad \text{より} \\ \quad a=(2m-M)g/(4m+M) \qquad \text{そして} \quad v^2-0^2=2ah \end{array}\right)$$

24 (1) 重力の斜面方向成分 $mg\sin\alpha$ と最大摩擦力 $\mu N(=\mu mg\cos\alpha)$ のつり合いより　$mg\sin\alpha=\mu mg\cos\alpha \qquad \therefore \quad \tan\alpha=\boldsymbol{\mu}$

(2) 高さにして $x\sin\theta$ だけ下がるから　$\boldsymbol{mgx\sin\theta}$

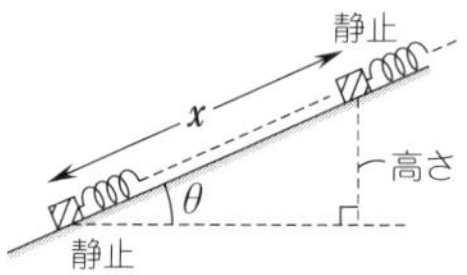

(3) 鉛直につるすと l だけ伸びるばねだから，ばね定数 k は　$kl=mg$　より　$k=\frac{mg}{l}$　…①

(2)での弾性エネルギーは　$\frac{1}{2}kx^2 = \boldsymbol{\frac{mg}{2l}x^2}$

(4)　失ったのは重力の位置エネルギーで，現れたのが弾性エネルギーと摩擦熱だから，エネルギー保存則より

失った分 ＝ 現れた分

$$mgx\sin\theta = \frac{mg}{2l}x^2 + \mu' mg\cos\theta\cdot x$$

$$\therefore\quad x = \boldsymbol{2l(\sin\theta - \mu'\cos\theta)}\quad \cdots ②$$

(5)　最下点で止まったとき，弾性力 kx が $mg\sin\theta$ と最大摩擦力 μN の和を超えれば上へ動き始める。

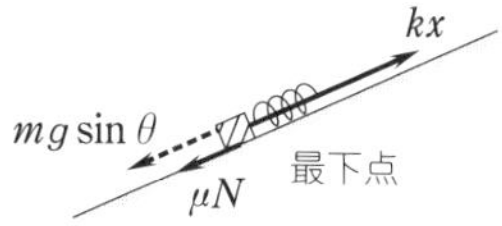

$$kx > mg\sin\theta + \mu mg\cos\theta$$

①，②を代入し，整理すると

$$\sin\theta > (\mu + 2\mu')\cos\theta\qquad \therefore\quad \tan\theta > \boldsymbol{\mu + 2\mu'}$$

5　運動量保存則

KEY POINT　**物体系に外力が働かないとき，運動量保存則が成立する**。実用上は，**衝突や分裂の現象**に対して用いる。とくに衝突の場合には反発係数(はね返り係数)e の式との連立方程式として解くことになる。e の式は $e=-$(衝突後の速度の差)÷(衝突前の速度の差) と表されるが，**(後の速度差) = −e × (前の速度差)** と立式すると扱いやすい。

運動量保存則は本来，ベクトルの関係式なので，ある方向について外力が働かなければ，その方向に対して用いることができる。

25　(1)　運動量保存則より　$mv + MV = mv_0\quad\cdots①$

衝突後

e の式より　$v - V = -e(v_0 - 0)\quad\cdots②$

①＋M×②より　$(m+M)v = (m-eM)v_0$

$$\therefore\quad v = \boldsymbol{\frac{m-eM}{m+M}v_0}$$

速度は正の姿で描いておくとよい

①−m×②より　$V = \boldsymbol{\frac{(1+e)m}{m+M}v_0}$

(2)　**力積＝運動量の変化** より　$mv - mv_0 = \boldsymbol{-\frac{(1+e)mMv_0}{m+M}}$

別解　Qが受けた力積を調べ，マイナスを付けてもよい。PQ間で衝突の際に働く力は内力であり，作用・反作用の関係にあり，向きが逆向きだからである。

$-(MV-0)$として，簡単に計算できる。

(3) $v<0$ となればよいので　　$\boldsymbol{m<eM}$　あるいは　$\boldsymbol{e>\frac{m}{M}}$

(1)の答えはどんなケースでも成立している。それが速度で扱う利点。Pが前進する条件なら $v>0$ で，Pが静止する条件なら $v=0$ で求めればよい。

(4) 運動方程式でも解けるが，エネルギー保存則（摩擦熱を考慮）が早い。動摩擦力は $\mu N=\mu Mg\cos\theta$ だから，BD間について

$$\frac{1}{2}MV^2=Mgl\sin\theta+\mu Mg\cos\theta\cdot l \qquad \therefore\ l=\boldsymbol{\frac{V^2}{2g(\sin\theta+\mu\cos\theta)}}$$

DB間では　$Mgl\sin\theta=\frac{1}{2}MV_1^2+\mu Mg\cos\theta\cdot l$

$$\therefore\ V_1=\sqrt{2gl(\sin\theta-\mu\cos\theta)}=\boldsymbol{V\sqrt{\frac{\sin\theta-\mu\cos\theta}{\sin\theta+\mu\cos\theta}}}$$

26　衝突直前のAの速さを v_0 とすると，力学的エネルギー保存則より

$$mg(l-l\cos60^\circ)=\frac{1}{2}mv_0^2 \qquad \therefore\ v_0=\sqrt{gl}$$

(1) 衝突直後の速度を v_A，v_B とする。

衝突直後

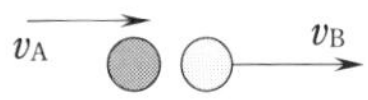

運動量保存則より　$mv_A+2mv_B=mv_0$　…①

(完全)弾性衝突は反発係数 $e=1$ だから

$$v_A-v_B=-(v_0-0) \quad \cdots②$$

衝突問題は「速さ」ではなく，「速度」で

①，②より　$v_B=\frac{2}{3}v_0=\boldsymbol{\frac{2}{3}\sqrt{gl}}$

一方，$v_A=-\frac{1}{3}v_0$ であり，衝突後Aは左へはね返ることが分かる。このように，**衝突後の状況は解いた答えから判断する。**

弾性衝突だけは運動エネルギーの保存が成りたつが，計算には $e=1$ が速い。

(2) 運動量保存則より　$mv_0=2mv_B{}'$　　$\therefore\ v_B{}'=\frac{1}{2}v_0$

$$\therefore\ e=-\frac{0-v_B{}'}{v_0-0}=\boldsymbol{\frac{1}{2}}$$

$0\leqq e\leqq1$ は常識

(3) Bの力学的エネルギー保存則より

$$\frac{1}{2}(2m)v_B{}'^2=(2m)gh \qquad \therefore\ h=\boldsymbol{\frac{1}{8}l}$$

(4) 弾丸の質量を m_C，衝突前の速さを v_1 とすると，運動量保存則より

$$m_Cv_1=(m_C+2m)\cdot\frac{1}{5}v_1 \qquad \therefore\ m_C=\boldsymbol{\frac{1}{2}m}$$

(5) 衝突前・後での全体の運動エネルギーを E_1，E_2 とすると

$$E_1=\frac{1}{2}\left(\frac{m}{2}\right)v_1^2+0 \qquad E_2=\frac{1}{2}\left(\frac{m}{2}+2m\right)\left(\frac{v_1}{5}\right)^2$$

衝突すれば，$e=1$ 以外は運動エネルギーが減る

$$\therefore\quad \frac{E_1 - E_2}{E_1} = 1 - \frac{E_2}{E_1} = 1 - \frac{1}{5} = \frac{\mathbf{4}}{\mathbf{5}}$$

力学的エネルギーは運動エネルギーと位置エネルギーの和をさすが，位置エネルギーは衝突の前後で変わっていないので，運動エネルギーの減少を調べればよい。

27 (1) パイプに沿っての運動は，パイプを引き延ばした直線上の運動とみなせる。AとBがパイプに沿って進んだ距離は，それぞれ $2v_0t$ と v_0t なので

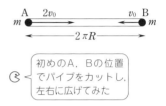

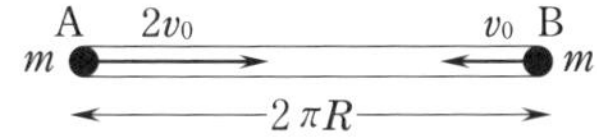

初めのA，Bの位置でパイプをカットし，左右に広げてみた

$$2v_0t + v_0t = 2\pi R \qquad \therefore\quad t = \frac{\mathbf{2\pi R}}{\mathbf{3v_0}}$$

相対速度で考えてもよい。$2v_0 + v_0$ で $2\pi R$ を進むと考える。

(2) 衝突直後のA，Bの速度を v_A，v_B とする（時計回りを正，上図では右向きを正）。運動量保存則より

$$mv_A + mv_B = m\cdot 2v_0 + m\cdot(-v_0) \qquad \cdots\cdots①$$

$$\therefore\quad v_A + v_B = v_0 \qquad \cdots\cdots②$$

反発係数 e より　$v_A - v_B = -e\{2v_0 - (-v_0)\}$　……③

②+③より　$v_A = \dfrac{\mathbf{1-3e}}{\mathbf{2}}\boldsymbol{v_0}$　$\left(e < \dfrac{1}{3}\text{ より } v_A > 0 \text{ で時計回り}\right)$

②−③より　$v_B = \dfrac{\mathbf{1+3e}}{\mathbf{2}}\boldsymbol{v_0}$

速度が正なら速さと同じ

(3) 2回目の衝突では，Bがより速いのでAの後ろから衝突するが，直前の速度は上の v_A と v_B に変わりはない。直後の速度を v_A'，v_B' とすると，運動量保存則より

$$mv_A' + mv_B' = m\cdot 2v_0 + m\cdot(-v_0) \qquad \cdots\cdots④$$

右辺は衝突直前の $mv_A + mv_B$ としてもよいが，時計回りを正とする運動量は衝突に関係なく保存しているので，初めとつなぐ方が早い（式①を見てもよい）。

反発係数 e より　$v_A' - v_B' = -e(v_A - v_B)$
$= 3e^2v_0$　（③）　……⑤

④，⑤より　$v_A' = \dfrac{\mathbf{1+3e^2}}{\mathbf{2}}\boldsymbol{v_0}$，　$v_B' = \dfrac{\mathbf{1-3e^2}}{\mathbf{2}}\boldsymbol{v_0}$

(4) AとBの共通速度を v_∞ とする。運動量保存則より

$$mv_\infty + mv_\infty = m\cdot 2v_0 + m\cdot(-v_0) \qquad \therefore\quad v_\infty = \frac{\mathbf{1}}{\mathbf{2}}\boldsymbol{v_0}$$

最終的にはAとBは一緒に $\dfrac{1}{2}v_0$ の速さで時計回りに回り続ける。途中，衝突するごとに相対速度（の大きさ u）が減っていくことが，③や⑤から想

定できる。1回ごとにe倍になっている。反発係数の式は，衝突前後の相対速度の関係を表している。衝突の時間間隔は $2\pi R/u$ なので，時間間隔は増加している（$1/e$ 倍になっている）。

28 (1) Aを原点として鉛直上向きにy軸をとる。落下するのは $y=0$ のときだから，求める時間をt_1として公式❷を用いると

$$0=vt_1+\frac{1}{2}(-g)t_1^2 \qquad \therefore \quad t_1=\boldsymbol{\frac{2v}{g}}$$

(2) 鉛直方向の初速度を同じにする必要がある（するとAとBはいつも同じ高さにいる）。そこで　$V\sin\alpha=v$　　$\therefore \quad \sin\alpha=\boldsymbol{\frac{v}{V}}$

(3) 最高点に達するまでの時間をt_2とすると，公式❶より

$$0=v+(-g)t_2 \qquad \therefore \quad t_2=\frac{v}{g}$$

> $t_2=\frac{1}{2}t_1$ として求めると早い

この間にBは右へlの距離を動けばよいので

$$l=(V\cos\alpha)t_2=\frac{Vv}{g}\cos\alpha=\frac{Vv}{g}\sqrt{1-\sin^2\alpha}=\frac{Vv}{g}\sqrt{1-\frac{v^2}{V^2}}=\boldsymbol{\frac{v}{g}\sqrt{V^2-v^2}}$$

(4) 求める水平成分をv_xとする。水平方向での運動量保存則より　$MV\cos\alpha=(M+m)v_x$

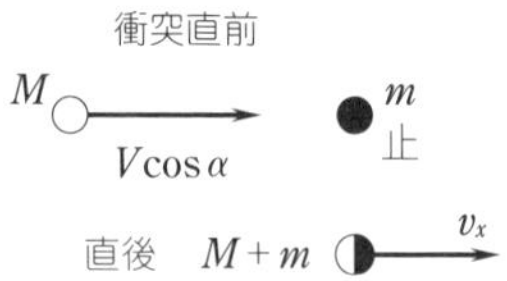

$$\therefore \quad v_x=\frac{MV}{M+m}\cos\alpha=\boldsymbol{\frac{M}{M+m}\sqrt{V^2-v^2}}$$

鉛直成分はA，B共に衝突前が0なので　**0**

水平方向は外力がないので運動量保存は厳密に成りたつ。一方，鉛直方向は重力がかかっているが，瞬間的な衝突では（重力の力積が無視できるため）近似的に適用してよい。問題文にとくに断りがなければ，瞬間衝突と思ってよい。

(5) 初速v_xでの水平投射に入る。落下時間はt_2なので（鉛直方向に上がる時間と下りる時間は等しい）

$$x=v_xt_2=\boldsymbol{\frac{Mv}{(M+m)g}\sqrt{V^2-v^2}}$$

29 分裂の現象は衝突と並んで運動量保存則が適用できる典型例である。

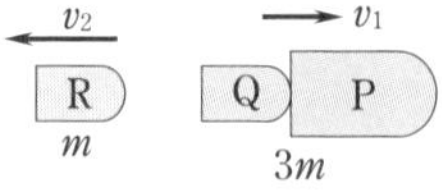

(1) 静止状態から分裂すると，左右逆向きに動く。

その速さをv_1，v_2とすると

$$0=-mv_2+3m\cdot v_1 \quad \cdots ①$$

> 初めから $mv_2=3mv_1$ としてもよい

逆方向の動きだから相対速度は　$u=v_2+v_1$　…②

> 左向きを正とし $u=v_2-(-v_1)$ としてもよい

①，②より　$v_1=\boldsymbol{\frac{1}{4}u}$　　$v_2=\frac{3}{4}u$

(2)　全体の運動エネルギーに等しく(分裂するにはエネルギーが必要)

$$\frac{1}{2}\cdot 3m\cdot v_1^{\,2}+\frac{1}{2}mv_2^{\,2}=\boldsymbol{\frac{3}{8}mu^2}$$

(3)　分裂後の速度を右向きを正として V_1, V_2 とする。

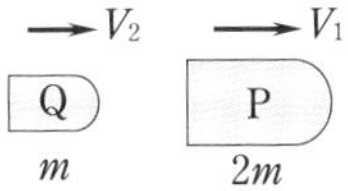

運動量保存則より　$3m\cdot\frac{1}{4}u=mV_2+2mV_1$　…③

相対速度は負だから　$-u=V_2-V_1$　…④

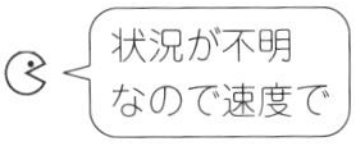

③, ④より　$V_1=\boldsymbol{\frac{7}{12}u}$　　$V_2=-\frac{5}{12}u$ (Qは左へ動く)

30　(1)　速度を右のように分解して

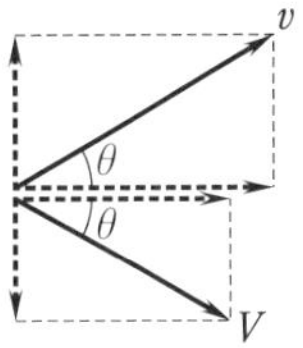

x 方向…　$\boldsymbol{mv_0=mv\cos\theta+MV\cos\theta}$　…①

y 方向…　$\boldsymbol{0=mv\sin\theta-MV\sin\theta}$　…②

②の右辺は

$mv\sin\theta+(-MV\sin\theta)$

の気持ちで書いている。また，②より $MV=mv$ なので運動量ベクトルの図にすると右のようになっている。

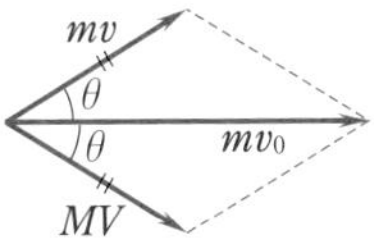

(2)　弾性衝突では全運動エネルギーが保存する。

$$\boldsymbol{\frac{1}{2}mv_0^{\,2}=\frac{1}{2}mv^2+\frac{1}{2}MV^2}\quad\cdots③$$

(3)　②より　$V=\frac{m}{M}v$　　これを③に代入し

$$\frac{1}{2}mv_0^{\,2}=\frac{1}{2}mv^2\left(1+\frac{m}{M}\right)\qquad\therefore\quad v=\boldsymbol{v_0\sqrt{\frac{M}{m+M}}}$$

$$\therefore\quad V=\frac{m}{M}v=\boldsymbol{v_0\frac{m}{\sqrt{M(m+M)}}}$$

(4)　$M=m$ より　$v-\frac{v_0}{\sqrt{2}}$　$V=\frac{v_0}{\sqrt{2}}$　これらを①に代入すると

$$v_0=\frac{v_0}{\sqrt{2}}\cos\theta+\frac{v_0}{\sqrt{2}}\cos\theta\qquad\therefore\quad\cos\theta=\frac{1}{\sqrt{2}}\qquad\therefore\quad\theta=\boldsymbol{45^\circ=\frac{\pi}{4}\,〔rad〕}$$

6　保存則

KEY POINT　滑らかな水平面上で，2つの物体が力を及ぼし合いながら動くようなケースでは，水平方向について運動量保存則が用いられる。さらに，2つの物体間に摩擦(や衝突)がなければ，物体系について力学的エネルギー保存則も成立する。このように2つの保存則を適用して考察する問題は一般に高度なものとなる。

31　床が滑らかなので運動量保存則が用いられる。

(1)　求める速さを v_B とすると　$(2m+m)v = mv_B$　$\therefore$　$v_B = \mathbf{3v}$〔**m/s**〕

物体系は「AとBとばね」とみなすとよい。ばねの力は内力(グループを構成するメンバー間の力)となり，気にしなくてすむ。そして，ばねの質量は0なので運動量も0となり，式には顔を出さない。

(2)　ばねの縮みを x とすると，物体系の力学的エネルギー保存則より

$$\frac{1}{2}(2m+m)v^2+\frac{1}{2}kx^2=\frac{1}{2}m(3v)^2 \qquad \therefore \quad x = \boldsymbol{v\sqrt{\frac{6m}{k}}}\text{〔\textbf{m}〕}$$

(3)　Bは $3v$ の速さではね返る。Bが受けた力積は，右向きを正とすると

$$-m\cdot 3v - m\cdot 3v = -6mv$$

したがって，Bが壁に与えた力積は作用・反作用の法則より $\boldsymbol{6mv}$〔**N·s**〕で右向き。「注目物体が受けた力積＝注目物体の運動量の変化」に注意。

(4)　ばねが最も縮んだときとは，A上の人から見てBが止まったとき，つまり，相対速度が0になるときである。それは両者の(床に対する)速度 u が一致するときだから，左向きを正とすると，運動量保存則より

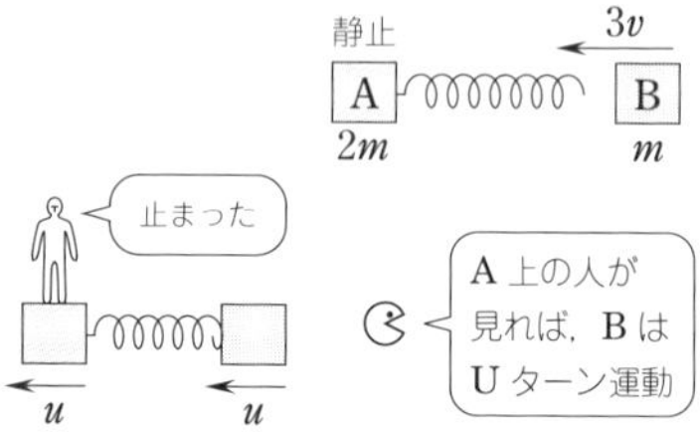

$m\cdot 3v = 2mu + mu$　　$\therefore$　$u = \boldsymbol{v}$〔**m/s**〕

保存則は静止系で用いるのが大原則。A上の人に用いさせてはいけない。

(5)　A，Bの速度を u_A，u_B(左向きを正)とすると，運動量保存則より　$2mu_A + mu_B = m\cdot 3v$　…①

力学的エネルギー保存則より

$$\frac{1}{2}\cdot 2m\cdot u_A{}^2+\frac{1}{2}mu_B{}^2=\frac{1}{2}m(3v)^2 \quad \cdots ②$$

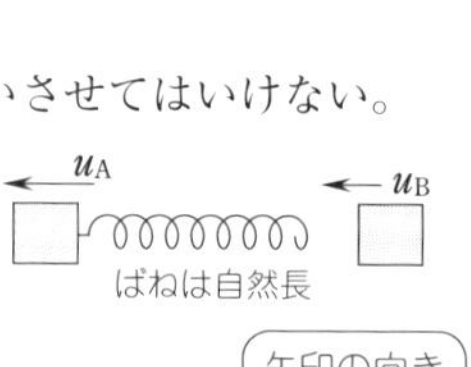

①，②より u_B を消去すると　$u_A(u_A-2v)=0$　　$\therefore$　$u_A = \mathbf{2v}$〔**m/s**〕

これは一つの弾性衝突とみなすこともできる。そこで，②の代わりに，反発係数 $e=1$ を用い，$u_A - u_B = -(0-3v)$ と①を連立させてもよい。

(6)　$u_A=2v$ を①へ代入すると　$u_B=-v$　　よって，Bは速さ v で**右**へ動く。

32　(1)　点Aでの位置エネルギー mgh が(点Bでは運動エネルギーに変わり，)BC間で摩擦熱に変わっているので　$mgh = \mu mg \cdot l$　$\therefore\ \mu = \boldsymbol{\frac{h}{l}}$

(2)(ア)　水平方向には外力が働かないので，水平方向については運動量保存則が成りたつ。

$$\boldsymbol{0 = mv + MV}\quad \cdots①$$

全運動量が0なので，Pが右へ動けば($v>0$)，台は必ず左へ動く($V<0$)。

摩擦がないので，物体系について力学的エネルギー保存則が成りたつ。失ったのはPの位置エネルギーで，現れたのがPと台の運動エネルギーだから

$$\boldsymbol{mgh = \frac{1}{2}mv^2 + \frac{1}{2}MV^2}\quad \cdots②$$

(イ)　①より　$V = -\dfrac{m}{M}v$　これを②へ代入すれば

$$mgh = \frac{1}{2}mv^2\left(1 + \frac{m}{M}\right)\qquad \therefore\ v = \boldsymbol{\sqrt{\frac{2Mgh}{m+M}}}$$

また，　$V = -\dfrac{m}{M}v = \boldsymbol{-m\sqrt{\dfrac{2gh}{M(m+M)}}}$

(ウ)　最後はPと台は一体となる。その速度を u とすると，運動量保存則より

Pと台の間の摩擦は内力！

$$0 = (m+M)u\qquad \therefore\ u = 0\qquad \therefore\ \textbf{④}$$

水平方向の全運動量が0だから，最後に一体となったときには必ず静止する。

33　(1)(ア)　最高点に達したとき，台上の人から見てPは一瞬止まる。台に対する相対速度が0だから，Pと台の床に対する速度 v が一致する(ベクトルとしての一致だからPの速度 v も水平右向き)。

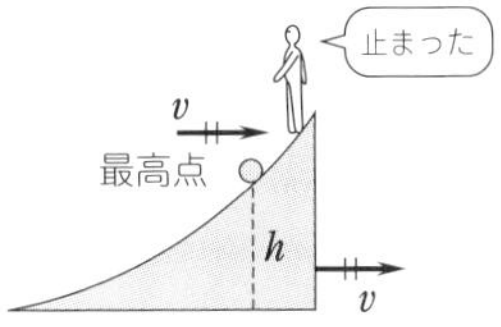

運動量保存則より　$mv_0 = mv + Mv$

$$\therefore\ v = \boldsymbol{\frac{m}{m+M}v_0}$$

問題 **31** の(4)と同じ論拠

(イ)　力学的エネルギー保存則より

$$\frac{1}{2}mv_0^2 = \frac{1}{2}mv^2 + \frac{1}{2}Mv^2 + mgh$$

$$= \frac{m^2v_0^2}{2(m+M)} + mgh\qquad \therefore\ h = \boldsymbol{\frac{Mv_0^2}{2(m+M)g}}$$

(2) P，台の速度を v_A，v_B とすると
運動量保存則より

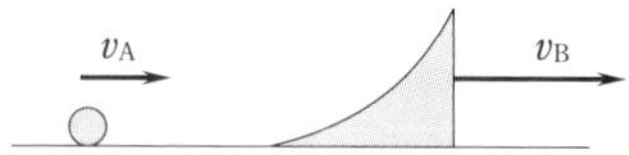

$$mv_0 = mv_A + Mv_B \quad \cdots ①$$

力学的エネルギー保存則より　$\frac{1}{2}mv_0{}^2 = \frac{1}{2}mv_A{}^2 + \frac{1}{2}Mv_B{}^2 \quad \cdots ②$

①，② より v_A を消去すると　$(m+M)v_B{}^2 = 2mv_0v_B$　∴　$v_B = \boldsymbol{\frac{2m}{m+M}v_0}$

なお，v_A を求めてみると $v_A = \frac{m-M}{m+M}v_0$ となる。これからPは $m>M$ なら右へ動き，$m<M$ なら左へ動いていることが分かる。

また，事態は一種の弾性衝突とみることもでき，$e=1$ の式 $v_A - v_B = -(v_0 - 0)$ と ① とを連立させて解く手もある。

34　(1) 衝突の直前，直後のBの速さを u_1，u_2 とする。力学的エネルギー保存則より

$$\frac{m}{8}\cdot gl = \frac{1}{2}\cdot\frac{m}{8}\cdot u_1{}^2 \qquad ∴\quad u_1 = \sqrt{2gl}$$

$$\frac{1}{2}\cdot\frac{m}{8}\cdot u_2{}^2 = \frac{m}{8}\cdot g(l - l\cos 60°) \qquad ∴\quad u_2 = \sqrt{gl}$$

A，Bの運動量保存則より，左向きを正として

$$\frac{m}{8}\sqrt{2gl} = mv_0 + \frac{m}{8}\cdot(-\sqrt{gl}) \qquad ∴\quad v_0 = \boldsymbol{\frac{\sqrt{2}+1}{8}\sqrt{gl}}$$

もしも，台車の上面全体に摩擦があるとしても，衝突直後の台車は静止しており(慣性の法則)，上の結果に変わりはない。さらに，Bが台車に衝突する場合には，衝突直後のAは静止していて，衝突に影響を与えない。

(2) Aと台車の運動量保存則より(Aと台車間の動摩擦力は内力！)

$$mv_0 = (m+M)V \qquad ∴\quad V = \boldsymbol{\frac{m}{m+M}v_0}$$

(3) E は全体の運動エネルギーの減少分に等しく

$$E = \frac{1}{2}mv_0{}^2 - \frac{1}{2}(m+M)V^2 = \boldsymbol{\frac{mMv_0{}^2}{2(m+M)}}$$

(4) エネルギー保存則より失われた運動エネルギー E は摩擦熱に等しいはずだから

$$\frac{mMv_0{}^2}{2(m+M)} = \mu mg\cdot d \qquad ∴\quad d = \boldsymbol{\frac{Mv_0{}^2}{2\mu(m+M)g}}$$

このように，摩擦熱の計算には台車に対して滑った距離 d を用いること。

(2) 以下は問題**10**と同じ状況である。運動方程式による解法と比較してみるとよい。

7 慣性力

KEY POINT 加速度運動をしている観測者が物体の運動(力のつり合いも含む)を扱うときには，慣性力を考えなければいけない。**乗り物内で起こる現象や，動く台上での物体の運動を扱うとき，慣性力を用いると大いに有効**である。

35 (1) 慣性力は，注目物体の質量と観測者の加速度の積となるので　$\boldsymbol{M\alpha}$〔N〕

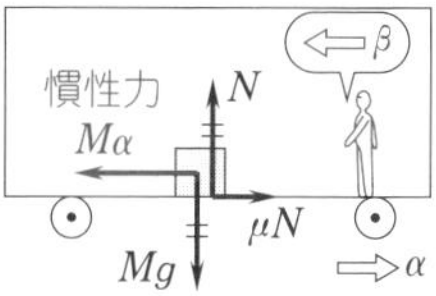

動摩擦力は，垂直抗力を N とすると

$$\mu N = \boldsymbol{\mu M g}\text{〔N〕}$$

(2) 運動方程式より　$M\beta = M\alpha - \mu M g$

$$\therefore\quad \beta = \boldsymbol{\alpha - \mu g}\text{〔m/s}^2\text{〕}$$

車内の人には，左へ β で滑るように見える

(3) 車内の人から見れば，β での等加速度運動。公式❷を用いると

$$l = \frac{1}{2}\beta t^2 = \frac{1}{2}(\alpha - \mu g)t^2 \qquad \therefore\quad t = \sqrt{\frac{2l}{\alpha - \mu g}}\text{〔s〕}$$

公式❶より　$v = \beta t = \boldsymbol{\sqrt{2(\alpha - \mu g)l}}$〔m/s〕

公式❸を用いて　$v^2 - 0^2 = 2\beta l$　から求めてもよい。

(4) 慣性力 $M\alpha$ が最大摩擦力 $\mu_0 N = \mu_0 M g$ を超えないと滑りださないので

$$M\alpha > \mu_0 M g \qquad \therefore\quad \mu_0 < \frac{\alpha}{g}$$

36 問(4)，(5)が慣性力の問題である。

(1) 全体を一体として運動方程式を立てると

一体化の見方！

$$(M+m)a = F - (M+m)g \quad \cdots ① \qquad \therefore\quad F = \boldsymbol{(M+m)(g+a)}$$

(2) 小球についての運動方程式は

$$ma = T - mg \quad \cdots ② \qquad \therefore\quad T = m(g+a)$$

静止しているときには力のつり合いより $T = mg$ だから　$\boldsymbol{\frac{g+a}{g}}$ **倍**

別解　エレベーターの運動方程式は　$Ma = F - Mg - T \quad \cdots ③$

ここに F を代入しても T が求められる。もともと，②と③の連立で F と T を解いてもよい。②＋③＝① の関係がある。

(3) エレベーターの運動方程式は　$Mb = F - Mg$

(1)の F を代入して b を求めると　$b = \boldsymbol{a + \frac{m}{M}(g+a)}$

⑷　エレベーター内の人にとっては，重力 mg と慣性力 mb の2つの力が働いて小球が落下する。その合力は $mg+mb=\boldsymbol{m(g+b)}$ であり，**見かけの重力**とよばれる。

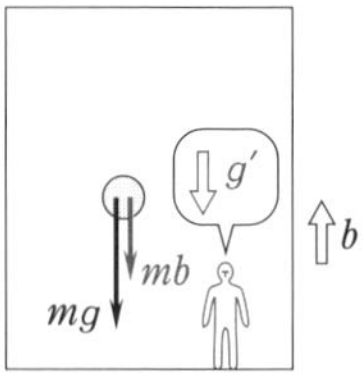

⑸　$g'=g+b$ は**見かけの重力加速度**とよばれ，いまは h 下がる「自由落下」だから

$$h=\frac{1}{2}g't^2=\frac{1}{2}(g+b)t^2 \qquad \therefore\ t=\sqrt{\frac{\boldsymbol{2h}}{\boldsymbol{g+b}}}$$

見かけの重力 mg' を用いれば，日常の世界と同じ。

37　⑴　斜面方向の力のつり合いより　$T_0=\boldsymbol{mg\sin\theta}$

斜面に垂直な方向の力のつり合いより　$N_0=\boldsymbol{mg\cos\theta}$

⑵　慣性力 $m\alpha$ が右向きに働く(図 a)。

斜面方向の力のつり合いより

$$m\alpha\cos\theta=mg\sin\theta \qquad \therefore\ \alpha=\boldsymbol{g\tan\theta}$$

垂直方向の力のつり合いより

$$N=mg\cos\theta+m\alpha\sin\theta$$
$$=mg\left(\cos\theta+\frac{\sin^2\theta}{\cos\theta}\right)=\frac{\boldsymbol{mg}}{\boldsymbol{\cos\theta}}$$

図 a

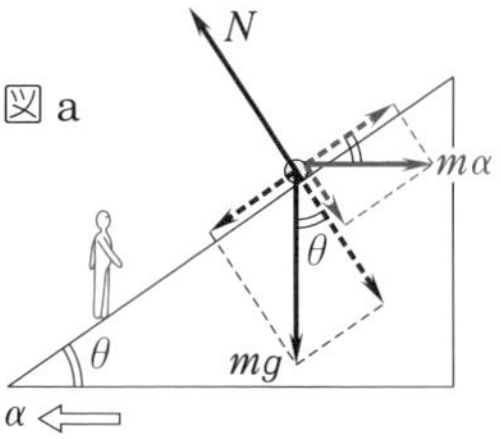

$N=mg\cos\theta$ という誤答が多い

図 b

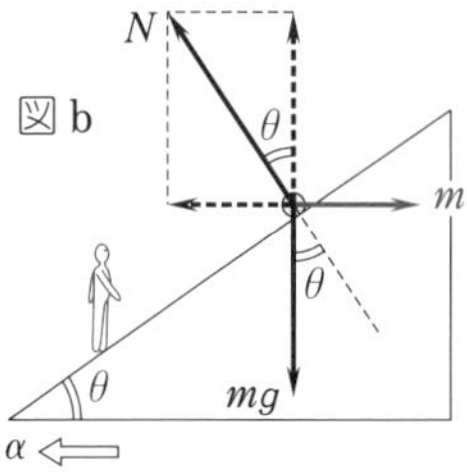

別解　水平方向と鉛直方向に分けて考えてもよい(図 b)。

水平 … $N\sin\theta=m\alpha$　…①

鉛直 … $N\cos\theta=mg$　…②

②から N が決まり，①へ代入して α が決まる。

⑶　慣性力 $m\beta$ は左向きであり，斜面に垂直な方向のつり合いより

$$m\beta\sin\theta=mg\cos\theta \qquad \therefore\ \beta=\frac{\boldsymbol{g}}{\boldsymbol{\tan\theta}}$$

図 c

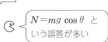

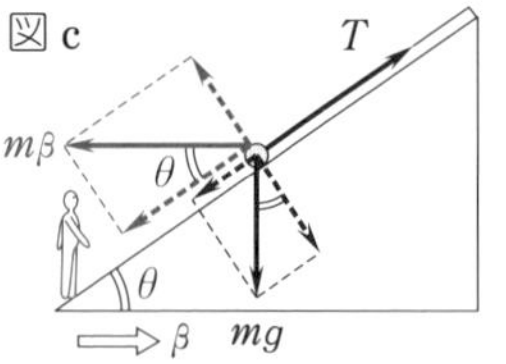

斜面方向のつり合いより

$$T=mg\sin\theta+m\beta\cos\theta$$
$$=mg\left(\sin\theta+\frac{\cos^2\theta}{\sin\theta}\right)=\frac{\boldsymbol{mg}}{\boldsymbol{\sin\theta}}$$

別解　水平 … $m\beta=T\cos\theta$　　鉛直 … $T\sin\theta=mg$　　より求める。

⑷　図 c で張力 T がなくなるから，斜面上の人が見る加速度を a として，運動方程式は

(3)と同じ計算により

$$ma = mg\sin\theta + m\beta\cos\theta = \frac{mg}{\sin\theta} \qquad \therefore \quad a = \frac{g}{\sin\theta}$$

公式❸より $v^2 - 0^2 = 2al$ $\therefore$ $v = \sqrt{\dfrac{\boldsymbol{2gl}}{\boldsymbol{\sin\theta}}}$

38 (1) 右図のCを回転軸として傾く直前なので，垂直抗力Nと静止摩擦力fの作用点はCにある（Bが台からわずかに浮いているイメージ）。Cのまわりのモーメントのつり合いを考える。mgは反時計回りで，F_0を分解した2つの点線の力は時計回りのモーメントなので

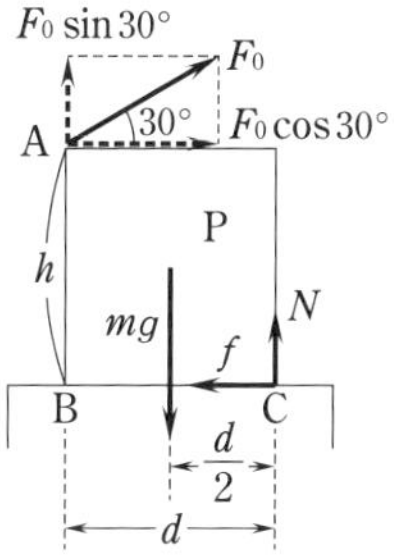

$$mg \times \frac{d}{2} = F_0\sin 30° \times d + F_0\cos 30° \times h$$

$$\therefore \quad F_0 = \frac{\boldsymbol{d}}{\boldsymbol{d+\sqrt{3}h}}\boldsymbol{mg}$$

F_0の分解に注目

F_0のままではCからのうでの長さが測りにくいので，「分解」がポイント。また，Cを回転軸にすると，N，fのモーメントは0で，考えなくてよい。

(2) このとき，Pは滑る心配がない状態なので

$f < \mu N$ （等号の場合は，傾くと同時に滑り出す）

鉛直つり合いより $N + F_0\sin 30° = mg$

水平つり合いより $f = F_0\cos 30°$

$f < \mu N$ より $\dfrac{\sqrt{3}}{2}F_0 < \mu\left(mg - \dfrac{1}{2}F_0\right)$

$$\therefore \quad \boldsymbol{\mu} > \frac{\sqrt{3}F_0}{2mg - F_0} = \frac{\boldsymbol{\sqrt{3}d}}{\boldsymbol{d+2\sqrt{3}h}}$$

(3) 慣性力$m\alpha$が左向きに働くので，傾くときはBが回転軸になる。傾く直前の床からの力の作用点はBにあり，Bのまわりのモーメントのつり合いは

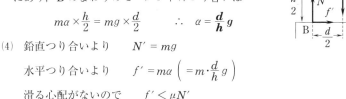

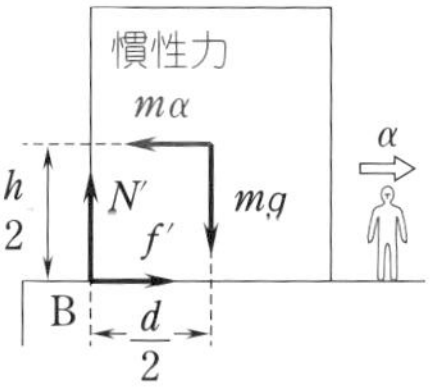

$$m\alpha \times \frac{h}{2} = mg \times \frac{d}{2} \qquad \therefore \quad \alpha = \frac{\boldsymbol{d}}{\boldsymbol{h}}\boldsymbol{g}$$

(4) 鉛直つり合いより $N' = mg$

水平つり合いより $f' = m\alpha \left(= m\cdot\dfrac{d}{h}g \right)$

滑る心配がないので $f' < \mu N'$

$$m\cdot\frac{d}{h}g < \mu mg \qquad \therefore \quad \boldsymbol{\mu} > \frac{\boldsymbol{d}}{\boldsymbol{h}}$$

(2)での条件も満たす必要があるが，

$$\frac{\sqrt{3}d}{d+2\sqrt{3}h} = \frac{d}{\frac{d}{\sqrt{3}}+2h} < \frac{d}{2h} < \frac{d}{h}$$

よって　$\mu > \dfrac{d}{h}$ であれば，(2)は自動的に満たされている。

8 円運動

KEY POINT　等速円運動の場合，遠心力 $\left(mr\omega^2 \text{ または } m\dfrac{v^2}{r}\right)$ を用いるとよい。完全な力のつり合いとなる(回転する観測者の立場)。つまり，任意の方向について力はつり合っている。一方，静止する観測者の立場で考えると，物体には中心に向かって向心力 F が働いているはず。運動方程式 $ma=F$ を立て，向心加速度 $a=r\omega^2=\dfrac{v^2}{r}$ を用いる。

39　(1)　糸の張力を T とすると，B の力のつり合いより　　$T=Mg$　…①

一方，A について遠心力と張力のつり合いより

(X の立場)　　$m\dfrac{v_1^2}{r}=T$　…②

①，②より　　$v_1=\sqrt{\dfrac{M}{m}gr}$

なお，遠心力を用いない場合(Y の立場)，糸の張力 T が向心力となっている。向心加速度 v_1^2/r を用いて，②は運動方程式として立式することになる。

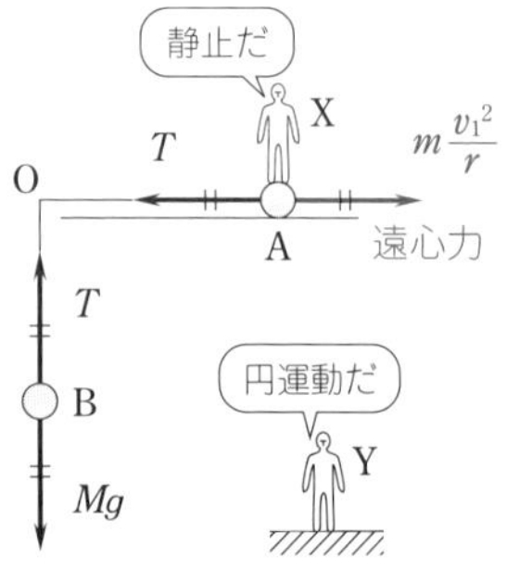

(2)　まず A を放すと動き出す(B に引きずられる)ことから，糸の張力(Mg に等しい)は最大摩擦力 μmg より大きいと分かる。そこで A を板上で静止させるには遠心力の助けを借りればよい(図 a)。必要な角速度を ω_1 とすると

$$Mg=\mu mg+mr\omega_1^2 \qquad \therefore \quad \omega_1=\sqrt{\frac{(M-\mu m)g}{mr}}$$

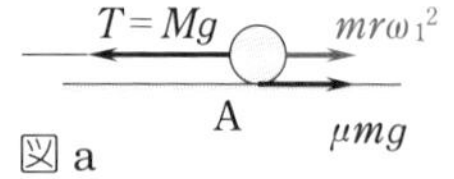

図 a

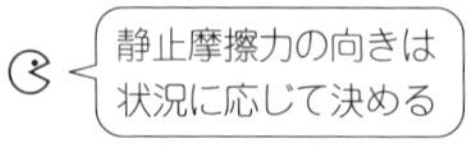
静止摩擦力の向きは
状況に応じて決める

一方，遠心力が大き過ぎると，A が外側に動いてしまう。静止できる限界では(図 b)

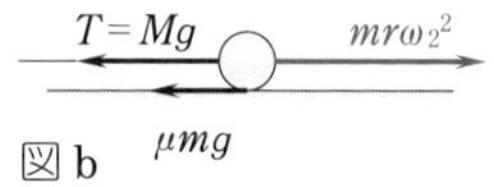

図 b

$$Mg+\mu mg=mr\omega_2^2 \qquad \therefore \quad \omega_2=\sqrt{\frac{(M+\mu m)g}{mr}}$$

$\omega_1 \leqq \omega \leqq \omega_2$ であればよいので　$\sqrt{\dfrac{(\boldsymbol{M}-\boldsymbol{\mu m})\boldsymbol{g}}{\boldsymbol{mr}}} \leqq \boldsymbol{\omega} \leqq \sqrt{\dfrac{(\boldsymbol{M}+\boldsymbol{\mu m})\boldsymbol{g}}{\boldsymbol{mr}}}$

40　(1)　遠心力を考えて，力の図示をすると右のようになる。力のつり合いより

鉛直方向 … $N\sin\theta = mg$　…①

水平方向 … $N\cos\theta = m\dfrac{v^2}{r}$　…②

$\dfrac{①}{②}$ より　$v=\sqrt{\dfrac{gr}{\tan\theta}}=\sqrt{\boldsymbol{gh}}$　…③

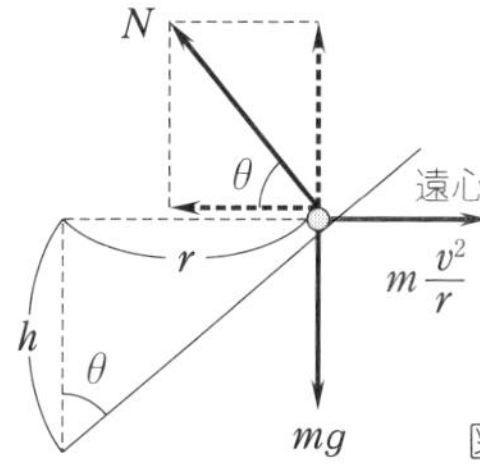

図 a

円の中心をしっかり確認　半径 $r=h\tan\theta$

別解　斜面方向のつり合いより（図 b）

$mg\cos\theta = m\dfrac{v^2}{r}\sin\theta$　（以下，略）

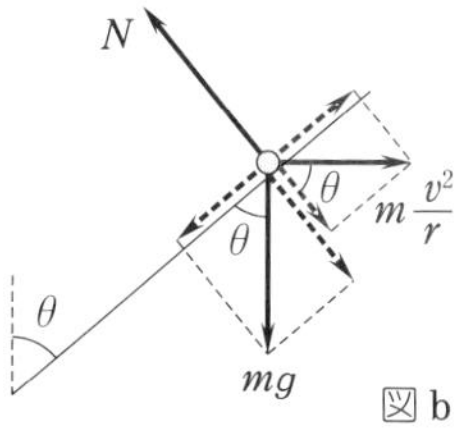

図 b

(2)　①より　$N=\dfrac{\boldsymbol{mg}}{\boldsymbol{\sin\theta}}$

別解の方式なら，$N=mg\sin\theta+m\dfrac{v^2}{r}\cos\theta$ として求める。

（$m\dfrac{v^2}{r}\cos\theta$：忘れやすい！）

(3)　速さ v が分かれば，周期は $\boldsymbol{T}=\dfrac{\boldsymbol{2\pi r}}{\boldsymbol{v}}$ として求められる。

$$T=\frac{2\pi\cdot h\tan\theta}{v}=\boldsymbol{2\pi\sqrt{\frac{h}{g}\tan\theta}}$$

(4)　見かけの重力は $mg+ma=m(g+a)$ であり，見かけの重力加速度 g' は $g'=g+a$ となるから，③を利用すれば

$$v'=\sqrt{g'h}=\sqrt{(\boldsymbol{g}+\boldsymbol{a})\boldsymbol{h}}$$

同様のケースは前の結果を利用

41　(1)　力を図示すると，右のようになる。力のつり合いより

鉛直方向 … $T\cos\theta + N\sin\theta = mg$　…①

水平方向 … $T\sin\theta = N\cos\theta + mr\omega^2$　…②

半径 $r=l\sin\theta$ であり，①，②を連立方程式として解くと（$\sin^2\theta+\cos^2\theta=1$ を用いる）

$$T=\boldsymbol{m(g\cos\theta+l\omega^2\sin^2\theta)}$$

$$N=\boldsymbol{m(g-l\omega^2\cos\theta)\sin\theta}$$

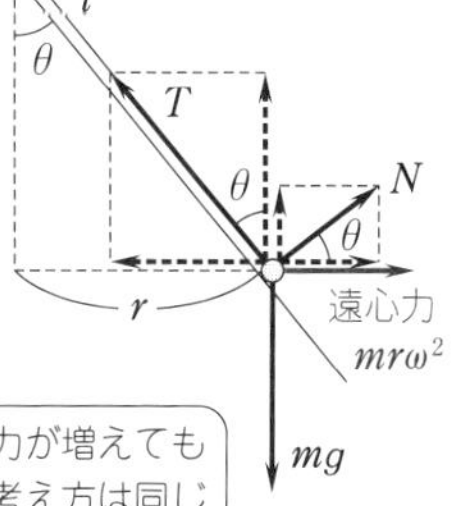

力が増えても考え方は同じ

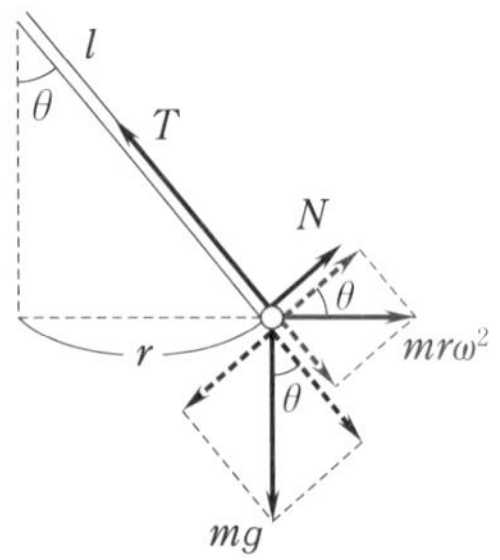

別解　斜面方向の力のつり合いより

$$T = mg\cos\theta + mr\omega^2\sin\theta$$

垂直方向では　$N + mr\omega^2\cos\theta = mg\sin\theta$

これらから T，N が求められる。この問題では別解の方が計算が早い。未知量である $\vec{T}$ と $\vec{N}$ が直角をなし，それらの方向に分解しているので，連立でなくダイレクトに解ける。

(2)　**面から離れるのは，垂直抗力 N が $N=0$ となるときだから，**上の結果より

$$g - l\omega^2\cos\theta = 0 \qquad \therefore\quad \omega = \sqrt{\frac{g}{l\cos\theta}}$$

KEY POINT　**等速でない円運動(代表例は鉛直面内の円運動)でも，遠心力 $m\dfrac{v^2}{r}$ を用いるとよい。ただし，力のつり合いは半径方向に限られる。もう一つの，解法の鍵は力学的エネルギー保存則である。**

42　(1)　求める速さを v_0 とすると，力学的エネルギー保存則より

$$mgh = \frac{1}{2}mv_0^2 \qquad \therefore\quad v_0 = \sqrt{2gh}$$

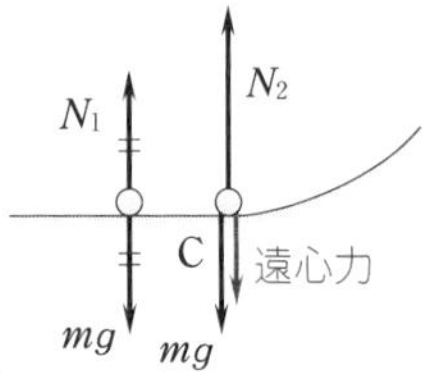

(2)　直前に限らず，水平面上では力のつり合いより

$$N_1 = mg$$

点C通過直後から円運動に入る。遠心力を用いると，力のつり合いより

$$N_2 = mg + m\frac{v_0^2}{r} = mg\left(1 + \frac{2h}{r}\right)$$

エネルギー保存と半径方向のつり合いが解法の鍵

(3)　点Pの高さは $r - r\cos\theta$ だから，力学的エネルギー保存則より

$$mgh = \frac{1}{2}mv^2 + mg(r - r\cos\theta)$$

$$\therefore\quad v = \sqrt{2g(h - r + r\cos\theta)}$$

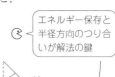

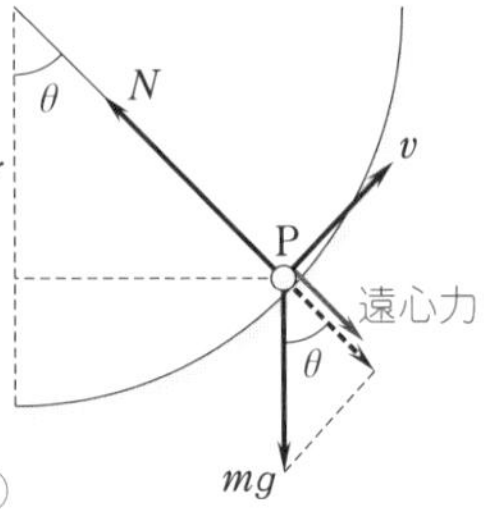

遠心力を考えると，半径方向では力のつり合いが成りたつので

$$N = mg\cos\theta + m\frac{v^2}{r} = mg\left(\frac{2h}{r} - 2 + 3\cos\theta\right) \quad \cdots①$$

(4) 円筒面の最高点を通るには，遠心力が重力以上になっていればよい。必要な速さの最小値を u とすると(そのときの垂直抗力は 0)，力のつり合いより

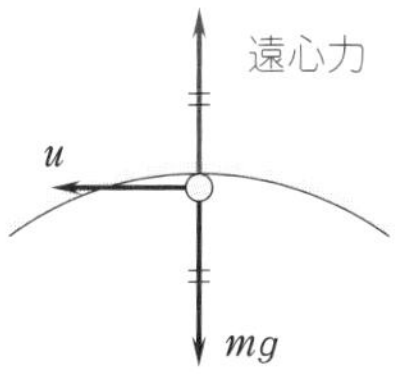

$$m\frac{u^2}{r}=mg \qquad \therefore\ u=\sqrt{gr}$$

小球を放した位置と力学的エネルギー保存則で結ぶと

$$mgh_0=\frac{1}{2}mu^2+mg\cdot 2r \qquad \therefore\ h_0=\boldsymbol{\frac{5}{2}r}$$

ギリギリのケース。$u=0$ ですむとの誤解が多い。

別解 ①より N は $\theta=180°$ で最小となる。その最小値が 0 以上であればよいので

$$N=mg\left(\frac{2h}{r}-2+3\cos 180°\right)\geqq 0 \qquad \therefore\ h\geqq\frac{5}{2}r\,(=h_0)$$

(5) 面から離れるときは垂直抗力 N が 0 となる。① で $h=2r$ とし，$N=0$ とおくと

$$0=mg(4-2+3\cos\theta) \qquad \therefore\ \cos\theta=\boldsymbol{-\frac{2}{3}}$$

当然のことながら，離れるのは $\theta>90°$ の位置であり，$\cos\theta<0$ となっている。

43 (1) 力学的エネルギー保存則より　$mgl=\frac{1}{2}mv_0^2 \qquad \therefore\ v_0=\boldsymbol{\sqrt{2gl}}$

(2) 遠心力を考え，力のつり合いより　$T_1=mg+m\frac{v_0^2}{l}=\boldsymbol{3mg}$

直後は円運動の半径が $l/2$ に変わることに注意し

$$T_2=mg+m\frac{v_0^2}{l/2}=\boldsymbol{5mg}$$

速さ v_0 は直後でも変わらないが，力は急に変わる

(3) **糸がゆるむのは，張力 T が $T=0$ となるとき**だから，右図のように，半径方向では遠心力と重力の成分(点線矢印)がつり合う。

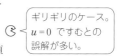

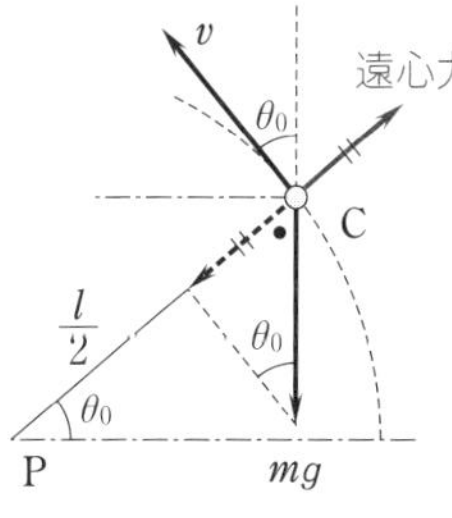

$$m\frac{v^2}{l/2}=mg\sin\theta_0 \qquad \cdots\cdots①$$

一方，力学的エネルギー保存則より

$$mgl=\frac{1}{2}mv^2+mg\left(\frac{l}{2}+\frac{l}{2}\sin\theta_0\right) \quad \cdots②$$

①，② の連立方程式を解くと　$v=\boldsymbol{\sqrt{\frac{gl}{3}}}$　$\sin\theta_0=\boldsymbol{\frac{2}{3}}$

(4) 点 C 以後は初速 v での放物運動に入る。点 C での速度の鉛直成分は $v\cos\theta_0$ だから，求める高さを y とすると

$$0^2-(v\cos\theta_0)^2=2(-g)y \qquad \therefore\ y=\frac{v^2}{2g}(1-\sin^2\theta_0)=\boldsymbol{\frac{5}{54}l}$$

(5) 力学的エネルギー保存則より，点Aと同じ高さの点Oに達するときの質点の速さはuである。半径$l/2$の円運動の最高点である点Oに達するためには，点Oでの遠心力が重力以上であればよいので

$$m\frac{u^2}{l/2}=mg \qquad \therefore\quad u=\sqrt{\frac{\boldsymbol{gl}}{\boldsymbol{2}}}$$

44 (1) 力学的エネルギー保存則より（水平面を基準）

$$mga=\frac{1}{2}mv^2+mga\cos\theta \qquad \therefore\quad v=\sqrt{\boldsymbol{2ga(1-\cos\theta)}} \quad \cdots①$$

(2) 小球が受ける垂直抗力をNとすると，半径方向での力のつり合いより

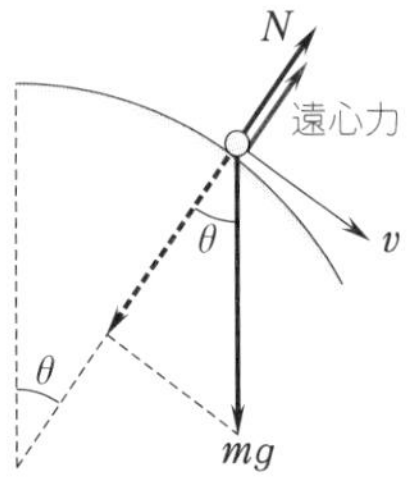

$$N+m\frac{v^2}{a}=mg\cos\theta$$

① を代入し　$N=\boldsymbol{mg(3\cos\theta-2)}$　…②

作用・反作用の法則よりこれは小球が面を押す力に等しい。

(3) 面から離れるのは　$N=0$

② より（$\theta=\theta_0$として）　$\cos\theta_0=\boldsymbol{\frac{2}{3}}$

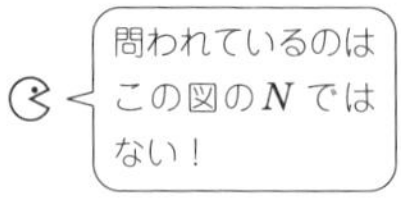
問われているのはこの図のNではない！

(4) ① を用いて

$$v_0=\sqrt{2ga(1-\cos\theta_0)}=\sqrt{2ga\left(1-\frac{2}{3}\right)}=\sqrt{\boldsymbol{\frac{2}{3}ga}}$$

(5) AQ間について力学的エネルギー保存則を用いると

$$mga=\frac{1}{2}mv_1^2 \qquad \therefore\quad v_1=\sqrt{\boldsymbol{2ga}}$$

離れた後の放物運動をまともに解くと，大変な計算になってしまう。

9 単振動

KEY POINT 単振動が起こるかどうか分からないときは，物体に働く力の合力Fを調べる。力のつり合い位置を原点として，物体が位置xにいるとき，$\boldsymbol{F=-Kx}$ と**表されれば単振動と決まる**（Kは正の定数）。**振動中心（$x=0$）は力のつり合い位置**であり，**周期は** $\boldsymbol{T=2\pi\sqrt{m/K}}$ となる。合力Fに対する位置エネルギーが$\frac{1}{2}Kx^2$（単振動

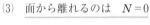

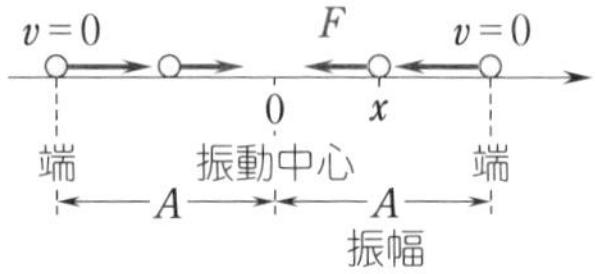

の位置エネルギー)であり，エネルギー保存則(問題編 p 31)が用いられる。速さは振動中心で最大となり，$\boldsymbol{v_{max}=A\omega}$ (ω は角振動数で角速度に相当し，$\boldsymbol{T=2\pi/\omega}$ の関係がある。)

ばね振り子の場合は $\boldsymbol{K=k}$ (ばね定数)であり，周期は $\boldsymbol{T=2\pi\sqrt{m/k}}$

ばね振り子の場合，エネルギー保存則の立て方は2通りある(A 方式が単振動のエネルギー保存則に対応する)。

A 方式　$\boldsymbol{\frac{1}{2}mv^2+\frac{1}{2}kx^2=}$**一定**　($x$ は振動中心からの距離)
単振動の位置エネルギー

B 方式　$\boldsymbol{\frac{1}{2}mv^2+mgh+\frac{1}{2}kx^2=}$**一定**　($x$ は自然長からの伸び・縮み)
弾性エネルギー

45　(1)(ア)　力の図示は右のようになる。

A … $\boldsymbol{ma=k(l_0-l)-N}$ …①

B … $\boldsymbol{3ma=N}$ …②

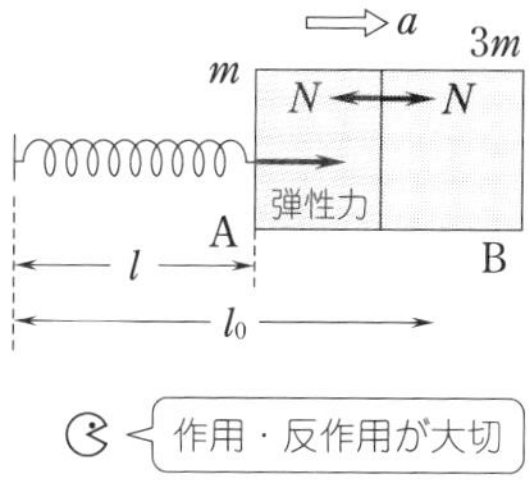

(イ)　①，②より a を消去すると

$$N=\boldsymbol{\frac{3}{4}k(l_0-l)}$$

離れるのは $N=0$ となるときだから　$l=\boldsymbol{l_0}$

この結果は自然長に戻った時に離れることを表している。直感的にも，ばねが自然長になるまでは弾性力が右向きに働いてAを押し続け，自然長を越えると弾性力が左向きとなってAにブレーキをかけるので，Bが自然長で離れるのは分かりやすい。

(2)　ばねが自然長に戻ったときの速さ v を求めればよい(そのときまでA・Bは一体)。その後Bはばねから離れ，等速 v で動く。　力学的エネルギー保存則より

$$\frac{1}{2}kx_0{}^2=\frac{1}{2}(m+3m)v^2 \qquad \therefore\ v=\boldsymbol{\frac{x_0}{2}\sqrt{\frac{k}{m}}}$$

(3)　Bが離れた後は，A単独での力学的エネルギー保存となる。ばねの長さが最大 l_m となるのはAが一瞬止まるときだから

$$\frac{1}{2}mv^2=\frac{1}{2}k(l_m-l_0)^2 \qquad \text{上の } v \text{ を代入して} \qquad l_m=\boldsymbol{l_0+\frac{x_0}{2}}$$

(4) はじめ，A・Bが一体で動いているときの単振動の周期 T_{AB} は

$$T_{AB}=2\pi\sqrt{\frac{m+3m}{k}}=2\times2\pi\sqrt{\frac{m}{k}}=2T$$

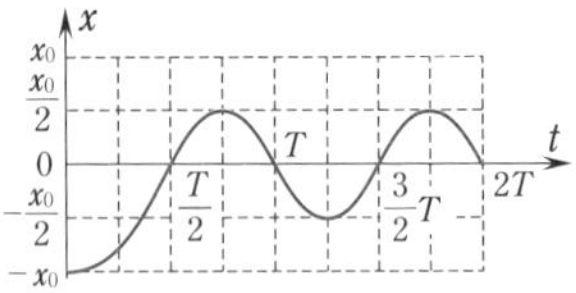

運動の切り変わりに注意

自然長位置が振動中心であり，**端と振動中心の間を移動する時間は $\frac{1}{4}$ 周期**だから　　$\frac{1}{4}T_{AB}=\frac{1}{2}T$

その後 $\left(t\geqq\frac{1}{2}T\right)$ は，A単独での単振動に入り，その周期は T であること，振幅は(3)の結果より $\frac{1}{2}x_0$ であることに注意してグラフを描けばよい。

46 (a) P・Q一体(質量 $3m$)での力のつり合いより

(図1)　　$ka=3mg$　　∴ $k=\boldsymbol{\frac{3mg}{a}}$

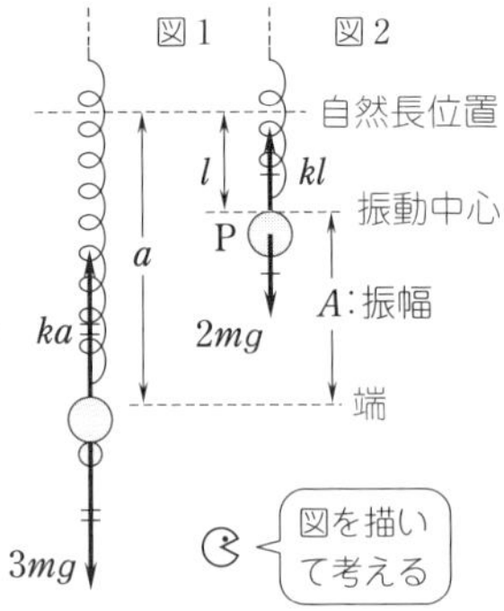

(b) 周期の公式より　$T_{PQ}=2\pi\sqrt{\frac{3m}{k}}=\boldsymbol{2\pi\sqrt{\frac{a}{g}}}$

(c) 振動中心は力のつり合い位置である。P単独でのつり合い位置でのばねの伸びを l とすると（図2）

$$kl=2mg$$

∴ $l=\frac{2mg}{k}=\frac{2}{3}a$　　∴ $a-l=\boldsymbol{\frac{1}{3}a}$

図を描いて考える

(d) **振幅 A は振動中心と端の間の距離**である。そして端は速度0の点，つまりPが動きだした点だから，(c)の答えと同じで　$A=\boldsymbol{\frac{1}{3}a}$

(e) 周期の公式より　$T_P=2\pi\sqrt{\frac{2m}{k}}=\boldsymbol{2\pi\sqrt{\frac{2a}{3g}}}$

文字 k が使えないことに注意

(f) 求める速さを v_{max} とする。単振動のエネルギー保存則(**A** 方式)より

$$\frac{1}{2}k\left(\frac{a}{3}\right)^2=\frac{1}{2}(2m)v_{max}^2\qquad∴\ v_{max}=\frac{a}{3}\sqrt{\frac{k}{2m}}=\boldsymbol{\sqrt{\frac{ga}{6}}}$$

別解 **B** 方式を用いる。はじめの位置を重力の位置エネルギーの基準として

$$0+0+\frac{1}{2}ka^2=\frac{1}{2}(2m)v_{max}^2+(2m)g\cdot\frac{a}{3}+\frac{1}{2}k\left(\frac{2}{3}a\right)^2$$　（以下，略）

別解 公式 $\boldsymbol{v_{max}=A\omega}$ より　$v_{max}=\frac{a}{3}\cdot\frac{2\pi}{T_P}=\frac{a}{3}\cdot\sqrt{\frac{3g}{2a}}=\sqrt{\frac{ga}{6}}$

(g) 慣性力 $(2m)\alpha$ を考えると，力のつり合いより

$$ka=(2m)g+(2m)\alpha\qquad∴\ \alpha=\boldsymbol{\frac{1}{2}g}$$

右辺全体 $2m(g+\alpha)$ は見かけの重力とよばれている。

(h) ばね振り子の周期は重力(いまは見かけの重力)の影響を受けないので
1 倍　弾性力の他に一定の力が加わっても周期は変わらない。

47 (1) A のつり合いより　$ka = mg$　　∴ $k = \boldsymbol{\frac{mg}{a}}$

B は縮んでいるばねから下向きに ka の力を受けていることに注意して，B のつり合いは

$$N = mg + ka = \boldsymbol{2\,mg}$$

なお，A と B(とばね)の全体を一体としてみると質量は $2m$ で，つり合いは $N = 2\,mg$ と簡単に決められる。

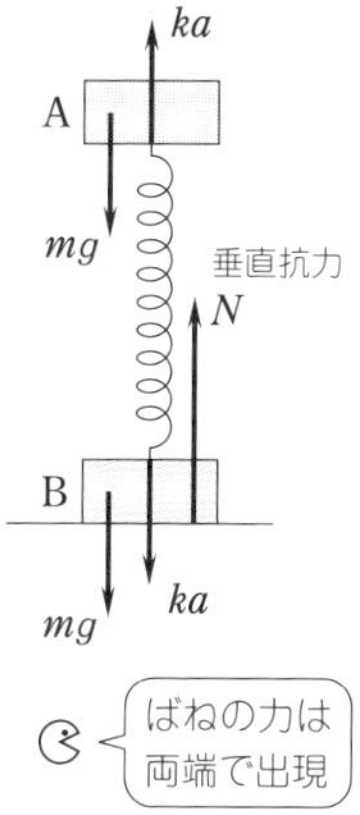

(2)(ア) **単振動での速さは，振動中心(力のつり合い位置)で最大 v_{max} になる。** P 点が単振動の端の位置で O 点が振動中心だから，振幅は a となる。

$\boldsymbol{v_{max} = A\omega}$ より　$v_{max} = a\dfrac{2\pi}{T} = a\sqrt{\dfrac{k}{m}} = a\sqrt{\dfrac{g}{a}} = \boldsymbol{\sqrt{ga}}$

別解　エネルギー保存則(**A** 方式)より　$0 + \frac{1}{2}ka^2 = \frac{1}{2}mv^2_{max} + 0$　(以下，略)

別解　**B** 方式では　$0 + 0 + \frac{1}{2}k(2\,a)^2 = \frac{1}{2}mv^2_{max} + mga + \frac{1}{2}ka^2$　(P を基準)

(イ) x と t の関係をグラフにすると右のようになる(x 軸を上向きにし，関係を読み取りやすくした)。cos 型の曲線なので

$$x = a\cos\omega t = \boldsymbol{a\cos\sqrt{\frac{g}{a}}\,t}$$

単振動では，x も速度も加速度も，時間 t の関数としては sin か cos。型が決まれば，中身は ωt

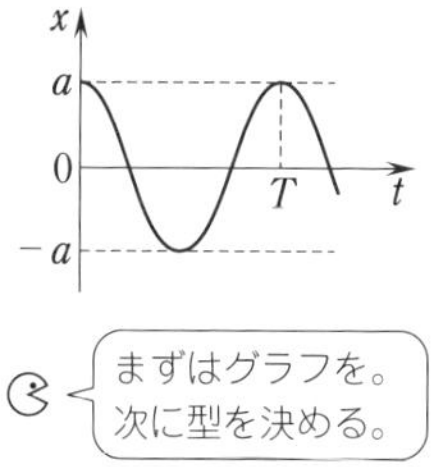

(3) b は振幅だから，A は振動中心 O より b だけ上まで上がる。一方，ばねが自然長より伸びると B に対して弾性力は上向きにかかり，mg に達すると B は浮き始める(垂直抗力は 0)。そのときの伸びを l とすると　$kl = mg$　　∴ $l = \dfrac{mg}{k} = a$

右の図より　$b = a + l = \boldsymbol{2\,a}$

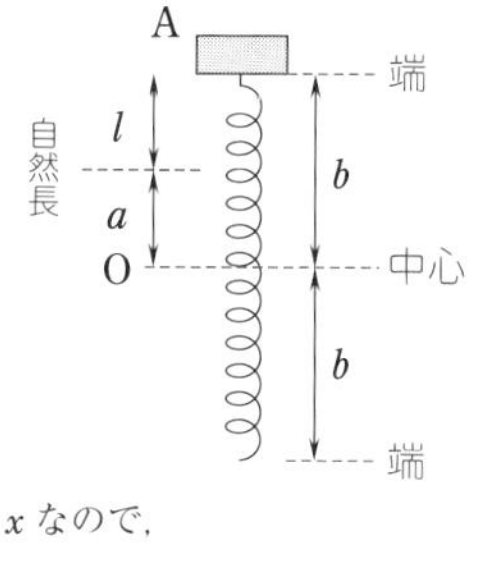

別解　床の垂直抗力 N は，B のつり合いより，ばねの縮みが $a + x$ なので，

$$N = mg + k(a + x) = \frac{mg}{a}(2a + x)$$

x が負になると $N = 0$ になり得る。A は O を中心とする振幅 b の単振動で，x の最小値は $x = -b$　このとき $N \geqq 0$ なら，B は床から離れない。よって，$\boldsymbol{b \leqq 2\,a}$

48 (1) 力学的エネルギー保存則より　$mg \cdot d\sin 30^\circ = \frac{1}{2}mu^2$　∴ $u = \boldsymbol{\sqrt{gd}}$

(2) 運動量保存則より　$Mv_A + mv_B = mu$　…①

弾性衝突は反発係数が1だから　$v_A - v_B = -(0-u)$　…②

①$+m\times$② より　$(M+m)v_A = 2mu$　∴ $v_A = \boldsymbol{\frac{2m}{m+M}\sqrt{gd}}$

①$-M\times$② より　$(m+M)v_B = (m-M)u$　∴ $v_B = \boldsymbol{\frac{m-M}{m+M}\sqrt{gd}}$

$m<M$ より $v_B<0$ であり，Bは衝突ではね返ることが分かる。

なお，この衝突では物体系A，Bに対して外力（重力の斜面方向成分や弾性力）が働いているが，衝突が瞬間的で外力の力積は無視できるため，運動量保存則を用いてよい。問題文でとくに断りがない場合，衝突は瞬間的と考える。

(3) Aは原点を中心に単振動を始める。単振動のエネルギー保存則（**A**方式）より

$$\frac{1}{2}Mv_A^2 + 0 = 0 + \frac{1}{2}kx_0^2 \qquad \therefore\ x_0 = \boldsymbol{v_A\sqrt{\frac{M}{k}}}$$

B方式でも解けるが，ばねの自然長位置を調べる必要があり，計算が煩雑になる。

(4) **A**方式より　$\frac{1}{2}Mv_A^2 + 0 = \frac{1}{2}Mw^2 + \frac{1}{2}k\left(\frac{x_0}{2}\right)^2$

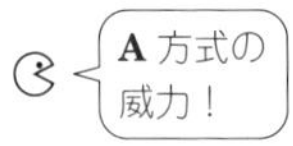

(3)の x_0 を代入することにより　$w = \boldsymbol{\frac{\sqrt{3}}{2}v_A}$

(5) Aは半周期 $\frac{1}{2}T = \frac{1}{2}\cdot 2\pi\sqrt{\frac{M}{k}}$ で原点に戻る。一方，Bは斜面に沿って等加速度運動をする。運動方程式 $ma = mg\sin 30^\circ$ より　$a = \frac{1}{2}g$　衝突後，原点に戻るまでの時間を t とすると，公式❷を用いて（初速 v_B は負）

$$0 = v_Bt + \frac{1}{2}\cdot\frac{g}{2}t^2 \qquad \therefore\ t = -\frac{4v_B}{g}\ (>0)$$

Bについては，斜面方向上向きを正として考え直してもよい。

$\frac{1}{2}T = t$　より　$\pi\sqrt{\frac{M}{k}} = \frac{4(M-m)}{(m+M)g}\sqrt{gd}$　∴ $d = \boldsymbol{\frac{\pi^2 Mg}{16k}\left(\frac{M+m}{M-m}\right)^2}$

49 (1) 力学的エネルギー保存則より，はじめと同じ高さの位置まで達するから　$\boldsymbol{h_0}$

最下点で速さは最大 v_m となる。

$$mgh_0 = \frac{1}{2}mv_m^2 + mg(H-L)$$

$$\therefore\ v_m = \boldsymbol{\sqrt{2g(h_0+L-H)}}$$

(2) 振幅が小さいので，糸の長さ l の単振り子の周期は $\boldsymbol{T=2\pi\sqrt{l/g}}$

左半分は $l=L$ でよいが，右半分では $l=L-d$ となることと，それぞれは半周期分の運動に対応することに注意して

$$2\pi\sqrt{\frac{L}{g}}\times\frac{1}{2}+2\pi\sqrt{\frac{L-d}{g}}\times\frac{1}{2}=\boldsymbol{\frac{\pi}{\sqrt{g}}(\sqrt{L}+\sqrt{L-d})}$$

(3) エレベーター内では，重力 mg のほかに，慣性力 ma が鉛直下向きに働くので，見かけの重力は $mg+ma=m(g+a)$ となる。よって，見かけの重力加速度は $g'=g+a$ と表される。(1)はやはり力学的エネルギー保存則より（位置エネルギーは「$mg'h$」とすればよく），$\boldsymbol{h_0}$ の高さまで達する。

v_{m} は g を g' に置き換えればよく

$$v_{\mathrm{m}}=\sqrt{2g'(h_0+L-H)}=\boldsymbol{\sqrt{2(g+a)(h_0+L-H)}}$$

(2) も同様で，　$\boldsymbol{\dfrac{\pi}{\sqrt{g+a}}(\sqrt{L}+\sqrt{L-d})}$

50 (1) 浮力 F は液面下の体積 V と液体の密度 ρ を用いて，$\boldsymbol{F=\rho Vg}$ と表される。円柱の質量 m は $m=\rho_0 Sl$ だから，浮力と重力のつり合いより

$$\rho(Sd)g=(\rho_0 Sl)g \quad \cdots① \qquad \therefore\ d=\boldsymbol{\frac{\rho_0}{\rho}l}$$

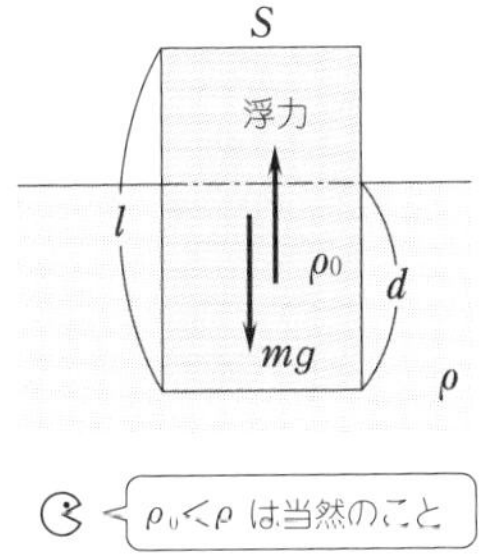

(2) 質量が等しい弾性衝突($e=1$)では，衝突する2物体の速度は入れ替わる。よって，直後の円柱の速さは $\boldsymbol{v_0}$ であり，小球の速さは0となる。運動量保存則と $e=1$ の式の連立で解いてもよい。

(3) 液面下の体積が $S(d+x)$ だから

$$f=(\rho_0 Sl)g-\rho S(d+x)g$$
$$=\boldsymbol{-\rho Sgx}\quad（\because\ ①を用いた）$$

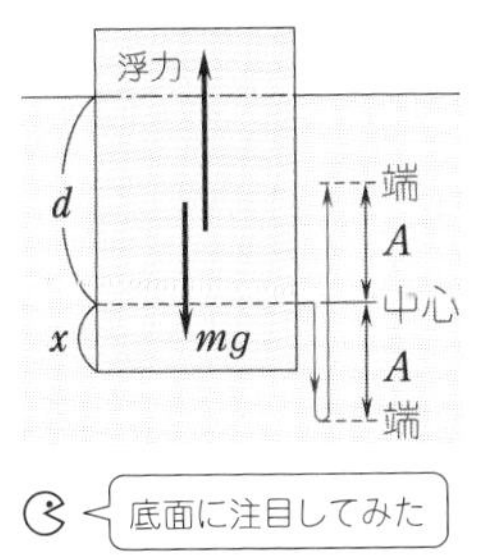

(4) 合力 f が「$-Kx$」型の力だから，単振動と分かる。$K=\rho Sg$ であり，振幅を A として単振動のエネルギー保存則を用いると

$$\frac{1}{2}mv_0^2+0=0+\frac{1}{2}KA^2 \quad \therefore\ A=v_0\sqrt{\frac{m}{K}}=v_0\sqrt{\frac{\rho_0 l}{\rho g}}$$

上図より　$d_1=d+A=\boldsymbol{\dfrac{\rho_0}{\rho}l+v_0\sqrt{\dfrac{\rho_0 l}{\rho g}}}$

(5) 底面に着目すると，上図の赤線のように運動する。中心と端との間は$\frac{1}{4}$周期で動くから，動き始めてから$\frac{3}{4}$周期で上の端に達する。

$$t=\frac{3}{4}T=\frac{3}{4}\cdot 2\pi\sqrt{\frac{m}{K}}=\boldsymbol{\frac{3}{2}\pi\sqrt{\frac{\rho_0 l}{\rho g}}}$$

10 万有引力

KEY POINT 万有引力の法則 $\boldsymbol{F=G\frac{Mm}{r^2}}$ や，万有引力の位置エネルギー $\boldsymbol{U=-\frac{GMm}{r}}$ (無限遠を基準)を扱うときの r は天体の中心からの距離。天体の質量は中心に集中していると思ってよい。

まず，重力加速度 g と万有引力の関係をしっかりつかむこと。次に**万有引力による等速円運動が扱えること**。難しいのは**楕円軌道**で，ケプラーの法則で対処する。とくに，**面積速度一定の法則と力学的エネルギー保存則の2つが解法の鍵となる**。

51 (1) 物体の質量を m とする。重力 mg とは，地球から受ける万有引力のことで，地表は地球中心から R だけ離れているから

重力加速度 g とは何かが，はじめて分かったと言える

$$mg=G\frac{Mm}{R^2}\qquad\therefore\quad g=\boldsymbol{\frac{GM}{R^2}}\quad\cdots①$$

(2) 円運動の半径 r が $r=R+h$ であることに注意し，遠心力を考えると，力のつり合いより

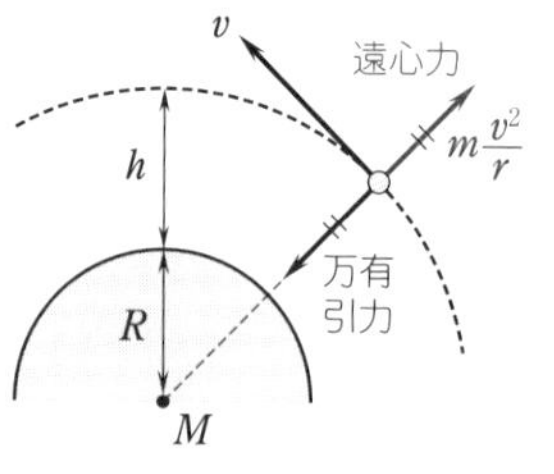

$$m\frac{v^2}{R+h}=G\frac{Mm}{(R+h)^2}\qquad\therefore\quad v=\boldsymbol{\sqrt{\frac{GM}{R+h}}}$$

$$\therefore\ \boldsymbol{T}=\frac{\boldsymbol{2\pi r}}{\boldsymbol{v}}=\frac{2\pi(R+h)}{v}$$

$$=\boldsymbol{2\pi(R+h)\sqrt{\frac{R+h}{GM}}}$$

(3) (2)の答で $h=0$ とすればよく　$v_1=\sqrt{\frac{GM}{R}}=\boldsymbol{\sqrt{gR}}$　(∵ ①より $GM=gR^2$)

$$v_1=\sqrt{10\times 6.4\times 10^3\times 10^3}=\boldsymbol{8.0\times 10^3}\ \text{〔}\mathbf{m/s}\text{〕}$$

音速の 20 倍以上！

(4)　力学的エネルギー保存則より

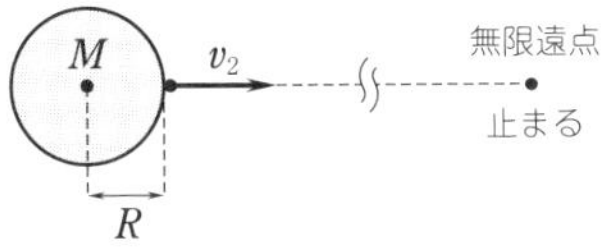

$$\frac{1}{2}mv_2^2 + \left(-\frac{GMm}{R}\right) = 0 + 0 \quad \cdots ②$$

$$\therefore \quad v_2 = \sqrt{\frac{2GM}{R}} = \sqrt{2gR}$$

②の右辺は無限遠点でのエネルギー。止まるので運動エネルギーは 0　また，無限遠点での位置エネルギーは 0（基準点）。

v_1，v_2 はそれぞれ第 1 宇宙速度，第 2 宇宙速度とよばれる。

52　(1)　$T = \dfrac{2\pi}{\omega}$ より角速度は　$\omega = \dfrac{2\pi}{T}$　　遠心力 $mr\omega^2$ と万有引力のつり合いより

$$mr\left(\frac{2\pi}{T}\right)^2 = \frac{GMm}{r^2} \qquad \therefore \quad r = \left(\frac{GMT^2}{4\pi^2}\right)^{\frac{1}{3}}$$

遠心力を考えなければ，運動方程式 $ma = F$ と $a = r\omega^2$ を用いて立式する。なお，静止衛星は赤道の上空を周期 $T = 1$〔日〕で回るので，地上から見れば静止しているように見える。

(2)(ア)　ここでは，遠心力 $m\dfrac{v^2}{r}$ を用いて　　$m\dfrac{v^2}{r} = \dfrac{GMm}{r^2}$　　$\therefore \quad v = \sqrt{\dfrac{GM}{r}}$

(イ)　力学的エネルギー保存則より，ガスの質量を m_G とすると

$$\frac{1}{2}m_G u^2 + \left(-\frac{GMm_G}{r}\right) = 0 + 0 \qquad \therefore \quad u = \sqrt{\frac{2GM}{r}}$$

(ウ)　「分裂」現象であり，運動量保存則が成り立つ。衛星の質量は $m_0 - m_G$ であり，はじめ A は静止していたので

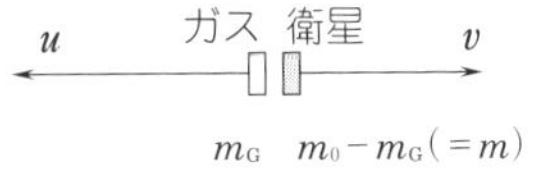

$$m_G u = (m_0 - m_G)v$$

$$m_G\sqrt{\frac{2GM}{r}} = (m_0 - m_G)\sqrt{\frac{GM}{r}}$$

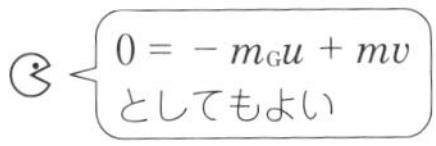

$$\therefore \quad \sqrt{2}m_G = m_0 - m_G \qquad \therefore \quad m_G = \frac{m_0}{1 + \sqrt{2}} = (\sqrt{2} - 1)m_0$$

$\begin{cases} 0 = -m_G u + mv \\ \text{としてもよい} \end{cases}$

53　(1)　力学的エネルギー保存則により，地表と A 点を結ぶと

$$\frac{1}{2}mv_0^2 + \left(-\frac{GMm}{R}\right) = 0 + \left(-\frac{GMm}{2R}\right) \qquad \therefore \quad v_0 = \sqrt{\frac{GM}{R}} \text{〔m/s〕}$$

(2)　円運動の式は $m\dfrac{v^2}{2R} = \dfrac{GMm}{(2R)^2}$　　$\therefore \quad v = \sqrt{\dfrac{GM}{2R}}$〔m/s〕

$$T_0 = \frac{2\pi(2R)}{v} = 4\pi R\sqrt{\frac{2R}{GM}} \text{〔s〕}$$

$\begin{cases} \text{断りがなければ} \\ \text{自転や大気は} \\ \text{無視してよい} \end{cases}$

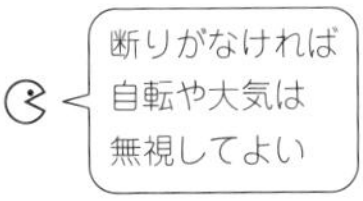

(3)(ア) 面積速度は1s間に描く扇状の面積であるが，速さは1s間に動く距離であり，右のように赤い直角三角形の面積で近似できるから

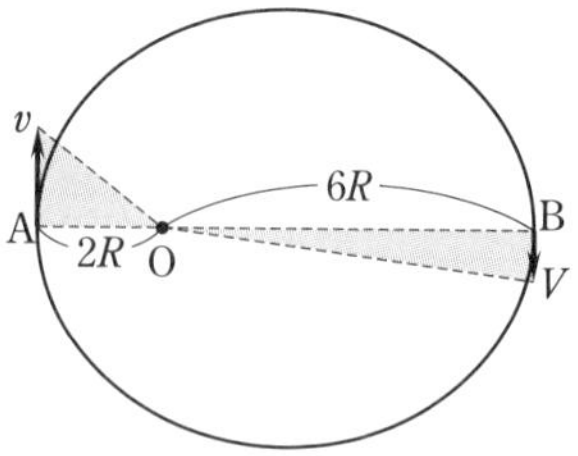

$$\frac{1}{2}\cdot 2R\cdot v = \frac{1}{2}\cdot 6R\cdot V$$

面積速度は一定

$$\therefore\quad V = \boldsymbol{\frac{1}{3}v}\ \text{〔m/s〕}$$

(イ) 力学的エネルギー保存則によりA点とB点を結ぶと

$$\frac{1}{2}mv^2 + \left(-\frac{GMm}{2R}\right) = \frac{1}{2}m\left(\frac{v}{3}\right)^2 + \left(-\frac{GMm}{6R}\right) \qquad \therefore\quad v = \boldsymbol{\frac{1}{2}\sqrt{\frac{3GM}{R}}}\ \text{〔m/s〕}$$

(ウ) ケプラーの第3法則 $\boldsymbol{\dfrac{T^2}{a^3} = \text{一定}}$ により，楕円軌道と円軌道をつなぐ。半長軸 a は長軸の長さの半分だから

第3法則は別々の軌道を結ぶ関係

$$\frac{T^2}{\left(\dfrac{2R+6R}{2}\right)^3} = \frac{T_0^{\,2}}{(2R)^3} \qquad \therefore\quad T = \boldsymbol{2\sqrt{2}\,T_0}\ \text{〔s〕}$$

(2)で求めた T_0 を代入することにより，T が完全に分かったことになる。

熱

1 比熱・熱容量

KEY POINT 比熱は物質で決まる定数。一方，熱容量は質量によって変わる。温度の異なる物体を接触させると，やがて同じ温度となる。このとき**熱量の保存**(熱に関するエネルギー保存則)が要(かなめ)となる。**低温物体が得た熱量＝高温物体が失った熱量** と立式するとよい。

固体が液体になる間(液化)や液体が気体になる間(蒸発)など，**物質の三態の間で状態が変わる間は温度は一定**に保たれる。

54 (1) $\boldsymbol{Q=mc\Delta T}$ より　$Q_0=30\times4.2\times(80-40)=\mathbf{5040}=\mathbf{5.0\times10^3}\ \mathrm{J}$

(2) 低温の熱量計と 50 g の水が得た熱量は Q_0 に等しいから

$$C_M(40-20)+50\times4.2\times(40-20)=5040 \qquad \therefore\ C_M=\mathbf{42}\ \mathrm{J/K}$$

(3) $\boldsymbol{Q=mc\Delta T}$ で mc は熱容量を表すから

$C_M=110c_1$　　(2)の結果より　$c_1=\dfrac{42}{110}=0.381\cdots\fallingdotseq\mathbf{0.38}\ \mathrm{J/(g\cdot K)}$

(4) 既に 40℃ の水が $50+30=80$ g ある。求める量を x〔g〕とすると

$$42\times(50-40)+80\times4.2\times(50-40)=x\times4.2\times(80-50) \qquad \therefore\ x=\mathbf{30}\ \mathrm{g}$$

(5) $42\times(60-50)+(80+30)\times4.2\times(60-50)=400c_2(100-60)$

$$\therefore\ c_2=\frac{420+4620}{16000}=\mathbf{0.315}\fallingdotseq\mathbf{0.32}\ \mathrm{J/(g\cdot K)}$$

55 ア　温度が高いAが水を温める。水の質量 M が**大きく**なると，水の熱容量が大きくなるため，温度上昇 T_3-T_2 は小さくなる。熱容量の大きな物ほど温まりにくく，冷めにくい。

イ　$T_3-T_2=1.0$℃ と $T_2=20.0$℃ より　$T_3=21.0$℃

熱量の保存より　(Aが失った熱量)＝(水が得た熱量)

$$100\times0.90\times(42.0-21.0)=M\times4.2\times1.0$$

$$\therefore\ M=450=\mathbf{4.5}\times10^2\ \mathrm{g}$$

ウ　公式 $\boldsymbol{Q=mc\Delta T}$ を応用して（mc で熱容量）

$$9.9\times10^3=(\underset{\sim\sim\sim}{100\times0.90+4.5\times10^2\times4.2})\Delta T$$

$$\therefore\ \Delta T=\mathbf{5.0}℃$$

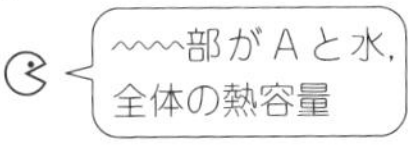

56 (1) $\boldsymbol{Q=C\Delta T}$ (C は熱容量)を用いる。実験1では10℃から500秒間で20℃になっているので

$$10.0\times500=C_1\times(20-10) \qquad \therefore\ C_1=\mathbf{5.0\times10^2\ J/K}$$

実験2では，目盛りの読みやすい400秒に着目すると，14℃になっていて

$$9.0\times400=C_2\times(14-10) \qquad \therefore\ C_2=\mathbf{9.0\times10^2\ J/K}$$

この問題では測定値が直線上に並んでいるので，どこで読み取っても同じ結果になる。実際の実験ではバラツキが出るので，妥当な直線を引いて調べる。なお，J/K は J/℃ と表記してもよい(以下，同様)。

(2) 水と銅の比熱をそれぞれ c_W，c_M〔J/(g·K)〕とおくと，$\boldsymbol{C=mc}$ より

$$C_1=100\,c_W+250\,c_M \quad \cdots① \qquad C_2=200\,c_W+250\,c_M \quad \cdots②$$

(1)で求めた C_1，C_2 の値を代入して，連立方程式を解くと

$$c_W=\mathbf{4.0\ J/(g\cdot K)} \qquad c_M=\mathbf{0.40\ J/(g\cdot K)}$$

(3) 水200gと容器はまとめて $C_2=9.0\times10^2$ J/K であり，求める比熱を c とすると，熱量の保存より

$$9.0\times10^2\times(17-10)=100\,c\times(80-17) \qquad \therefore\ c=\mathbf{1.0\ J/(g\cdot K)}$$

(4) 室温が25℃で17℃より高いので，水熱量計には熱が流入する。よって，最後の温度は17℃より**高い**。そこで，(3)の式の左辺が増し，さらに右辺の温度差が小さくなる。したがって，得られる比熱 c は実験3の値より**大きい**。

57 (1) $Q=mc\Delta T=200\times4.2\times(50-0)=\mathbf{4.2\times10^4\ J}$

(2) 求める電力を P〔W〕とすると，t〔s〕間での発熱量は Pt〔J〕だから

$$P\times200=4.2\times10^4 \qquad \therefore\ P=\mathbf{210\ W}$$

(3) 融解熱は0℃の氷1gを水にするのに必要な熱量であり，320秒間で200gの氷を溶かしているので

$$L=(210\times320)\div200=\mathbf{336\ J/g}$$

液化の間は温度は一定

(4) はじめの40秒間に着目する。 $\boldsymbol{Q=mc\Delta T}$ より

$$210\times40=200\,c_0\times\{0-(-20)\} \qquad \therefore\ c_0=\mathbf{2.1\ J/(g\cdot K)}$$

(5) 120－40＝80秒間だけ氷を溶かしたので

$(210\times80)\div336=50$〔g〕 よって，残っているのは $200-50=\mathbf{150\ g}$

2　熱力学

KEY POINT　理想気体を対象とし，**状態方程式が基礎**になる。次に，**第1法則**。これは気体に関するエネルギー保存則で，熱量 Q は吸収を正，放出を負として扱う。ただし，仕事 W は，される仕事(圧縮のケース)を正とするか，する仕事(膨張のケース)を正とするかで表記が分かれる。どちらか一方に慣れておけばよい。

内部エネルギー U は絶対温度 T に比例する。その変化 ΔU は，定積モル比熱 C_V を用いて $\boldsymbol{\Delta U = nC_V\Delta T}$ と表せる(任意の状態変化で)。

定積変化では $\boldsymbol{Q = nC_V\Delta T}$

定圧変化では

$$\boldsymbol{Q = nC_P\Delta T}\text{（ここで } \boldsymbol{C_P = C_V + R}\text{）と（する仕事）} \boldsymbol{= P\Delta V}$$

単原子分子気体では　$\boldsymbol{U = \frac{3}{2}nRT}$，$\boldsymbol{C_V = \frac{3}{2}R}$，$\boldsymbol{C_P = \frac{5}{2}R}$

なお，熱力学の公式に現れる Δ(デルタ)は変化を表し，(後の量)－(初めの量)を意味する。

58　(1)　**力積＝運動量の変化**より分子が受けた力積は

$$-mv_x - mv_x = -2mv_x$$

マイナス符号は，受けた力 f(黒矢印)が左向きのため。作用・反作用の法則よりWに与えた力積は右向き(力は赤矢印 f)だから，符号は正で　$\boldsymbol{2mv_x}$

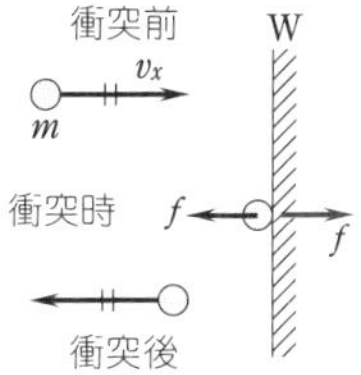

(2)　分子は x 方向に $2L$ の距離を動くたびにWと衝突する(左側の壁との衝突は数えていないことに注意)。時間 t の間には v_xt の距離を動くので，衝突回数は

$$\boldsymbol{\frac{v_xt}{2L}}$$

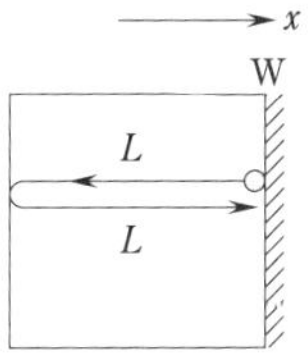

なお，y，z 方向の運動はWとの衝突には無関係で，無視している。

(3)　(1)，(2)の結果より　$2mv_x \times \frac{v_xt}{2L} = \boldsymbol{\frac{mv_x^2t}{L}}$

(4)　時間 t の間に全分子がWに与える力積は　$N \times \frac{m\overline{v_x^2}t}{L}$　…①

一方，「全分子が」は「気体が」と言い換えてもよく，気体がWを押す力を F とすると，①の力積は Ft に等しい。よって　$F = \boldsymbol{\frac{Nm\overline{v_x^2}}{L}}$

(5)　$v^2 = v_x^2 + v_y^2 + v_z^2$ の関係から　$\overline{v^2} = \overline{v_x^2} + \overline{v_y^2} + \overline{v_z^2}$　そして，分子の運動はどの方向も同等だから　$\overline{v_x^2} = \overline{v_y^2} = \overline{v_z^2}$　これらより　$\overline{v^2} = 3\overline{v_x^2}$

(圧力) = (力)/(面積)　より　　$P = \dfrac{F}{L^2} = \dfrac{Nm\overline{v_x^2}}{L^3} = \dfrac{\boldsymbol{Nm\overline{v^2}}}{\boldsymbol{3L^3}}$　…②

この式は体積 V を用いて $\boldsymbol{P = Nm\overline{v^2}/3V}$ と公式化されている(容器の形によらない)。

(6)　$\boldsymbol{PV = nRT}$ において　$n = N/N_A$ なので　　$\boldsymbol{PL^3 = \dfrac{N}{N_A}RT}$　…③

(7)　③の P に②を代入し，整理すると　　$\dfrac{1}{2}m\overline{v^2} = \dfrac{\boldsymbol{3RT}}{\boldsymbol{2N_A}}$　…④

(8)　理想気体の内部エネルギーは分子の運動エネルギーの総和だから

$$U = N \times \frac{1}{2}m\overline{v^2} = \frac{\boldsymbol{3NRT}}{\boldsymbol{2N_A}}$$

こうして単原子分子気体についての $\boldsymbol{U = \dfrac{3}{2}nRT}$ が得られる。2原子分子になると回転の運動エネルギーももってしまうので通用しない(④は何原子分子でも大丈夫)。

59　***P*-*V* グラフでは，面積が仕事(の大きさ)を表す**ことが大切。そして，等温線の様子から温度についての情報が得られる。

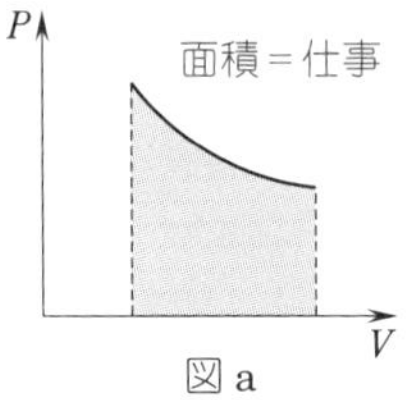

図 a

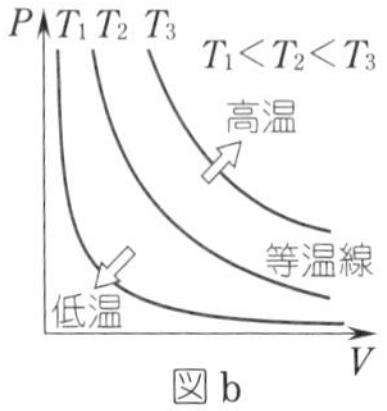

図 b

(1)　**気体は膨張するとき仕事をし，圧縮されるとき仕事をされる。**

A→B は体積が減る圧縮だから　　**(イ)**

(2)　内部エネルギーは絶対温度に比例する。B→C は断熱膨張であり，**断熱膨張では温度が下がる**から，内部エネルギーも減少する。　**(ロ)**

別解　気体は膨張して仕事をし，断熱で熱の出入りはないから，熱力学第1法則 $\boldsymbol{\Delta U = Q + W}$ において，$\boldsymbol{Q} = 0$ で $W < 0$　よって　$\Delta U < 0$

(3)　上の図 b と照らし合わせれば，C→D では温度は上昇　　**(イ)**

(4)　D→E は定積変化。熱量は $\boldsymbol{Q = nC_V\Delta T}$ と表せる。図 b より温度は上昇し，$\Delta T > 0$　　よって　$Q > 0$　　これは熱の吸収を意味する。　**(ロ)**

なお，$\boldsymbol{Q = nC_P\Delta T}$ より定圧変化 C→D は熱の吸収，A→B は熱の放出を確かめてみるとよい。

(5)　分子の運動エネルギー(の平均値)は $\boldsymbol{\dfrac{1}{2}m\overline{v^2} = \dfrac{3}{2}\cdot\dfrac{R}{N_A}\cdot T}$ と表せる。

E→A は等温変化で T が一定。よって $\frac{1}{2}m\overline{v^2}$ も一定。　(ハ)

(6)　B→C→D で気体は膨張し灰色部分の仕事をし，E→A→B で圧縮され斜線部分の仕事をされる。結局，1サイクルでは赤色部分がされた仕事として残る。よって，**し**た仕事は負となる。　(ハ)

1サイクルで仕事をしたかされたかは，最大の面積となる過程(ここでは E→A→B)に着目すればよい。

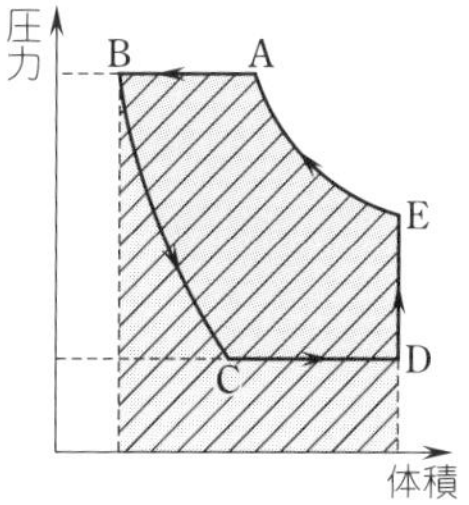

60

(1)　ピストンの力のつり合いより

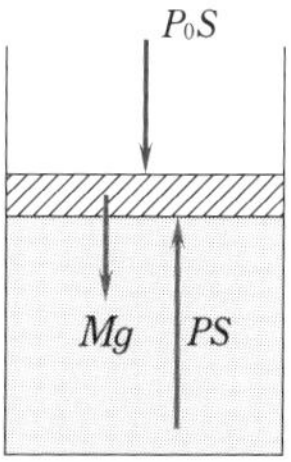

$$PS = P_0S + Mg \quad \cdots① \qquad \therefore \quad P = \boldsymbol{P_0 + \frac{Mg}{S}}$$

状態方程式は

$$P \cdot Sh = nRT \quad \cdots② \qquad \therefore \quad T = \boldsymbol{\frac{(P_0S + Mg)h}{nR}}$$

(2)　A→B 間は定圧変化となる(なぜなら ① が常に成りたち P は一定だから)。B の状態方程式は　$P \cdot Sh' = nRT'$　$\cdots③$

$$\frac{③}{②} \text{ より} \qquad \frac{h'}{h} = \frac{T'}{T} \qquad \therefore \quad h' = \boldsymbol{\frac{T'}{T}h}$$

ピストンが自由なら定圧変化

(3)　定圧変化で気体がする仕事は $\boldsymbol{P\Delta V}$ と表され，②，③ を用いると

$$W = P(Sh' - Sh) = PSh' - PSh = nRT' - nRT = \boldsymbol{nR(T' - T)}$$

別解　$\boldsymbol{PV = nRT}$ で，P が一定なので V は T に比例する。よって

$$P\Delta V = nR\Delta T \quad \text{これを用いると早い。}$$

熱力学第1法則より　$\Delta U = Q + (-W) = \boldsymbol{Q - W}$　$\cdots④$

ここでは $\boldsymbol{\Delta U = Q + W}$ に従った。　$\boldsymbol{Q = \Delta U + W}$ の場合は，そのまま変形すればよい。

(4)　定圧変化だから $\boldsymbol{Q = nC_P\Delta T}$ であり，一方，任意の変化に対して $\boldsymbol{\Delta U = nC_V\Delta T}$ が用いられるので，④ は

$$nC_V(T' - T) = nC_P(T' - T) - nR(T' - T)$$

両辺を $n(T' - T)$ で割り，整理すると　$\boldsymbol{C_P = C_V + R}$

これも重要公式だ

なお，ここでは気体は単原子分子とは限定されていないことに注意(問題**59**も同様)。$U = \frac{3}{2}nRT$ などは用いられない。

61 ⑴ 状態方程式は　A：　$p_1V_1 = nRT_1$　…①

B：　$2p_1 \cdot V_1 = nRT_B$　…②　　C：　$p_1 \cdot 2V_1 = nRT_C$　…③

$\frac{②}{①}$ より　$T_B = \mathbf{2T_1}$　　$\frac{③}{①}$ より　$T_C = \mathbf{2T_1}$

別解　PV の積は T に比例するから（∵　$\boldsymbol{PV = nRT}$ より）

$$T_1 : T_B : T_C = p_1V_1 : 2p_1 \cdot V_1 : p_1 \cdot 2V_1 = 1 : 2 : 2$$

P-V グラフの縦軸と横軸の目盛りの掛け算が温度を表すとも言える。

A：　1×1,　B：　2×1,　C：　1×2　　よって，1：2：2 と判断してもよい。

⑵ A→B は定積だから $\boldsymbol{Q = nC_V\Delta T}$ と $\boldsymbol{C_V = \frac{3}{2}R}$（単原子）より

$$Q_{AB} = n \cdot \frac{3}{2}R(T_B - T_1) = \frac{3}{2}(nRT_B - nRT_1)$$

$$= \frac{3}{2}(2p_1 \cdot V_1 - p_1V_1) = \boldsymbol{\frac{3}{2}p_1V_1}$$

nRT は PV に置き換え可能

C→A は定圧だから $\boldsymbol{Q = nC_P\Delta T}$ と $\boldsymbol{C_P = \frac{5}{2}R}$（単原子）より

$$Q_{CA} = n \cdot \frac{5}{2}R(T_1 - T_C) = \frac{5}{2}(p_1V_1 - p_1 \cdot 2V_1) = \boldsymbol{-\frac{5}{2}p_1V_1}$$

符号マイナスは，実際には熱を放出していることを表している。

⑶ B→C は膨張で，気体は仕事をしている。そして，P-V グラフだから右の斜線部（台形）の面積に等しく

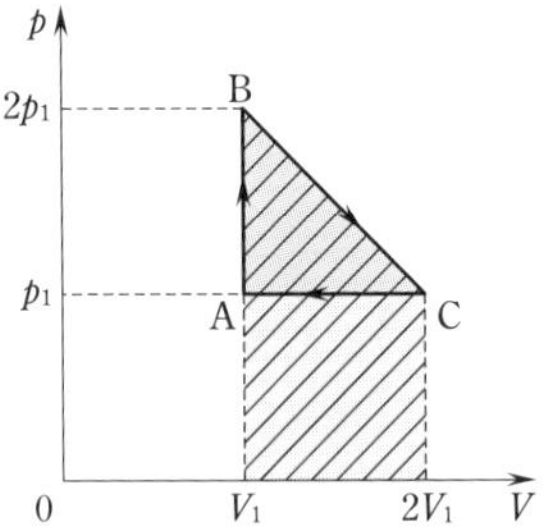

$$W_{BC} = \frac{p_1 + 2p_1}{2}(2V_1 - V_1) = \boldsymbol{\frac{3}{2}p_1V_1}$$

⑴より B と C の温度は等しいので

$$\Delta U_{BC} = 0$$

第 1 法則より　　$0 = Q_{BC} + (-W_{BC})$

$$\therefore \quad Q_{BC} = W_{BC} = \boldsymbol{\frac{3}{2}p_1V_1}$$

⑷ C→A では仕事をされる（灰色部）ので，1 サイクルでした実質の仕事は△ABC の面積（赤色部）に等しい。

よって　$\boldsymbol{\frac{1}{2}p_1V_1}$

(5)　C→A は定圧なので $\boldsymbol{PV=nRT}$ より T は V に比例し，原点を通る直線となることに注意する。

B→C 間での温度変化が難しいが，**59** の図 b(p 48)の等温線の状況を考えてみると，まず上昇し，次に下降して元の温度に戻ることが分かる。

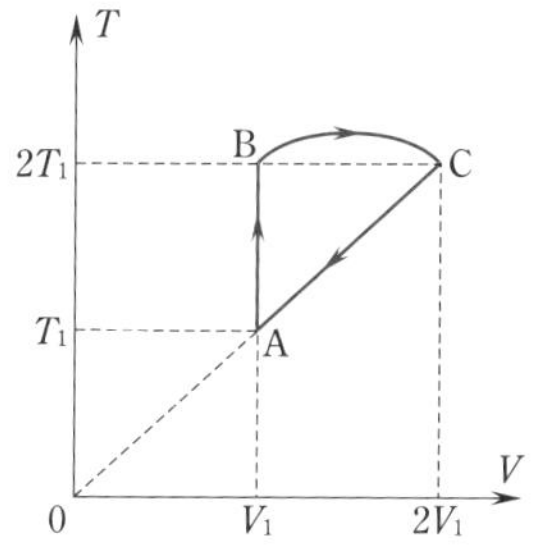

62　(1)　単原子分子気体の内部エネルギーは $\boldsymbol{U=\frac{3}{2}nRT}$ であるが，$PV=nRT$ より　$U=\frac{3}{2}PV$　とも表せる。

$$\varDelta U_{AB}=\frac{3}{2}\cdot 3P\cdot V-\frac{3}{2}PV=\boldsymbol{3PV}$$

「単原子分子」なら
$\boldsymbol{C_V=\frac{3}{2}R}$，$\boldsymbol{C_P=\frac{5}{2}R}$
を含め，3 つ公式が使える

(2)　等温変化だから内部エネルギーは一定で

$$\varDelta U_{BC}=\boldsymbol{0}$$

(3)　膨張だから確かに仕事をしている。した仕事を W_{BC} とすると，第 1 法則より

$$0=\boldsymbol{Q}+(-W_{BC})\qquad \therefore\quad W_{BC}=\boldsymbol{Q}$$

(4)　BC 間では PV＝一定（ボイルの法則）より

$$3P\cdot V=P\cdot V_C\qquad \therefore\quad V_C=3V$$

C→A でされた仕事 W_{CA} は灰色部の面積に等しく

$$W_{CA}=P(3V-V)=\boldsymbol{2PV}$$

別解　C→A は定圧だから，された仕事は

$$\boldsymbol{-P\varDelta V}=-P(V-3V)=2PV$$

サイクルの仕事は囲まれた面積

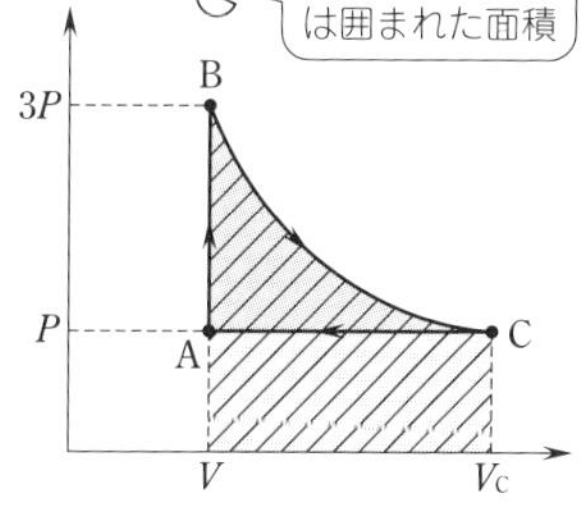

(5)　W_{BC} が斜線部の面積となることから，正味の仕事 $W_{正味}$ は赤色部になる。よって　$W_{正味}=W_{BC}-W_{CA}=\boldsymbol{Q-2PV}$

(6)　熱を吸収した過程は A→B と B→C であり，A→B は定積だから

$$Q_{AB}=nC_V\varDelta T=n\cdot\frac{3}{2}R(T_B-T_A)=\frac{3}{2}(nRT_B-nRT_A)$$

$$=\frac{3}{2}(3PV-PV)=3PV$$

(熱)効率 e は(正味の仕事)÷(真に吸収した熱量) だから

$$e=\frac{W_{正味}}{Q_{AB}+Q_{BC}}=\frac{Q-2PV}{3PV+Q}=\boldsymbol{\frac{Q-2PV}{Q+3PV}}$$

$e<1$ となるはず

63 (1) 定積変化だから $\boldsymbol{Q=nC_V\Delta T}$ と $\boldsymbol{C_V=\frac{3}{2}R}$ (単原子) より

$$Q_{AB}=1\cdot\frac{3}{2}R(T_1-T_0)=\boldsymbol{\frac{3}{2}R(T_1-T_0)}$$

(2) B→C 間は原点を通る直線上にあり，体積 V が温度 T に比例している。それには $PV=nRT$ で P が一定となればよい(nR は一定)。つまり，定圧変化だと分かる。すると B の圧力 P_1 を調べればよく，B の状態方程式より

$$P_1V_0=RT_1 \qquad \therefore\quad P_1=\boldsymbol{\frac{RT_1}{V_0}}$$

グラフの意味は $\boldsymbol{PV=nRT}$ で判読

ついでながら，C の体積 V_1 は，C の状態方程式 $P_1V_1=RT_2$ より $V_1=(T_2/T_1)V_0$ となる。これは D の体積でもある。

(3) D→A は B→C と同じく定圧変化であり，その圧力を P_0 とすると，A と D の状態方程式は

A： $P_0V_0=RT_0$ …①　　D： $P_0V_1=RT_D$ …②

$\frac{②}{①}$ より　$T_D=\frac{V_1}{V_0}T_0=\frac{T_2}{T_1}T_0$

定圧変化での熱量だから $\boldsymbol{Q=nC_P\Delta T}$ と $\boldsymbol{C_P=\frac{5}{2}R}$ (単原子) より

$$Q_{DA}=1\cdot\frac{5}{2}R(T_0-T_D)=-\frac{5}{2}R\left(\frac{T_2}{T_1}-1\right)T_0$$

マイナス符号は熱の放出を表すので，答えは　$\boldsymbol{\frac{5RT_0}{2T_1}(T_2-T_1)}$

(4) 定積変化での仕事は 0 だから，定圧変化(B→C と D→A)での仕事を $\boldsymbol{P\Delta V}$ で調べればよく

$$W_{正味}=P_1(V_1-V_0)+P_0(V_0-V_1)=(P_1-P_0)(V_1-V_0)$$
$$=\left(\frac{RT_1}{V_0}-\frac{RT_0}{V_0}\right)\left(\frac{T_2}{T_1}V_0-V_0\right)=\boldsymbol{\frac{R}{T_1}(T_1-T_0)(T_2-T_1)}$$

別解 P-V グラフは右のようになり，1 サイクルでの仕事は赤色部(長方形)の面積で表されるので

$W_{正味}=(P_1-P_0)(V_1-V_0)$　(以下，略)

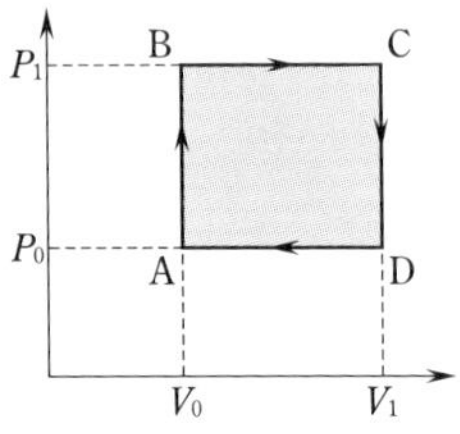

(5) B→C での吸収熱量は(C→D は熱を放出)

$$Q_{BC}=nC_P\Delta T=1\cdot\frac{5}{2}R(T_2-T_1)$$

$$\therefore\quad e=\frac{W_{\text{正味}}}{Q_{AB}+Q_{BC}}=\frac{R(T_1-T_0)(T_2-T_1)/T_1}{\frac{3}{2}R(T_1-T_0)+\frac{5}{2}R(T_2-T_1)}$$

$$=\boldsymbol{\frac{2(T_1-T_0)(T_2-T_1)}{T_1(5T_2-3T_0-2T_1)}}$$

P-*V* グラフなら事態は明らか

64 (1) 気体の圧力を P とすると，ピストンのつり合いより

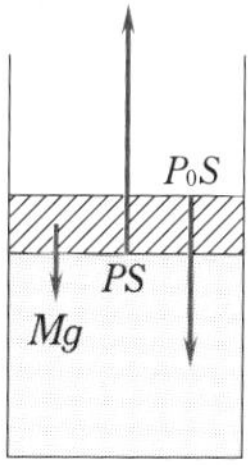

$$PS=P_0S+Mg\qquad\therefore\quad P=P_0+\frac{Mg}{S}$$

温度を T_1 とすると，状態方程式より

$$\left(P_0+\frac{Mg}{S}\right)Sl=nRT_1\quad\cdots①$$

$$\therefore\quad T_1=\boldsymbol{\frac{(P_0S+Mg)l}{nR}}\ \text{〔K〕}$$

(2) ピストンが自由なので定圧変化となる。後の温度を T_2 とすると

$$\left(P_0+\frac{Mg}{S}\right)S\left(l+\frac{1}{2}l\right)=nRT_2\quad\cdots②$$

$\frac{②}{①}$ より　$\frac{3}{2}=\frac{T_2}{T_1}$　　$\therefore$ $\boldsymbol{\frac{3}{2}}$ **倍**

定圧では $V\propto T$　そして V は $\frac{3}{2}$ 倍　だから T も $\frac{3}{2}$ 倍

$$Q=nC_P\Delta T=n\cdot\frac{5}{2}R(T_2-T_1)=\frac{5}{2}nR\left(\frac{3}{2}T_1-T_1\right)$$

$$=\frac{5}{4}nRT_1=\boldsymbol{\frac{5}{4}(P_0S+Mg)l}\ \text{〔J〕}$$

(3) 圧力を P' とすると，ピストンのつり合いより

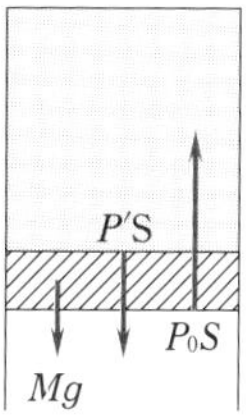

$$P'S+Mg=P_0S\qquad\therefore\quad P'=P_0-\frac{Mg}{S}$$

状態方程式は　$\left(P_0-\frac{Mg}{S}\right)S\cdot\frac{4}{3}l=nRT_1\quad\cdots③$

①，③より　$P_0+\frac{Mg}{S}=\left(P_0-\frac{Mg}{S}\right)\cdot\frac{4}{3}$

$$\therefore\quad M=\boldsymbol{\frac{P_0S}{7g}}\ \text{〔kg〕}$$

(4) やはり圧力 P' での定圧変化となる。$\boldsymbol{Q=nC_P\Delta T}$ より加える熱量 Q が半分になれば ΔT も半分になる。(2)では $\frac{1}{2}T_1$ だけ上昇したが，こんどは $\frac{1}{4}T_1$ の上昇となる。そこで，求める距離を x とすると，状態方程式は

$$\left(P_0-\frac{Mg}{S}\right)Sx=nR\left(T_1+\frac{1}{4}T_1\right)\quad\cdots④$$

$\frac{④}{③}$ より　$\frac{3x}{4l}=\frac{5}{4}$　　$\therefore$ $x=\boldsymbol{\frac{5}{3}l}$ 〔m〕

65 (1)(ア) A，Bの状態方程式は

A： $pV=RT$ …①　　B： $3p\cdot V=2RT_{\mathrm{B}}$ …②

①，②より(②÷①などとして)　$T_{\mathrm{B}}=\boldsymbol{\frac{3}{2}T}$

(イ) $\boldsymbol{U=\frac{3}{2}nRT}$(単原子) より　$\frac{3}{2}\cdot 1\cdot RT+\frac{3}{2}\cdot 2\cdot R\cdot\frac{3}{2}T=\boldsymbol{6RT}$

(ウ) **断熱容器を用いて気体を混合すると，内部エネルギーの和が不変**となる。求める温度をT'とすると，全体は3モルの気体となっているので

$\frac{3}{2}\cdot 3\cdot RT'=6RT$ (右辺は前問の値)　∴ $T'=\boldsymbol{\frac{4}{3}T}$

(エ) 全体に対する状態方程式は，圧力をp'として

$p'\cdot 2V=(1+2)R\cdot\frac{4}{3}T$ …③

圧力と温度が同じなら1つの気体

これと①より　$p'=\boldsymbol{2p}$

(オ) A内の物質量をn_{A}とすると，全体の物質量の和は不変だから，B内の物質量は$3-n_{\mathrm{A}}$となる。また，**コックが開いていると，両側の圧力は等しい**から，p''とおくと

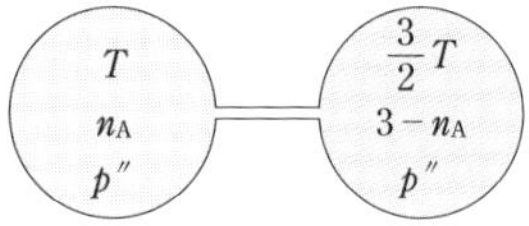

A： $p''V=n_{\mathrm{A}}RT$ …④

B： $p''V=(3-n_{\mathrm{A}})R\cdot\frac{3}{2}T$ …⑤

④，⑤の右辺が等しいことより　$n_{\mathrm{A}}=\boldsymbol{\frac{9}{5}}$

(カ) $n_{\mathrm{A}}=\frac{9}{5}$ と④より　$p''=\frac{9RT}{5V}=\boldsymbol{\frac{9}{5}p}$ (①を用いた)

66 (1) $pV=n_{\mathrm{A}}RT$　∴ $n_{\mathrm{A}}=\boldsymbol{\frac{pV}{RT}}$　$U=\frac{3}{2}n_{\mathrm{A}}RT=\boldsymbol{\frac{3}{2}pV}$

(2) 圧縮後の圧力をp'とすると　$pV^{\frac{5}{3}}=p'\left(\frac{V}{8}\right)^{\frac{5}{3}}$

$8=2^3$ だから　$p'=2^5p=\boldsymbol{32p}$

状態方程式より　$32p\cdot\frac{V}{8}=n_{\mathrm{A}}RT'$　n_{A}を代入すると　$T'=\boldsymbol{4T}$

断熱圧縮だから温度は上昇している。

参考 断熱変化では，$\boldsymbol{PV^{\gamma}=}$**一定** が成りたつ。$\gamma=C_P/C_V$であり，単原子気体では

$C_P=\frac{5}{2}R$，$C_V=\frac{3}{2}R$ より　$\gamma=\frac{5}{3}$

⑶　Bの状態方程式は　$2p\cdot V=n_{\rm B}RT$　　そして，断熱容器での混合であり，内部エネルギーの和が不変だから，求める温度を T'' とすると

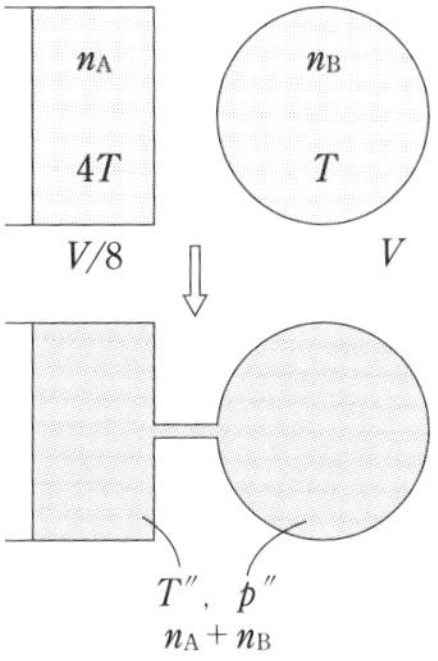

$$\frac{3}{2}n_{\rm A}R\cdot 4T+\frac{3}{2}n_{\rm B}RT=\frac{3}{2}(n_{\rm A}+n_{\rm B})RT''$$

両辺から3/2を削り，$n_{\rm A}$ と $n_{\rm B}$ の値を代入すると

$$4pV+2p\cdot V=\left(\frac{pV}{RT}+\frac{2pV}{RT}\right)RT''$$

$$\therefore\quad T''=\boldsymbol{2T}$$

後の状態方程式は

$$p''\left(\frac{V}{8}+V\right)=(n_{\rm A}+n_{\rm B})R\cdot 2T$$

$n_{\rm A}+n_{\rm B}=\dfrac{3pV}{RT}$　を用いると　　$p''=\boldsymbol{\dfrac{16}{3}p}$

67　⑴　断熱変化なので　$\boldsymbol{Q=0}$

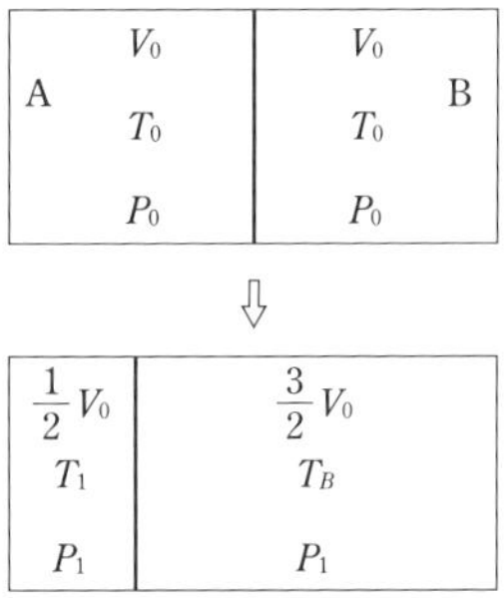

第1法則は　　$\varDelta U=0+W$

$$\therefore\quad W=\varDelta U=\frac{3}{2}\cdot1\cdot RT_1-\frac{3}{2}\cdot1\cdot RT_0$$

$$=\boldsymbol{\frac{3}{2}R(T_1-T_0)}\text{〔J〕}$$

⑵　Aの状態方程式は

はじめ：　$P_0V_0=RT_0$　…①

あと：　$P_1\cdot\dfrac{V_0}{2}=RT_1$　…②

$\dfrac{②}{①}$ より　　　$\dfrac{P_1}{P_0}=\boldsymbol{\dfrac{2T_1}{T_0}}$ 倍

$$\therefore\quad P_1=\frac{2T_1}{T_0}P_0\quad\cdots③$$

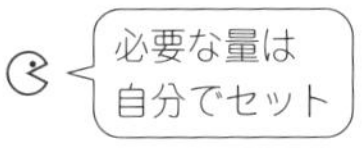

断熱変化なので「PV^{γ}＝一定」が成りたつが，問題文で与えられていないときは，他の情報で解けないかをまず考える。

⑶　ピストンのつり合いよりBの圧力はAの圧力と(たえず)等しい。

Bのあとの状態方程式は　　$P_1\cdot\dfrac{3}{2}V_0=RT_{\rm B}$　…④

③を代入し，$\dfrac{④}{①}$ とすると　　$\dfrac{3T_1}{T_0}=\dfrac{T_{\rm B}}{T_0}$　　　$\therefore\quad T_{\rm B}=\boldsymbol{3T_1}$〔**K**〕

⑷　$\varDelta U_{\rm B}=\dfrac{3}{2}RT_{\rm B}-\dfrac{3}{2}RT_0=\boldsymbol{\dfrac{3}{2}R(3T_1-T_0)}$〔**J**〕

(5) たえずA，Bの圧力は等しいので，気体がピストンに加える力も等しく，Aがされた仕事 W はBがした仕事に等しい。Bについての第1法則は

$$\Delta U_B = Q_B + (-W)$$

$$\therefore \quad Q_B = \Delta U_B + W = \boldsymbol{3R(2T_1 - T_0)} \text{〔J〕}$$

68 (1) ばねの力は0なので，ピストンのつり合いから気体の圧力は大気圧 P_0 に等しい。求める温度を T_0 とすると，状態方程式より

$$P_0V_0 = nRT_0 \qquad \therefore \quad T_0 = \boldsymbol{\frac{P_0V_0}{nR}} \text{〔K〕}$$

(2) ピストンのつり合いより

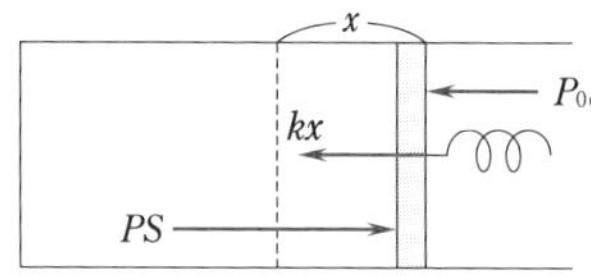

$$PS = P_0S + kx \qquad \therefore \quad P = \boldsymbol{P_0 + \frac{kx}{S}}$$

$V = V_0 + Sx$ より

$$P = \boldsymbol{P_0 + \frac{k}{S^2}(V - V_0)} \quad \cdots ①$$

(3) ①と $V = 2V_0$ より $\quad P_1 = P_0 + \dfrac{k}{S^2}V_0$

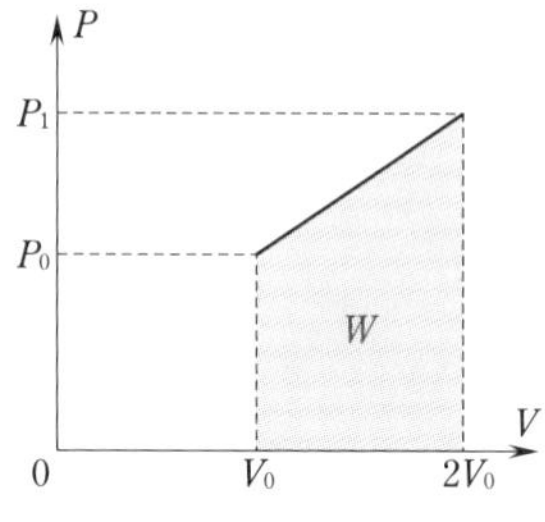

状態方程式は $\quad P_1 \cdot 2V_0 = nRT_1$

以上より

$$T_1 = \frac{2P_1V_0}{nR} = \boldsymbol{\frac{2V_0(P_0S^2 + kV_0)}{nRS^2}} \text{〔K〕}$$

(4) ①より P は V の1次式なので，P-V グラフは直線となる。赤色部(台形)の面積が仕事 W を表すので

$$W = \frac{P_0 + P_1}{2}(2V_0 - V_0) = \boldsymbol{\left(P_0 + \frac{kV_0}{2S^2}\right)V_0} \text{〔J〕}$$

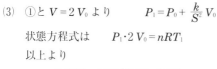

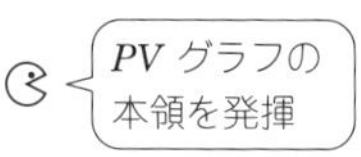

別解 気体のする仕事は弾性エネルギーを生み出し，かつ大気圧に対する仕事があるので

$$W = \frac{1}{2}kx^2 + P_0S \cdot x$$

ここで x は $\quad 2V_0 = V_0 + Sx \quad$ から決めればよい。

(5) $\Delta U = \dfrac{3}{2}nRT_1 - \dfrac{3}{2}nRT_0 = \dfrac{3V_0}{S^2}(P_0S^2 + kV_0) - \dfrac{3}{2}P_0V_0 = \dfrac{3}{2}P_0V_0 + \dfrac{3kV_0^2}{S^2}$

第1法則より $\quad \Delta U = Q + (-W)$

$$\therefore \quad Q = \Delta U + W = \boldsymbol{\left(\frac{5}{2}P_0 + \frac{7kV_0}{2S^2}\right)V_0} \text{〔J〕}$$

69 ⑴ 浮力 $\boldsymbol{\rho Vg}$ による力のつり合いより

$$F+Mg=\rho(Sd)g$$

$$\therefore\quad \boldsymbol{F=(\rho Sd-M)g}$$

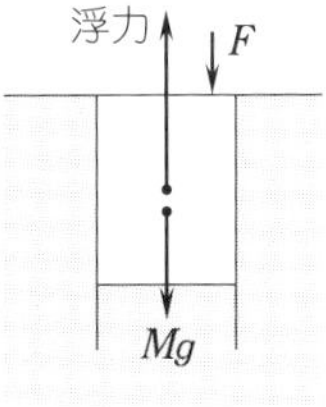

浮力は圧力差で生じる。ここでは大気圧による下向きの力 P_0S と内部空気が水から受ける上向きの力の差が浮力となっている。円筒と内部空気の全体に着目することにより，浮力の考え方で対処できる。

⑵ 図 2 での力のつり合いより　$\rho\left(S\cdot\frac{1}{2}d\right)g=Mg$　…①　$\therefore\quad \boldsymbol{M=\frac{1}{2}\rho Sd}$

⑶ 図 1 での内部空気の圧力は $P_0+\rho gd$ で，図 2 では $P_0+\rho g\left(h+\frac{1}{2}d\right)$

（内部空気の圧力は内部の水面での圧力に等しく，それは円筒外部での同じ深さの点での圧力 $\boldsymbol{P_0+\rho gh}$ に等しい。）

等温変化だからボイルの法則「$PV=$一定」より

$$(P_0+\rho gd)Sd=\left\{P_0+\rho g\left(h+\frac{1}{2}d\right)\right\}S\cdot\frac{1}{2}d\qquad\therefore\quad \boldsymbol{h=\frac{3}{2}d+\frac{P_0}{\rho g}}$$

⑷ 浮力と重力のつり合いより（①より），気体の高さは $d/2$ となる必要がある。圧力－体積グラフにおいて，断熱線の方が等温線より傾きが大きいので，高さが $d/2$ となったときの圧力が大きい。断熱圧縮で温度が高くなるので，状態方程式から，同じ体積でも圧力が大きいと判断してもよい。それはより深い水深に対応する。よって，h はより**大きい**。

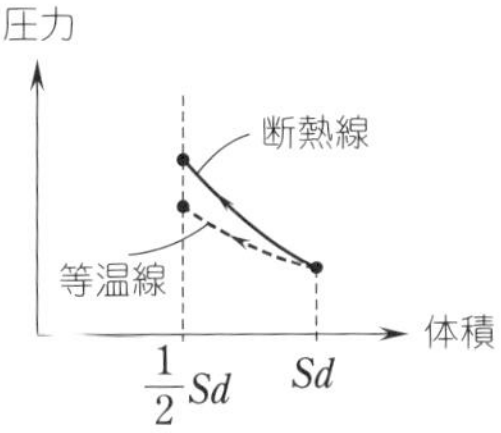

70 ⑴ 気体の質量を m とすると，$\boldsymbol{PV=nRT}$ において，$n=m/m_0$ であり，$\rho=m/V$ なので

$$PV=\frac{m}{m_0}RT\qquad\therefore\quad P=\frac{\rho}{m_0}RT\qquad\therefore\quad \boldsymbol{a=\frac{R}{m_0}}$$

⑵(ア) 熱気球の内部の空気は開口部で外気とつながっているので内部の圧力は外気の圧力と等しいことが大切。問題文に書かれないこともあるので注意してほしい。

内部空気：　$P_0=a\rho T$　…①　　外気：　$P_0=a\rho_0T_0$　…②

両式より　　$\rho T=\rho_0T_0$　　$\therefore\quad \rho=\boldsymbol{\frac{T_0}{T}\rho_0}$〔kg/m³〕

加熱の際は，P_0 が一定なので「ρT＝一定」が成立し，温度を上げると密度が下がり，内部空気が軽くなる。

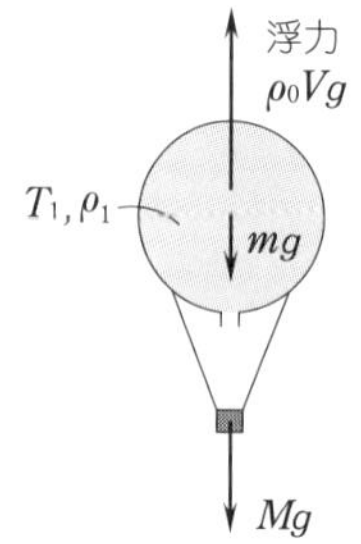

(イ)　内部空気の質量 m は $m=\rho_1 V=\dfrac{T_0}{T_1}\rho_0 V$

力のつり合いより

$$\rho_0 Vg = Mg + mg$$

$$= Mg + \frac{T_0}{T_1}\rho_0 Vg$$

$$\therefore\quad T_1 = \boldsymbol{\frac{\rho_0 V}{\rho_0 V - M} T_0}\ \text{〔K〕}$$

(ウ)　内部空気：　$\beta P_0 = a\rho' \cdot \alpha T_0$　…③

内部空気の重さ mg がポイント

③÷②より　$\beta = \dfrac{\rho'}{\rho_0}\alpha$　　$\therefore\quad \rho' = \boldsymbol{\dfrac{\beta}{\alpha}\rho_0}$〔kg/m^3〕

浮力 $\rho'_0 Vg$ による力のつり合いより

$$\rho'_0 Vg = Mg + (\rho' V)g \qquad \therefore\quad \rho'_0 = \boldsymbol{\frac{M}{V} + \frac{\beta}{\alpha}\rho_0}\ \text{〔kg/m}^3\text{〕}$$

波 動

1 波の性質

KEY POINT 波(波形)は一定の速さ v で平行移動していくが，ある点での媒質はその位置で振動しているだけという認識が基礎となる。
波は1周期 T の間に1波長 λ 進むので $v=\lambda/T=f\lambda$
逆向きに進む2つの波(同波形)が重なり合うと定常波(定在波)ができる。腹(はら)は山と山(谷と谷)が出会う所で，もとの波の振幅の2倍の振幅で大きく振動する。一方，節(ふし)は山と谷が出会う所で，媒質はまったく振動しない。腹と腹，あるいは節と節の間隔は $\lambda/2$ である。

71 (1) 図より，振幅は **1 cm**，波長は $\lambda=$ **80 cm** 実線から点線まで10 s間で波が伝わった距離は20 cmの他に100 cm，180 cm…といくつもの可能性がある。

（波形グラフからはλが分かる）

それぞれの場合の速さ v は 2 cm/s，10 cm/s，18 cm/s…となり，与えられた制限から $v=$ **10 cm/s** と決まる($x=20$ にあった山は $x=120$ まで伝わっている)。 $\boldsymbol{v=f\lambda}$ より $f=v/\lambda=10\div 80=$ **0.125 Hz** 周期は $T=1/f=$ **8 s**

(2) 波は1波長 λ ごとに同じ状態となっている。そこで220 cmと同じ状態の場所を図の中で捜せばよく，$220=2\times 80+60=2\lambda+60$ より $x=60$ が同じ変位だから $y=$ **−1 cm**

(3) $t=0$ では山の状態(振動の端)にある。6 s後とは，

$6=\frac{3}{4}\times 8=\frac{3}{4}T$ 端と中心の間の時間は $\frac{1}{4}$ 周期だから，右図より $y=$ **0 cm**

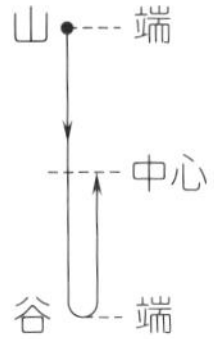

別解 $t=0$ での波形を $vt=10\times 6=60$ cm 右へ平行移動させて調べてもよい。

(4) 媒質の速度が0となるのは，振動の端の位置で，山か谷であり，$x=$ **20，60，100，140 cm** 一方，媒質の速さが最大となるのは振動中心で，$y=0$ の位置。そのうち $+y$ 方向へ動いているのは右図のBのような位置だから $x=$ **40，120 cm**

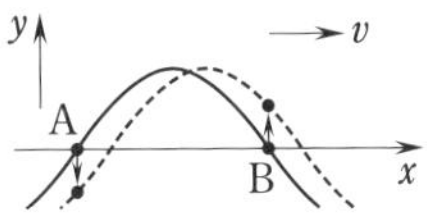

（Bには山が近づいているから，+y方向と判断すると早い）

(5) まず(2)と同様に考える。$500=6\times 80+20=6\lambda+20$
よって $x=20$ と同じこと。$t=0$ では山となっている。波は1周期 T ごとに

同じ状態となるから，20 s 後とは $20=2\times8+4=2T+\frac{1}{2}T$　つまり $x=20$ での$\frac{1}{2}$周期後を調べればよく，山は谷に変わるので　$y=\mathbf{-1\ cm}$

72　媒質の振動グラフからは周期 T が分かる。

与えられた図は波(形)ではない！

(1) 図より　$T=\mathbf{8\times10^{-2}\ s}$　　$f=1/T=\mathbf{12.5\ Hz}$

$v=f\lambda$　より　$\lambda=v/f=vT=100\times8\times10^{-2}=\mathbf{8\ cm}$

(2) $x=0$ での変位 y が $t=0$ で $y=0$ であり，少し時間がたつと $y>0$ となっていることから原点の左側には $y>0$ の波(点線)がいるはず。よって右図 a。

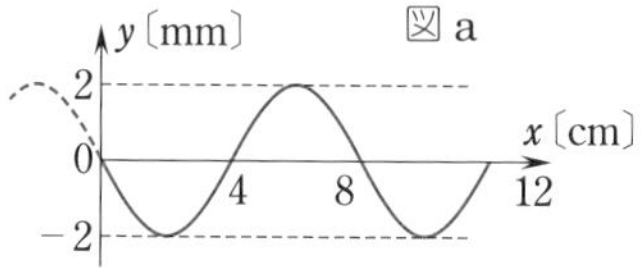

図 a

(3) 前問のグラフより $x=4$ では $y=0$ から $y<0$ と変わっていくことが読み取れるので右図 b の点線。

$x=4$ は $x=0$ と半波長 $\lambda/2$ 離れているので逆位相で振動していることに注意するとよい。

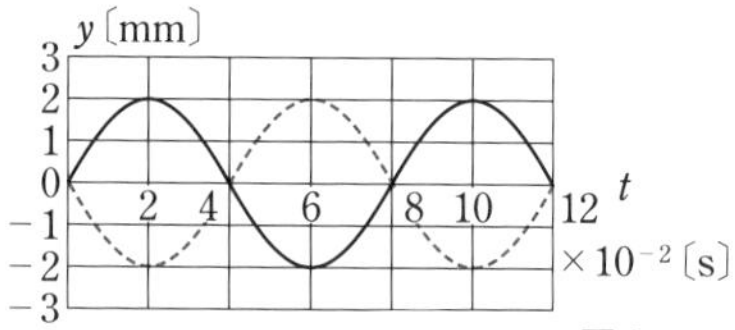

図 b

(4) 媒質の速さが最大となるのは振動中心($y=0$)で，その後 $y<0$ となる時は　$\mathbf{4\times10^{-2}\ s}$ と $\mathbf{12\times10^{-2}\ s}$

(5) 縦波では，$y>0$ は $+x$ 方向への変位を，$y<0$ は $-x$ 方向への変位を表し，波形グラフでは，赤矢印のように変位しているので，疎密が分かる。図 a で密の位置は **0 cm** と **8 cm**　疎密は波形グラフで判断すること。

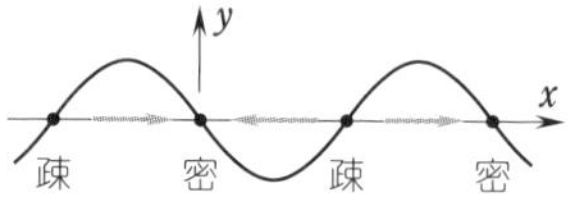

縦波では疎密の見分けが大切

(6) 図 a より $x=4$ では $t=0$ のときは疎。疎から密へは半周期で変わり，以後 1 周期ごとに密になるから　$\mathbf{4\times10^{-2}\ s}$ と $\mathbf{12\times10^{-2}\ s}$

73　(1) 山と山の時間間隔は周期で，$T=4.0$ s だから

$$v=f\lambda=\frac{\lambda}{T}=\frac{16}{4.0}=\mathbf{4.0\ m/s}$$

(2) M の速さを u とし，求める時間を t とする。M が山$_1$ を観測してから次の山$_2$ に出合うまでの右図から，　$vt=\lambda+ut$

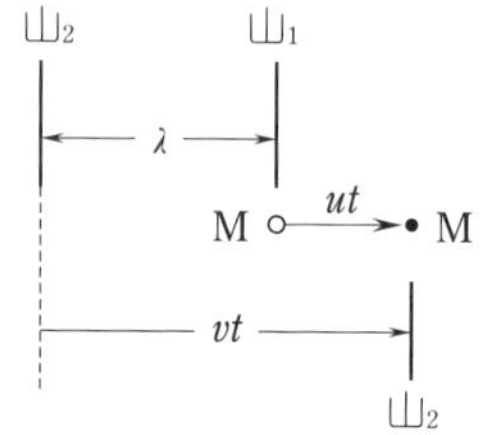

$$\therefore\quad t=\frac{\lambda}{v-u}=\frac{16}{4.0-2.0}=\mathbf{8.0\ s}$$

Mに対する波の相対速度 $v-u$ で λ を割ると早い。

別解 ドップラー効果を習った人は，Mが観測する振動数 f' を調べてもよい。t は観測した周期で，$t=1/f'$ である。Aの振動数を $f\,(=1/T)$ とすると，公式より

$$f'=\frac{v-u}{v}f \qquad \therefore\ \frac{1}{t}=\frac{v-u}{v}\cdot\frac{1}{T}$$

$$\therefore\ t=\frac{v}{v-u}T=\frac{4.0}{4.0-2.0}\times 4.0=8.0\,\mathrm{s}$$

(3) Aから右へ向かう波とBから左へ向かう波(逆行する2つの波)が定常波をつくる。腹の位置が振幅最大で，2つの波の山と山が重なるから

$$3.0+3.0=\mathbf{6.0}\,\mathrm{m}$$

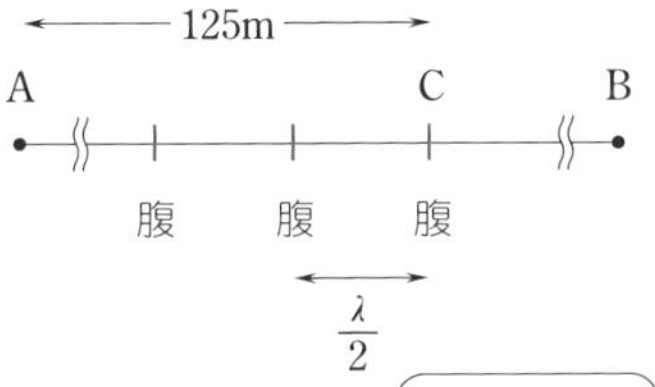

AとBは同位相だから，ABの中点Cは腹となる。腹と腹の間隔は半波長 $\lambda/2=8$ m だからAC間では

$$125=8\times 15+5=\frac{\lambda}{2}\times 15+5$$

これより15個の腹があることが分かる(点Cを除く)。BC間も同じで15個。それらに点Cが加わるから，**31** 箇所

(4) 入射波と反射波が重なり，定常波ができる。自由端Rは腹となる。振幅が0となるのは節の位置であり，Rの左側 $\lambda/4=4$ m の位置が節なので，ここからAまで71 m を $\lambda/2$ ごとにたどればよい。

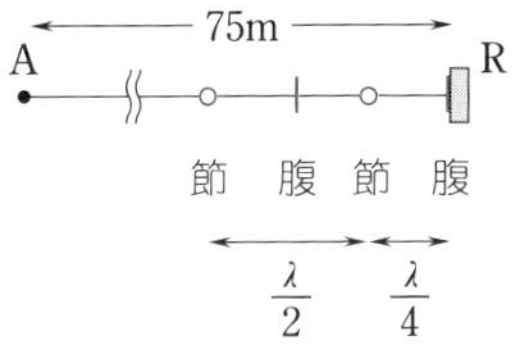

$$71=8\times 8+7=\frac{\lambda}{2}\times 8+7$$

余り7より **7.0 m**　　なお，節の数は8個ではなく，9個なので要注意。

74 (1) 図より $\lambda=4$ m　$v=f\lambda=\lambda/T$ より $T=\lambda/v=4/2=$ **2 s**

(2) 問題 **72** (5) と同じように判断して　$x=$ **−1 m** と **3 m**

(3) 縦波を横波表示するとき，x 軸方向での振動を y 軸方向の振動に置き換えて表示しているので，速度についても横波と同じように判断してよい。(たとえば，山と谷では $u=0$，$x=1$ では $y=0$ で速さ最大，しかも山が近づいているので正の速度)

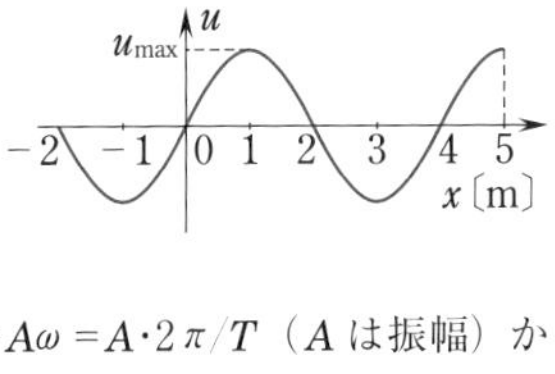

参考 u_{max} を決めるには単振動の知識が必要で，$u_{max}=A\omega=A\cdot 2\pi/T$（$A$ は振幅）から求めることができ，0.314 m/s となる。

(4)(ア)　波の先端がPから5m戻ればよいので　　$5\,\text{m} \div 2\,\text{m/s} = \mathbf{2.5\,s}$

(イ)　$t=2.5\,\text{s}$ での入射波は5m平行移動して右の実線のようになり，反射波は点線のようになる。$x<0$ には反射波が達していないことから，**波の重ね合わせの原理**より合成波は赤線のようになる。$0 \leqq x \leqq 5$ では定常波ができ，$x=0$ は節となっている。

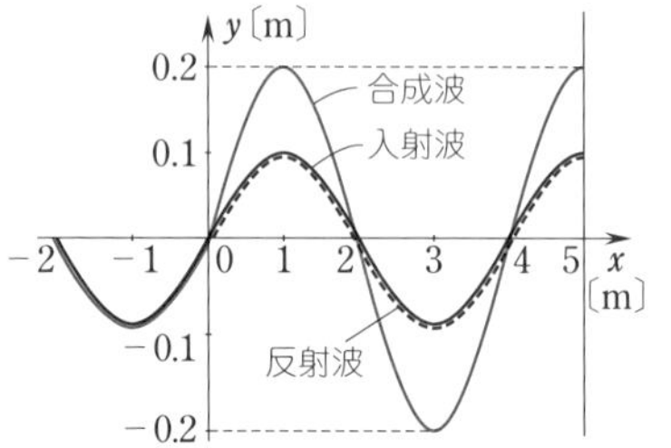

(ウ)　$0 \leqq t \leqq 2.5\,\text{s}$ では入射波だけによる振動であり，それ以後は定常波の節となるから変位は常に0となる。

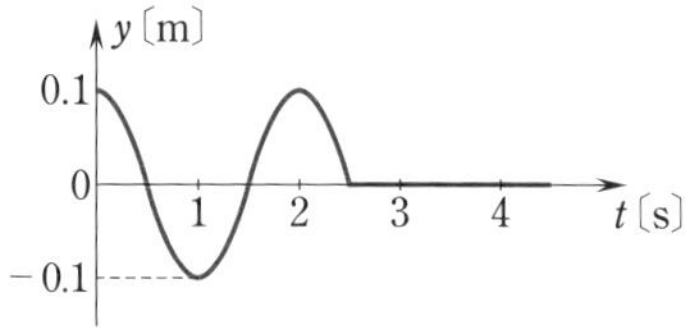

(5)　**固定端は節**であること，節と節の間隔は $\lambda/2=2\,\text{m}$ であることから $x=0$ は腹になり，大きく振動することに注意する。

(イ)

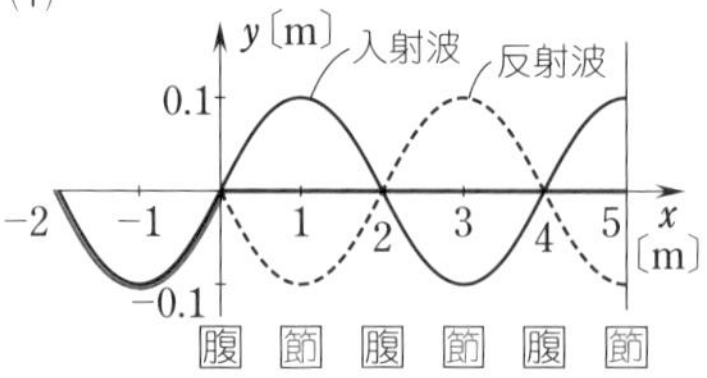

定常波では，波が消えたかのように見える一瞬がある

(ウ)

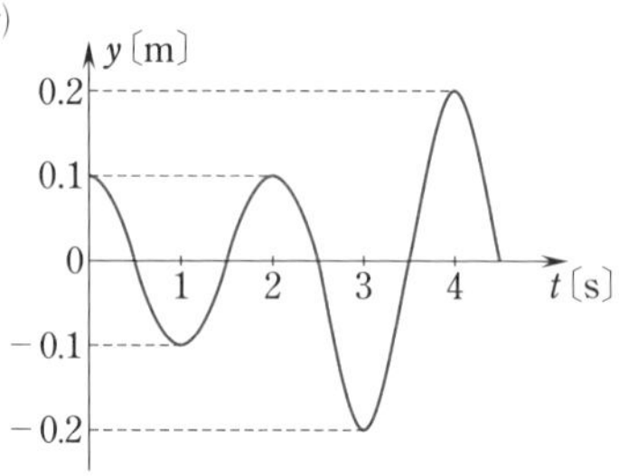

75　(1)　波形を表している図1から振幅は $\mathbf{5\times10^{-3}\,m}$，波長は $\lambda=\mathbf{2\times10^{-2}\,m}$ と読み取れる。次に，周期 T は媒質の振動を表す図2より，$T=\mathbf{4\times10^{-2}\,s}$ と読み取れる。振動数 f と周期 T は逆数の関係にあり，$f=1/T=1\div0.04=\mathbf{25\,Hz}$

$$v=f\lambda=25\times0.02=\mathbf{0.5\,m/s}$$

(2)　図1と図2を見比べながら判断する。もし，波が x 軸の正の方向へ進行しているのなら，少し時間がたったときの波形は，右図bの点線のようになり，$x=0$ の点での変位は $y<0$ となってしまい，図2に合わなくなる。**負の方向**へ進行している図aのケースなら図2に合う。図2から，$x=0$ には初め山が来たはずと考えてもよい。

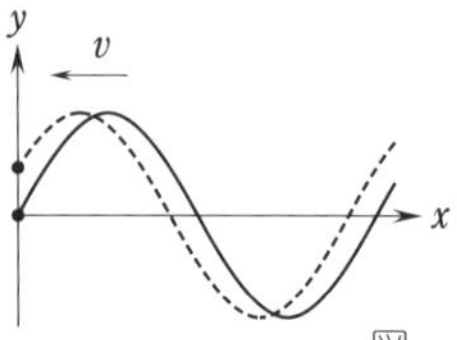

図a

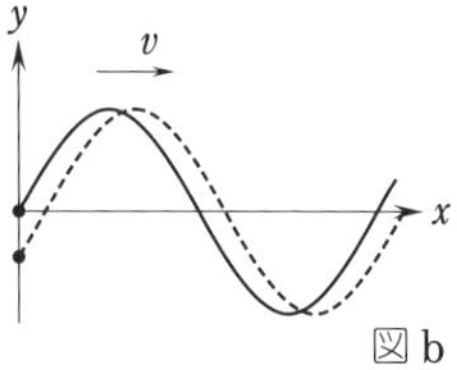

図b

(3)　A は振幅を表す部分だから　　$A=\mathbf{5\times10^{-3}}$〔m〕

図2より，$x=0$ での振動(単振動)の様子は $y_0=A\sin\frac{2\pi}{T}t$ と表せる。波は左へ進むので，位置 $x(<0)$ で時刻 t に現れる変位は，時刻 $t-\Delta t$ に原点 $x=0$ に現れていた変位である。ここで Δt は原点から位置 $x(<0)$ まで距離 $-x$ を波が伝わるのに要する時間であり，$\Delta t=(-x)/v$

したがって，波の式は次のようになる。

$$y=A\sin\frac{2\pi}{T}(t-\Delta t)=A\sin\frac{2\pi}{T}\left(t+\frac{x}{v}\right)$$

与えられた式と見比べると，x の係数から

$$\pi B=\frac{2\pi}{Tv} \qquad \therefore\quad B=\frac{2}{Tv}=\frac{2}{0.04\times0.5}=\mathbf{100}$$

また，t の係数から　$\pi C=\frac{2\pi}{T}$　　$\therefore\quad C=\frac{2}{T}=\frac{2}{0.04}=\mathbf{50}$

別解　波の式では，x の係数は $\frac{2\pi}{\lambda}$ となり，t の係数は $\frac{2\pi}{T}$ となる。この知識を用いると

$$\frac{2\pi}{\lambda}=\pi B \qquad \therefore\quad B=\frac{2}{\lambda}=\frac{2}{0.02}=100$$

$$\frac{2\pi}{T}=\pi C \qquad \therefore\quad C=\frac{2}{T}=\frac{2}{0.04}=50$$

なお，波の式で t と x が $-$ で結ばれると，$+x$ 方向への波，$+$ で結ばれると，$-x$ 方向への波となる。

2　弦・気柱の振動

KEY POINT　弦の共振，気柱の共鳴ともに定常波(固有振動)を描いて考える。弦では，長さが半波長 $\lambda/2$ の整数倍になることに着目する。
気柱の閉管では，管の長さが $\frac{1}{4}$ 波長 $\frac{\lambda}{4}$ の奇数倍になる。
一方，開管では半波長 $\lambda/2$ の整数倍になる。

70　弦を伝わる波は横波で，速さ v は $\boldsymbol{v=\sqrt{S/\rho}}$ (S は弦の張力，ρ は線密度)と表される。ここではおもりのつり合いより $S=mg$ となっている。弦に定常波ができているときを**共振**といい，**弦の振動数は音さの振動数に等しい**。

(1)　波の速さは　$v=\sqrt{\frac{mg}{\rho}}$

波長 λ は　$l=\frac{\lambda}{2}\times3$　より　$\lambda=\frac{2}{3}l$

弦の長さは $\lambda/2$ の何倍かと数える

$$\therefore \quad f = \frac{v}{\lambda} = \frac{\mathbf{3}}{\mathbf{2}\,\boldsymbol{l}}\sqrt{\frac{\boldsymbol{mg}}{\boldsymbol{\rho}}} \quad \cdots①$$

(2) ①で，m を $m+M$ に，数字3を2に置き換えればよく

$$f = \frac{2}{2\,l}\sqrt{\frac{(m+M)g}{\rho}} \quad \cdots②$$ ①，②の右辺が等しいことより $\dfrac{\boldsymbol{M}}{\boldsymbol{m}} = \dfrac{\mathbf{5}}{\mathbf{4}}$

(3) うなりは振動数の異なる2つの音を聞くときに生じる。**1 s 間のうなりの回数は2つの振動数の差に等しい**。よって，Bの振動数は $f+n$ と $f-n$ の2通りの可能性がある。いま，Bの場合の方が弦が長く，波長が長い。一方，v は一定だから振動数がAより小さい。したがって $\boldsymbol{f-n}$

(4) 求める量を d とすると，Bに対して①を応用して

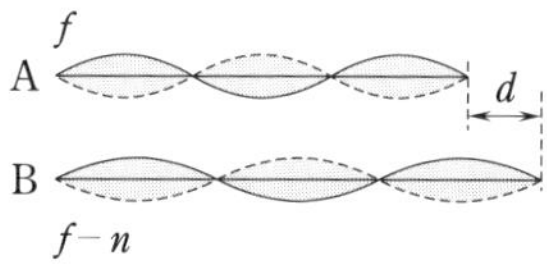

$$f-n = \frac{3}{2(l+d)}\sqrt{\frac{mg}{\rho}} \quad \cdots③$$

①，③と $v=\sqrt{mg/\rho}$ を用いて

$$\frac{3}{2\,l}v - n = \frac{3}{2(l+d)}v \qquad \therefore \quad d = \frac{\mathbf{2}\,\boldsymbol{nl}^{2}}{\mathbf{3}\,\boldsymbol{v}-\mathbf{2}\,\boldsymbol{nl}}$$

77 (1) 音波の波長を λ とすると，右図より

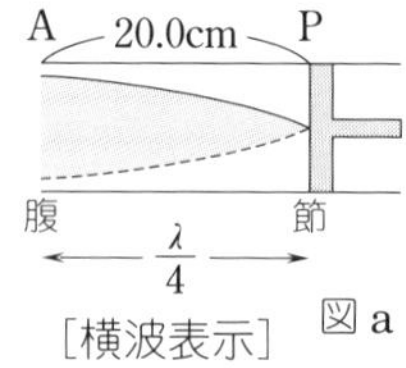

図a

$$\frac{\lambda}{4} = 20.0$$

$$\therefore \quad \lambda = 80.0〔\mathrm{cm}〕= 0.800〔\mathrm{m}〕$$

$$f = \frac{V}{\lambda} = \frac{340}{0.800} = \mathbf{425}〔\mathrm{Hz}〕$$

(2) 次の共鳴が起こるのは図bのQの位置で，PQ$=\lambda/2$ より

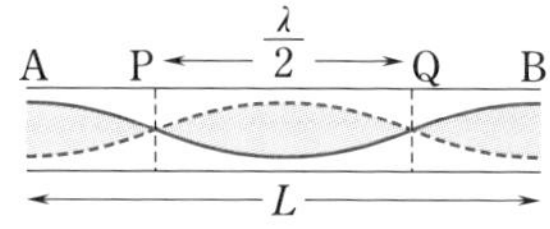

図b

$$\mathrm{AQ} = 20.0 + \frac{80.0}{2} = \mathbf{60.0}〔\mathrm{cm}〕$$

(3) 開管の共鳴であり，Bが腹の位置になったことから，定常波の様子は図bの赤線のようになっている。そして，QBは $\lambda/4=20.0$〔cm〕と分かる。

実線から点線まで半周期
両方とも実線にしてもよい

$$L = \mathrm{AQ} + \mathrm{QB} = 60.0 + 20.0 = \mathbf{80.0}〔\mathrm{cm}〕$$

(4) 振動数が小さいので，波長が長くなり(音速は一定)，右図のようになると共鳴が起こる。波長を λ' とすると $L = \dfrac{\lambda'}{2}$

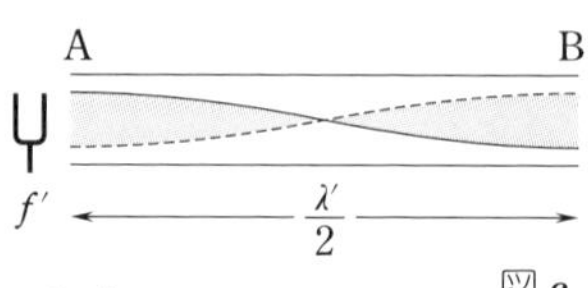

図c

$$\therefore \quad \lambda' = 2\,L = 2\times 80.0 = 160〔\mathrm{cm}〕= 1.60〔\mathrm{m}〕$$

$$f' = \frac{V}{\lambda'} = \frac{340}{1.60} = 212.5 \fallingdotseq \mathbf{213}\,〔\mathrm{Hz}〕$$

別解　一定の長さの管に対しては，閉管の固有振動数は基本振動数の自然数倍となる。図 b が 2 倍振動で，図 c が基本振動だから，$f=2f'$ から求めてもよい。ついでながら，閉管の固有振動数は基本振動数の奇数倍となる。

78　(1)　図より　$\mathrm{AB} = \frac{\lambda}{2} = l_2 - l_1 = 59.1 - 18.9$

$\therefore\ \lambda = \mathbf{80.4}\ \mathrm{cm} = 0.804\ \mathrm{m}$

$V = f\lambda = 423 \times 0.804 \fallingdotseq \mathbf{3.40 \times 10^2}\ \mathrm{m/s}$

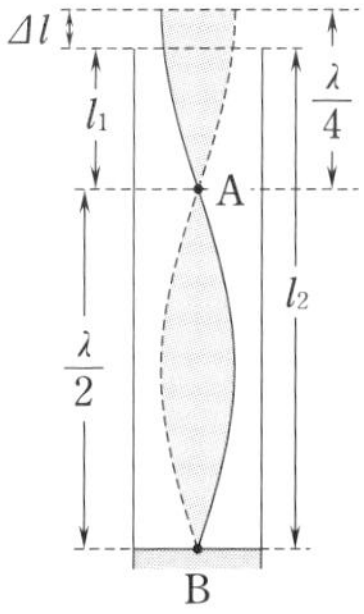

共鳴が起こるとき，定常波の腹の位置は実際には管口より少し外側にできる。その距離を開口端補正という。

図より　$\Delta l = \frac{\lambda}{4} - l_1 = \frac{80.4}{4} - 18.9 = \mathbf{1.2}\ \mathrm{cm}$

(2)(ア)　腹の位置だから　$l_1 + \frac{\lambda}{4} = 18.9 + \frac{80.4}{4} = \mathbf{39.0\ cm}$

(イ)　**密度変化が最大となるのは節**の位置だから，$l_1 = \mathbf{18.9\ cm}$ と $l_2 = \mathbf{59.1\ cm}$

(3)　音速 V は温度が増すと増加する。f は一定だから，$V = f\lambda$ より波長が増す。すると l_1，l_2 は共に**増す**。

(4)　図 a のときの定常波は 3 倍振動に該当する。すると基本振動数は　$423 \div 3 = 141\ \mathrm{Hz}$　3 倍振動の次は 5 倍振動だから，求める値は　$141 \times 5 = \mathbf{705}\ \mathrm{Hz}$

閉管は奇数倍の固有振動

別解　振動数を増すと波長が減る。よって次の共鳴は右図のようになる。波長を λ' とすると

$l_2 + \Delta l = \frac{\lambda'}{4} \times 5 \qquad \therefore\ \lambda' = \frac{4}{5} \times (59.1 + 1.2)$

$= 48.24\ \mathrm{cm}$

$f' = \frac{V}{\lambda'} = \frac{3.40 \times 10^2}{0.4824} = 704.8\cdots = 705\ \mathrm{Hz}$

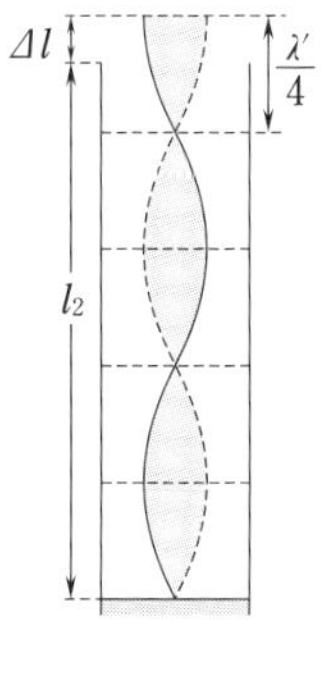

3 ドップラー効果

KEY POINT 波源や観測者が動くと，振動数が変わるのがドップラー効果。公式(問題編 p 54)で処理できる問題が多いので適用法をきちんとマスターしておきたい。一方，**なぜドップラー効果が起こるのか**を問われることもある。誘導がつくので，それに沿って考えられるだけの力をつけておきたい。

79 公式を用いるのではなく，誘導に従って考えていくべき問題。

(a) **音源が動いても音速は変わらない**(音速は地面に対する値)ことがベースとなる。

(1) t 秒間には音波は Vt の距離を伝わり，音源は vt の距離を進むから，図のように求める距離は $Vt-vt=\boldsymbol{(V-v)t}$ となる。

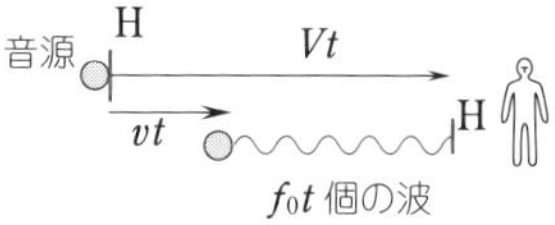

(2) 振動数 f_0 は 1 s 間に音源が出す波の数(山の数といってもよい)である。音源は，静止していても動いていても，t 秒間には $\boldsymbol{f_0 t}$ 個の音波を出している。

(3) 波 1 個分の長さが波長 λ だから，(1)，(2)の結果を用いると

$$\lambda=\frac{(V-v)t}{f_0 t}=\boldsymbol{\frac{V-v}{f_0}}$$

音源が動くと波長が変わる

(4) 人が聞く振動数を f とする。波の基本の関係 $V=f\lambda$ より

$$f=\frac{V}{\lambda}=\boldsymbol{\frac{V}{V-v}f_0}$$

公式で確認するとよい

(5) 音波の波長は $\lambda_0=V/f_0$ と表される。人が止まっていても単位時間(1 s 間)には V〔m〕の範囲の音波が届く。いま，人はその間に u〔m〕前進するので $\boldsymbol{V+u}$〔m〕の範囲の音を聞く。

(6) この中に含まれる波の数は $\dfrac{V+u}{\lambda_0}=\boldsymbol{\dfrac{V+u}{V}f_0}$

人が動くと出会う波の数が変わる

これは 1 s 間に聞く波の数だから，求める振動数となる。

(7) まず，音源が動くことによって波長 λ は(3)のようになる。さらに人が動く効果を(6)のように取り入れればよく，

求める振動数 f は $f=\dfrac{V+u}{\lambda}=\boldsymbol{\dfrac{V+u}{V-v}f_0}$

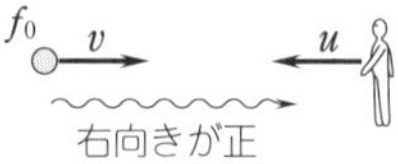

公式を用いて確認すると $f=\dfrac{V-(-u)}{V-v}f_0$

(8) 風が吹くということは，空気全体が移動することであり，音速が変わり，風下側では $V+w$ となる。(4)の V を $V+w$ に置き換えればよいので

$$\frac{V+w}{V+w-v}f_0$$

風が吹くと音速が変わる

公式を用いるときも，V を $V+w$ に置き換えればよい。
ただし，風上側に伝わる音を扱うときは $V-w$ に置き換える。

80 ドップラー効果は音波に限らず，すべての波に対して生じる。

(1) 波の速さは波源の速度によらないので円形に広がる。それぞれの円の中心は波面が出されたときのPの位置である。一番外側の波面はPが原点 $x=0$ にいたとき出されたものである。この間に10個の波が出されていて，Pは毎秒5個の波を出しているので $10\div5=2$ 秒 の時間がたっていることになる。波は40 cm 伝わっているから　$V=40\div2=20$ cm/s　∴ ④

(2) この2秒間にPは20 cm 移動しているから $v=20\div2=10$ cm/s　∴ ④
Pは波が伝わった距離の半分を移動しているので $v=V/2$ と考えてもよい。

(3) Pの左側には60 cm の範囲に10個の波があるので波長 λ は

$$\lambda=60\div10=6\text{ cm}$$

$$f=\frac{V}{\lambda}=\frac{20}{6}=\frac{10}{3}\text{ Hz}\qquad ∴ ②$$

1波長分が波1個

このように**波源が動くと波長が変わる(前方では短く，後方では長くなる)ので，ドップラー効果が起こる**。ちなみに本問での前方での波長 λ' は2 cm，前方で静止している人が観測する振動数 f' は $V=f'\lambda'$ より $f'=10$ Hz となっている。

別解　Pは1 s 間に5個の波を出すので振動数5 Hz の波源。
公式より，左向きを正として　$f=\dfrac{V}{V-(-v)}f_0=\dfrac{20}{20-(-10)}\times5=\dfrac{10}{3}$

81 (1) 壁で反射する場合は，2段階に分けて公式を適用すればよい。まず，壁を人に置き換え(壁上の人を考え)，その人が聞く振動数 f_1 を求める(図a)。次に壁を振動数 f_1 の音源に置き換え，観測者が聞く振動数 f_2 を求める。船(音源)の速さを v とすると

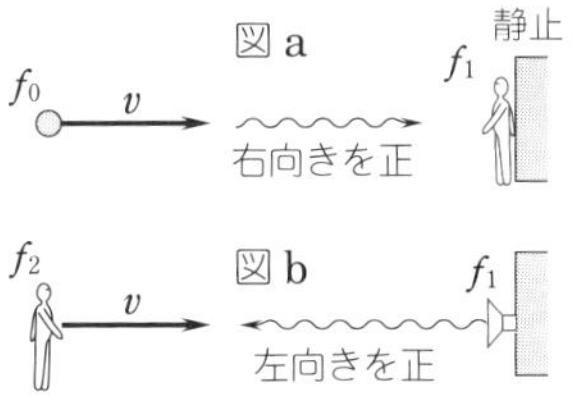

$$f_1=\frac{V-0}{V-v}f_0\qquad f_2=\frac{V-(-v)}{V-0}f_1=\frac{V+v}{V-v}f_0$$

音源と人が相対的に近づく(距離が接近する)場合には振動数が増え(高い音になり)，遠ざかる場合には減る(低い音になる)。 いまは図a，b共に近づいているから振動数は増し，$f_0<f_1<f_2$ となっている。増加分は

$$f_2-f_0=\frac{2v}{V-v}f_0\qquad ∴\ 20=\frac{2v}{340-v}\times840\qquad ∴\ v=\mathbf{4\ m/s}$$

(2) 求める距離を x とおくと，右図のように音波が伝わった距離と船の動いた距離の和が $2x$ に等しいので

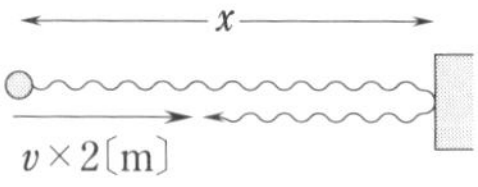

$$340\times2+v\times2=2x \qquad v=4 \quad より \qquad x=\mathbf{344\ m}$$

別解 音が壁まで伝わる時間は $x/340$ 　よって反射後の時間は $2-(x/340)$ 　上図より

$$x=v\times2+340\times\left(2-\frac{x}{340}\right)$$

(3) **音源が出した波の数＝人が聞いた波の数** より

$$840\times10=860\,t \qquad \therefore\ t=9.76\cdots\fallingdotseq\mathbf{9.8\ s\ 間}$$

82 (1)(ア) $f_1=\dfrac{V-0}{V-v}f_0=\boldsymbol{\dfrac{V}{V-v}f_0}$ **〔Hz〕**

(イ) 壁上の人が聞く振動数 f_2 は

$$f_2=\frac{V-0}{V-(-v)}f_0=\boldsymbol{\frac{V}{V+v}f_0}\ \text{〔Hz〕}$$

壁と観測者は静止しているため，反射音の振動数は f_2 のまま変わらない。

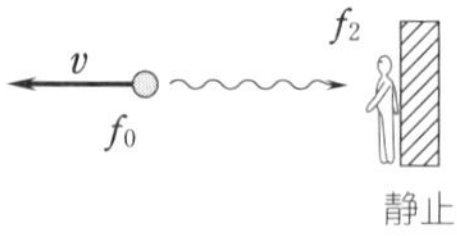

(ウ) 近づき・遠ざかりを考えれば，$f_1>f_0>f_2$ 　したがって，うなりは

$$n_1=f_1-f_2=\frac{2Vv}{V^2-v^2}f_0 \ \rightarrow\ n_1v^2+2Vf_0v-n_1V^2=0$$

2次方程式の解の公式と $v>0$ より $\qquad v=\boldsymbol{\dfrac{V}{n_1}\left(\sqrt{f_0^2+n_1^2}-f_0\right)}$ **〔m/s〕**

(2)(ア) まず，壁上の人が聞く振動数 f_{I} を求め，次に壁を振動数 f_{I} の音源とみなして，反射音の振動数 f_{II} を求める。

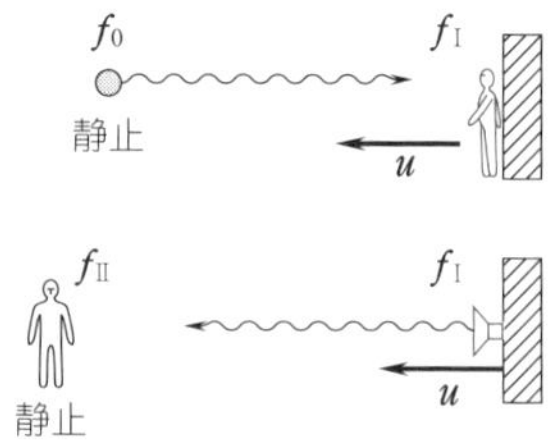

$$f_{\text{I}}=\frac{V-(-u)}{V-0}f_0$$

$$f_{\text{II}}=\frac{V-0}{V-u}f_{\text{I}}=\boldsymbol{\frac{V+u}{V-u}f_0}\ \text{〔Hz〕}$$

(イ) 近づき・遠ざかりを考えれば，$f_{\text{II}}>f_{\text{I}}>f_0$

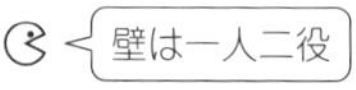

また，直接届く音はドップラー効果がなく f_0 なので $\qquad n_2=f_{\text{II}}-f_0=\dfrac{2u}{V-u}f_0 \qquad \therefore\ u=\boldsymbol{\dfrac{n_2}{2f_0+n_2}V}$ **〔m/s〕**

83　(1)　**音源と観測者を結ぶ直線方向の速度成分(赤点線)がドップラー効果を生じる。**

点OまではPに近づく速さが減り，その後はPから遠ざかる速さが増していく。したがって振動数は(つまり音の高さは)**単調に減少していく。**

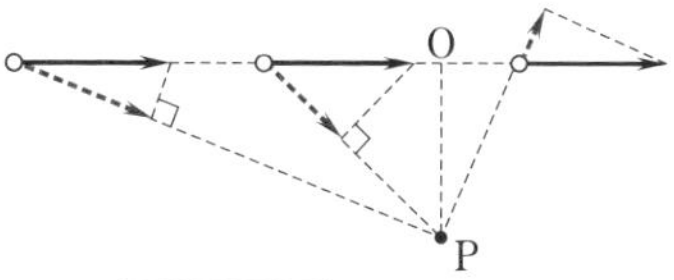

(2)　公式より　$\dfrac{V}{V-\dfrac{V}{2}\cos 60^\circ}f_0=\boldsymbol{\dfrac{4}{3}f_0}$

(3)　O点で出された音は，OP方向の速度成分が0なのでドップラー効果を生じない。よって　$f=\boldsymbol{f_0}$

(4)　音波がO→P→Rへと伝わった時間と，列車がO→Rへと移動した時間が等しいから

$$\frac{l}{V}+\frac{\sqrt{l^2+r^2}}{V}=\frac{r}{V/2}\ \rightarrow\ l^2+r^2=(2r-l)^2 \qquad \therefore\ r=\boldsymbol{\frac{4}{3}l}$$

(5)　$PR=\sqrt{l^2+\left(\dfrac{4}{3}l\right)^2}=\dfrac{5}{3}l$

$$\cos\theta=\frac{OR}{PR}=\frac{4}{5}$$

$$f'=\frac{V-\dfrac{V}{2}\cos\theta}{V}f=\boldsymbol{\frac{3}{5}f}$$

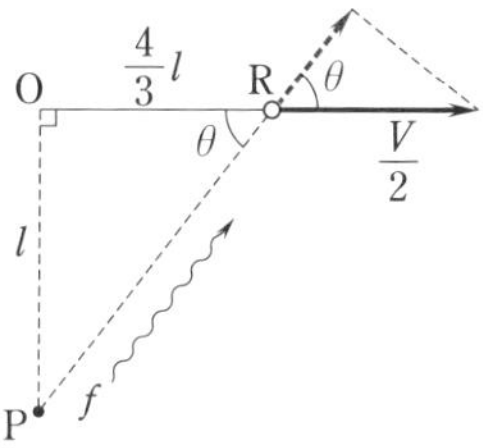

84　(1)　速度の向きを考えるとA，B，Cは右のようになる。AとCは，Pから円への接線を引いて決める。また，Bは2箇所あることに注意する。

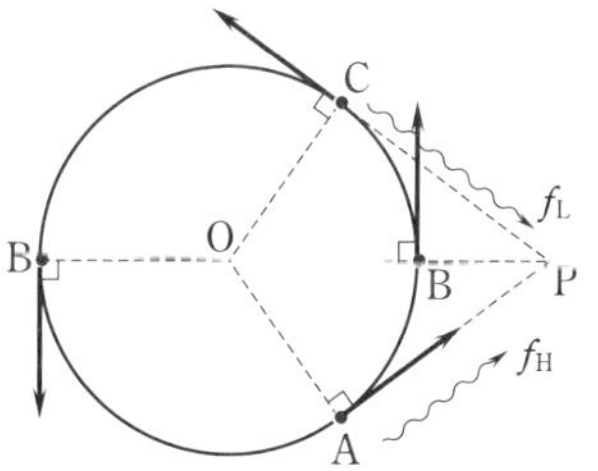

(2)　公式より　$f_H=\dfrac{V}{V-v}f_0$　…①

$$f_L=\frac{V}{V-(-v)}f_0 \quad \cdots②$$

$\dfrac{①}{②}$より　$\dfrac{f_H}{f_L}=\dfrac{V+v}{V-v}$　　$\therefore\ v=\boldsymbol{\dfrac{f_H-f_L}{f_H+f_L}V}$　…③

①にvを代入して　$f_0=\boldsymbol{\dfrac{2f_Hf_L}{f_H+f_L}}$

(3)　③より　$v=\dfrac{525-495}{525+495}\times 340=\boldsymbol{10}$〔**m/s**〕

9.42〔s〕は1回転の時間(周期 T)に等しい。円周 $2\pi r$〔m〕を一定の速さ v〔m/s〕で動くので，$T=2\pi r/v$

$$\therefore\quad r=\frac{vT}{2\pi}=\frac{10\times 9.42}{2\times 3.14}=\mathbf{15}〔\mathbf{m}〕$$

(4)(ア) 直角三角形OAPに着目すると，OA：OP＝1：2 より ∠AOP＝60° と分かる。よって ∠AOC＝120° だから，AC間は $\frac{1}{3}T$ の時間で動ける。A点やC点から音がPまで伝わる時間は同じなので

$$\frac{1}{3}T=\frac{1}{3}\times 9.42=\mathbf{3.14}〔\mathbf{s}〕$$

(イ) B_1 点で音を発した時刻を0〔s〕とすると，その音がPに達する時刻は $t_1=r/340$　音源が B_2 点にくる時刻は $\frac{1}{2}T$ で，そこで出された音がPに達する時刻は　$t_2=\frac{1}{2}T+3r/340$

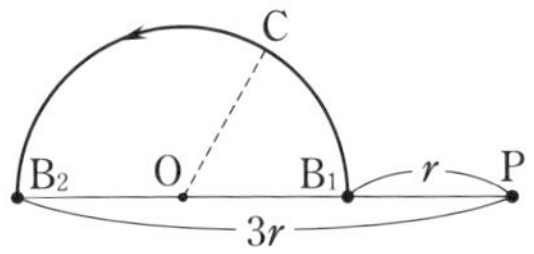

結局，人が聞くのに要した時間は

$$t_2-t_1=\frac{1}{2}T+\frac{2r}{340}=\frac{1}{2}\times 9.42+\frac{2\times 15}{340}\fallingdotseq \mathbf{4.8}〔\mathbf{s}〕$$

音が届くまでに時間がかかること，B_1 と B_2 ではPまでの距離が違うことに注意。ていねいにいつ何が起こったかを考えてみる。B_2B_1 間 $2r$ を音が音速で通過する分だけ，$T/2$ より時間が余分にかかると考えてもよい。

4　反射・屈折の法則

KEY POINT　媒質1に対する媒質2の屈折率 n_{12} は，1から入射し，2へ屈折する場合をいう。波の速さ v_1，v_2 は媒質で決まる定数だから，$n_{12}=v_1/v_2$ は2つの媒質で決まる定数となる。**屈折しても振動数 f は不変**なので，$n_{12}=\lambda_1/\lambda_2$ とも書ける。

光波の場合，真空中から物質へ入るときの屈折率を**(絶対)屈折率** n という。真空中の光速を c，波長を λ とし，物質中での値を v，λ' とすると，$n=c/v=\lambda/\lambda'$

これから　$\boldsymbol{v=\frac{c}{n}}$　　$\boldsymbol{\lambda'=\frac{\lambda}{n}}$　となる(速さと波長は物質で決まるので，真空中から来たかどうかに関わらず成りたつ)。

85 (1) **射線と波面は直交**する。右図より入射角は45°，屈折角は30°と分かり

$$n_{12}=\frac{\sin 45^\circ}{\sin 30^\circ}=\frac{1/\sqrt{2}}{1/2}=\sqrt{2}\fallingdotseq \mathbf{1.4}$$

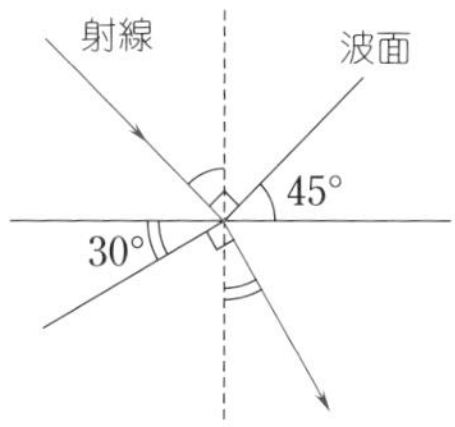

(2) $v_1=f\lambda_1=25\times2.0=\mathbf{50}$ cm/s

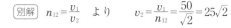

(3) $n_{12}=\dfrac{\lambda_1}{\lambda_2}$　より　$\lambda_2=\dfrac{\lambda_1}{n_{12}}=\dfrac{2.0}{\sqrt{2}}=\sqrt{2}\fallingdotseq\mathbf{1.4}$ cm

屈折しても振動数 f は不変なので　$f=\mathbf{25}$ Hz

$v_2=f\lambda_2=25\times\sqrt{2}=35.3\cdots\fallingdotseq\mathbf{35}$ cm/s

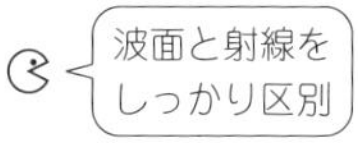

別解　$n_{12}=\dfrac{v_1}{v_2}$　より　$v_2=\dfrac{v_1}{n_{12}}=\dfrac{50}{\sqrt{2}}=25\sqrt{2}$

(4) $0.80=\dfrac{v_1}{v_3}$　より　$v_3=\dfrac{50}{0.80}$　$n_{23}=\dfrac{v_2}{v_3}=25\sqrt{2}\times\dfrac{0.80}{50}\fallingdotseq\mathbf{0.57}$

(5) 右図のように反射の法則によりQへの入射角は30°となる。**波は逆行可能**だから，Pでの逆行と同じになり，θ は**45°**

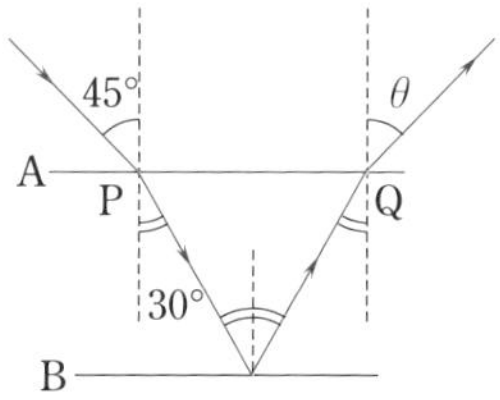

86 (1) Pではガラス面に垂直に入射するので，光は直進する（入射角0°なら屈折角も0°）。

図よりQでの入射角は30°。求める屈折角を θ とし，逆行を考え，入射角 θ，屈折角30°とみると

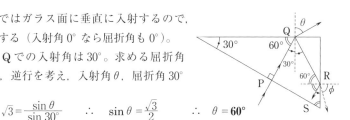

$$\sqrt{3}=\frac{\sin\theta}{\sin 30^\circ}\qquad\therefore\quad \sin\theta=\frac{\sqrt{3}}{2}\qquad\therefore\quad\theta=\mathbf{60°}$$

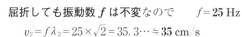

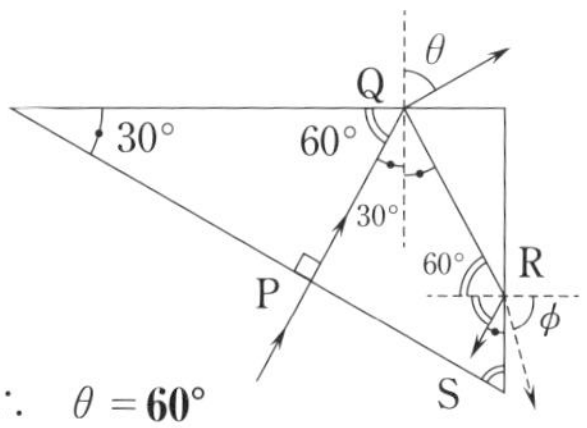

別解　「**$n\sin\theta$ = 一定**」を用いると，　$\sqrt{3}\sin 30^\circ=1\cdot\sin\theta$　（以下，同じ）
以下でもこの定理を用いる。

(2) Qでは反射も起こる。反射角は30°なので，Rでの入射角は図より60°となる。屈折角を ϕ とすると

$$\sqrt{3}\sin 60^\circ=1\cdot\sin\phi\qquad\therefore\quad\sin\phi=\frac{3}{2}\ (>1\ !)$$

このような ϕ は存在しない（sinの値は1以下）。それはRで全反射が起こっていることを意味する。Rでの反射角60°により次のSでの入射角は，図から判断して，0°となる。そこで，直進して空気中に出る。

したがって，右図のようになる。

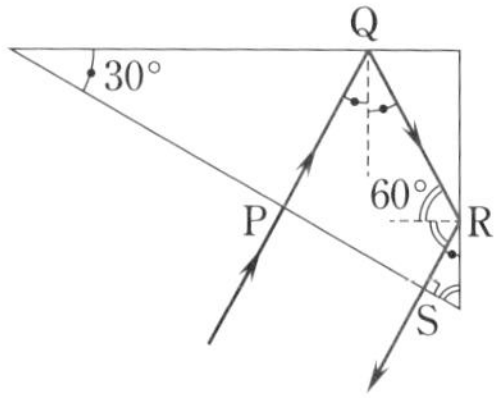

点 R については，あらかじめ，ガラスから出るときの臨界角 α を調べておく方法もある。屈折角が 90° となるケースなので

$$\sqrt{3}\sin\alpha = 1\cdot\sin 90^\circ \qquad \therefore \quad \sin\alpha = \frac{1}{\sqrt{3}}$$

$$\sin 60^\circ = \frac{\sqrt{3}}{2} > \frac{\sqrt{3}}{3} = \sin\alpha$$

したがって，60° は臨界角 α を超えるので，R で全反射する。

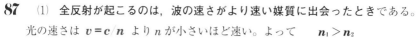

87 (1) **全反射が起こるのは，波の速さがより速い媒質に出会ったときである。** 光の速さは $\boldsymbol{v=c/n}$ より n が小さいほど速い。よって　$\boldsymbol{n_1 > n_2}$

(2) **光の屈折では $\boldsymbol{n\sin\theta}$ = 一定 の関係が成りたつ。** 臨界角のときの屈折角は 90° なので

$$n_1\sin\alpha_0 = n_2\sin 90^\circ \qquad \therefore \quad \sin\alpha_0 = \boldsymbol{\frac{n_2}{n_1}}$$

(3) AB での屈折角は $90^\circ-\alpha$ だから

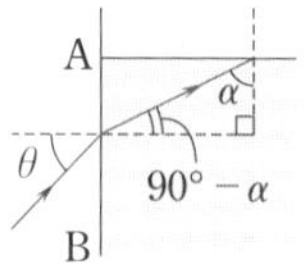

$$n_1 = \frac{\sin\theta}{\sin(90^\circ-\alpha)} = \frac{\sin\theta}{\cos\alpha} \qquad \therefore \quad \cos\alpha = \boldsymbol{\frac{\sin\theta}{n_1}}$$

(4) $\alpha > \alpha_0$ のとき全反射が起こる。それは $\sin\alpha > \sin\alpha_0$ と書きかえてもよく，(2)を用いると

$$\sin\alpha = \sqrt{1-\cos^2\alpha} > \frac{n_2}{n_1}$$

臨界角でも事実上は全反射。等号を含めてもよい。

(3)を代入して

$$\sqrt{1-\frac{\sin^2\theta}{n_1^2}} > \frac{n_2}{n_1} \qquad \therefore \quad \boldsymbol{\sin\theta < \sqrt{n_1^2-n_2^2}}$$

(5) θ が 90° に近づくと $\sin\theta$ は 1 に近づくので，(4)の結果が $0<\theta<90^\circ$ のすべての θ に対して成りたつためには

$$\boldsymbol{1 \leqq \sqrt{n_1^2-n_2^2}} \quad \text{あるいは} \quad \boldsymbol{1 \leqq n_1^2-n_2^2}$$

88 (1) 焦点 F より外側に物体を置くと，倒立の実像ができる。物体の一点 A の像 A′ は A とレンズの中心 O を結ぶ直線上にくる。この関係は光軸のまわりに物体を回転（紙面に垂直な面内で回転）させても変わらない。したがって，光源の像は x，y 方向ともに逆転し，③

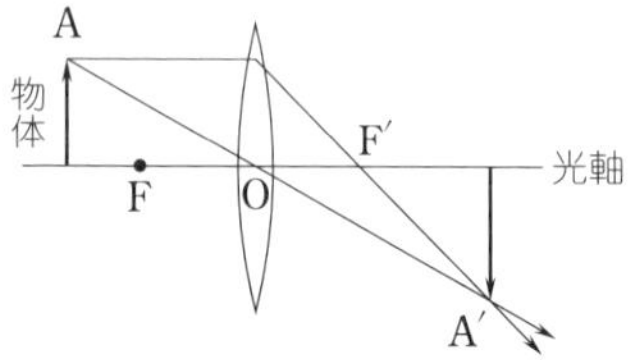

倒立とは，平面像が光軸のまわりに180°回転することに当たる。

ところで，スクリーンを半透明なスリガラスなどに替え，その裏から(右側から)見たとすると，④のように見える（x，y 軸は無視）。次のはセンター試験の問題で，見えている実像を選択肢(A)，(B)から選ぶ（答は問題編 ***Answer*** の p 118）。

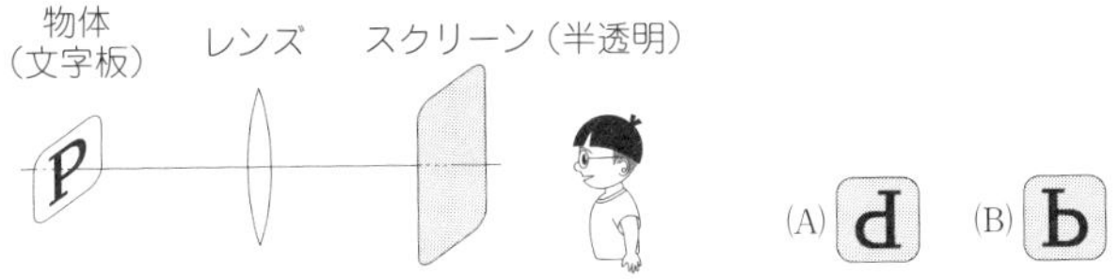

(2)　レンズから，光源までの距離を a，実像までの距離を b とすると

$a+b=100$,　　倍率 $\dfrac{b}{a}=1$　より　$a=b=50$

レンズの公式より　$\dfrac{1}{50}+\dfrac{1}{50}=\dfrac{1}{f}$　　∴　$f=$ **25 cm**

(3)　レンズの下半分を通る光があるので，実像ができることに変わりはない。レンズの一部分でも通る光があれば像はできる。ただし，レンズを通る光の量が減るので像は暗くなる。②

89　レンズの公式は　$\boldsymbol{\dfrac{1}{a}+\dfrac{1}{b}=\dfrac{1}{f}}$（$a$ はレンズから物体までの距離，b はレンズから像までの距離，f は焦点距離）凸レンズは $f>0$，凹レンズは $f<0$ とする。また，$b>0$ は実像を，$b<0$ は虚像を意味する。　倍率は　$|\boldsymbol{b/a}|$

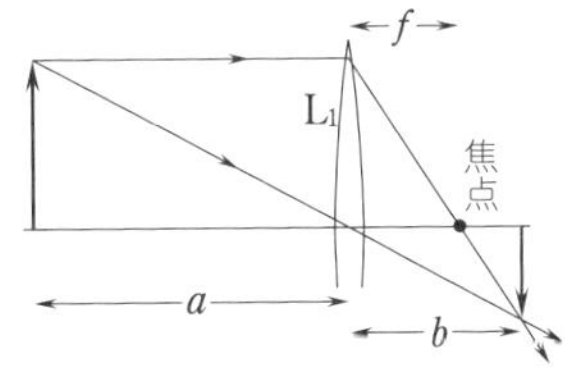

(1)　$\dfrac{1}{30}+\dfrac{1}{b}=\dfrac{1}{10}$　　∴　$b=15$

レンズの後方 15 cm の位置に**実像**ができる。

右図のように**倒立**。像の大きさは

$8\times\dfrac{15}{30}=$ **4 cm**

(2)　倍率が1だから　$b/a=1$　　∴　$b=a$

$\dfrac{1}{a}+\dfrac{1}{a}=\dfrac{1}{10}$　　∴　$a=$ **20 cm**

(3)　$\dfrac{1}{30}+\dfrac{1}{b}=\dfrac{1}{-10}$　　∴　$b=-7.5$

レンズの前方 7.5 cm の位置に**虚像**ができる。右のように**正立**。像の大きさは　$8\times\dfrac{7.5}{30}=$ **2 cm**

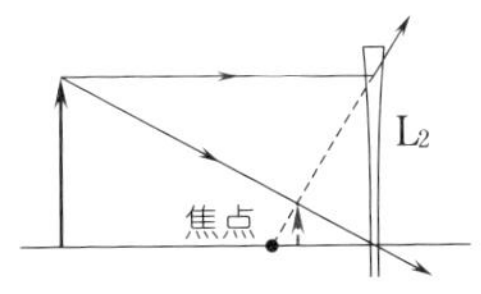

(4) $\frac{1}{5}+\frac{1}{b}=\frac{1}{10}$ 　より　 $b=-10$

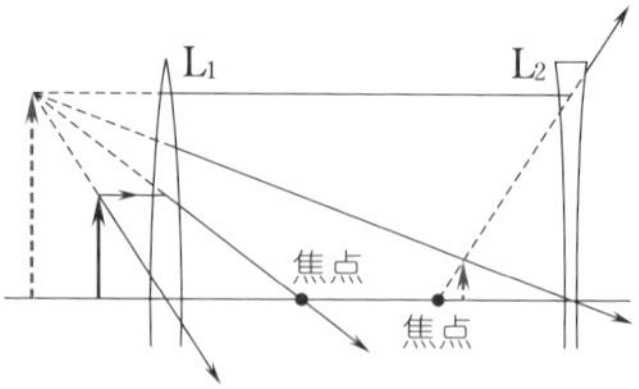

よって**L_1の前方 10 cm** に虚像ができる(正立)。L_2側から見るとそこに物体があるのと同じことだから

$\frac{1}{10+30}+\frac{1}{b'}=\frac{1}{-10}$ 　　∴　$b'=-8$

よって，**L_2の前方 8 cm** の位置に虚像ができる(正立)。大きさはL_1による倍率も考慮して　$8\times\frac{10}{5}\times\frac{8}{40}=$ **3.2 cm**

5 干渉

KEY POINT 2つの波源からの波が出会うとき，**干渉**が起こる。山と山(谷と谷)が出会うと強め合い，山と谷が出会うと弱め合う。**波源からの距離差(経路差)が重要**な役割をになう。基本は水面波の干渉であり，波源が同位相なら，距離差$=m\lambda$ で強め合い，$\left(m+\frac{1}{2}\right)\lambda$ で弱め合う。強め合いは$\lambda/2$の偶数倍，弱め合いは$\lambda/2$の奇数倍と表してもよい。

光の干渉では，強め合いは明線，弱め合いは暗線となり，距離差を一般化した**光路差を用いるとよい**。光路差は光学距離の差で，［光学距離］＝［絶対屈折率］×［距離］。その場合，**λ は真空中の波長**を用いる。

光が屈折率のより大きな媒質によって反射されると，位相がπ変わる(半波長分変わる固定端反射)。そのときは条件式を入れ替える。

90 (1) 波長は $\lambda=V/f=340\div200=1.7$ m　音源からの距離差はSとTの間隔xに等しい(右図)。強め合うためには $x=m\lambda$ ($m=0,\ 1,\ 2,\ \cdots$)　xの最小値は $m=1$ のときで($m=0$ はSとTの位置が同じになり不適)　$x=\lambda=$ **1.7**〔m〕

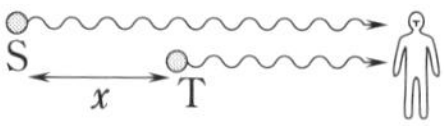

(2) ST間では逆行する2つの波があるので定常波(定在波)が出現する。腹と腹の間隔は半波長に等しいので　$\lambda/2=1.7\div2=$ **0.85**〔m〕

(3) 波源が同位相なので中点は腹になる。中点とTの間の2.8 mを0.85 mで割ると，余りが **0.25 m** となる($2.8=0.85\times3+0.25$)。それがPT間距離である。

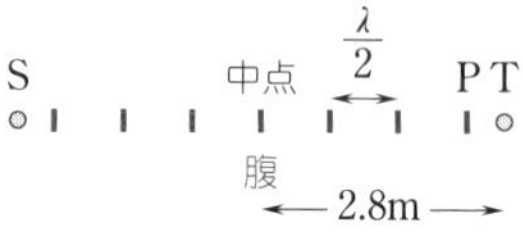

ここでは音波(縦波)を密度変化で表している。密と密(あるいは疎と疎)の重なる所が腹で，密度変化と圧力変化が大きく，大きな音が聞こえる。

(4)　腹の位置を通るたびに強め合いを観測する。人は 1 s 間に 1.7 m 進むので，出会う腹の数は　　$1.7 \div 0.85 = \mathbf{2}$〔回/s〕

01　(1)　図より　$AB = 4\lambda$　　∴　$\lambda = \dfrac{d}{4}$〔m〕　　$v = f\lambda = \dfrac{\lambda}{T} = \dfrac{d}{4T}$〔m/s〕

(2)　P_1 は山と山が出会っているので**強め合い**。　P_2 では A から谷が来ていて，山と谷の重なりだから**弱め合い**。　P_3 では A，B から共に谷が来ているので**強め合い**。

(3)　図より　$AP_1 - BP_1 = 4\lambda - 2\lambda = \mathbf{2\lambda}$　　$AP_2 - BP_2 = 2.5\lambda - 3\lambda = -\dfrac{1}{2}\boldsymbol{\lambda}$

$AP_3 - BP_3 = 2.5\lambda - 3.5\lambda = \boldsymbol{-\lambda}$　　これらの結果からも(2)の答えが確認できる。

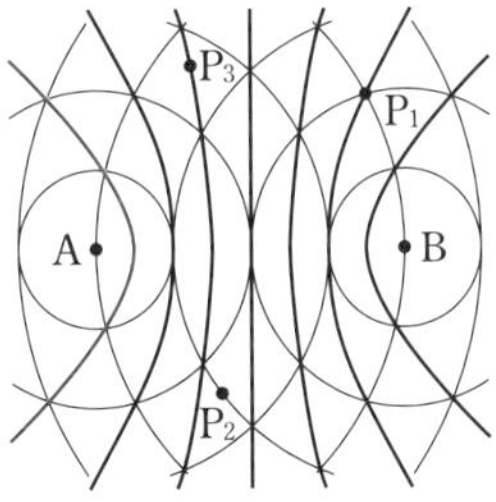

(4)　強め合いの線は山と山の重なり(あるいは谷と谷の重なり)を結べばよく，右のようになる。A に最も近いのは赤い線。

(5)　波源が逆位相(一方が山を出すと他方は谷を出す)になると，強め合いと弱め合いが入れ替わるので右図の太線(黒と赤)が弱め合いの線となる。よって，図より　**7本**。

> [別解]　線分 AB 上では，左右逆行する波となり，定常波が現れる。逆位相の場合，中点は節となる。節は弱め合いに相当し，節と節の間隔は $\lambda/2$ だから図より 7 個，つまり 7 本と分かる。定常波も干渉の一種である。

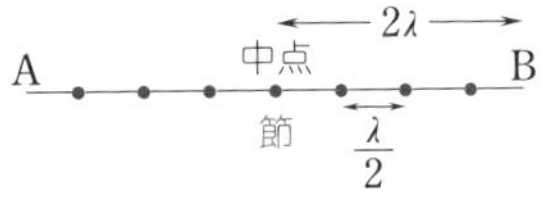

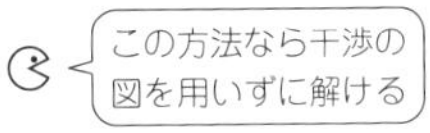

☞ この方法なら干渉の図を用いずに解ける

02　スリットで回折が起こり，球面波が広がるため干渉に入る。

(1)　S_1，S_2 からの距離の差(赤線)は遠くなるほど小さくなっていることに注意。弱め合いの条件は，距離差 $= \left(m + \dfrac{1}{2}\right)\lambda$　$(m = 0, 1, 2, \cdots)$ と表されるので，A_1 の方が $\dfrac{1}{2}\lambda$ 差と決まり　$\dfrac{1}{2}$ 倍。

A_2 の方は $\left(1 + \dfrac{1}{2}\right)\lambda$ 差で　$\dfrac{3}{2}$ 倍。

図 a

☞ A_2 や A_1 を中心に円を描いてみる

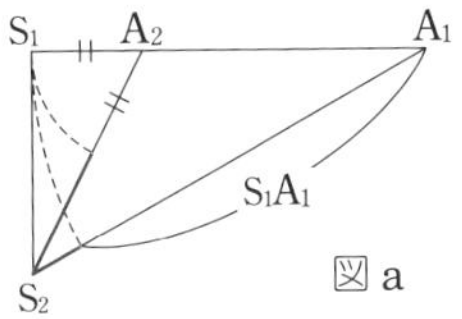

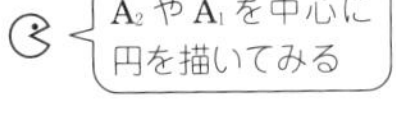

(2) 三平方の定理より　$S_2A_1=\sqrt{12^2+5^2}=13$

(1)の結果より　$S_2A_1-S_1A_1=13-12=\frac{1}{2}\lambda$　　$\therefore\ \lambda=\mathbf{2}$〔**cm**〕

(3) 線分 S_1S_2 上では定常波が生じ，中点は腹。腹と腹の間隔は $\lambda/2=1$ cm だから，右図より5個。腹は強め合いでもあり **5本**。

(4) 前問の考え方からも分かるように，S_1S_2 間の距離が増すと腹の数が増し，腹と腹の中央にある節（弱め合いの線に対応）も当然**増す**。一方，図aから S_1S_2 が長くなると，A_1 までの距離差が増すことが分かる。$\lambda/2$ を保つためには A_1 は**遠ざかる**。

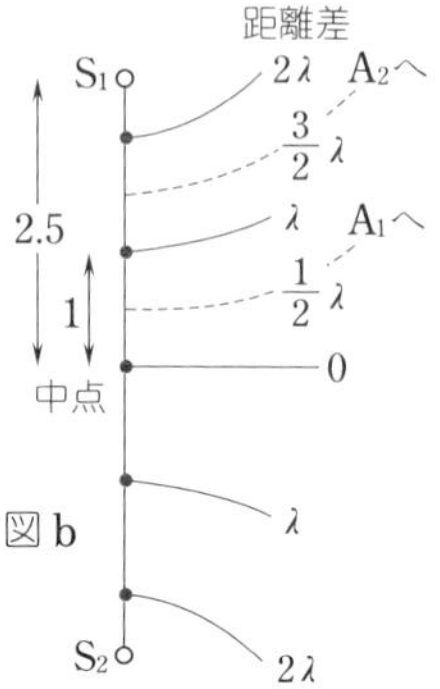

図b

93 **ヤングの実験**とよばれる。スリット S_1 と S_2 で回折された光がそれぞれ球面波として広がり干渉する。原理的には水面波の干渉と同じである。なお，S_0 の役割は光を回折させ，S_1 と S_2 に同位相の光を送り込むことにある。

(1) スリット間隔を d とすると，**距離差** S_2P-S_1P は $\boldsymbol{\frac{dx}{l}}$ と表される。

$d=2a$ であり，暗線（弱め合い）の条件は

$$\frac{2a\cdot x}{l}=\left(m+\frac{1}{2}\right)\lambda \qquad \therefore\ x=\boldsymbol{\left(m+\frac{1}{2}\right)\frac{\lambda l}{2a}}\ (=x_m)$$

なお，x を座標とすると，m として負の整数まで用いれば，上式でスクリーン上の全範囲に対応できる。

(2) x の値は m によって変わるので x_m と表記すると，間隔 $\varDelta x$ は

$$\varDelta x=x_{m+1}-x_m=\left\{\left(m+1+\frac{1}{2}\right)-\left(m+\frac{1}{2}\right)\right\}\frac{\lambda l}{2a}=\frac{\lambda l}{2a}\quad\cdots①$$

$$\therefore\ \lambda=\frac{2a}{l}\varDelta x=\frac{2\times0.47\times10^{-3}}{6.1}\times4.1\times10^{-3}\fallingdotseq\mathbf{6.3\times10^{-7}}\,〔\mathbf{m}〕$$

(3) 光路差が生じているのは面Ⅱとスクリーンの間なので，面ⅠとⅡの間に媒質を満たしても干渉条件は変わらない。

したがって，干渉模様も変わらないので **1倍**

(4) 波長が $\lambda'=\lambda/n$ となる。①式の λ を λ' に置き換えればよいので，新たな間隔 $\varDelta x'$ は

$$\varDelta x'=\frac{\lambda' l}{2a}=\frac{\lambda l}{2an}=\frac{\varDelta x}{n}\qquad よって\quad \boldsymbol{\frac{1}{n}}倍$$

94 (1) 回折格子の公式 $\boldsymbol{d\sin\theta = m\lambda}$ において，整数 m には負の値も含ませればよい。

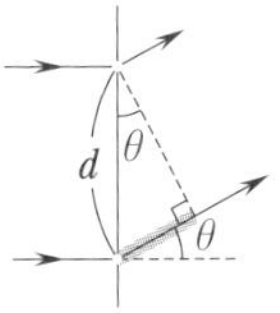

$$1.2\times10^{-6}\sin\theta = m\times6.0\times10^{-7}$$

$$\therefore\quad \sin\theta = \frac{1}{2}m$$

この式と，$-60^\circ<\theta<60^\circ$　および　$\sin 60^\circ = \dfrac{\sqrt{3}}{2}$ より

赤色部が経路差。平行光線の干渉は垂線(波面)を描いて考える。

$$-\frac{\sqrt{3}}{2} < \sin\theta = \frac{1}{2}m < \frac{\sqrt{3}}{2}\qquad \therefore\quad -\sqrt{3}<m<\sqrt{3}$$

m は整数だから　　$m=-1,\ 0,\ 1$　　よって，**3 本**

なお，以上では $-90^\circ\leqq\theta\leqq90^\circ$ の範囲で $\sin\theta$ は増加関数であることを用いている。

(2) $d\sin\theta = m\lambda$ より λ を決めれば，$\theta>0^\circ$ では θ の小さい側から $m=1,\ 2,\ \cdots$ の順で明線が現れる。また，同じ次数 m では，λ が小さい(短い)方が θ が小さい。青色の方が波長 λ が短いから，P は $m=1$ の青色，次の Q は $m=1$ の赤色，R は $m=2$ の青色となる。

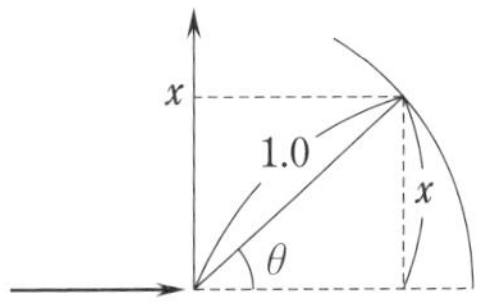

念のために，$d\sin\theta_{\text{P}} = 1\cdot\lambda_{\text{青}}$，$d\sin\theta_{\text{R}} = 2\cdot\lambda_{\text{青}}$

$\therefore\ \sin\theta_{\text{R}} = 2\sin\theta_{\text{P}}$　実際，図 2 より $0.64 = 2\times0.32$

半径 1.0 m の円筒スクリーンだから，$\sin\theta = x$ となっていることに注意したい。

結局，青色の明線は P と R で　　⑥

(3) Q は $m=1$ の赤色だから　　$d\sin\theta_{\text{Q}} = 1\times6.8\times10^{-7}$

図 2 より　$\sin\theta_{\text{Q}} = 0.48$　　$\therefore\quad d = 14.1\cdots\times10^{-7} \fallingdotseq \boldsymbol{1.4\times10^{-6}\,\mathrm{m}}$

95 (1) 回折格子の公式 $\boldsymbol{d\sin\theta = m\lambda}$ において，$L\gg x_m$ より θ が微小角になっているので

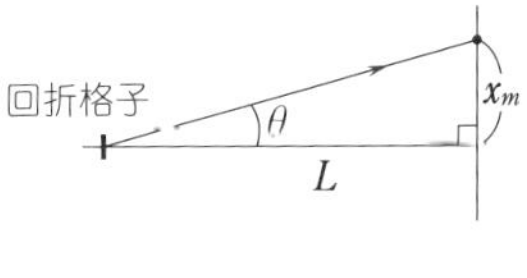

$$x_m = L\tan\theta \fallingdotseq L\sin\theta = \boldsymbol{\frac{m\lambda L}{d}}\quad\cdots①$$

$$\varDelta x = x_{m+1} - x_m = (m+1-m)\frac{\lambda L}{d} = \boldsymbol{\frac{\lambda L}{d}}$$

(2) 1 mm あたり 100 本より　　$d = \dfrac{1\times10^{-3}}{100} = 1.00\times10^{-5}$〔m〕　　これと①より

$$\lambda = \frac{d\,x_m}{mL} = \frac{1.00\times10^{-5}\times19.0\times10^{-2}}{3\times1.00} \fallingdotseq 6.33\times10^{-7}\text{〔m〕} = \textbf{633〔nm〕}$$

(3) $m=0$ は $\theta=0$ に対応し，すべての λ に対し $d\sin 0 = 0\cdot\lambda$ を満たすので，**白色になる**。$m=1$ では $d\sin\theta = 1\cdot\lambda$ より λ が大きいほど θ が大きい。つま

り**中心に近い側から青→黄→赤のように色づく。**

(4)　①より　$x_1=\dfrac{\lambda L}{d}=\dfrac{380\times10^{-9}\times1.00}{1.00\times10^{-5}}=3.80\times10^{-2}$〔m〕$=3.80$〔cm〕

$\lambda=770$〔nm〕についても同様で　$\mathbf{3.80\ cm \leqq x_1 \leqq 7.70\ cm}$

96　(1)　$\boldsymbol{v}=\dfrac{\boldsymbol{c}}{\boldsymbol{n}}=\dfrac{3.0\times10^8}{1.5}=\mathbf{2.0\times10^8\ m/s}$

$\boldsymbol{\lambda'}=\dfrac{\boldsymbol{\lambda}}{\boldsymbol{n}}=\dfrac{6.0\times10^{-7}}{1.5}=\mathbf{4.0\times10^{-7}\ m}$

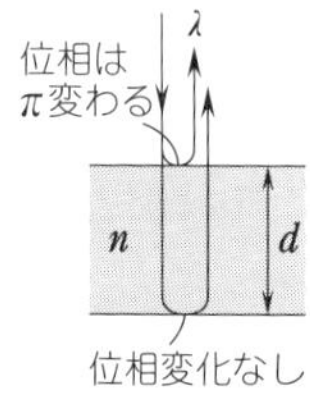

(2)　油膜の厚みを d とすると，光路差は $n\times2d$ である。反射の際，表面で位相が π 変わるので，強め合う条件は

$$2nd=\left(m+\frac{1}{2}\right)\lambda \quad (m=0,\ 1,\ 2,\ \cdots)$$

反射すると，往復の距離と位相変化に注意

d が最小となるのは $m=0$ のときだから

$$d_0=\frac{\lambda}{4n}=\frac{6.0\times10^{-7}}{4\times1.5}=\mathbf{1.0\times10^{-7}\ m}$$

距離差(経路差)で考える場合には，条件式を $2d=\left(m+\dfrac{1}{2}\right)\lambda'$ とおくことになる。

(3)　次の強め合いは $m=1$ に対応し　$d_1=\dfrac{3\lambda}{4n}=3d_0=\mathbf{3.0\times10^{-7}\ m}$

(4)　(3)と同様に，波長 λ の光が強め合う d は一般に d_0 の奇数倍となる。一方，弱め合う条件は，波長を λ_1 とすると，$2nd=l\lambda_1$ $(l=1,\ 2,\ \cdots)$　したがって

$$d=\frac{l\lambda_1}{2n}=\frac{l\times4.5\times10^{-7}}{2\times1.5}=1.5\,l\times10^{-7}〔\mathrm{m}〕$$

$l=2$ のときこの値は d_1 に一致し，それが l の最小つまり d の最小だから，求める値は d_1 に等しく　$\mathbf{3.0\times10^{-7}\ m}$

97　(1)　直線 A_1C と，B_2 から境界面におろした垂線との交点を E とする。反射の法則より黒丸で示した角が等しく，灰色と赤色の直角三角形は合同だから，$CB_2=CE$

よって，　$B_1C+CB_2=B_1C+CE=B_1E$

直角三角形 $\triangle B_1B_2E$ より

$$B_1E=B_2E\cos\phi=\boldsymbol{2d\cos\phi}$$

$(\because\quad FE=B_2F=d)$

折れ曲がり距離を直線距離にする

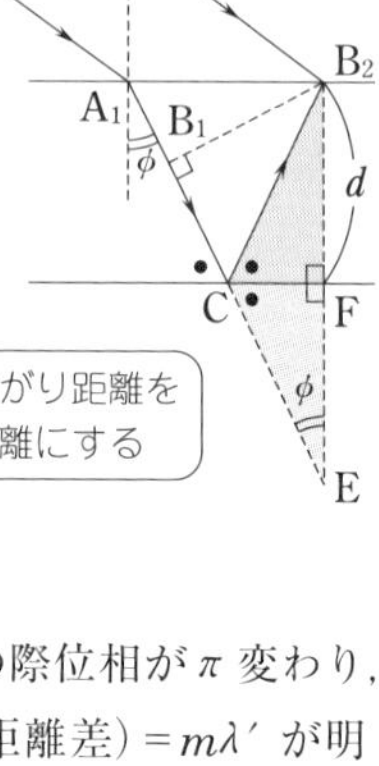

(2)　薄膜中での波長を λ' とすると，公式より　$\lambda'=\dfrac{\boldsymbol{\lambda}}{\boldsymbol{n}}$

(3)　下の媒質ほど屈折率が大きいので，B_2 でも C でも反射の際位相が π 変わり，反射は実質的に干渉条件に影響しない。よって，経路差(距離差)$=m\lambda'$ が明

るくなる条件になり，$\boldsymbol{2d\cos\phi = m\cdot\frac{\lambda}{n}}$　光路差は $n\times 2d\cos\phi$ であり，

$\boldsymbol{2nd\cos\phi = m\lambda}$ としてもよい。

光路差 $\boldsymbol{2nd\cos\phi}$（ϕ は屈折角）は覚えておきたい。導出では光線 A_1C に垂直な波面 B_2B_1 を描き，点 B_1 に着目し，E を利用することがポイントである。

(4)　$m=1$ のとき d は最小となるので

$$d=\frac{1\cdot\lambda}{2n\cos\phi}=\frac{1\times 6.0\times 10^{-7}}{2\times 1.5\times \cos 60^\circ}=\mathbf{4.0\times 10^{-7}}\,〔\mathrm{m}〕$$

(5)　薄膜より G の屈折率が小さいので C での反射では位相変化がなく，B_2 だけで π 変わる。そこで，明るくなる条件は，経路差 $=\left(m-\frac{1}{2}\right)\lambda'$ となり，

$2nd\cos\phi=\left(m-\frac{1}{2}\right)\lambda$ と表される。$m=1$ で d は最小となり

$$d=\frac{\left(1-\frac{1}{2}\right)\lambda}{2n\cos\phi}=\frac{\frac{1}{2}\times 6.0\times 10^{-7}}{2\times 1.5\times \cos 60^\circ}=\mathbf{2.0\times 10^{-7}}\,〔\mathrm{m}〕$$

整数 m を $m=0,\ 1,\ 2,\ \cdots$とすれば，経路差 $=\left(m+\frac{1}{2}\right)\lambda'$ とふつう通り表すことになる。右辺は $\frac{1}{2}\lambda$ から始まるように調整する必要がある。

98 ガラス板の間の空気層は非常に狭く，薄膜として働き，干渉が起こる。右図では誇張されているが，上のガラス板もほとんど水平なので，反射光は上へ戻るとしてよい。

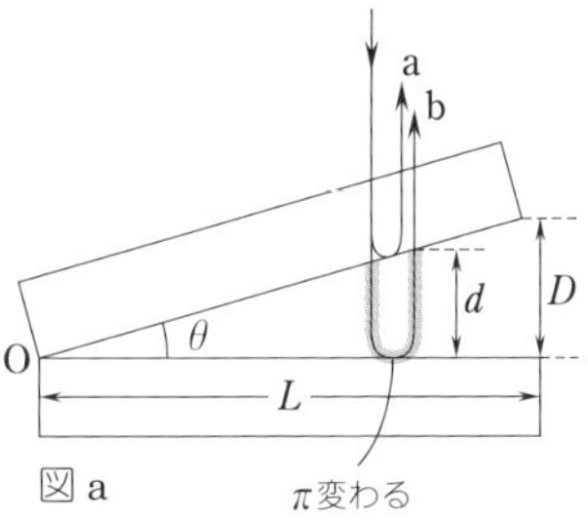

図 a

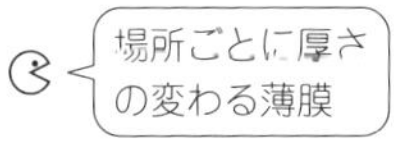

(1)　空気層の厚みを d とすると，経路差は $2d$ である（赤色部）。光 b が反射により位相が π 変わるので，暗線の条件は $2d=m\lambda$（$m=0,\ 1,\ 2,\ \cdots$）で表される。

O 点では $d=0$ であり，$m=0$ が対応してこの式が成立するので，**暗線**になる。

(2)　m 次の明線の条件は　$2d=\left(m+\frac{1}{2}\right)\lambda$　…①

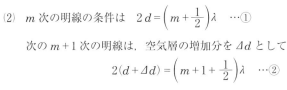

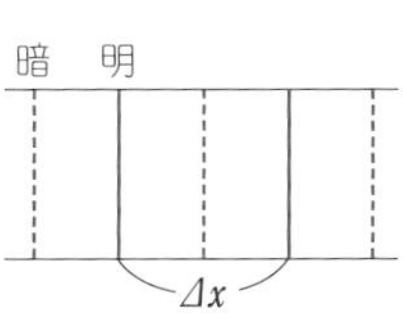

図 b：真上から見た図

次の $m+1$ 次の明線は，空気層の増加分を Δd として

$$2(d+\Delta d)=\left(m+1+\frac{1}{2}\right)\lambda\quad\cdots②$$

②－①より　　$\Delta d=\frac{1}{2}\lambda$　…③

なお，$m+1$ 次は m 次より経路差が1波長分長くなること，そして光が往復することを考え合わせれば $\Delta d=\dfrac{\lambda}{2}$ はすぐに分かる。

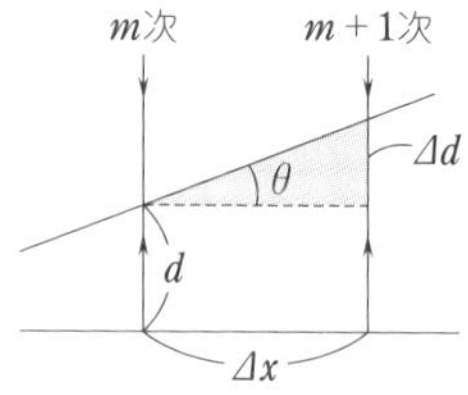

図 c：横から見た図

赤色の三角形と図 a より

$$\Delta d=\Delta x\cdot\tan\theta=\Delta x\cdot\frac{D}{L}\quad\cdots④$$

③，④より　$D=\dfrac{\lambda L}{2\Delta x}=\dfrac{5.9\times10^{-7}\times0.10}{2\times2.0\times10^{-3}}\fallingdotseq\mathbf{1.5\times10^{-5}}$〔m〕

(3)　経路差はやはり $2d$ だが(赤色部)，光 d が2回反射し，共に π 変わるため，$2d=m\lambda$ は明線の条件に，$2d=\left(m+\dfrac{1}{2}\right)\lambda$ は暗線の条件になる。つまり，**明線と暗線が入れ替わって見える**。エネルギー保存則の観点からも，反射光が明るく見えるとき，透過光は暗くなるはずである。

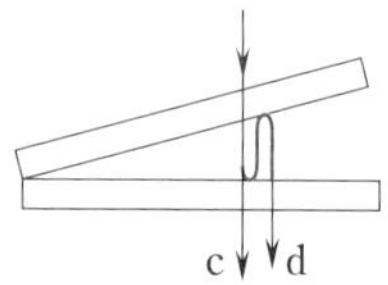

(4)　③，④より　$\Delta x=\dfrac{\lambda L}{2D}$　水中では λ を $\lambda'=\dfrac{\lambda}{n}$ に置き換えればよいので

$$\Delta x'=\frac{\lambda' L}{2D}=\frac{\lambda L}{2Dn}=\frac{\Delta x}{n}\qquad\therefore\ \boldsymbol{\frac{1}{n}}\text{倍}$$

99　(1)　右図の赤色の直角三角形に注目すると，三平方の定理より

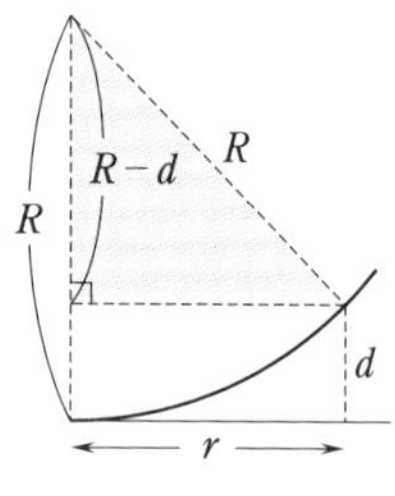

$$R^2=(R-d)^2+r^2$$

$$\therefore\quad 0=-2Rd+d^2+r^2$$

d^2 は無視できるので　$d\fallingdotseq\boldsymbol{\dfrac{r^2}{2R}}$

右下図のように，平凸レンズの下面で反射する光 a と，平面ガラスの上面で反射する光 b が干渉する。その経路差は $2d$ であり(赤色部)，上の結果より r^2/R と表される。

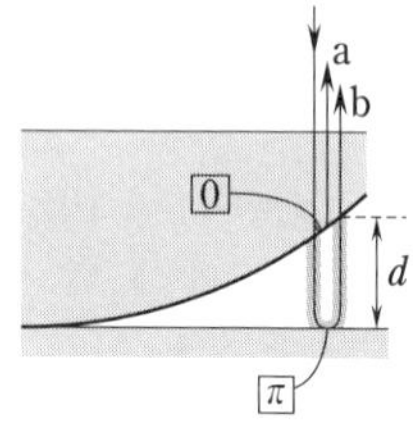

(2)　光 b だけが反射の際に位相が π 変わるので暗輪ができる条件は

$$2d\fallingdotseq\frac{r^2}{R}=m\lambda\quad(m=0,\ 1,\ 2,\ \cdots)\quad\cdots①$$

中心は $d=0$ であり，$m=0$ でこの条件が満たされるので，中心は**暗く見える**。実際上，中心点だけでなく，中心近くは $d\fallingdotseq0$

のためお盆状に暗くなる。また，①より λ が大きいと r は大きいので**赤色の光**の方が半径が大きい。

なお，このような比較は次数 m の等しい光に対して行う。

(3) 明輪の条件は　$\dfrac{r^2}{R}=\left(m+\dfrac{1}{2}\right)\lambda$　$(m=0,\ 1,\ 2,\ \cdots)$　…②

3番目の明輪は $m=2$ に対応することに注意して

m=0 が
1番目

$$\frac{r^2}{R}=\left(2+\frac{1}{2}\right)\lambda \quad \cdots③$$

$$\therefore\quad R=\frac{r^2}{\frac{5}{2}\lambda}=\frac{(3.0\times10^{-3})^2}{\frac{5}{2}\times540\times10^{-9}}=6.66\cdots=\mathbf{6.7}\,[\mathrm{m}]$$

(4) 光路差が $n\times2d\fallingdotseq n\dfrac{r^2}{R}$ となること，4番目は $m=3$ に該当することに注意すると

$$n\frac{r^2}{R}=\left(3+\frac{1}{2}\right)\lambda \quad \cdots④$$

$\dfrac{④}{③}$ より（r は共通だから）　$n=\dfrac{7}{5}=\mathbf{1.4}$

もしも，n がガラスの屈折率よりも大きかったとしても，光aの位相が π 変わり，bが変わらなくなるので，④は成立している。

(5) 右のような光a，bの干渉となり，経路差はやはり $2d$ である（赤色部）。bは2度の反射でいずれも位相が π 変わるので，反射は実質的に影響せず，①は明輪の条件に，②は暗輪の条件になる。つまり，**明暗の輪が入れ替わる。**

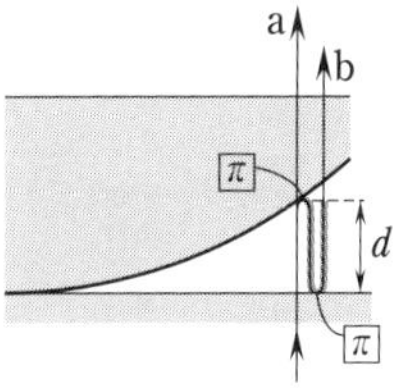

問題**98**(3)のようにエネルギー保存則で考えると早い。

電　磁　気

1 静電気，電場(電界)と電位

KEY POINT クーロンの法則が基礎となる。**ある点での電場 $\vec{E}$ は，そこに +1〔C〕を置いたとき，受ける力の大きさと向きで決める。** q〔C〕が受ける力の大きさは $\boldsymbol{F=qE}$ となる。 そして，**位置エネルギー $\boldsymbol{U}$ は $\boldsymbol{U=qV}$** と電位 V を用いて表せる。

点電荷 Q がつくる電場は $\boldsymbol{E=kQ/r^2}$，　電位は $\boldsymbol{V=kQ/r}$

複数の電荷があれば，**電場はベクトル和，電位はスカラー和**となる。

($V=kQ/r$ と $U=qV$ は符号を考えて扱うことに注意する。)

電場の様子は電気力線や等電位面を用いて表される。

100 (1) 張力を T とすると，鉛直方向での力のつり合いより

$$T\cos 30^\circ=mg \qquad \therefore\ T=\boldsymbol{\frac{2}{\sqrt{3}}mg}\text{〔N〕}$$

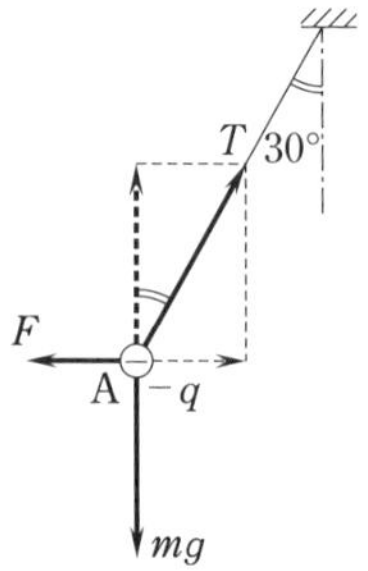

(2) 静電気力を F とすると，水平方向のつり合いより

$$F=T\sin 30^\circ=\frac{1}{\sqrt{3}}mg \quad \cdots ①$$

一方，クーロンの法則より　$F=k\dfrac{2q\cdot q}{d^2}$　…②

①，②より　$q=\boldsymbol{d\sqrt{\dfrac{mg}{2\sqrt{3}k}}}$〔C〕

(3) AとBを接触させると，正・負の電荷の一部が中和し，全体の電気量は $-q+2q=+q$ となる。AとBを離すと，それぞれ $+\frac{1}{2}q$ と正に帯電する。同種の電荷は反発し合い，力のつり合いは

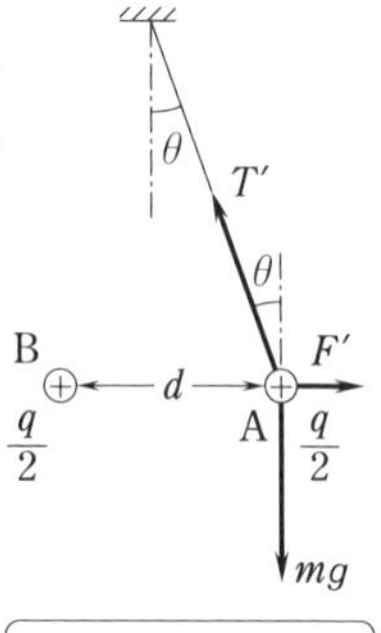

水平方向：　$T'\sin\theta=F'=k\dfrac{\frac{q}{2}\cdot\frac{q}{2}}{d^2}$　…③

鉛直方向：　$T'\cos\theta=mg$　…④

$\dfrac{③}{④}$ より　$\tan\theta=\dfrac{kq^2}{4mgd^2}=\boldsymbol{\dfrac{1}{8\sqrt{3}}}$

↑(2)の q を代入

電気量の保存に注意

101　(1)　**電気力線は，接線方向がその点での電場(電界)の向きを表し，密集している所ほど電場が強い。そして，＋(正電荷)から出て－(負電荷)に入り，総本数は電気量に比例する。**したがって，

(ア)　**正**　(イ)　**負**　(ウ)　**1**　(エ)　**小さい**

(2)　**電気力線と等電位面は直交する。**そこで図の赤線が答になる。黒線も含め，実線が正の電位，点線が負の電位になり，直線 AO 上は 0〔V〕(無限遠を基準とする)。式で示せば，$\dfrac{kq_1}{r}+\dfrac{k(-q_1)}{r}=0$（$r$ は P や Q までの距離)。電位は＋の近くほど高く，－の近くほど低い。

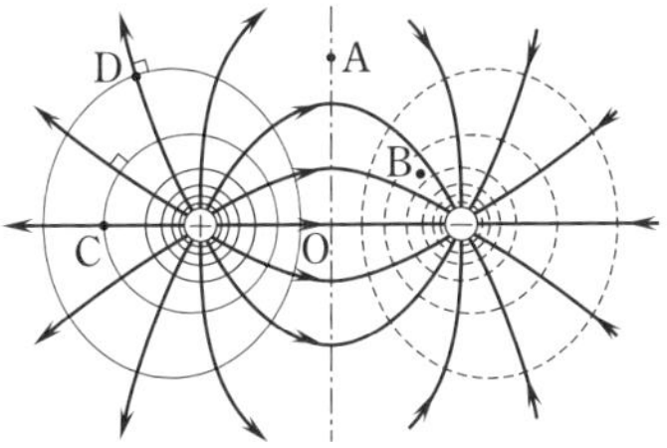

(3)　以上より　$V_B < V_A = V_O < V_D < V_C$　**電気力線は高電位側から低電位側に向かう**ことから決めてもよい。

(4)　エネルギー保存則より，**外力の仕事＝位置エネルギーの変化** が成りたつ。ここでは静電気力による位置エネルギー $\boldsymbol{U=qV}$ の変化を調べればよい。$q=q_0>0$ なので，電位が増すケースで外力の仕事は正になる。それは **B→C**

全体での仕事は　$q_0V_A-q_0V_A=\boldsymbol{0}$〔**J**〕

なお，問題文に断りがなければ，重力は考えなくてよい。

同じ点に戻れば
いつも仕事は0

102　(1)　点 O に＋1〔C〕(図の⊕)を置き，受ける力を調べる。A，B の＋Q から逆向きで同じ大きさの電場がつくられ，電場はベクトル和だから **0**〔**N/C**〕となる。一方，点 C では $\vec{E}_A$ と $\vec{E}_B$ の和は $\vec{E}_C$ となる。計算では，x 軸方向の成分(点線矢印)の和をとればよく

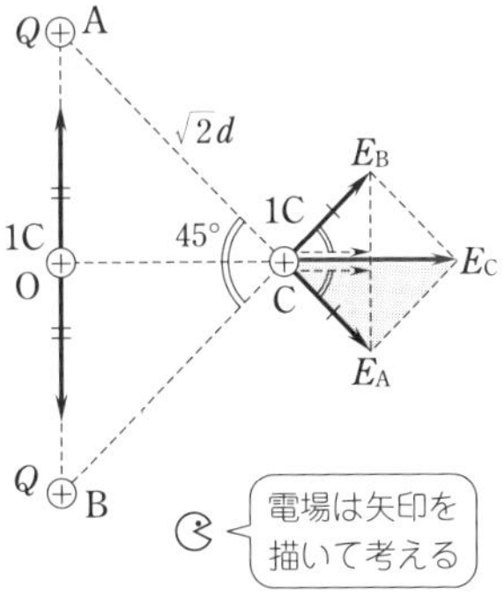

$$E_C=E_A\cos 45^\circ+E_B\cos 45^\circ=2E_A\cos 45^\circ$$

$$=2\frac{kQ}{(\sqrt{2}d)^2}\cdot\frac{1}{\sqrt{2}}=\boldsymbol{\frac{\sqrt{2}kQ}{2d^2}}〔\mathbf{N/C}〕$$

電場は矢印を描いて考える

灰色部分が直角 2 等辺三角形となるので，$E_C=\sqrt{2}E_A$ として求めてもよい。

(2)　点電荷の電位 $\boldsymbol{V=\dfrac{kQ}{r}}$ を用いる。電位はスカラー和だから

$$V_O=\frac{kQ}{d}+\frac{kQ}{d}=\boldsymbol{\frac{2kQ}{d}}〔\mathbf{V}〕\qquad V_C=\frac{kQ}{\sqrt{2}d}+\frac{kQ}{\sqrt{2}d}=\boldsymbol{\frac{\sqrt{2}kQ}{d}}〔\mathbf{V}〕$$

(3)　$\boldsymbol{F=qE}$　より　$F=qE_C=\boldsymbol{\dfrac{\sqrt{2}kqQ}{2d^2}}$〔**N**〕

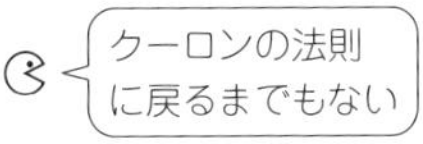
クーロンの法則
に戻るまでもない

正電荷だから，電場の向きと同じで，**x 軸の正の向き**。

(4) **外力の仕事＝位置エネルギー qV の変化** より

$$W_1 = qV_O - qV_C = \boldsymbol{\frac{(2-\sqrt{2})kqQ}{d}}\ \text{〔J〕}$$

移動の途中，静電気力と外力はつり合い，大きさが等しく向きが逆だから，**静電気力の仕事＝－(外力の仕事)**が成りたち

$$W_2 = -W_1 = \boldsymbol{-\frac{(2-\sqrt{2})kqQ}{d}}\ \text{〔J〕}$$

(5) 静電気力のもとで自由に運動するときには，力学的エネルギー保存則 **$\frac{1}{2}mv^2+qV=$一定** を用いればよい。十分に時間がたつと q は無限遠点(電位 0〔V〕)に達し，位置エネルギーは 0 となるので

$$0+qV_C = \frac{1}{2}mv^2+0 \qquad \therefore\quad v=\sqrt{\frac{2qV_C}{m}}=\boldsymbol{\sqrt{\frac{2\sqrt{2}\,kqQ}{md}}}\ \text{〔m/s〕}$$

103 一様な電場は位置によらず $\vec{E}$ が一定で，電気力線で描くと平行で等間隔になる。電気力線に沿って d〔m〕離れた 2 点間の電位差は **$V=Ed$** と表せる。

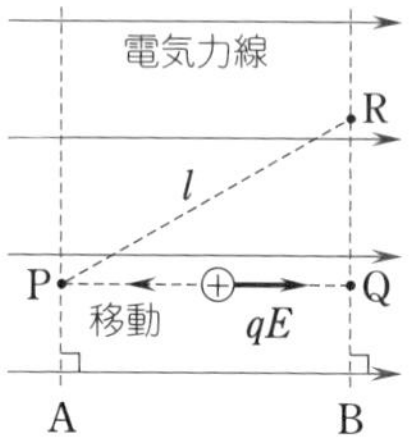

(1) 面 A と B はそれぞれ等電位面であり，電場(電気力線)は高電位側から低電位側に向くので A の方が，つまり点 **P** の方が電位が高い。AB 間の電位差を調べればよく，

$$V=Ed=E\cdot \text{PQ}=\boldsymbol{El\cos\theta}\ \text{〔V〕}$$

(2) **静電気力のする仕事は移動の経路によらない**。よって，P ← Q 間の水平移動として計算すればよい。静電気力は $F=qE$ で一定であり，右向き。一方，移動は左向きだから仕事は負となり

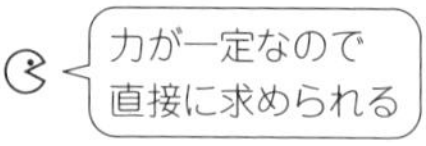

$$W=-F\times \text{PQ}=\boldsymbol{-qEl\cos\theta}\ \text{〔J〕}$$

別解 実際の経路に従うと，QR 間は 0，RP 間は赤点線矢印の力が負の仕事をし，　$W=-qE\cos\theta\cdot l$

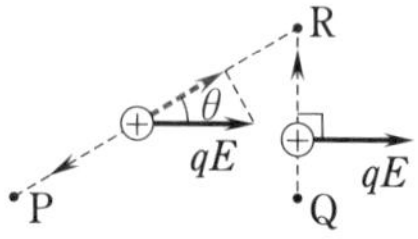

別解 面 B の電位を 0 とすると面 A の電位は $+V$〔V〕

外力の仕事は　$W_{外力}=qV-q\times 0$

静電気力の仕事は符号を変えて

$$W=-W_{外力}=-qV=-qEl\cos\theta$$

(3) 運動を水平方向と鉛直方向に分解して考える。水平方向の加速度を a_x とすると，運動方程式 $ma_x = qE$ より　$a_x = qE/m$

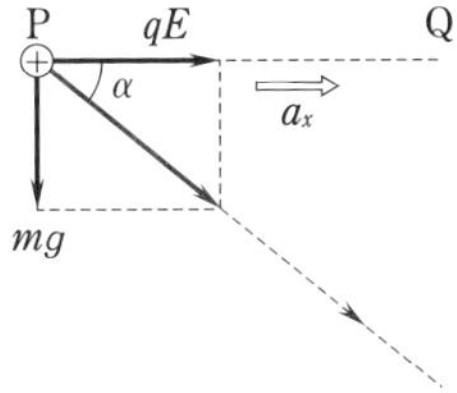

等加速度運動の公式❷より

$$l\cos\theta = \frac{1}{2}a_x t^2 \qquad \therefore \quad t = \sqrt{\frac{2ml}{qE}\cos\theta}\ \text{〔s〕}$$

実際は重力との合力(赤矢印)による運動となる。初速が0で合力は一定なので，合力の向きに動き続け軌跡(赤点線)は**直線となる**。一種の「自由落下」で，合力が見かけの重力として働く。なお，$\tan\alpha = mg/qE$

(4) 前問で求めた時間 t の間に鉛直方向の変位が0となればよいので(PとQは同じ高さ)，公式❷より(鉛直は g での投げ上げ運動)

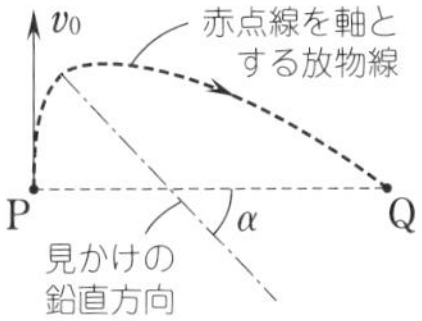

$$0 = v_0 t + \frac{1}{2}\cdot(-g)t^2$$

$$\therefore \quad v_0 = \frac{1}{2}gt = \frac{g}{2}\sqrt{\frac{2ml}{qE}\cos\theta}\ \text{〔m/s〕}$$

104　ガラス棒の正電荷に負電荷が引き寄せられる(**静電誘導**)。一方，正電荷は押しやられ，手と体を通して地面へ逃げる。はく上には電荷がなく，はくは閉じている(図a)。手を離してもこの状態のままだが，ガラス棒を遠ざけると，電極上にいた負電荷は全体に広がる(お互いに反発し合う)。つまり，はくは負に帯電して開く(図b)。したがって答は ①

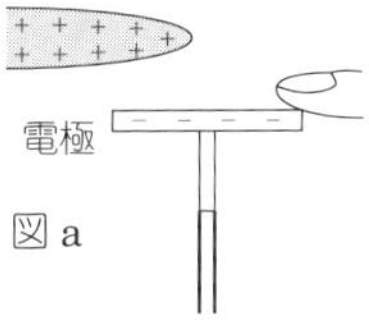

図a

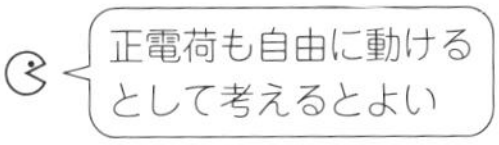

図b

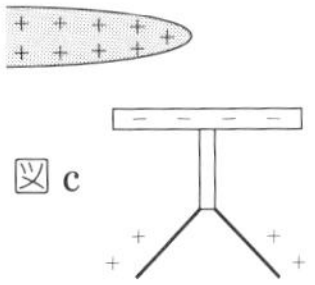
図c

問　ガラス棒を近づけると，正電荷ははくに押しやられ，はくは開く(図c)。ここで手を触れると，はく上の正電荷は地面へと逃げ，はくは閉じる。一方，電極上の負電荷はガラス棒の正電荷に引かれ動けない。つまり，図aの状態になる。以下は上と同じこと。結局，**開いていたはくは，手を触れると閉じ，手を離しても変化せず，ガラス棒を遠ざけると再び開く。**

はじめ，ガラス棒を近づけていくと，はくの開きが大きくなっていくこと，図bでの開きは図cでの開きより小さいことも理解してほしい。

2 コンデンサー

KEY POINT コンデンサーの電気量 Q は極板間の電位差(電圧) V に比例し，$\boldsymbol{Q=CV}$ と表される。**高電位の極板に $+Q$ が，低電位の極板に $-Q$ が現れる。**極板間には一様な電場 E〔N/C〕(または〔V/m〕)があり，$\boldsymbol{V=Ed}$ が成りたつ※。

コンデンサー回路では，まず並列・直列公式を用いて，全体について解き，次に部分の調査に入る。**その際，孤立部分の電気量保存(電荷保存則)に注意する。**また，電位差を調べるには，「導体は等電位」(下記)という性質に基づいて考える。さらには，静電エネルギーを含めたエネルギー保存則により，エネルギーの出入りを考察させる問題も多い。

■ **導体の性質** 導体(金属)は自由電子をもつため，静電気(電流が流れていない)状態では次の性質をもつ。

内部の電場は 0　　**全体は等電位(表面は等電位面)**

電荷は表面に分布

※ 極板は平行で，間隔は狭い(極板の大きさに比べて狭い)ことが必要だが，とくに断りがなければそう考えてよい。

105 (1) 電気容量 C_0 は $C_0=\dfrac{\varepsilon_0 S}{d}$　　∴ $Q_0=C_0V_0=\boldsymbol{\dfrac{\varepsilon_0 S}{d}V_0}$〔C〕

$V_0=E_0d$ より $E_0=\boldsymbol{\dfrac{V_0}{d}}$〔V/m〕，〔N/C〕　　$U_0=\dfrac{1}{2}C_0V_0^2=\boldsymbol{\dfrac{\varepsilon_0 SV_0^2}{2d}}$〔J〕

(2) **スイッチを閉じているので，極板間の電位差(電圧)が一定**となっている。電気容量は極板間隔に反比例し，$\dfrac{1}{2}$ 倍になる。$\boldsymbol{Q=CV}$ において V が一定で，C が $\dfrac{1}{2}$ 倍になるから，Q は $\boldsymbol{\dfrac{1}{2}}$ **倍**。

計算してもよいが，定性的に考えたい

$\boldsymbol{V=Ed}$ において V が一定で，d が 2 倍になるから，E は $\boldsymbol{\dfrac{1}{2}}$ **倍**。

(3) **スイッチを開いているので，電気量 Q が一定**となっている($Q=Q_0$)。**電気量 Q が一定のときは電場 E も一定**である(右図)。よって，電場は **1 倍**。 $\boldsymbol{V=Ed}$ より E 一定のときは V は d に比例する。よって，電圧は **2 倍**。

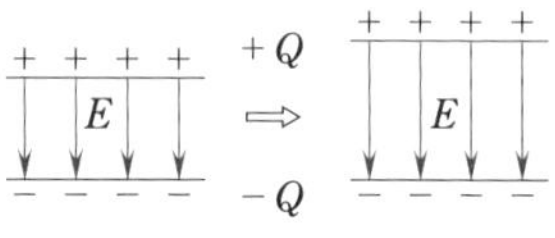

電気力線の密集度が同じだから電場は同じ

静電エネルギー $\boldsymbol{\dfrac{1}{2}QV}$ において，Q 一定

で V が 2 倍になるから，**2 倍**。

別解　$\boldsymbol{Q=CV}$ において，Q が一定で，C は(2)と同じく $\frac{1}{2}$ 倍になるので，V は 2 倍。次に $\boldsymbol{V=Ed}$ より V と d が共に 2 倍になるので E は変わらず，1 倍。$\boldsymbol{Q^2/2C}$ より Q 一定で C が $\frac{1}{2}$ 倍になるから，静電エネルギーは 2 倍。

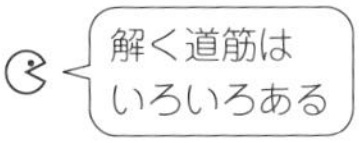
解く道筋は
いろいろある

(4)　誘電体を入れたとき(図 a)の電気容量 C は図 b のように真空部分 C_0 と誘電体部分 $2C_0$ の 2 つの直列として求めることができ(誘電体を入れる位置にはよらない)

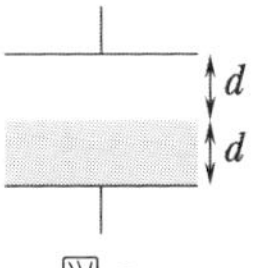

図 a

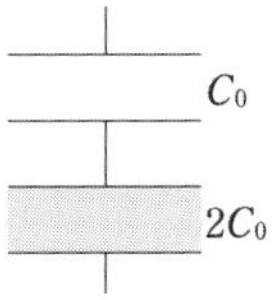

図 b

$$\frac{1}{C}=\frac{1}{C_0}+\frac{1}{2C_0}\qquad\therefore\quad C=\frac{2}{3}C_0$$

電気量は Q_0 なので　$Q_0=CV_1$　$\therefore\quad V_1=\dfrac{Q_0}{C}=\dfrac{C_0V_0}{\frac{2}{3}C_0}=\boldsymbol{\dfrac{3}{2}V_0}$ **〔V〕**

106　(1)　電気量は　$Q_0=\boldsymbol{CV}$

(2)　スイッチが閉じられているので，AB 間の電位差は電池の V に等しい。P は静電誘導により帯電するが，P 全体は等電位であり(**導体は等電位**)，AP 間と PB 間の電位差は等しく $V/2$ である(電気量 Q_1 と間隔 $d/4$ が等しいから)。B が接地され，電位が 0 V であることからグラフは右のようになる。

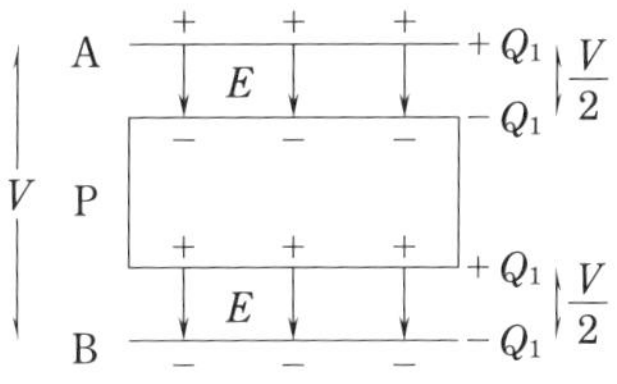

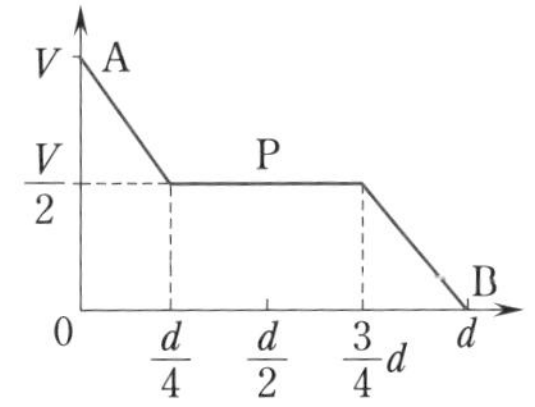

アースは電位の基準点(0 V)を示すためのもので，回路を解くときは気にしなくてよい。

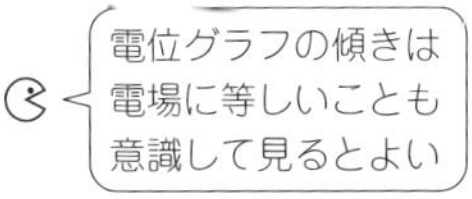
電位グラフの傾きは
電場に等しいことも
意識して見るとよい

(3)　金属板を入れると，その厚さ分だけ実質的に極板間隔を減らす効果がある。そこで図 2 での電気容量 C' は間隔 $d/2$ のコンデンサーと同じで，$C'=2C$(容量は間隔に反比例)。電気量は　$Q_1=C'V=\boldsymbol{2CV}$

AP 間のコンデンサー(容量 $4C$)と BP 間のコンデンサー(容量 $4C$)の直列とみて，合成容量 C' を求めてもよい。

(4)　スイッチを開いたので，Q_1 が不変となる。そして容量は C に戻る。

$Q_1 = CV'$ に前問の答えを代入すれば　　$V' = \mathbf{2\,V}$

(5) エネルギー保存則より，外力のした仕事は静電エネルギーの変化に等しく

$$W = \frac{1}{2}C(2V)^2 - \frac{1}{2}(2C)V^2 = \boldsymbol{CV^2}$$

107 (1) C_1 と C_2 は直列で，合成容量を C_{12} とすると

$$\frac{1}{C_{12}} = \frac{1}{C} + \frac{1}{2C} \qquad \therefore \quad C_{12} = \frac{2}{3}C$$

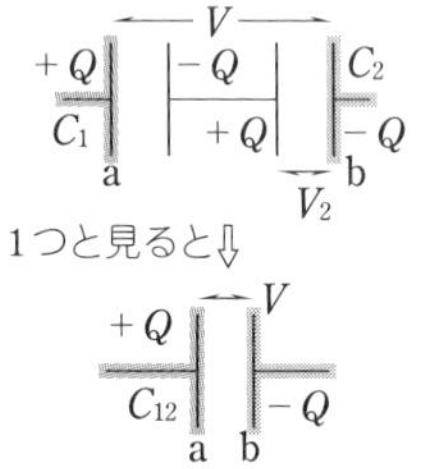

電気量 Q は　　$Q = C_{12}V = \boldsymbol{\frac{2}{3}CV}$　…①

Q は C_1 の電気量でもある。

(2) Q は C_2 の電気量でもあり，C_2 の電圧を V_2 とすると

$$Q = (2C)V_2 \qquad \therefore \quad V_2 = \frac{Q}{2C} = \boldsymbol{\frac{1}{3}V}$$

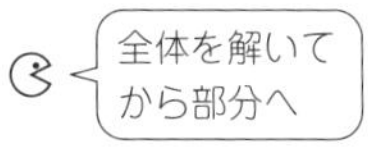

別解 直列での電圧の比は電気容量の逆比となるので，
V を $2C : C = 2 : 1$ に分配して求めてもよい。

(3) S_2 を閉じると，しばらくの間電流が流れる(電気の移動が起こる)が，やがて充電が終わり電流は0となる。つまり，**十分に時間がたつとコンデンサーは電流を通さなくなる。** 抵抗Rには電流が流れていないので，Rは等電位となる。すると C_{12} と C_3 の電圧は同じ V' になり，並列になる。その合成容量 C_{123} は C_{12} と C_3 の和に等しく，全電気量は Q だから

$$Q = C_{123}V' = \left(\frac{2}{3}C + 3C\right)V' = \frac{11}{3}C \cdot V'$$

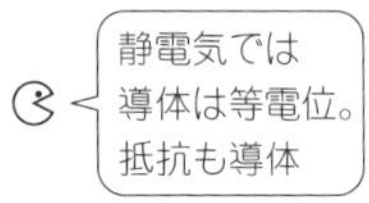

①の Q を代入することにより　　$V' = \boldsymbol{\frac{2}{11}V}$

(4) C_{12} の電気量 Q' を求めればよく(直列をなす C_1 も C_2 も Q')

$$Q' = C_{12}V' = \frac{2}{3}C \cdot \frac{2}{11}V = \boldsymbol{\frac{4}{33}CV}$$

(5) エネルギー保存則よりジュール熱は静電エネルギーの減少分に等しく

$$\frac{1}{2}C_{12}V^2 - \frac{1}{2}C_{123}V'^2 = \frac{1}{2}\cdot\frac{2}{3}C \cdot V^2 - \frac{1}{2}\cdot\frac{11}{3}C\cdot\left(\frac{2}{11}V\right)^2 = \boldsymbol{\frac{3}{11}CV^2}$$

このように，後の静電エネルギーは $\frac{1}{2}C_{123}V'^2$ とすると早いが，

$$\frac{1}{2}C_{12}V'^2 + \frac{1}{2}C_3V'^2$$

としてもよい。

108 (1) Sを閉じた直後，電流I_0が流れ始める。ただし，Cの電気量は0のままであり，極板間の電位差も0である($Q=0$ なら $Q=CV$ より $V=0$)。つまり，電気を蓄えていないコンデンサーは「導線」に置き換えて考えることができる(右図)。オームの法則より

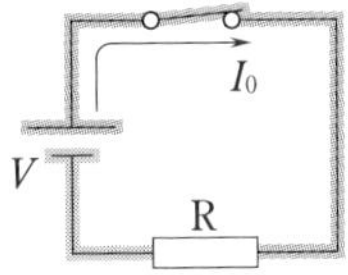

[直後]

$$V=RI_0 \qquad \therefore \quad I_0=\boldsymbol{\frac{V}{R}}$$

(2) やがて，充電が終わり，電流が0となって抵抗は等電位になる。そしてコンデンサーの電圧は電池の電圧(起電力)Vに等しくなっている。よって $\boldsymbol{\frac{1}{2}CV^2}$

$Q=CV$ の V は極板間電圧

このようにやがて抵抗は導線と同じになってしまう。そこで，最終状態だけを扱うときには，分かりやすさのため，抵抗を描かないことが多い(問題**105**，**106**など)。

(3) 電池がした仕事Wとは，電池が蓄えていた化学エネルギーを電気エネルギーに変換した分であり，

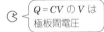

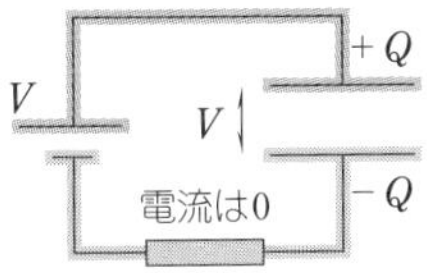

[やがて]

電池がした仕事＝通った電気量×起電力

として求めることができる。いまの場合，電池を通った電気量は $Q=CV$ だから　$W=QV=\boldsymbol{CV^2}$

(4) エネルギー保存則より，電池がした仕事＝静電エネルギーの変化＋ジュール熱 の関係が成りたつ。ジュール熱をJとすると

$$W=\frac{1}{2}CV^2+J \qquad \therefore \quad J=CV^2-\frac{1}{2}CV^2=\boldsymbol{\frac{1}{2}CV^2}$$

(5) 電気量が一定だから，電場Eも一定。$\boldsymbol{V=Ed}$ より，電圧は間隔に比例するので，$2V$となる。$-Q$をもつ下側極板の電位が0だから，Aの電位は正であり　$\boldsymbol{2V}$

別解　容量が1/2倍になり，Qが一定なので，$\boldsymbol{Q=CV}$ よりVは2倍

(6) エネルギー保存則より，外力がした仕事$W_{外力}$は静電エネルギーの変化に等しい。そこで

$$W_{外力}=\frac{1}{2}Q(2V)-\frac{1}{2}QV=\frac{1}{2}QV=\boldsymbol{\frac{1}{2}CV^2}$$

(7) 極板をゆっくりと移動させているので，外力の大きさは静電気力の大きさFと等しく，$W_{外力}=Fd$ と表されるから

$$Fd=\frac{1}{2}CV^2 \qquad \therefore \quad F=\boldsymbol{\frac{CV^2}{2d}}$$

極板間引力が求められた

109 (1) $C=\dfrac{\varepsilon_r\varepsilon_0 S}{d}$ を用い，求める容量を

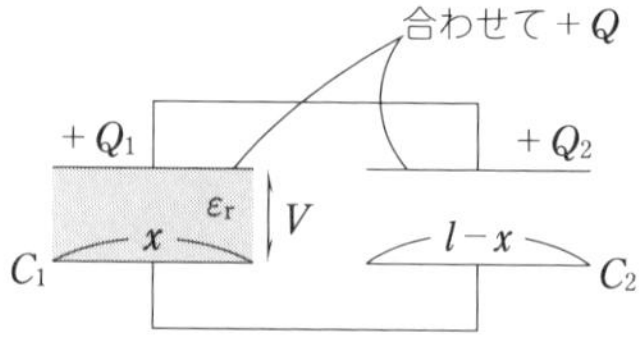

C_1 とすると　$C_1=\dfrac{\boldsymbol{\varepsilon_r\varepsilon_0 lx}}{\boldsymbol{d}}$

(2) 求める容量 C_2 は　$C_2=\dfrac{\boldsymbol{\varepsilon_0 l(l-x)}}{\boldsymbol{d}}$

(3) C_1 と C_2 は並列となっているので

これと同じこと

$$C=C_1+C_2=\frac{\boldsymbol{\varepsilon_0 l}}{\boldsymbol{d}}\{\boldsymbol{l+(\varepsilon_r-1)x}\}$$

(4) $U=\dfrac{Q^2}{2C}=\dfrac{\boldsymbol{Q^2 d}}{\boldsymbol{2\varepsilon_0 l\{l+(\varepsilon_r-1)x\}}}$

(5) 上式から，U は x を増すと**減少**することが分かる($\varepsilon_r>1$)。

(6) もしも，外力を右向きに加えていたとしたら，外力の仕事は正であり，その分 U が増すはずである。しかし，U は減少しているので，外力は左向きに加えていることになる。したがって，静電気力は右向き，つまり x が**増加**する方向に働いていることが分かる。

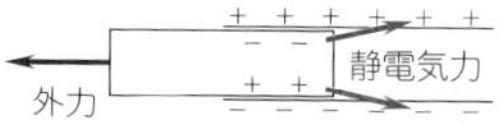

実態はこんな感じで，誘電体は赤の電荷に引かれている

(7) C_1 と C_2 の電圧 V は等しい。それぞれの電気量を Q_1 と Q_2 とすると，$Q_1=C_1V$，$Q_2=C_2V$ より電荷密度の比は

$$\frac{Q_1}{lx}:\frac{Q_2}{l(l-x)}=\frac{C_1}{lx}:\frac{C_2}{l(l-x)}=\boldsymbol{\varepsilon_r:1}$$

110 (1) BD_2 間の電気容量は C であり，AD_1 間は極板間隔が2倍なので $C/2$ である。等電位の部分を赤と灰色で示すと右のようになり，電位差は V で共通である。そして電位の低い D_1，D_2 には負電荷が現れる。$Q_1=(C/2)V$ と $Q_2=CV$ より

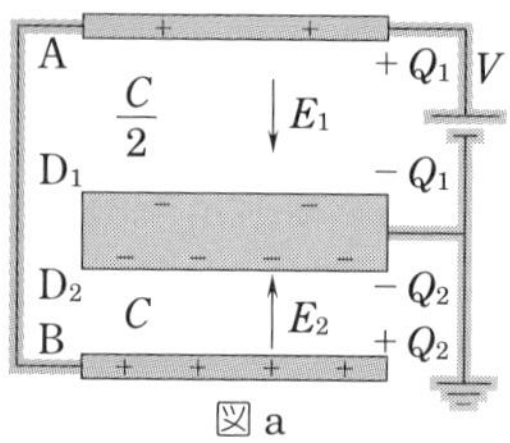

図 a

D_1：　$\boldsymbol{-\dfrac{1}{2}CV}$　　D_2：　$\boldsymbol{-CV}$

等電位の所をしっかり確認

(2) 図 a より，答えは図 b のようになる。

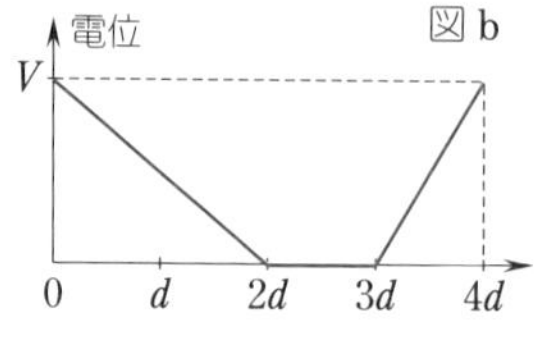

図 b

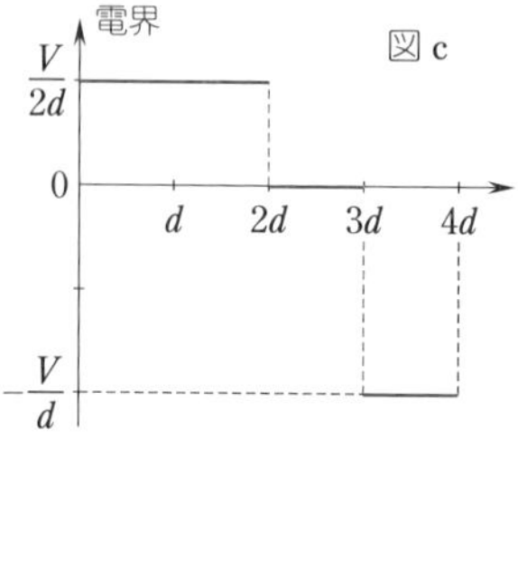

図 c

(3)　$\boldsymbol{V=Ed}$ より　　$E_1=\dfrac{V}{2d}$　　$E_2=\dfrac{V}{d}$

電界(電場)の向きは図 a の矢印の向きだから，答えは図 c のようになる。なお，**導体内の電場は 0** にも注意。

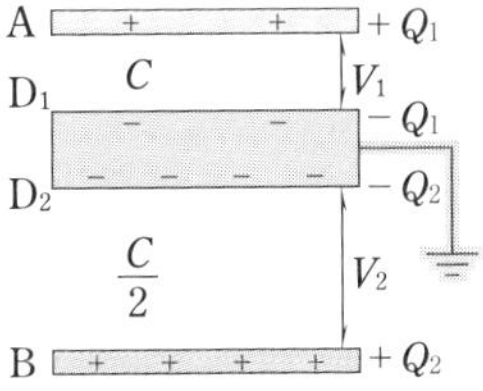

図 d

(4)　B と A が孤立し，$+Q_1$，$+Q_2$ が不変となる。そのため，向かい合う D_1，D_2 の電荷も不変。電気容量は AD_1 間が C，BD_2 間が $C/2$ となるので，電位差を V_1，V_2 とすると(図 d)

$$Q_1=CV_1 \quad \text{より} \qquad V_1=\frac{Q_1}{C}=\frac{1}{2}V$$

$$Q_2=\frac{C}{2}V_2 \quad \text{より} \qquad V_2=\frac{2Q_2}{C}=2V$$

D が 0 V なので，答えは図 e のようになる。

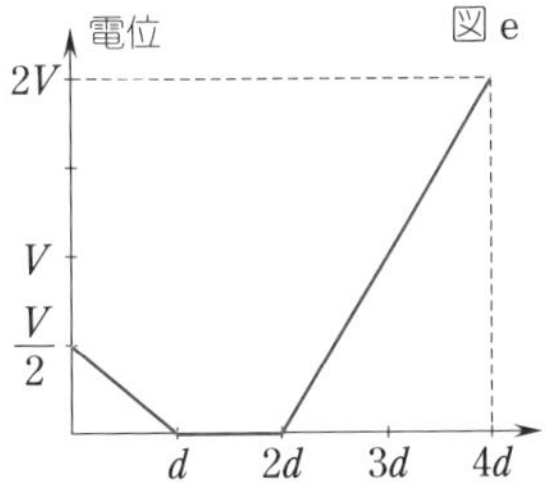

別解　「**$\boldsymbol{Q}$ 一定なら $\boldsymbol{E}$ 一定**」より E_1，E_2 は不変。$V_1=E_1d$，$V_2=E_2\cdot 2d$ として求めてもよい。

(5)　エネルギー保存則より，外力の仕事 W は静電エネルギーの変化に等しい。図 d，a での静電エネルギーより

$$W=\left\{\frac{1}{2}C\left(\frac{V}{2}\right)^2+\frac{1}{2}\cdot\frac{C}{2}\left(2V\right)^2\right\}-\left(\frac{1}{2}\cdot\frac{C}{2}\cdot V^2+\frac{1}{2}CV^2\right)=\boldsymbol{\frac{3}{8}CV^2}$$

111　(1)　P_M の左面は $+Q_0$ に帯電している。右半分 P_MP_2 間も同じ電位差，電気容量(C とする)だから，P_M の右面にも $+Q_0$ が現れている。よって，P_M 全体では　$\boldsymbol{+2Q_0}$

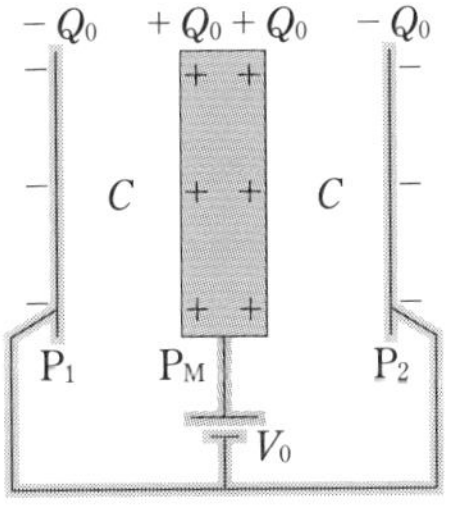

なお，P_MP_1 間，P_MP_2 間ともに電位差は V_0 に等しく

$$Q_0=CV_0 \quad \cdots①$$

(2)　S が開かれ，P_M が孤立する。**孤立部分の電気量保存**より P_M 全体では $+2Q_0$ だから右図において

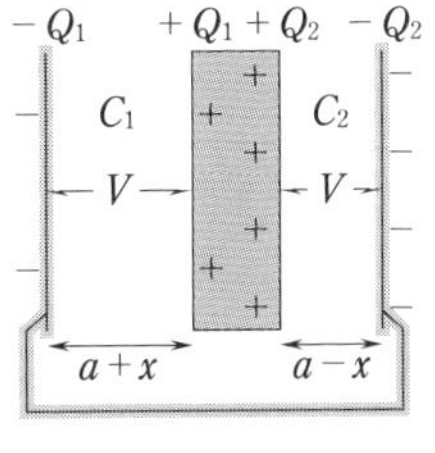

$$Q_1+Q_2=2Q_0 \quad \cdots②$$

P_1P_M 間の容量 C_1 は

$$C_1=\frac{\varepsilon S}{a+x}=\frac{a}{a+x}\cdot\frac{\varepsilon S}{a}=\frac{a}{a+x}C$$

同様にして，$C_2=\dfrac{a}{a-x}C$ であり，電位差 V は等しいので

色づけから電位差 V が等しいことが分かる

$$Q_1=C_1V=\frac{a}{a+x}CV \quad \cdots③ \qquad Q_2=C_2V=\frac{a}{a-x}CV \quad \cdots④$$

②に，③，④，①を代入すると（P_M は高電位側なので電位差 V は電位でもあり）

$$\frac{a}{a+x}CV+\frac{a}{a-x}CV=2CV_0 \quad \cdots⑤ \qquad \therefore \quad V=\boldsymbol{\frac{a^2-x^2}{a^2}V_0}$$

別解　P_M の電位を V_M とすると，孤立部分 P_M の電気量保存より

$$C_1(V_M-0)+C_2(V_M-0)=2Q_0$$　これは ⑤ と同等になっている。

この方法は，［ある極板上の電気量］＝C×（その極板の電位－向かい合う極板の電位）という関係に基づいている。こうして，極板上の電気量は符号を含めて表される。

(3)　(2) の結果を ③ に代入し，① を用いる。P_1 の電荷は $-Q_1$ だから

$$-Q_1=-\frac{a}{a+x}\cdot\frac{Q_0}{V_0}\cdot\frac{a^2-x^2}{a^2}V_0=\boldsymbol{-\frac{a-x}{a}Q_0}$$

3　直流回路

KEY POINT　オームの法則 $V=RI$ と抵抗の直列・並列公式で解くことをまず試みる。複雑な回路ではキルヒホッフの法則を用いる。その原点は，**抵抗 R では高電位側から低電位側に電流 I が流れ，RI だけ電位が下がることにある**。電流の設定は，向きを含めて適当でよいが，なるべく未知数が少なくてすむようにするとよい（「水の流れのイメージ」で合流，分流を考える）。第２法則では，適当な閉回路を考え，**一周する向きと電位の上がり・下がりを意識する**。第２法則は「一周すると電位は元の値に戻る」という事実に基づいている。右のようなケース（逆行）では，電位降下は $-RI$，起電力は $-V$ となる。また，「**電流が流れていない抵抗は等電位**」がキーポイントとなることが多い。

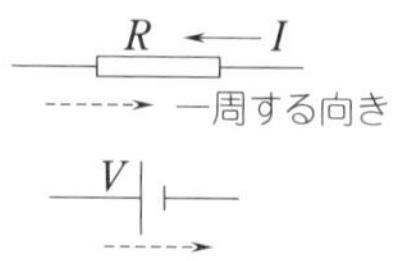

■ 合成抵抗　　直列：$\boldsymbol{R=R_1+R_2+\cdots}$　　並列：$\boldsymbol{\dfrac{1}{R}=\dfrac{1}{R_1}+\dfrac{1}{R_2}+\cdots}$

112 (1) 一様電場(電界)についての $\boldsymbol{V=Ed}$ より $V=El$ 　$\therefore$ $E=\boldsymbol{\dfrac{V}{l}}$

(2) $\boldsymbol{F=qE}$ より $F=eE=\boldsymbol{e\dfrac{V}{l}}$

電場の向きは高電位側から低電位側への向きとなるので，ここでは左向き。電子の電荷は負だから，電子は右向きの静電気力 F を受け，右へ動く。

(3) **等速度は力のつり合い**より $kv=e\dfrac{V}{l}$ 　$\therefore$ $v=\boldsymbol{\dfrac{eV}{kl}}$ …①

(4) 電流は，ある断面を1s間に通過する電気量のこと。

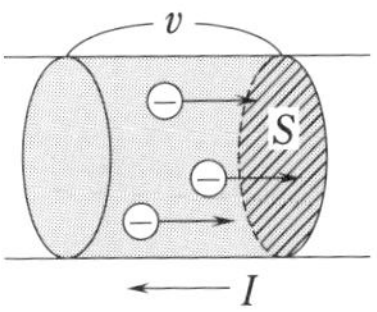

右の斜線部を1s間に通り抜ける電子は
v〔m/s〕×1〔s〕$=v$〔m〕の範囲(灰色部)の電子であり，
その数 N は $N=n\times(Sv)$ よって

$I=eN=\boldsymbol{enSv}$ …②

〔A〕=〔C/s〕だ。電流の向きと電子の動きは逆向き

(5) ②の v に①を代入して整理すると $V=\dfrac{kl}{e^2nS}I$

こうして，電圧 V と電流 I が比例するというオームの法則 $\boldsymbol{V=RI}$ が導けたことになる。そして， $R=\boldsymbol{\dfrac{kl}{e^2nS}}$ …③

(6) ③から抵抗値 R は $\boldsymbol{R=\rho\dfrac{l}{S}}$ と表されることも分かり， $\rho=\boldsymbol{\dfrac{k}{e^2n}}$

抵抗率 ρ は材質で決まる定数。S，l は形状による部分で，**抵抗値は長さに比例し，断面積に反比例する**ことが示されている。

113 (1) 右図のような回路となる。

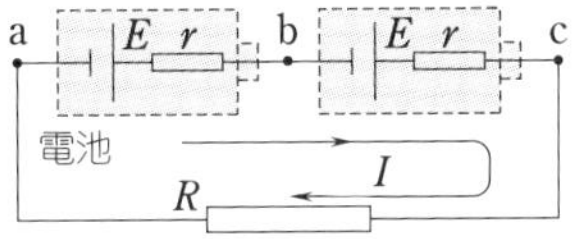

電流を I とすると

$E+E=rI+rI+RI$ 　$\therefore$ $I=\dfrac{2E}{R+2r}$

端子電圧はab間(あるいはbc間)の電位差で，電位は起電力 E だけ上がり，内部抵抗で rI 下がるから $E-rI=\boldsymbol{\dfrac{R}{R+2r}E}$

電池は E と r に役割を分ける。E と r の左右は関係なし。3つの抵抗は直列とみてもよい

(2) 1つの電池を流れる電流を I とすると，R には $2I$ が流れるから，キルヒホッフの法則より

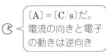

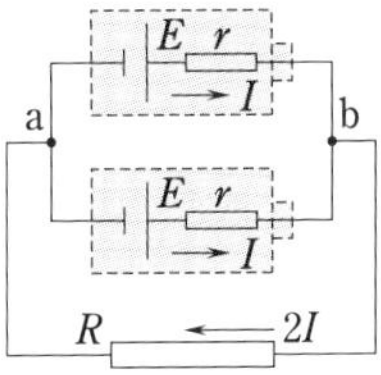

$E=rI+R\cdot 2I$ 　$\therefore$ $I=\dfrac{E}{r+2R}$

端子電圧，つまりab間の電位差は(どちらかの電池に注目し) $E-rI=\boldsymbol{\dfrac{2R}{2R+r}E}$

114 (1) I_1 と 1 mA が合流して 3 mA になっているから　　$I_1=\mathbf{2\ mA}$

(2) A→C→D の電位降下は　　$2\times2+1\times3=\mathbf{7\ V}$

(3) 前問の 7 V は A→B→C→D での電位降下でもあるから　　$1\times I_2+1\times1+1\times3=7$　　∴ $I_2=\mathbf{3\ mA}$

BD 間の 2 kΩ には 2 mA が流れていることも分かる。

$V=RI$ は〔V〕=〔kΩ〕×〔mA〕として用いてもよい

(4) ホイートストンブリッジ回路だから　　$\dfrac{1}{2}=\dfrac{2}{R}$　　∴ $R=\mathbf{4\ k\Omega}$

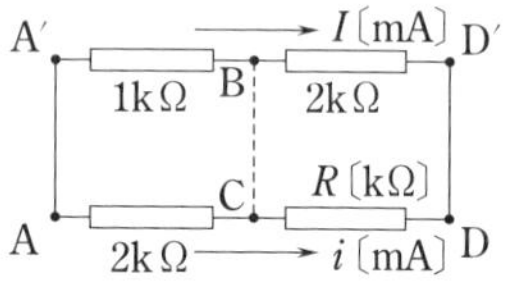

別解 BC 間には電流が流れていないので，BC 間は等電位。そして電流は右のように流れる。A′B 間と AC 間の電位差が等しいので

$1\times I=2\times i$　…①

BD′ 間と CD 間の電位差が等しいので　$2\times I=Ri$　…②

①÷②と辺々で割れば，I，i は消え，$\dfrac{1}{2}=\dfrac{2}{R}$

公式の証明にもなっている

115 (1) もつれたひもをほどくように，解ける所から解いていく。まず図 2 に目を向ける。右図 a のように，電圧計の値は E の起電力そのものである。よって

$E=\mathbf{3.6\ V}$

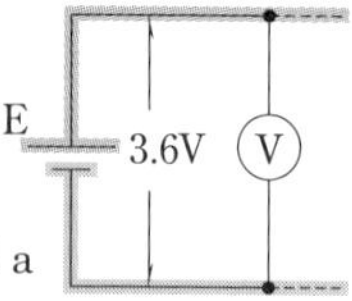

図 a

(2) 図 1 の左半分に着目して(図 b)

$3.6=r_A\times5\times10^{-3}+3.5$

∴ $r_A=\mathbf{20\ \Omega}$

Ⓐの内部抵抗 r_A を図示して考えるとよい。

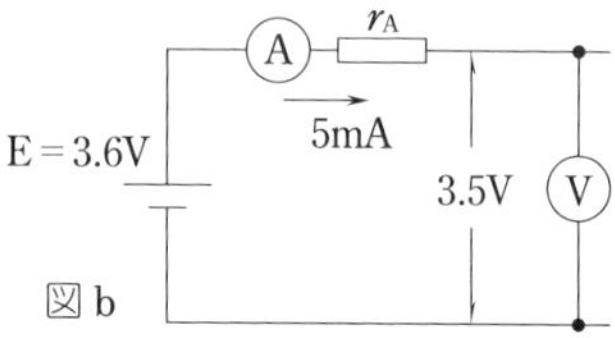

図 b

(3) 図 2 の右半分に着目して(図 c)

$3.6=(20+R)\times4.8\times10^{-3}$

∴ $R=\mathbf{730\ \Omega}$

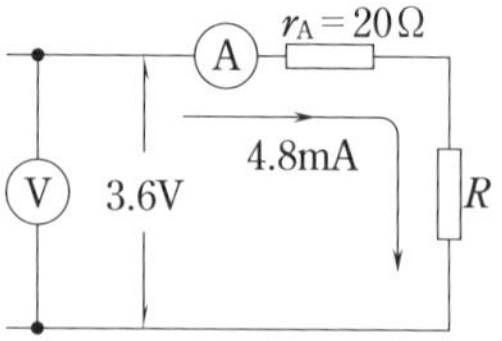

図 c

(4) 図 1 の右半分に着目する(図 d)。

$R=730\,\Omega$ には 3.5 V がかかっているから，流れる電流 I_R〔mA〕は

$3.5=730\times I_R\times10^{-3}$　　∴ $I_R=\dfrac{350}{73}$ mA

Ⓥを流れる電流 I_V は

$I_V=5-I_R=\dfrac{15}{73}$ mA

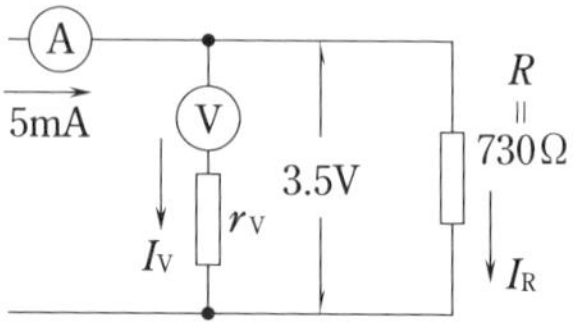

図 d

Ⓥ自身での電位降下より　　$3.5=r_V\times\dfrac{15}{73}\times10^{-3}$　　∴ $r_V\fallingdotseq\mathbf{1.7\times10^4\ \Omega}$

電圧計の値はRにかかる電圧を表しているが，電圧計を流れる電流による電位降下でもある点がポイント。ついでながら，問題文にとくに断りがなければ，電圧計や電流計は理想的なものとして扱う(Ⓥの内部抵抗は無限大で電流を通さない。Ⓐの内部抵抗は0で導線と同じ)。

116　(1)　R_2，R_3 に流れる電流は右図のようになる。

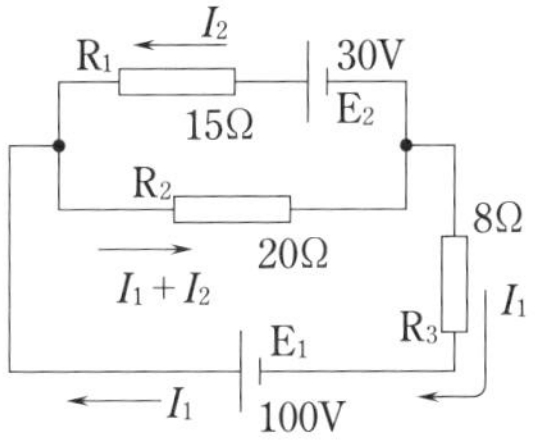

(ア)　$\mathbf{100 = 20(I_1 + I_2) + 8I_1}$　……①

(イ)　R_1 と 30 V で逆行になっているので

$\mathbf{100 + (-30) = -15I_2 + 8I_1}$　…②

(2)　①，②より　$I_1 = \mathbf{5\ A}$　$I_2 = -2$

$I_2 < 0$　より　E_2 を**右向きに 2 A**

なお，$E_2 \to R_1 \to R_2 \to E_2$ の閉回路については

$30 = 15I_2 + 20(I_1 + I_2)$

①や②は，**1周すると元の電位に戻る**ことに基づく

これと①の連立で解くと逆行はなくてすむ。　また，キルヒホッフの法則を用いるときの電流の設定の仕方は任意である(たとえば，I_2 を右向きに設定してもよい。そのときは R_2 を流れる電流は右向きで $I_1 - I_2$ とおくことになる)。

(3)　$\boldsymbol{RI^2}$ を用いる。　$P = 15I_2^2 + 20(I_1 + I_2)^2 + 8I_1^2$

$= 15 \times 2^2 + 20 \times (5-2)^2 + 8 \times 5^2 = \mathbf{440\ W}$

(4)　電池の供給電力は，起電力を V，流れる電流を I として，$\boldsymbol{VI}$ と表される。

$Q = E_1 I_1 = 100 \times 5 = \mathbf{500\ W}$

(5)　**電池 E_2 の充電にエネルギーが使われているから。**E_2 のように正極側に電流が入るときには電気エネルギーが化学エネルギー(や熱エネルギー)に変換される。充電電力は $E_2 \cdot |I_2| = 30 \times 2 = 60$ W であり，$Q - P$ に等しく，エネルギー保存則が成りたっている。

117　実際の回路は右のようになっている。ab 間に注目すると　$V = E - rI$　…①

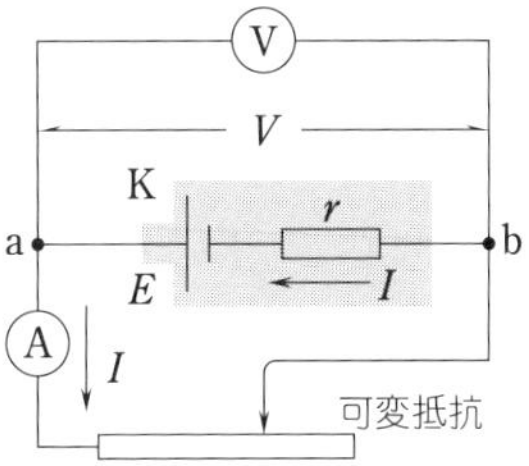

a→Ⓥ→b→a の閉回路について $E = V + rI$ としてもよい。①から V-I グラフは直線で，V 軸の切片が E を，傾き(の絶対値)が r を表すことが分かる。

なお，ここでの V は電池の端子電圧でもあり，可変抵抗での電位降下でもある。

(1), (2)　図1の直線の方程式は

$$V-1.5=\frac{1.5-1.0}{0.2-1.2}(I-0.2)$$

$$\therefore\quad V=-0.5I+1.6\quad\cdots②$$

①と対応させてみると

$$E=\mathbf{1.6\ V}\qquad r=\mathbf{0.50\ \Omega}$$

E は，図1の直線を延長して V 軸切片を調べるのがふつうだが，今の場合は正確さに欠ける。

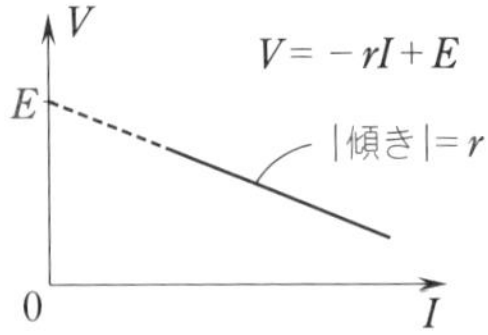

有効数字は2けた

(3)　②で，$I=1.0$ とすると　　$V=\mathbf{1.1\ V}$

(4)　②で，$I=0.20$ とすると　　$V=1.5\ \text{V}$　　AB 間での消費電力は公式 $\boldsymbol{VI}$ を用いると早い。　　$P=VI=1.5\times0.20=\mathbf{0.30\ W}$

別解　電池の供給電力は $\boldsymbol{EI}$ だが，電池内部で $\boldsymbol{rI^2}$ だけ消費されるので

$$P=EI-rI^2=1.6\times0.20-0.50\times0.20^2=0.30\ \text{W}$$

AB 間の合成抵抗を R_{AB} とすると，直列・並列公式を用いて

$$\frac{1}{R_{AB}}=\frac{1}{10+R}+\frac{1}{12}\qquad\therefore\quad R_{AB}=\frac{12(10+R)}{22+R}$$

$$P=R_{AB}I^2\quad\text{より}\qquad 0.30=\frac{12(10+R)}{22+R}\times0.20^2\qquad\therefore\quad R=\mathbf{10\ \Omega}$$

118　図1では電池の起電力が正確には測れない。起電力を正確に測るための装置が図2の「電位差計」である。

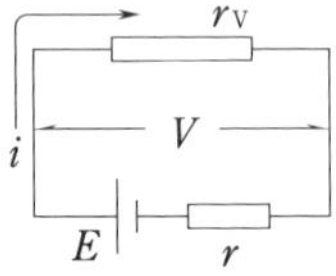

V は端子電圧

(1)　電流を i とすると　　$E=V+ri\quad\cdots①$

一方，電圧計での電位降下が V だから

$$V=r_Vi\quad\cdots②$$

①，②より i を消去すると　　$V=\boldsymbol{\frac{r_V}{r_V+r}E}$

当然のことながら，$r=0$ なら V は E に等しい。また，$r_V\gg r$ なら $V\fallingdotseq(r_V/r_V)E=E$ となり，V はほぼ E に等しい。

(2)　G には電流が流れていないので E_S にも流れていない。したがって，電流は S_1 が開かれていたときと同じように流れ，値も I のままである。電位差 E_S は，内部抵抗 r に関係なく，AC 間の電位降下に等しい。

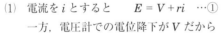

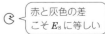

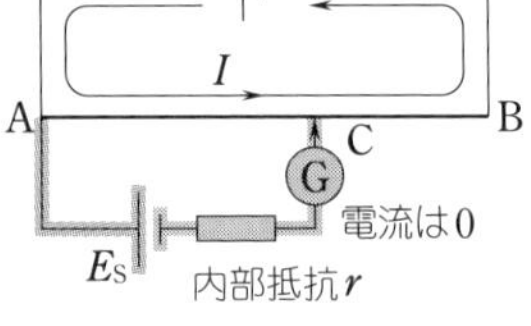

$$E_S=R_SI\quad\cdots③\qquad\therefore\quad R_S=\boldsymbol{\frac{E_S}{I}}$$

赤と灰色の差こそ E_S に等しい

(3)　(2)と同様で，r による電位降下はなく，E はAC 間電位差に等しい。

$$E = RI \quad \cdots ④ \qquad \frac{④}{③} \text{ より} \qquad E = \frac{\boldsymbol{R}}{\boldsymbol{R_s}} \boldsymbol{E_s}$$

実際には，抵抗値そのものではなく，AC 間の長さ l を測定して，$E = (l/l_s)E_s$ のように求めることになる。AB 間は一様な抵抗線なので，抵抗値は長さに比例するからである。

119　図 1(特性曲線)を生かすために，電球にかかる電圧を V，流れる電流を I とし，V と I の関係式をキルヒホッフの法則からつくる。その関係を図 1 に描けば，特性曲線との交点が V，I の答えとなる。

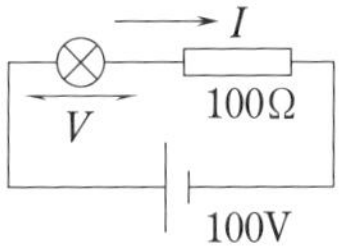

(1)，(2)　右上図より　$100 = V + 100I$　…①

V は I の 1 次式だから直線のグラフになる。分かりやすい 2 点(たとえば $I=0$ で $V=100$，$V=0$ で $I=1$)をマークして結べばよい(赤線①)。図より交点は

$V = \mathbf{40}$〔V〕　　$I = \mathbf{0.6}$〔A〕

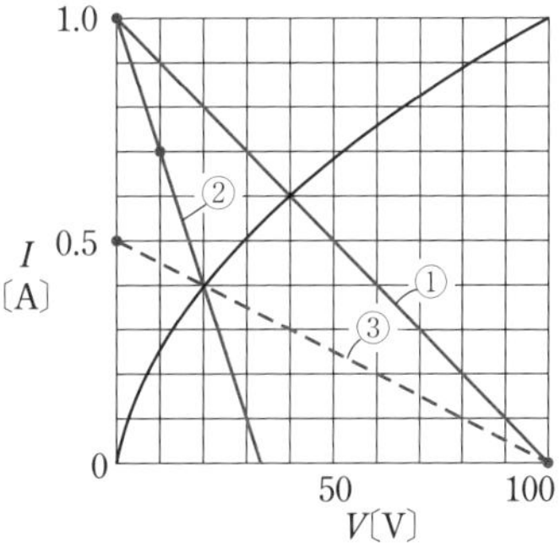

(3)　$VI = 40 \times 0.6 = \mathbf{24}$〔W〕

(4)　L と並列になっている 50Ω の電圧も V だから，50Ω を流れる電流は $V/50$〔A〕と表せる(右図)。したがって

$$100 = V + 100\left(I + \frac{V}{50}\right)$$
$$= 3V + 100I \quad \cdots ②$$

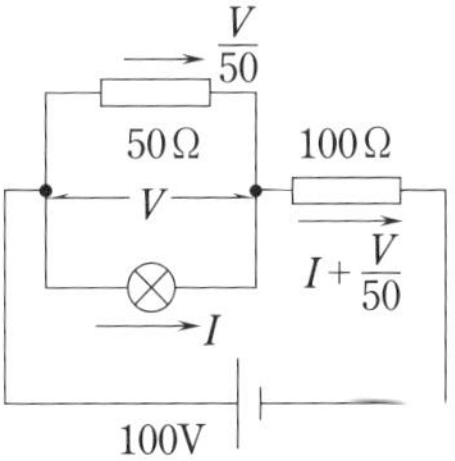

やはり直線グラフとなり(赤線②)，交点は

$V = 20$，$I = 0.4$　　抵抗 R は，オームの法則 $V = RI$ より　$R = \dfrac{V}{I} = \dfrac{20}{0.4} = \mathbf{50}$〔Ω〕

(5)　$I + \dfrac{V}{50} = 0.4 + \dfrac{20}{50} = \mathbf{0.8}$〔A〕

(6)　右図より　　$100 = V + 100 \times 2I$　…③

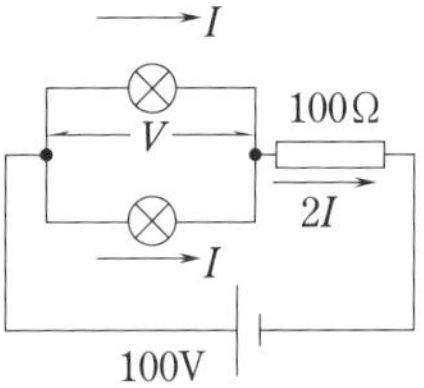

グラフは赤点線で表され，交点は $V = 20$，$I = 0.4$ 電池には $2I = 2 \times 0.4 = 0.8$〔A〕が流れているので，供給電力は　100〔V〕$\times 0.8$〔A〕$= \mathbf{80}$〔W〕　これは全消費電力に等しい。直接，$VI \times 2 + 100 \times (2I)^2$ として求めてもよい。

なお，抵抗での消費電力はすべて熱（ジュール熱）になるが，電球の場合は一部が光のエネルギー（残りは熱）になっている。VI はその全量を表している。

120 (1) スイッチを閉じた直後のコンデンサーの電気量は0のままであり，電圧も0（$Q=0$ なら $Q=CV$ より $V=0$）。したがって，コンデンサーは「導線」に置き換えて考えることができ，右図を解けばよい。

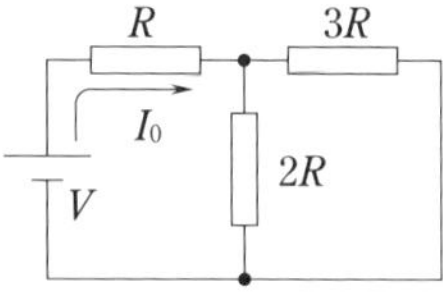

コンデンサーの電気量はパッと変わることはない

$2R$ と $3R$ は並列であり，合成抵抗 R_{23} は

$$\frac{1}{R_{23}}=\frac{1}{2R}+\frac{1}{3R} \qquad \therefore \quad R_{23}=\frac{6}{5}R$$

これに R が直列になっているので

$$V=\left(R+\frac{6}{5}R\right)I_0 \qquad \therefore \quad I_0=\boldsymbol{\frac{5V}{11R}}$$

(2) **十分に時間がたつとコンデンサーは電流を通さなくなる。**そこで電流 I が右のように流れる。

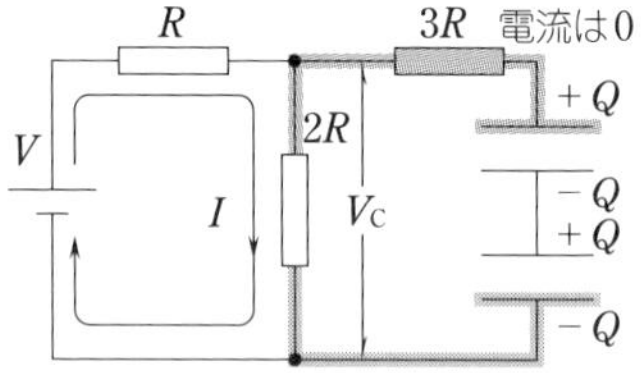

$$V=(R+2R)I \qquad \therefore \quad I=\boldsymbol{\frac{V}{3R}}$$

(3) $3R$ には電流が流れていないので等電位。直列コンデンサー（合成容量 C_T）の電圧 V_C は $2R$ での電位降下に等しい。

コンデンサーの電圧は，等電位の所をたどり，抵抗での電位降下に目を向ける

$$\frac{1}{C_T}=\frac{1}{C}+\frac{1}{3C} \qquad \therefore \quad C_T=\frac{3}{4}C$$

また　$V_C=2R\cdot I=\frac{2}{3}V \qquad \therefore \quad Q=C_TV_C=\frac{3}{4}C\cdot\frac{2}{3}V=\boldsymbol{\frac{1}{2}CV}$

(4) コンデンサーが放電を始める。Sを開いた直後のコンデンサーは電圧 $V_C\left(=\frac{2}{3}V\right)$ の電池とみなしてよく　$V_C=(2R+3R)i_0 \qquad \therefore \quad i_0=\boldsymbol{\frac{2V}{15R}}$

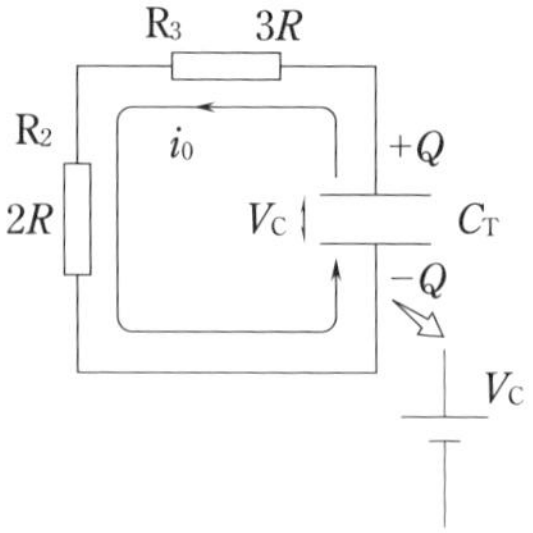

やがてコンデンサーは完全に放電する。エネルギー保存則より静電エネルギーが2つの抵抗でのジュール熱に変わる。その間 R_2 と R_3 にはたえず共通電流 i が流れるので，消費電力の比は $R_2i^2:R_3i^2=R_2:R_3=2:3$ で一定。結局，ジュール熱もこの比で発生する。

$$\therefore \quad J=\frac{1}{2}C_TV_C^2\times\frac{3}{2+3}=\frac{1}{2}\cdot\frac{3}{4}C\left(\frac{2}{3}V\right)^2\times\frac{3}{5}=\boldsymbol{\frac{1}{10}CV^2}$$

121　(1)(ア)　コンデンサーは電流を通さなくなり，右のように電流 I が流れる。

$$100=(20+30)I \qquad \therefore\ I=\mathbf{2}\,〔\mathrm{A}〕$$

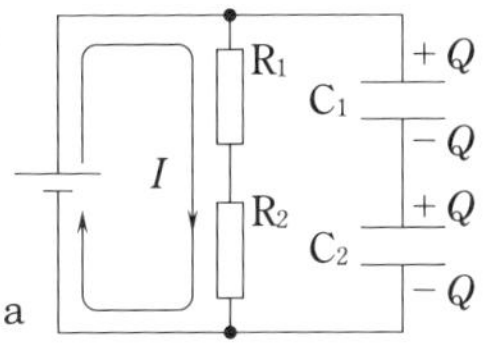

図 a

(イ)　C_1，C_2 は直列で，合成容量を C とすると

$$\frac{1}{C}=\frac{1}{20}+\frac{1}{30} \qquad \therefore\ C=12〔\mu\mathrm{F}〕$$

$$Q=CV=12\times100=\mathbf{1200}\,〔\mu\mathrm{C}〕$$

$Q=CV$ は $〔\mu\mathrm{C}〕=〔\mu\mathrm{F}〕\times〔\mathrm{V}〕$ としてもよい

(2)　やはり電流 I が図 a のように流れる。C_1 の電圧 V_1 は R_1 での電位降下に等しく

$$V_1=R_1I=20\times2=40〔\mathrm{V}〕$$

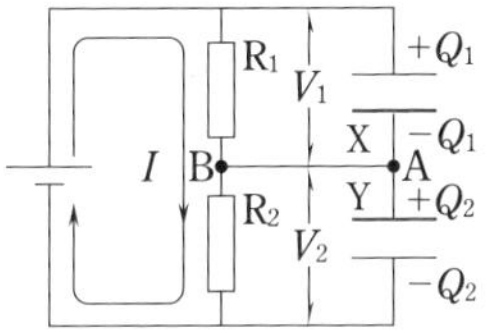

図 b

C_1 の電気量は　$Q_1=C_1V_1=20\times40=800〔\mu\mathrm{C}〕$

同様に，C_2 の電圧 V_2 は R_2 での電位降下に等しく C_2 の電気量は

$$Q_2=C_2V_2=C_2(R_2I)=30\times(30\times2)=1800〔\mu\mathrm{C}〕$$

赤色の極板 X と Y の合計電気量は図 a では 0 であったが，いまは

$$-Q_1+Q_2=-800+1800=\mathbf{1000}\,〔\mu\mathrm{C}〕$$

これが S_2 を通ってきた分である。しかも増加していることから **B→A の向き**の移動と決まる。X と Y の間で電気のやり取りがあり得るので，合計量を追うのがポイント。

(3)(ア)　電流が 0 になるので，抵抗は等電位となる。そこで分かりやすく導線に置き換えて図示したのが図 c。これは図 d と同じで C_1 と C_2 は並列になっている。X と Y の合計電気量が正（$+1000\,\mu\mathrm{C}$）なので，XY が陽極板。電圧を V' とすると（それは A の電位にも等しい）

図 c
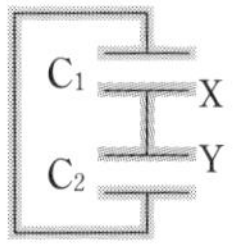

図 d
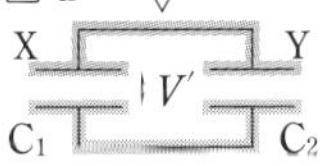

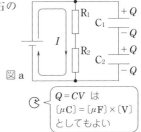

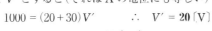

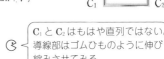

$$1000=(20+30)V' \qquad \therefore\ V'=\mathbf{20}\,〔\mathrm{V}〕$$

(イ)　C_1：　$C_1V'=20\times20=\mathbf{400}\,〔\mu\mathrm{C}〕$

C_2：　$C_2V'=30\times20=\mathbf{600}\,〔\mu\mathrm{C}〕$

C_1 と C_2 はもはや直列ではない。導線部はゴムひものように伸び縮みさせてみる

(ウ)　静電エネルギーの減少分に等しいから

$$\left(\frac{1}{2}C_1V_1^2+\frac{1}{2}C_2V_2^2\right)-\frac{1}{2}\left(C_1+C_2\right)V'^2$$

$$=\frac{1}{2}\times20\times10^{-6}\times40^2+\frac{1}{2}\times30\times10^{-6}\times60^2-\frac{1}{2}(20+30)\times10^{-6}\times20^2$$

$$=\mathbf{6\times10^{-2}}\,〔\mathrm{J}〕$$

4 電流と磁場(磁界)

KEY POINT 電流が流れると，まわりに磁場(磁界) $\vec{H}$ ができる。直線電流，円電流，ソレノイドの3つについて知っておくこと。また，**電流が磁場中で流れると，電流は力(電磁力) $F=IBl$ を受ける**。電磁力の原因は電子が受けるローレンツ力である。一般に，**荷電粒子が磁場中で動くと，ローレンツ力 $f=qvB$ を受ける**。以上の $\vec{H}$, $\vec{F}$, $\vec{f}$ いずれも式だけでなく，向きまで決められるように。

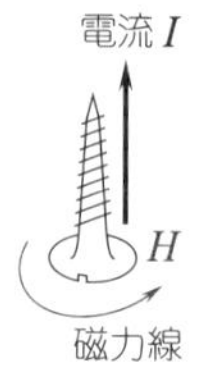

122 (1) 電流の強さを I とすると，点Oでの磁場はいずれも $+y$ 方向だから

$$H_0=\frac{I}{2\pi a}\times 2=\frac{I}{\pi a}$$

点Aは電流から $2a$ 離れ，y 方向成分(点線)の和が合成磁場 H_1 となるから

$$H_1=\frac{I}{2\pi\cdot 2a}\cos 60^\circ\times 2$$

$$=\frac{I}{4\pi a}=\mathbf{\frac{1}{4}H_0}$$

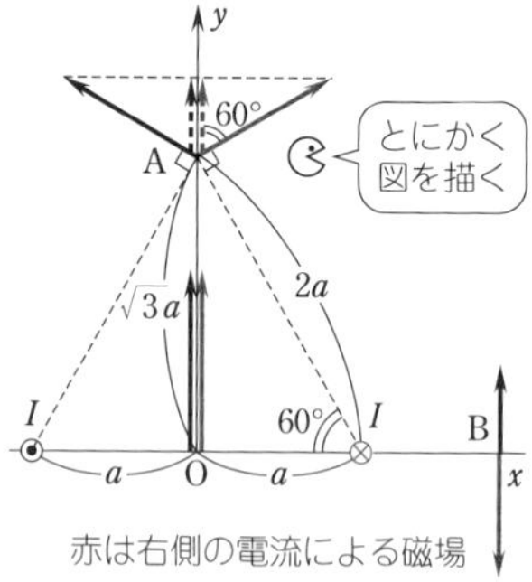

(2) それぞれの電流による点Bでの磁場は逆向きとなる。合成磁場はその差となり，H_1 に等しいことから $\dfrac{I}{2\pi(x-a)}-\dfrac{I}{2\pi(x+a)}=\dfrac{I}{4\pi a}$

$$\therefore\quad x^2=5a^2 \qquad \therefore\quad (\boldsymbol{\sqrt{5}a,\ 0})$$

なお，$0<x<a$ では，右側の電流がつくる磁場は $H_0/2$ より大きく，しかも左側の電流も同じ向きの磁場をつくるので，$H_0/4$ となることはない。

123 (1) 電流 I は，導線の1つの断面を1s間に通過する電気量である。電子は1s間に $v\times1$〔m〕移動するので，右図で灰色部の電子が通り抜ける。その体積は Sv で，電子の数は $n\cdot Sv$

よって　$I=$ **$enSv$**　…①

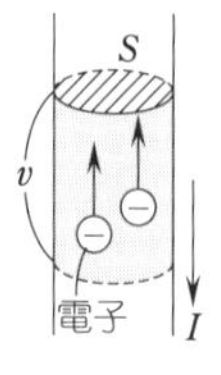

(2) $\boldsymbol{f=qvB}$　より　$f=$ **evB**

(3) **ローレンツ**

(4) 負の粒子だから，速度と逆向きに電流(点線)を考え，電磁力の向きを調べればよい。**紙面に垂直で裏から表への向き(手前向き)**となる。

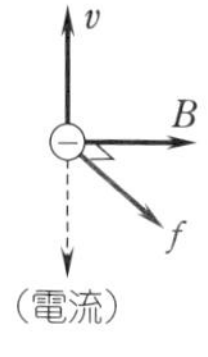

(5)　導線の体積は Sl だから，電子の総数 N は　$N=\boldsymbol{nSl}$

(6)　1つ1つの電子が受けるローレンツ力の総和が電磁力となるのだから

$$F=Nf=nSl\cdot evB=\boldsymbol{enSlvB}$$

(7)　① を用いると　　$F=\boldsymbol{IBl}$　　公式が導かれた

(8)　(4) と同じで，**紙面に垂直で裏から表への**向き(**手前**向き)

実際，$\vec{I}$ と $\vec{B}$ から，電磁力 $\vec{F}$ の向きを確かめてみるとよい。$\boldsymbol{F=IBl}$ から出発して $\boldsymbol{f=qvB}$（$f=evB$）を導くという逆ルートの出題もある。いずれにしても，$I=enSv$ が両者の連結に必要。

124　(1)　$H_1=\dfrac{\boldsymbol{I_1}}{\boldsymbol{2\pi b}}$　…⊗向きの磁場

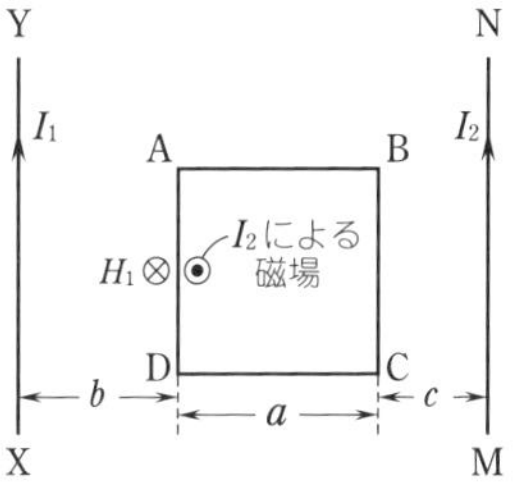

(2),(3)　⊙向きの磁場をつくるために，**M から N** の向きに I_2 を流す。

$$\frac{I_1}{2\pi b}=\frac{I_2}{2\pi(a+c)}\qquad\therefore\quad\frac{I_2}{I_1}=\boldsymbol{\frac{a+c}{b}}$$

(4)　BC 上では I_2 による⊙向きの磁場が勝るので，合成磁場 H_{BC} は

$$H_{BC}=\frac{I_2}{2\pi c}-\frac{I_1}{2\pi(b+a)}$$
$$=\frac{I_1}{2\pi}\left(\frac{a+c}{bc}-\frac{1}{a+b}\right)=\boldsymbol{\frac{a(a+b+c)}{2\pi bc(a+b)}}\cdot I_1$$

(5)　AD 上の磁場は 0 なので，BC 間の電流 i が力 F を受ける。

$$F=i\cdot\mu H_{BC}\cdot a=\boldsymbol{\frac{\mu a^2(a+b+c)i}{2\pi bc(a+b)}}\cdot I_1$$

μ を忘れないように

なお，辺 AB と CD での電磁力は逆向きで，同じ大きさなのでつり合っている。

(6)　合成磁場は，I_2 による分が強く，⊙向きである。電流 i は C→B の向きなので，F は **MN** に近づく向きとなる。

(7)　コイルの位置では⊗向きの磁場ができ，辺 AD と BC での電磁力の向きは逆向きとなる。その大きさ F' が等しくなるためには，AD と BC での磁場が等しくなればよいので，求める電流を I_2' とすると

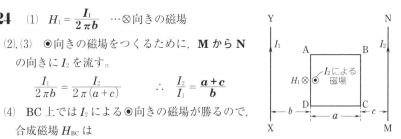

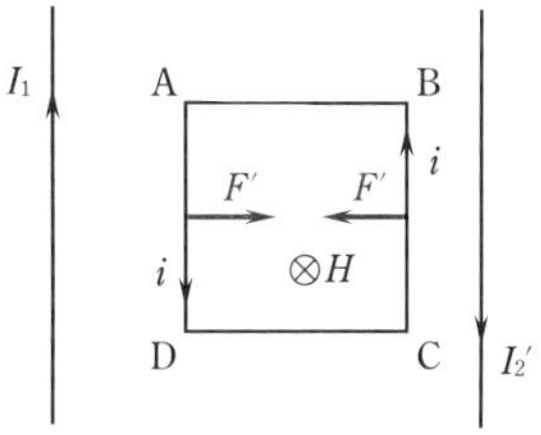

$$\frac{I_1}{2\pi b}+\frac{I_2'}{2\pi(a+c)}=\frac{I_1}{2\pi(b+a)}+\frac{I_2'}{2\pi c}$$

$$\therefore\quad\frac{a}{b(b+a)}I_1=\frac{a}{c(a+c)}I_2'\qquad\therefore\quad\frac{I_2'}{I_1}=\boldsymbol{\frac{c(a+c)}{b(a+b)}}$$

5 電磁誘導

KEY POINT 磁場中を動く導体棒は‘1つの電池’とみなせる。その電圧(誘導起電力)は $V=vBl$ と表せる。その向きも決められること。

電磁誘導による現象のすべては，ファラデーの電磁誘導の法則 $V=-N\dfrac{\Delta\Phi}{\Delta t}$ に従う。誘導起電力の向きは磁束の変化を妨げる電流の向きとして決める。 vBl にしろ，ファラデーにしろ，電池に置き換えれば，直流回路の問題(キルヒホッフの法則)に帰着する。

125 $V=vBl$ がなぜ成り立つかをローレンツ力の観点から理解する。

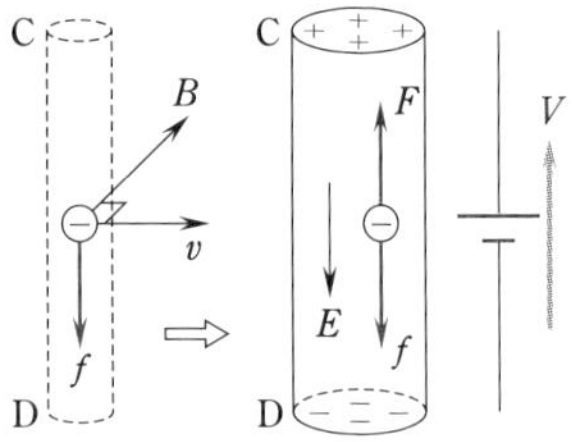

(1) $f=qvB$ より　$f=evB$

(2) **C→D の向き，C から D への向き**

(3) **D**　　(4) **C**

(5) $F=qE$ より　$F=eE$

(6) 電場(電気力線)が下向きなので，負の電子は上向きの静電気力 F を受ける。したがって，　**反対，逆**

(7) $F=f$となると電子の移動が終わる。　$eE=evB$ より　$E=vB$

(8) ＋(正電荷)が現れる **C** 端の方が電位が高い。　(9) **D**

(10) 一様電場ができるので $V=Ed$ より　$V=El=vBl$

誘導起電力 V の向きの決め方はいろいろあるが，導体棒を右ねじとみて，$\vec{v}$ から $\vec{B}$ の向きへねじを回し，ねじが進む向きとする方法が早い。公式は vBl の順で覚えておく。

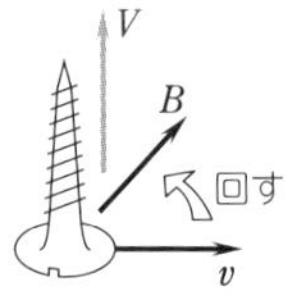

126 (1)(ア),(イ) BC に誘導起電力 $V=vBb$〔V〕が図 a のように生じる。流れる電流 I は

$$I=\frac{V}{R}=\frac{vBb}{R}〔\mathrm{A}〕$$

(ウ),(エ) 電磁力 F は **B→A(C→D)** の向きになり

$$F=IBb=\frac{vB^2b^2}{R}〔\mathrm{N}〕\quad\cdots①$$

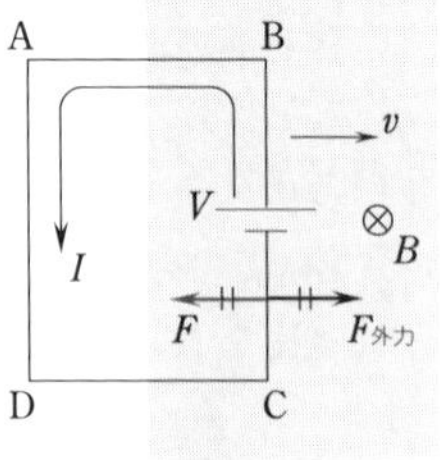

図 a

(2) 図 a の段階では負の電流となることに注意する。

$a/v \leqq t \leqq 2a/v$ では，P は図 b の状態となり，BC と AD の 2 辺が電池となるが，同じ大きさの起電力で逆向きに電流を流そうとするため，電流は流れない。$2a/v \leqq t$ では図 c の状態となり，電流は正となる(強さは I)。こうして求める図が得られる。

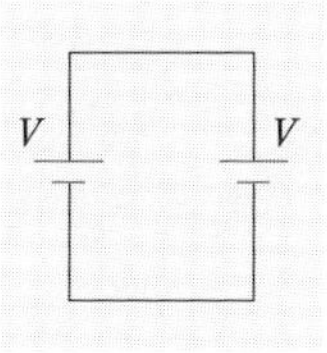

図 b

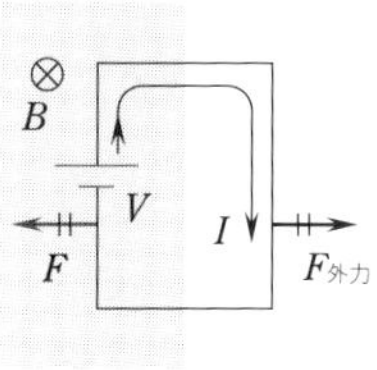

図 c

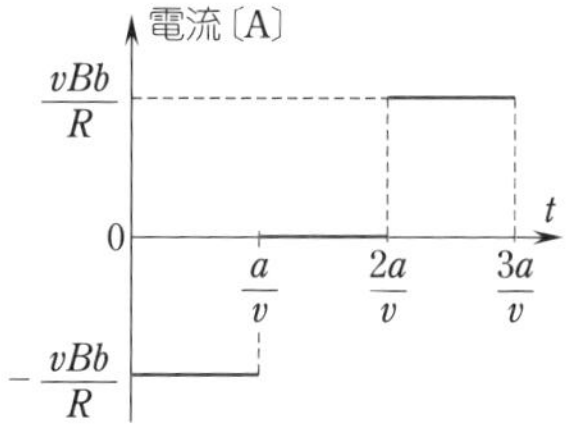

(3) **等速度運動では力はつり合っている**。図 a, c のように電磁力 F は左向きなので，外力 $F_{外力}$ は右向きで，大きさは①に等しい。

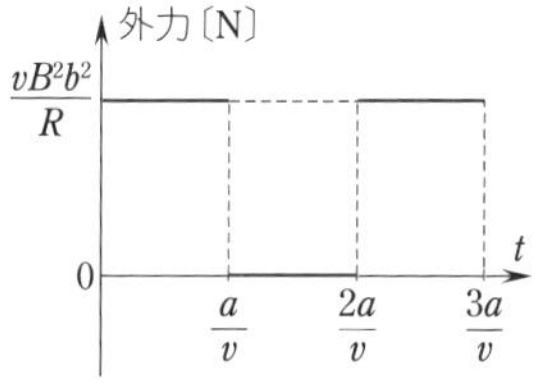

(4) 図 a と c の 2 回，ジュール熱が発生する。

$$RI^2 \times \frac{a}{v} \times 2 = \boldsymbol{\frac{2vB^2b^2a}{R}}\ \text{〔J〕}$$

なお，これは外力のした仕事 $F_{外力} \times a \times 2$ に等しいことにも注意。それはエネルギー保存則による。

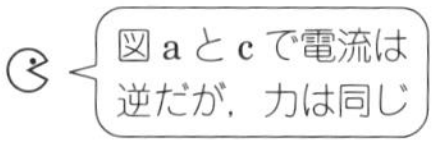

127 (1) ab は図のような電池となる。その起電力は $V = vBl$ だからオームの法則より

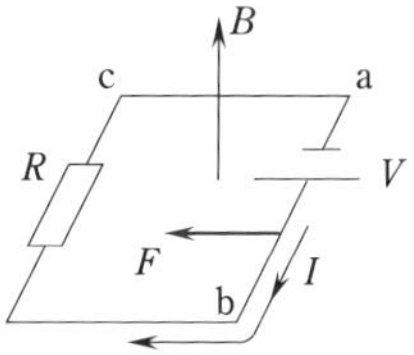

$$I = \frac{V}{R} = \boldsymbol{\frac{vBl}{R}} \quad \cdots ① \qquad \textbf{a→b の向き}$$

電磁力 F は

$$F = IBl = \boldsymbol{\frac{vB^2l^2}{R}} \quad \cdots ② \qquad \textbf{a→c の向き}$$

断りがなくても，回路を流れる電流がつくる磁場は無視してよい。

(2)(ア) 等速度運動だから力がつり合う。

張力 T を介してのつり合いだが，実質的には，電磁力 $F_0 = Mg$

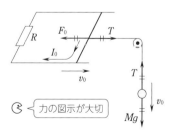

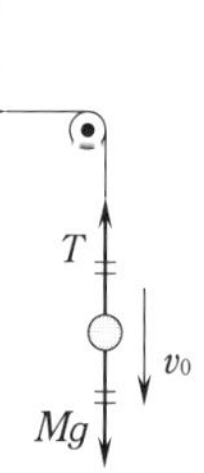

$$\therefore \quad I_0Bl = Mg \qquad \therefore \quad I_0 = \boldsymbol{\frac{Mg}{Bl}}$$

①より $\quad I_0 = \dfrac{v_0Bl}{R}$

$$\therefore \quad v_0 = \frac{RI_0}{Bl} = \boldsymbol{\frac{MgR}{B^2l^2}}$$

$F_0 = Mg$ に②を用いると($v = v_0$)，ダイレクトに求められる。

(イ) **エネルギー保存則**を考えれば　$\boldsymbol{P = Q}$

(ウ) おもりは単位時間(1 s 間)に $v_0 \times 1 = v_0$〔m〕落下するので

$$P = Mgv_0 = \boldsymbol{\frac{M^2g^2R}{B^2l^2}}$$

一方，　$Q = RI_0{}^2 = \boldsymbol{R\left(\frac{Mg}{Bl}\right)^2}$　　確かに $P = Q$ となっている。

(3)　ab は電磁力がブレーキとなってやがて止まってしまう。この間に，ab がもっていた運動エネルギーがジュール熱に変わるので，エネルギー保存則より

$$\frac{1}{2}mv_0{}^2 = \boldsymbol{\frac{m(MgR)^2}{2(Bl)^4}}$$

128　(1)　流れる電流 I は，オームの法則より $I = E/R$ であり（L は動いていないので単なる導線），電磁力 F は**右向き（a→b の向き）**で　$F = IBl = \boldsymbol{\frac{EBl}{R}}$

(2)　L が動き出すことから F は最大摩擦力 μMg より大きい。

$$\frac{EBl}{R} > \mu Mg \qquad \therefore\ \boldsymbol{\mu < \frac{EBl}{MgR}}$$

(3)　等速度だから力のつり合いより

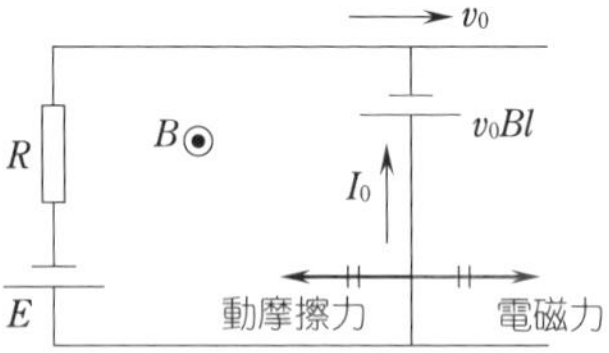

$$\mu' Mg = I_0Bl \qquad \therefore\ I_0 = \boldsymbol{\frac{\mu' Mg}{Bl}}$$

キルヒホッフの法則より

$$E - v_0Bl = RI_0$$

$$\therefore\ v_0 = \boldsymbol{\frac{EBl - \mu' MgR}{B^2l^2}}$$

(4)　（摩擦熱）＝（動摩擦力）×（滑った距離）であり，単位時間（1 s 間）には v_0〔m〕だけ滑るから　$Q = \mu' Mg \cdot v_0 = \boldsymbol{\frac{\mu' Mg}{B^2l^2}(EBl - \mu' MgR)}$

(5)　**摩擦熱と抵抗でのジュール熱として消費される。**（22 字）

実際に，電池の供給電力 P は　$P = EI_0 = \frac{\mu' MgE}{Bl}$

R での消費電力 Q_R は　$Q_R = RI_0{}^2 = R\left(\frac{\mu' Mg}{Bl}\right)^2$

電磁誘導ではエネルギー保存にも注意を

確かに $P = Q + Q_R$ となっている。エネルギー保存則を考えるとき，連続的に続く現象に対しては，単位時間あたりで扱うことが多い。

129　(1)　棒は右のような電池となり，R では **b→a** の向きに電流 I が流れる。

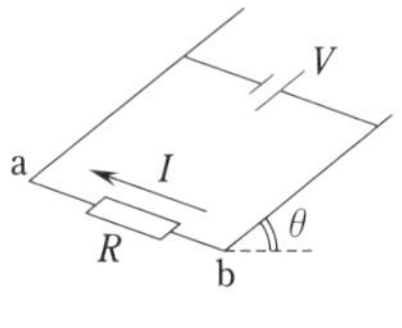

(2)　磁場に垂直な速度成分で誘導起電力 V が生じるので　$V = (v\cos\theta)BL$

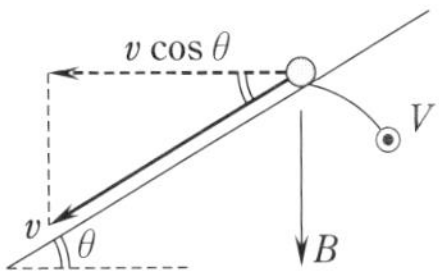

$$\therefore\quad I=\frac{V}{R}=\frac{\boldsymbol{vBL}}{\boldsymbol{R}}\,\mathbf{cos}\,\boldsymbol{\theta}\ \text{〔}\mathbf{A}\text{〕}\quad\cdots①$$

(3) 電磁力 IBL は水平方向にかかることに注意して，レール方向での力のつり合いより

$$mg\sin\theta=IBL\cos\theta\quad\cdots②$$

磁力線を切る動きで V が発生

①，②より　$v=\dfrac{\boldsymbol{mgR}\mathbf{sin}\,\boldsymbol{\theta}}{(\boldsymbol{BL}\mathbf{cos}\,\boldsymbol{\theta})^2}$〔**m/s**〕

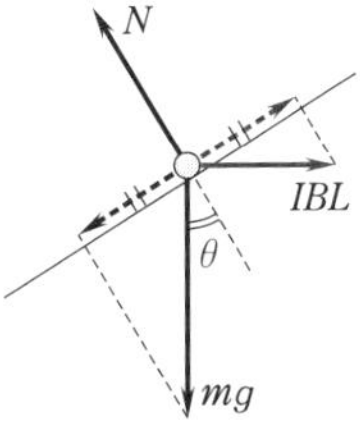

なお，垂直抗力 N は $N=mg\cos\theta$ ではなく，$N=mg\cos\theta+IBL\sin\theta$ となっていることにも注意。

(4) 「重力がする仕事」は「位置エネルギーの減少分」に相当している。

エネルギー保存則より　$P=Q$　　$\therefore\quad \dfrac{Q}{P}=\mathbf{1}$

別解　棒は鉛直方向には 1 s 間に $v\sin\theta$〔m〕落下するので，重力の仕事は　$P=mg\cdot v\sin\theta=\dfrac{m^2g^2R\sin^2\theta}{(BL\cos\theta)^2}$

一方，②より　$Q=RI^2=R\left(\dfrac{mg\sin\theta}{BL\cos\theta}\right)^2$　　$\therefore\quad\dfrac{Q}{P}=1$

130 (1) 棒は $\omega\varDelta t$〔rad〕回転し，赤色部分の面積 $\varDelta S$ に応じてコイル OPQ を貫く磁束が増える。

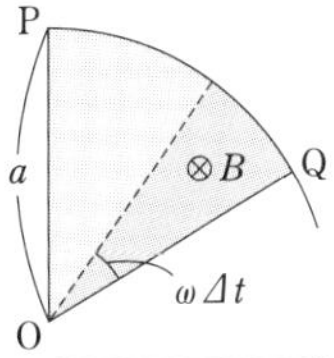

$$\varDelta S=\pi a^2\times\frac{\omega\varDelta t}{2\pi}$$

$$\therefore\quad \varDelta\Phi=B\cdot\varDelta S=\frac{\mathbf{1}}{\mathbf{2}}\boldsymbol{Ba^2\omega\varDelta t}\ \text{〔}\mathbf{Wb}\text{〕}$$

扇形の面積は円の面積を利用

(2) ファラデーの電磁誘導の法則より

$$V=\frac{\varDelta\Phi}{\varDelta t}=\frac{\mathbf{1}}{\mathbf{2}}\boldsymbol{Ba^2\omega}\ \text{〔}\mathbf{V}\text{〕}$$

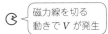

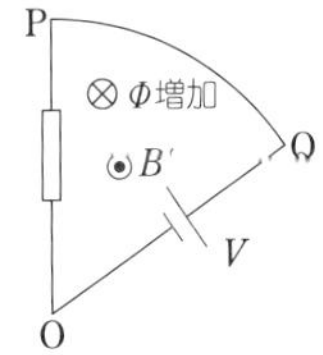

コイルを貫く⊗向きの磁束が増すので，⊙向きの磁場 B' を生じるような電流 I を流そうとする。それは **O→Q** の向きであり，この向きに誘導起電力 V が生じる。したがって，抵抗では **P→O** の向きに電流が流れる。

B' は頭の中だけで想定

このように，誘導起電力の大きさを式で求め，向きは「磁束の変化を妨げる(電流の)向き」から別途判断する。

(3) オームの法則より　$I=\dfrac{V}{R}=\dfrac{Ba^2\omega}{2R}$　　$\therefore\quad RI^2=\dfrac{\boldsymbol{B^2a^4\omega^2}}{\mathbf{4}\boldsymbol{R}}$〔**W**〕

(4) 電磁力 $F = IBa = \boldsymbol{\dfrac{B^2a^3\omega}{2R}}$〔N〕　回転と**逆方向**でブレーキ的。

(5) エネルギー保存則より，P は(3)で求めたジュール熱に等しいはずだから

$$P = \boldsymbol{\frac{B^2a^4\omega^2}{4R}}\text{〔W〕}$$

131 (1)(ア) グラフは原点を通る直線で，傾きは $B_0/2t_0$ だから　$B = \dfrac{B_0}{2t_0}t$

ファラデーの法則でしか解けない問題。$V = vBl$ では無理。

$$\therefore\quad \Phi = BL^2 = \boldsymbol{\frac{B_0L^2}{2t_0}t}$$

(イ) Φ は t に比例しているので　$\Delta\Phi = \dfrac{B_0L^2}{2t_0}\Delta t$

$y = ax$ なら $\Delta y = a\,\Delta x$

$\therefore\quad V_0 = \dfrac{\Delta\Phi}{\Delta t} = \boldsymbol{\dfrac{B_0L^2}{2t_0}}$　別解　$V_0 = \dfrac{d\Phi}{dt}$　微分を用いてもよい。

(ウ) オームの法則より　$I_0 = \dfrac{V_0}{R} = \boldsymbol{\dfrac{B_0L^2}{2Rt_0}}$

(エ) $Q_J = RI_0^2 \times 2t_0 = \boldsymbol{\dfrac{B_0^2L^4}{2Rt_0}}$　別解　$Q_J = V_0I_0 \times 2t_0$

(2) 時間帯Ⅰでは⦿向きの磁束が増しているので，⊗向きの磁場を生じるように B→A 向きの電流が流れる。時間帯Ⅱでは磁束が一定で，電流は流れない。

時間帯Ⅲでの B の時間変化(図2の傾き)の大きさはⅠでの2倍だから，誘導起電力の大きさも2倍となる。ただし，磁束が減少しているので，電流の向きは A→B となる。

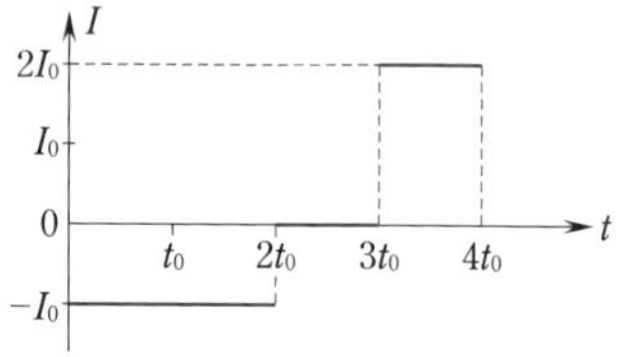

132 (1) Pが動き出した直後，Pにはaの向きに誘導起電力 $V_0 = v_0Bd$ が生じる。Qは静止していて誘導起電力が生じていない。そこで，Pには**a**の向きに電流 I_0 が流れる。回路の全抵抗は $R = rd \times 2$ なので　$I_0 = \dfrac{V_0}{R} = \boldsymbol{\dfrac{v_0B}{2r}}$

(2) PとQには同じ大きさ I の電流が流れるので，力(電磁力)の大きさ F は $F = IBd$ と**等しい**。ただし，PとQで電流の向きは逆なので，力の向きは**反対**となる。

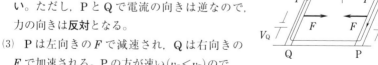

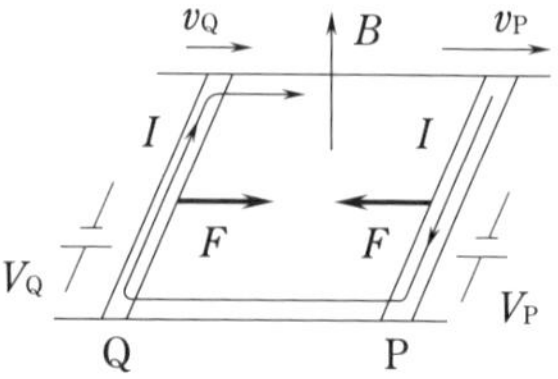

(3) Pは左向きの F で減速され，Qは右向きの F で加速される。Pの方が速い($v_Q < v_P$)ので，誘導起電力もPの方が大きく($V_Q < V_P$)，電流 I は上図の向きに流れ続け，P

の減速，Qの加速が続く。v_Q は v_P に近づき，回路の全起電力 $V_P - V_Q$ は小さくなるので，I は減少し，F も減少していく。やがて，v_Q が v_P に追いつくと，$V_Q = V_P$ となって電流は止まり，F も0となって等速度運動に入る。

この間，PとQの物体系にとって，電磁力 F は外力であるが，その和は0なので運動量保存則が成りたつ。

$$mv_f + mv_f = mv_0 + m \times 0 \qquad \therefore \quad v_f = \frac{1}{2}\boldsymbol{v_0}$$

以上からグラフは右のようになる。

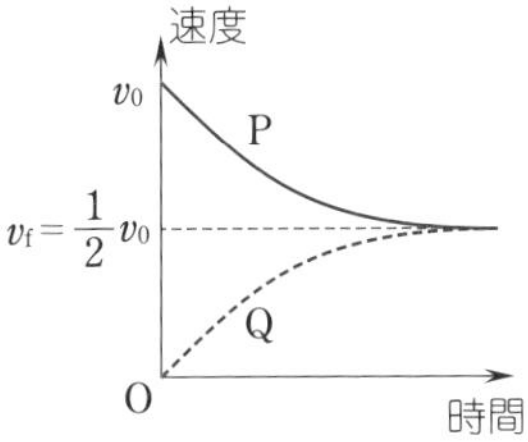

速度－時間グラフの接線の傾きは加速度に等しい。$t=0$ でのPの加速度を a_0 とすると，運動方程式より

$$ma_0 = -I_0Bd$$
$$= -\frac{v_0B^2d}{2r} \qquad \therefore \quad a_0 = -\frac{\boldsymbol{v_0B^2d}}{\boldsymbol{2rm}}$$

質量の等しいPとQに働く力の大きさ F がたえず等しいので，運動方程式より加速度の大きさも等しい。よって，グラフの接線の傾き(の大きさ)がたえず等しく，PとQのグラフは $v_0/2$ の黒点線に対して対照的になる。

133　(1)　$H = \boldsymbol{nI}$　　$\Phi = BS = \mu_0 H \cdot S = \boldsymbol{\mu_0 nSI}$　……①

(2)(ア)　①のように Φ は I に比例しているから　　$\Delta\Phi = \boldsymbol{\mu_0 nS\Delta I}$

別解　①より変化後は　$\Phi + \Delta\Phi = \mu_0 nS(I + \Delta I)$　……②

②－①として求めてもよい。

(イ)　全巻数は $N_1 = nl$ だから　　$V_1 = N_1\dfrac{\Delta\Phi}{\Delta t} = nl\dfrac{\Delta\Phi}{\Delta t} = \boldsymbol{\mu_0 n^2 lS\dfrac{\Delta I}{\Delta t}}$　…③

(ウ)　③を自己誘導の公式 $\boldsymbol{V_S = -L\dfrac{\Delta I}{\Delta t}}$ と比較すれば(マイナスは電流の変化を妨げる向きの起電力であることを意味している)，　$L = \boldsymbol{\mu_0 n^2 lS}$

(エ)　Bを貫く磁束も①と同じ(AB間のすき間での磁場は0)なので

$$V_2 = N_2\frac{\Delta\Phi}{\Delta t} = n \cdot \frac{l}{2}\frac{\Delta\Phi}{\Delta t} = \boldsymbol{\frac{1}{2}\mu_0 n^2 lS\frac{\Delta I}{\Delta t}} \quad ……⑤$$

(オ)　⑤を相互誘導の公式 $\boldsymbol{V_2 = -M\dfrac{\Delta I_1}{\Delta t}}$ と比較すれば(今の場合は $I_1 = I$)

$$M = \boldsymbol{\frac{1}{2}\mu_0 n^2 lS}$$

一般に，B は I に比例するから，Φ も I に比例し，電磁誘導の法則の $\Delta\Phi/\Delta t$ は $\Delta I/\Delta t$ と形が変わる。こうして自己誘導と相互誘導の公式が出現している。

134 **コイルは自己誘導によって電流の変化を妨げる**ので，スイッチを入れたり，切ったりした直後にコイルを流れる電流は直前までの電流と変わらない。そして，直流回路でのコイルは十分に時間がたつと「一本の導線」となる。また，電流 I を流しているコイルは $\dfrac{1}{2}LI^2$ の磁気エネルギーをもつ。

(1) Sを閉じた直後，コイルは電流を通さないので，電流 I_1 は右のように流れる。

$$E=(r+R)I_1 \qquad \therefore\ I_1=\frac{E}{r+R}〔\mathrm{A}〕$$

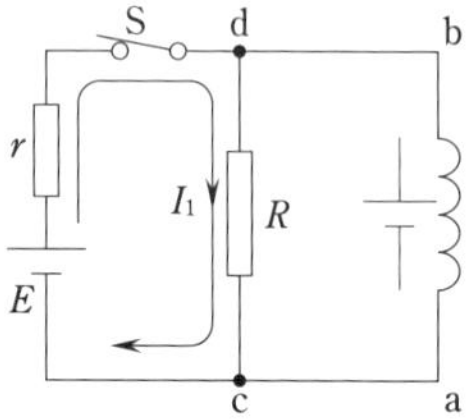

図1：Sを閉じた直後

ac間は等電位，またbd間も等電位だから，cに対するdの電位を調べればよい。それは R での電位降下に等しいから

$$V_1=RI_1=\frac{R}{r+R}E〔\mathrm{V}〕$$

コイルは V_1 の「電池」

(2) やがてコイルは「導線」状態となる。R の両端の電圧は0となり，R には電流が流れなくなる。

$$E=rI_2 \qquad \therefore\ I_2=\frac{E}{r}〔\mathrm{A}〕$$

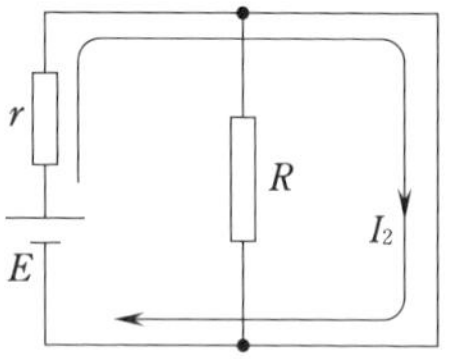

図2：やがて

(3) Sを開いた直後もコイルは直前と同じ電流 I_2 を流す。そして，その電流は R を流れるほかはないので

$$I_3=I_2=\frac{E}{r}〔\mathrm{A}〕$$

cに対するdの電位を調べればよく，R でcからdへ電位が下がっているので

$$V_3=-RI_3=-\frac{R}{r}E〔\mathrm{V}〕$$

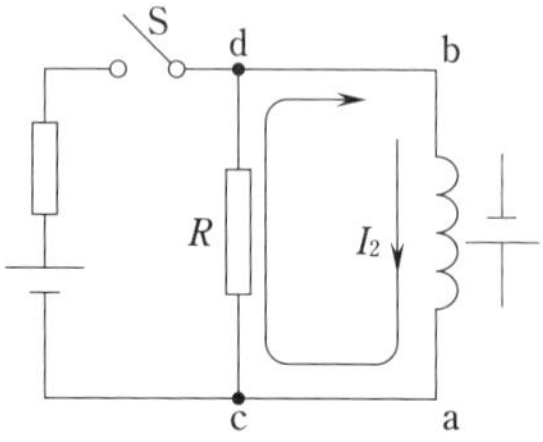

図3：Sを開いた直後

やがて電流は止まる。コイルに蓄えられていたエネルギーはこの間に R でのジュール熱に変わっているので

$$W=\frac{1}{2}LI_3^2=\frac{LE^2}{2r^2}〔\mathrm{J}〕$$

電磁気でのエネルギー保存は洞察力の世界

6 交流

KEY POINT 角周波数 ω は周期 T や周波数 f と $\boldsymbol{\omega=2\pi/T=2\pi f}$ の関係で結ばれる。誘導リアクタンス $\boldsymbol{\omega L}$ と容量リアクタンス $\boldsymbol{1/\omega C}$ だけでなく，**電圧と電流の位相の違いに注意する。**

電気振動では右の4つの図が大切。コンデンサーが放電しようとし，コイルは電流を維持しようとする――という観点をもてば，図の再現はできる。(i_m は電流の最大値)

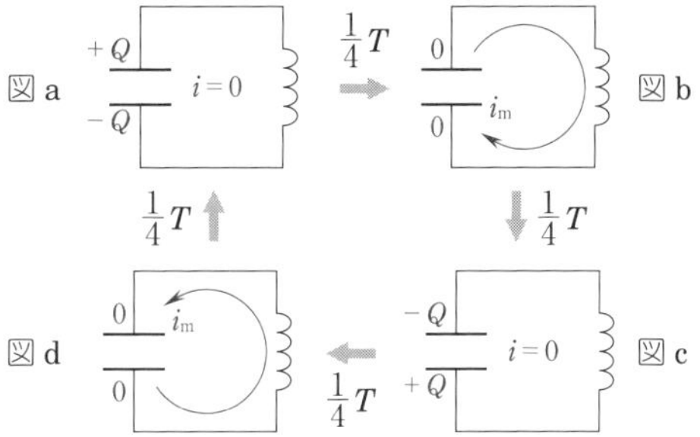

135 (1) 1次側と2次側の**電圧の比は巻数の比に等しい**ので，10倍　⑥

鉄しんを通して1次・2次コイルに同じ磁束 Φ (磁力線の総数と考えてよい)が貫いている。電磁誘導の法則より，電圧 $(N\Delta\Phi/\Delta t)$ の比は巻数 N の比に等しくなる。

(2) Φ は同じ時間変化をするから，周波数は変わらないので1倍　④

(3) 電圧を V，電流を I とすると，電力は VI と表される。VI を一定にして V を10倍にすれば，I は $\dfrac{1}{10}$ 倍となる。　②

(4) 抵抗 R での消費電力は RI^2 と表される。電流 I が $\dfrac{1}{10}$ 倍になると

$$\left(\frac{1}{10}\right)^2=\frac{1}{100}\text{倍}\quad ①$$

発電所が高電圧で送電するのは，同じエネルギーを送るのに，高圧だと電流が小さく，送電線(抵抗)でのジュール熱の発生が少なくてすむからである。

136 (1) 公式より　$\omega=\boldsymbol{\dfrac{2\pi}{T}}$　　図2は $v=V_0\sin\omega t$ と表せる。

(2) 抵抗に対しては，交流でもオームの法則が成りたつので，$v=Ri$ より

$$i=\frac{v}{R}=\boldsymbol{\frac{V_0}{R}\sin\omega t}\quad\cdots①$$

電流の最大値は $I_0=\dfrac{V_0}{R}$ だから，実効値 I_e は　$I_e=\dfrac{I_0}{\sqrt{2}}=\boldsymbol{\dfrac{V_0}{\sqrt{2}R}}$

別解　$\boldsymbol{V=RI}$　$(V_e=RI_e)$　と　$V_e=\dfrac{V_0}{\sqrt{2}}$　より　$I_e=\dfrac{V_0}{\sqrt{2}R}$

(3)　**コンデンサーとコイルの消費電力は 0** である。抵抗でのみ消費電力があり（ジュール熱の発生）

$$RI_e^2 = R\left(\frac{V_0}{\sqrt{2}R}\right)^2 = \boldsymbol{\frac{V_0^2}{2R}}$$

V_eI_e で求めてもよいが，必ず実効値で。

(4)　抵抗，コンデンサー，コイルは**直列なので電流 i は共通**で

$$\boldsymbol{V = \frac{1}{\omega C}\cdot I}\quad \text{より}\qquad V_C = \frac{1}{\omega C}\cdot I_e = \frac{1}{\omega C}\cdot\frac{V_0}{\sqrt{2}R} = \boldsymbol{\frac{V_0}{\sqrt{2}\omega CR}}$$

電圧 v_C の最大値は $\sqrt{2}V_C$（$(1/\omega C)I_0$ として求めてもよい）。位相は，電圧に対して電流が進んでいる（言いかえれば v_C は i より $\pi/2$ 遅れている）ことから

$$v_C = \sqrt{2}\,V_C\sin\left(\omega t - \frac{\pi}{2}\right) = \boldsymbol{-\frac{V_0}{\omega CR}\cos\omega t}\quad\cdots②$$

(5)　②より $v_C = 0$ となるのは　$\omega t = \frac{\pi}{2}$ $\left(\text{または}\ \frac{3}{2}\pi\right)$

$$\therefore\quad t = \frac{\pi}{2\omega} = \boldsymbol{\frac{1}{4}T}\qquad \text{そして}\quad \frac{3\pi}{2\omega} = \boldsymbol{\frac{3}{4}T}$$

別解　抵抗では電圧と電流の間に位相差はなく，i は図 2 と同じように変化する（①を見てもよい）。v_C は $\pi/2$（時間にして $T/4$）遅れることから赤線のようになる（②を見てもよい）。$v_C = 0$ となるのは $T/4$ と $3T/4$ と分かる。

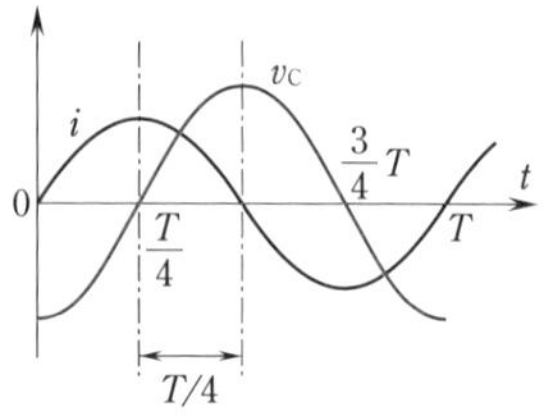

(6)　$\boldsymbol{V = \omega L\cdot I}$　より　$V_L = \omega L\cdot I_e = \omega L\cdot\frac{V_0}{\sqrt{2}R} = \boldsymbol{\frac{\omega LV_0}{\sqrt{2}R}}$

電圧 v_L の最大値は $\sqrt{2}V_L$（$\omega L\cdot I_0$ として求めてもよい）。位相は，電圧に対して電流が遅れる（言いかえれば v_L は i より $\pi/2$ 進んでいる）ことから

$$v_L = \sqrt{2}\,V_L\sin\left(\omega t + \frac{\pi}{2}\right) = \boldsymbol{\frac{\omega LV_0}{R}\cos\omega t}$$

(7)　抵抗，コイル，コンデンサーの直列（順序は無関係）にかかる電圧 V と流れる電流 I の間には，インピーダンス Z を用いて

$$\boldsymbol{V = ZI}\qquad \text{ここで}\qquad \boldsymbol{Z = \sqrt{R^2 + \left(\omega L - \frac{1}{\omega C}\right)^2}}$$

電源電圧は ac 間の電圧に等しいから，最大値について

$$V_1 = ZI_0 = \boldsymbol{\frac{V_0}{R}\sqrt{R^2 + \left(\omega L - \frac{1}{\omega C}\right)^2}}$$

ab 間なら Z の公式の中の ωL をはずせばよく

$$V_2 = Z_{ab}I_0 = \boldsymbol{\frac{V_0}{R}\sqrt{R^2 + \frac{1}{\omega^2C^2}}}$$

137　(1)(ア)　直後のコンデンサーの電気量は0であり，電圧も0，つまりコンデンサーは「一本の導線」とみなしてよく　　$I_0=\boldsymbol{\frac{V}{R}}$

(イ)　抵抗で電位降下(電圧降下)RIがあるので，コンデンサーの電圧は$V-RI$となっている。よって　　$q=\boldsymbol{C(V-RI)}$

(ウ)　$I=0$となり(直流回路ではやがてコンデンサーは電流を通さなくなる)，　　$Q=\boldsymbol{CV}$

問題**108**で扱った内容だ

(2)(ア)　電気振動が始まる。p 109の図aから図bへの変化に相当し，エネルギー保存則より

$$\frac{1}{2}CV^2+0=0+\frac{1}{2}Li_m^2 \qquad \therefore\quad i_m=\boldsymbol{V\sqrt{\frac{C}{L}}}$$

(イ)　はじめ時計回りに電流が流れるからグラフは右のようになる。

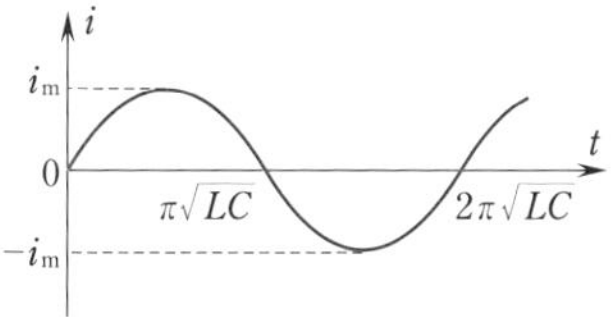

(ウ)　p 109の図aから図cに至る時間であり，半周期だから

$$\frac{1}{2}T=\boldsymbol{\pi\sqrt{LC}}$$

138　(1)　直後のコイルは電流を通さず(直前までの電流が0であったから)，一方，コンデンサーは「導線」状態なので　　$I_0=\boldsymbol{\frac{V}{R}}$

(2)　やがてコイルは「導線」となり，コンデンサーは電流を通さなくなる。結局，VとRだけの回路であり　　$I_1=\boldsymbol{\frac{V}{R}}$

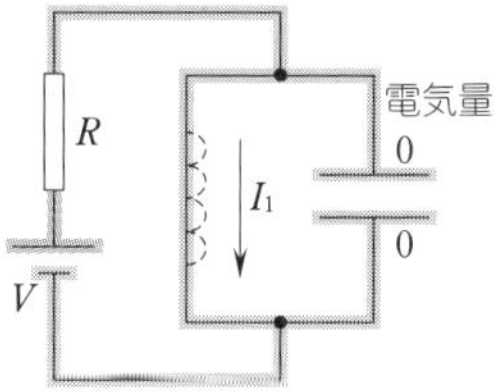

コイルが導線となっているため，コンデンサーの両極板は等電位であり(灰色部は等電位)，電圧が0　　よって，電気量も**0**

(3)　Sを開いた直後もコイルはI_1を流し，I_1はコンデンサーを通って流れる(右図)。これはp 109の図bに該当し，これ以後図b→c→d→aと電気振動に入る。電流が0となる図cまでの時間は　　$\frac{1}{4}T=\boldsymbol{\frac{\pi}{2}\sqrt{LC}}$

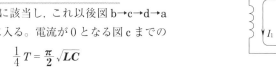

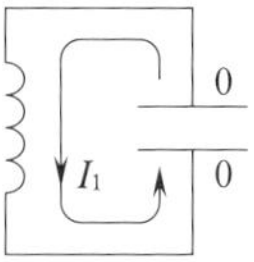

(4)　図cで，コンデンサーの電圧は最大となる。エネルギー保存則より

$$0+\frac{1}{2}LI_1^2=\frac{1}{2}CV_m^2+0 \qquad \therefore\quad V_m=I_1\sqrt{\frac{L}{C}}=\boldsymbol{\frac{V}{R}\sqrt{\frac{L}{C}}}$$

このとき電気量も最大でCV_mである。また，V_mはコイルの電圧の最大値でもある。

コイルの電圧を尋ねられたときはコンデンサーを見るとよい。両者の電位差は常に等しい。

7 電磁場内の荷電粒子

KEY POINT 荷電粒子が自由に運動する場合，一様な電場内では，静電気力が一定なので(重力の場合と同様)，放物線軌道となる。**放物運動**のイメージで解く。　一方，一様な磁場に垂直に飛び込んだ粒子は，ローレンツ力が向心力となって，**等速円運動**をする。斜めの場合には，磁場に垂直な面内では等速円運動，磁場方向では等速運動と，分解して扱う。

139 (1) 問題**102**で扱ったように，力学的エネルギー保存則を適用する。電子が出発する位置Aの電位を0〔V〕とすると，右図のBの電位は$+V_0$〔V〕だから

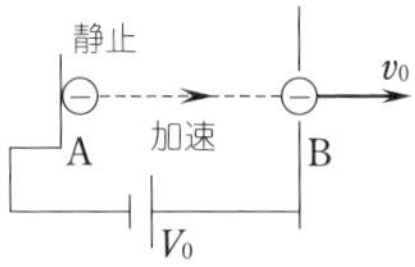

$$0+(-e)\times 0=\frac{1}{2}mv_0^2+(-e)\times V_0$$

$$\therefore\quad v_0=\sqrt{\frac{2eV_0}{m}}\ \text{〔m/s〕}$$

別解 (電気量の大きさ)×(電位差)だけ運動エネルギーが変わる。いま電子は加速されているので(負の粒子は+極に引きつけられる)

$$0+eV_0=\frac{1}{2}mv_0^2$$

はじめの運動エネルギー　後の運動エネルギー

加速は増やし 減速は減らす

(2) 極板間の電場をEとすると，

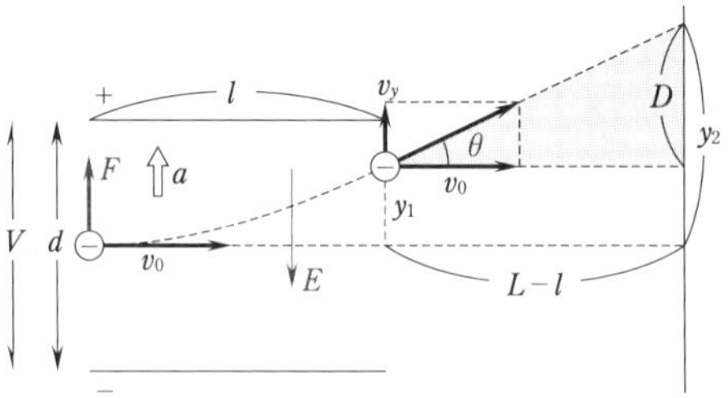

$\boldsymbol{V=Ed}$ より　　$E=\dfrac{V}{d}$

そして $\boldsymbol{F=qE}$ より

$$F=eE=\boldsymbol{e\frac{V}{d}}\ \text{〔N〕}$$

点Oから$x=l$に達するまでの時間をtとすると，x方向は等速運動だから　$t=\dfrac{l}{v_0}$

一般に，加速度が一定なら放物線

一方，y方向の加速度をaとすると，運動方程式 $\boldsymbol{ma=F}$ より

$$a=\frac{F}{m}=\frac{eV}{md}\qquad \therefore\quad y_1=\frac{1}{2}at^2=\boldsymbol{\frac{eVl^2}{2mdv_0^2}}\ \text{〔m〕}$$

なお，このときの速度の y 成分 v_y は　$v_y = at = \dfrac{eVl}{mdv_0}$

(3)　$x \geqq l$ では電子は直進する。前図の灰色の三角形より

$$D = (L-l)\tan\theta = (L-l)\frac{v_y}{v_0} = \frac{(L-l)eVl}{mdv_0^2}$$

$$\therefore\quad y_2 = y_1 + D = \boldsymbol{\frac{eVl}{2mdv_0^2}(2L-l)}\ \text{〔m〕}$$

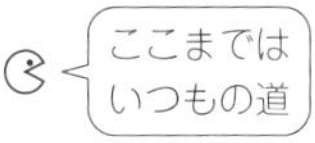

(4)　ローレンツ力 f が静電気力 F とつり合えば，電子は直進できる(等速度は力のつり合い)。そのためには磁場を**紙面の表から裏への向き**にかければよい。

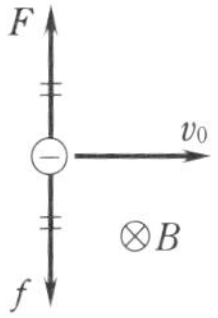

$$f = F \quad より \qquad ev_0B = e\frac{V}{d}$$

$$\therefore\quad B = \boldsymbol{\frac{V}{dv_0}}\ \text{〔T〕}$$

問題文に断りがなくても，電子やイオンの運動に対しては，重力の影響は無視してよい。

140　(1)　点Oでのローレンツ力は $+x$ 方向になるので，円の中心はその方向にあり，右のような円軌道となる。x_0 は円の半径 r に等しく

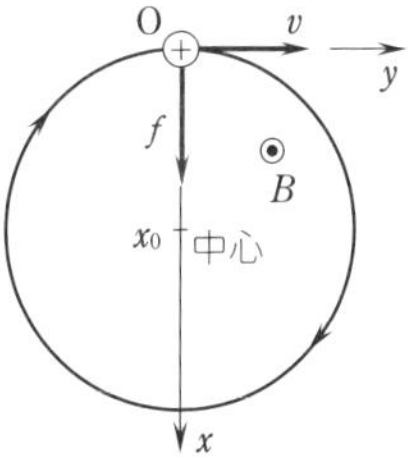

$$m\frac{v^2}{r} = qvB \qquad \therefore\quad r = \frac{mv}{qB}$$

よって，中心点の座標は $\left(\boldsymbol{\frac{mv}{qB}},\ \mathbf{0},\ \mathbf{0}\right)$

周期は　$T = \dfrac{2\pi r}{v} = \boldsymbol{\dfrac{2\pi m}{qB}}$

(2)　荷電粒子が磁場方向に動いても，ローレンツ力は生じない(磁場に垂直な速度成分により生じる)。よって，**z 軸に沿って速度 v で等速直線運動をする。**

(3)(ア)　**xy 平面内では速さ $v\cos\theta$ で等速円運動をし，z 軸方向では速さ $v\sin\theta$ で等速運動をする。その結果，らせん軌道を描いて運動する。**

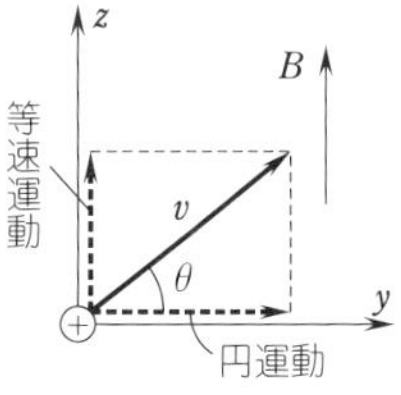

(イ)　粒子は1周期後に z 軸上に戻る。(1)の結果のように周期は速さによらないので　$T = 2\pi m/qB$

z 軸方向は等速だから

$$\text{OP} = (v\sin\theta)T = \boldsymbol{\frac{2\pi mv}{qB}\sin\theta}$$

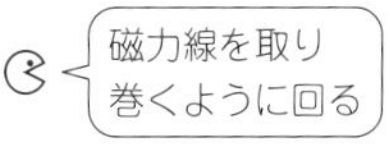

141 (1) 電流はある断面 S を 1 s 間に通過する電気量のことだから

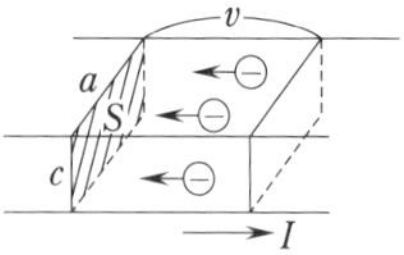

$$I = en(Sv) = \boldsymbol{enacv} \quad \cdots①$$

(2) $f = \boldsymbol{evB}$

(a) **正**

(b) **ローレンツ力**

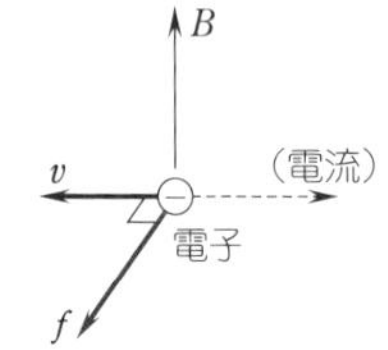

(c) N 側には負の電子が集まるため，負に帯電し，N の電位は**低く**(**負に**)なる。一方，M は正に帯電し，電位は高い。

(3) 電場の強さを E とすると

$$eE = evB \qquad \therefore \quad E = \boldsymbol{vB}$$

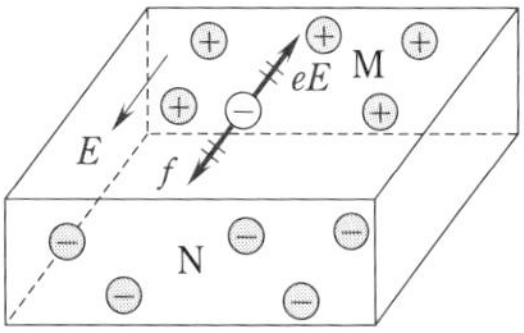

(4) $\boldsymbol{V = Ed}$ を用いて　$V = Ea = \boldsymbol{vBa}$

(5) ①を用いて v を消去すると　$V = \boldsymbol{\dfrac{BI}{enc}}$

(d) **ホール**　あるいは　**正孔**

(e) ホールは正の電荷をもち，電流 I と同じ向きに動く。ローレンツ力はやはり x 軸の正の向きであり，ホールは N 側に集まるため，N が正に帯電し，その電位は**高く**(**正に**)なる(M は負に帯電する)。

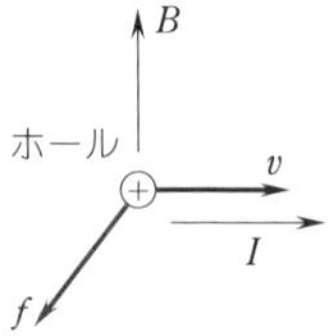

142 「ミリカンの実験」とよばれていて，電気素量の存在を明らかにした。

(ア) **電子**（陽子としてもよいが，常識的には電子）

(イ) 等速度運動では力のつり合いが成立している。空気の抵抗力は krv_1 であり，球形をした油滴の質量は $\rho \cdot \dfrac{4}{3}\pi r^3$ と表せるから

$$\boldsymbol{krv_1 = \frac{4}{3}\pi r^3 \rho g}$$

(ウ) 上向きに働く静電気力と下向きに働く重力，抵抗力の 3 力のつり合いであり，電場の強さが V/d であるから

$$\boldsymbol{q\frac{V}{d} = \frac{4}{3}\pi r^3 \rho g + krv_2}$$

なお，静電気力が電位の低い極板 A を向くことから，q は正の電荷であることが分かる。

(エ) 上の 2 つの式より　$q\dfrac{V}{d} = krv_1 + krv_2$

$$\therefore \quad q = \boldsymbol{\frac{krd}{V}(v_1 + v_2)}$$

問１　前式に与えられた数値を代入して

$$q=\frac{3.41\times10^{-4}\times5.4\times10^{-7}\times5.0\times10^{-3}}{320}\times(3.0+8.0)\times10^{-5}$$

$$=3.16\ \cdots\ \times10^{-19}\fallingdotseq\mathbf{3.2\times10^{-19}\ C}$$

問２　測定している油滴は電気素量 e の整数倍の電気量をもつ。近い値どうしの差をとれば，$6e-5e=e$ のように e の１倍に出会うことが期待できる。そこで，小さい順に並べた５つの測定値，3.2，4.8，6.4，8.1，11.3(単位は $\times10^{-19}$C)の相互の差をとると，1.6，1.6，1.7，3.2となり，$e\fallingdotseq1.6\times10^{-19}$〔C〕となる。

すると，各測定値は $2e$，$3e$，$4e$，$5e$，$7e$ に対応する。e のより正確な値は

$$(3.2+4.8+6.4+8.1+11.3)\times10^{-19}=(2+3+4+5+7)e$$

$$\therefore\quad e=\mathbf{1.61\times10^{-19}\ C}$$

このようにすべてのデータを生かした計算法で e の値を求めるのがよい。測定値の和が有効数字３桁となるため，答えも３桁まで求めることができる。

本当は近い値の差をとったとき，$1\cdot e$ に出会う保証はない。そこでミリカンは膨大な数のデータを集めて電気素量 e を確定した。入試問題としては，$1\cdot e$ に出会うものとして(言いかえれば，与えられたデータの範囲で推定できる)電気素量を求めればよい。

なお，X 線を当てると空気の分子が電離し，油滴に付着するため油滴が帯電する。

原　子

1　粒子性と波動性

KEY POINT　**光電効果**では，**エネルギー $h\nu$ をもつ光子**がそのすべてを金属内の電子に与える。仕事関数 W は電子が金属外へ出るのに必要なエネルギーの最小値であり，そのとき電子の運動エネルギーは最大となる。こうしてエネルギー保存則は $\boldsymbol{\frac{1}{2}mv_{max}^2=h\nu-W}$ …❶ と表される。

W は金属で決まる定数であり $\boldsymbol{h\nu_0=W}$ …❷ を満たす ν_0 は限界振動数とよばれる。

コンプトン効果は，光子がエネルギー $h\nu$ の他に，**運動量** $\boldsymbol{h\nu/c=h/\lambda}$ をもつことを示す。

電子や中性子などの粒子は波動性ももつ(**二重性**)。その場合の波長は $\boldsymbol{\lambda=h/mv}$ となる。

143　(1)　1 s 間に B に達する電気量 eN〔C〕が電流 I〔A〕に相当するので

$$I=eN$$

$$\therefore\quad N=\frac{I}{e}=\frac{1.6\times10^{-6}}{1.6\times10^{-19}}=\mathbf{1.0\times10^{13}}\text{〔個/s〕}$$

(2)　図 2 から阻止電圧 V_0 が $V_0=1.8$〔V〕と分かる。このとき v_{max} で飛び出した電子(光電子)が B 直前で止まり U ターンするため電流(光電流)が 0 となる。AB 間の減速により運動エネルギーは eV_0 減るので

$$\frac{1}{2}mv_{max}^2-eV_0=0\qquad \boldsymbol{\frac{1}{2}mv_{max}^2=eV_0}\ \text{は公式となっている。}$$

$$K=\frac{1}{2}mv_{max}^2=eV_0=1.6\times10^{-19}\times1.8\fallingdotseq\mathbf{2.9\times10^{-19}}\text{〔J〕}$$

(3)　$h\nu=h\dfrac{c}{\lambda}=6.6\times10^{-34}\times\dfrac{3.0\times10^{8}}{3.0\times10^{-7}}=\mathbf{6.6\times10^{-19}}$〔J〕

上式❶より　　$W=h\nu-K=(6.6-2.9)\times10^{-19}=\mathbf{3.7\times10^{-19}}$〔J〕

1〔eV〕$=e$〔J〕より　　$W=\dfrac{3.7\times10^{-19}}{1.6\times10^{-19}}\fallingdotseq\mathbf{2.3}$〔eV〕

❷より　　$\nu_0=\dfrac{W}{h}=\dfrac{3.7\times10^{-19}}{6.6\times10^{-34}}\fallingdotseq\mathbf{5.6\times10^{14}}$〔Hz〕

(4)　明るさ(強さともいう)は光子の数に比例すること，V_0 は変わらない(なぜなら ν と W が一定のため，❶より $\frac{1}{2}mv_{\max}^2$ も一定)ことから右の赤い線のようになる。

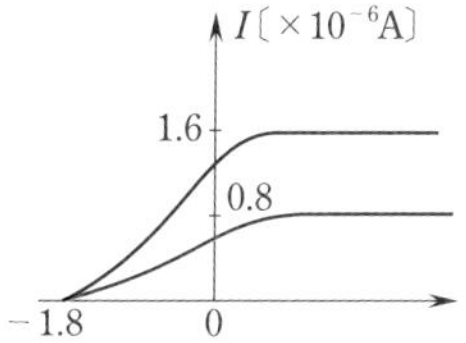

(5)　❶より　　$K = h\nu - W$

K は ν の1次式だから直線グラフとなる。$K=0$ のとき $\nu=\nu_0$ であること($h\nu_0=W$)，縦軸の切片が $-W$ になることに注意する。ただし，$\nu<\nu_0$ では光電効果が起こらないので，実線でつないではいけない。上式から h は**グラフの傾き**に対応していることが分かる。

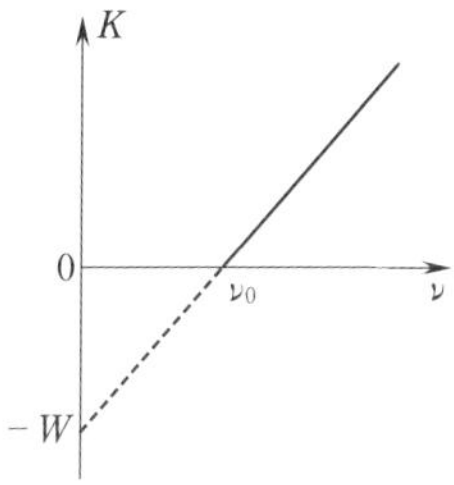

144　(1)　光子のエネルギー $\boldsymbol{h\nu} = h\frac{c}{\lambda}$ と電子の運動エネルギーの和が保存し

$$\boldsymbol{h\frac{c}{\lambda} = h\frac{c}{\lambda'} + \frac{1}{2}mv^2} \quad \cdots①$$

(2)　光子の運動量 $\boldsymbol{\frac{h}{\lambda}}$ と電子の運動量 mv より

$$x:\quad \boldsymbol{\frac{h}{\lambda} = \frac{h}{\lambda'}\cos\theta + mv\cos\phi} \quad \cdots②$$

$$y:\quad \boldsymbol{0 = \frac{h}{\lambda'}\sin\theta - mv\sin\phi} \quad \cdots③$$

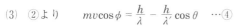

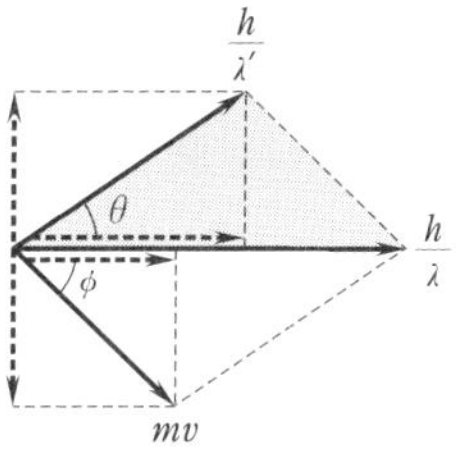

(3)　②より　　$mv\cos\phi = \frac{h}{\lambda} - \frac{h}{\lambda'}\cos\theta \quad \cdots④$

③より　　$mv\sin\phi = \frac{h}{\lambda'}\sin\theta \quad \cdots\cdots⑤$

ベクトル関係にも目を向けるとよい

$④^2+⑤^2$ より（$\cos^2\phi+\sin^2\phi=1$ を用いて ϕ を消去）

$$m^2v^2 = \frac{h^2}{\lambda^2} - 2\cdot\frac{h}{\lambda}\cdot\frac{h}{\lambda'}\cos\theta + \frac{h^2}{\lambda'^2} \quad \cdots⑥ \quad (\cos^2\theta+\sin^2\theta=1 \text{ を用いた})$$

左辺は①を用いて　$m^2v^2 = m\cdot 2hc\frac{\lambda'-\lambda}{\lambda\lambda'}$　とし，両辺に $\lambda\lambda'$ を掛ければ

$$2mhc(\lambda'-\lambda) = h^2\left(\frac{\lambda'}{\lambda} + \frac{\lambda}{\lambda'} - 2\cos\theta\right)$$

与えられた近似式を用いると　$\boldsymbol{\lambda'-\lambda} = \frac{h}{2mc}(2-2\cos\theta) = \boldsymbol{\frac{h}{mc}(1-\cos\theta)}$

なお，灰色の三角形に余弦定理を適用すると，⑥はすぐに得られる。

(4)　②，③で $\theta=90°$ とすると　$mv\cos\phi = \frac{h}{\lambda} \quad \cdots②'$　　$mv\sin\phi = \frac{h}{\lambda'} \quad \cdots③'$

$\frac{③'}{②'}$ より　　$\tan\phi = \frac{\lambda}{\lambda'}$

（$\lambda' \fallingdotseq \lambda$ だから ϕ はほぼ 45°）

145 (1) **干渉**　ブラッグ反射とよばれる，波の干渉の問題。

(2) 右図の赤線部が経路差となるので

$$d\sin\theta \times 2 = \mathbf{2\,d\sin\theta}$$

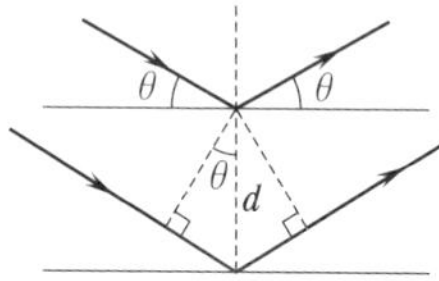

(3) $\mathbf{2\,d\sin\theta = n\lambda}$　反射による位相変化はあったとしても共通に起こるので影響しない。

（$\mathbf{2\,d\sin\theta = n\lambda}$ は公式）

(4) (電気量)×(電位差)だけ運動エネルギーが増すので

$$eV = \frac{1}{2}mv^2$$

$$\therefore\quad v = \sqrt{\frac{2eV}{m}} = \sqrt{\frac{2\times1.6\times10^{-19}\times2.9\times10^2}{9.1\times10^{-31}}} \fallingdotseq \mathbf{1.0\times10^7}\,[\mathrm{m/s}]$$

(5)
$$\boldsymbol{\lambda = \frac{h}{mv}} = \frac{6.6\times10^{-34}}{9.1\times10^{-31}\times1.0\times10^7} \fallingdotseq \mathbf{7.3\times10^{-11}}\,[\mathrm{m}]$$

(6) (3)より　$\sin\theta = \frac{n\lambda}{2d} = \frac{n\times7.3\times10^{-11}}{2\times3.5\times10^{-10}} = n\times0.104$　…①

$\theta \geqq 50°$ なので　$\sin\theta \geqq \sin 50° = 0.77$ を満たす n の最小値は　$n=8$

$$\therefore\quad \sin\theta_1 = 8\times0.104 \fallingdotseq \mathbf{0.83}$$

(7) $n \geqq 8$ と，①で $\sin\theta < 1$　より　　$n=8$　または　9　　　よって **2** 回

2 原子構造

KEY POINT　**円運動の式は電子の粒子性に基づき，量子条件は波動性に基づく。**これらから軌道半径 r が求められ，r は n によるとびとびの値となる。そして電子のエネルギー(運動エネルギーと位置エネルギーの和)E もとびとびとなり，**エネルギー準位**とよばれる。電子が外側の軌道から内側の軌道に移ると光(光子)を出す。そのエネルギー $h\nu$ はエネルギー準位の差に等しい。逆に光を吸収して外側の軌道に移ることもできる。

146 (1) クーロン力が向心力となるので　　$\boldsymbol{m\frac{v^2}{r} = \frac{ke^2}{r^2}}$　…①

(2) 点電荷の電位 $\boldsymbol{V = \frac{kQ}{r}}$ と位置エネルギー $\boldsymbol{U = qV}$ を用いると($Q = +e$(陽子)，$q = -e$(電子))

$$U = (-e)V = (-e)\frac{ke}{r} = -\frac{ke^2}{r}$$

$$\therefore\quad E=\frac{1}{2}mv^2+U=\frac{ke^2}{2r}-\frac{ke^2}{r}=-\frac{\boldsymbol{ke^2}}{\boldsymbol{2r}}\qquad\cdots②\ (①を用いた)$$

(3)　円周の長さ $2\pi r$ が電子波の波長 h/mv の整数倍になればよいので

$$\boldsymbol{2\pi r=n\frac{h}{mv}}\qquad\cdots\cdots③$$

(4)　①，③より v を消去すると　$r=\dfrac{\boldsymbol{n^2h^2}}{\boldsymbol{4\pi^2kme^2}}=r_n$　…④

(5)　④を②に代入すれば　$E=-\dfrac{\boldsymbol{2\pi^2k^2me^4}}{\boldsymbol{n^2h^2}}=E_n$　…⑤

(6)　⑤より　$E_n=\dfrac{E_1}{n^2}$ と表せる。　**$h\nu$ = エネルギー準位の差** より

$$h\frac{c}{\lambda}=E_3-E_2=\frac{E_1}{3^2}-\frac{E_1}{2^2}=-\frac{5}{36}E_1$$

$$\therefore\quad \lambda=-\frac{36hc}{5E_1}=\frac{36\times6.63\times10^{-34}\times3.00\times10^8}{5\times13.6\times1.60\times10^{-19}}\fallingdotseq\boldsymbol{6.6\times10^{-7}}\ \text{〔m〕}$$

ここで，1〔eV〕$=e$〔J〕の関係を用いた。$n=2$ の軌道に移る際に放出される一群の波長の光(**線スペクトル**)は**バルマー系列**とよばれている。ここで求めた波長はバルマー系列の中で最も長いものである。

147　(1)　運動量保存則より

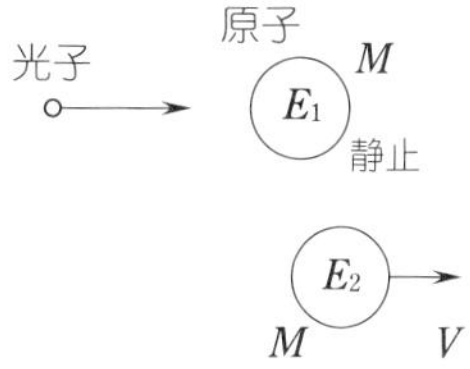

$$\boldsymbol{\frac{h\nu}{c}=MV}$$

(2)　光子のエネルギー $h\nu$ は，エネルギー準位の増加と水素原子の運動エネルギーをもたらしたので，エネルギー保存則より

$$\boldsymbol{h\nu=E_2-E_1+\frac{1}{2}MV^2}$$

この式は水素原子が固定されている場合に比べて，吸収する光の振動数がより大きいことを示している。ν の正確な値は(1)の結果と連立させて解くことができる。

実際には $MV^2/2$ は非常に小さな値であるので，通常は水素原子は静止しているとして扱っている。水素原子が光子を放出する場合も同様である。

148　(1)　電圧 V で加速された電子の運動エネルギーは eV である。陽極との衝突の際，その一部がX線光子のエネルギーとなるが，すべてが変わる場合が最大振動数 ν_{max} (つまり最短波長 λ_{min}) に対応するので

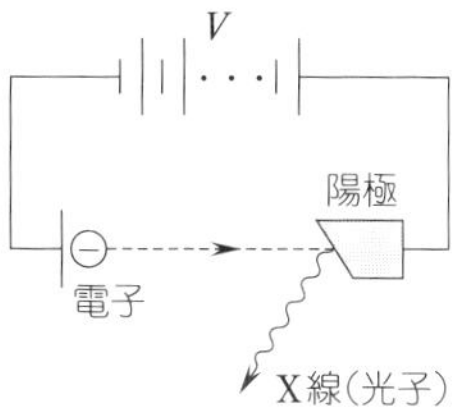

$$eV = h\nu_{\max} = h\frac{c}{\lambda_{\min}} \qquad \therefore \quad \lambda_{\min} = \boldsymbol{\frac{hc}{eV}} \quad \cdots ①$$

(2) 図 1 より $\lambda_{\min} = 0.60 \times 10^{-10}$〔m〕であり，①より

$$V = \frac{hc}{e\lambda_{\min}} = \frac{6.6 \times 10^{-34} \times 3.0 \times 10^{8}}{1.6 \times 10^{-19} \times 0.60 \times 10^{-10}} \fallingdotseq \mathbf{2.1 \times 10^{4}}\text{〔V〕}$$

(3) $h\nu = \varDelta E$ と 1〔eV〕$= e$〔J〕を用いて

$$\varDelta E = h\nu = h\frac{c}{\lambda} = 6.6 \times 10^{-34} \times \frac{3.0 \times 10^{8}}{1.5 \times 10^{-10}} = 13.2 \times 10^{-16}\text{〔J〕}$$

$$= \frac{13.2 \times 10^{-16}}{1.6 \times 10^{-19}} = 8.25 \times 10^{3} \fallingdotseq \mathbf{8.3 \times 10^{3}}\text{〔eV〕}$$

固有X線の波長は陽極の元素で決まる

(4) ブラッグ反射であり　$\boldsymbol{2d\sin\theta = n\lambda}$

(5) 上式と $\theta = 45°$ より　$\lambda = \frac{\sqrt{2}d}{n} = \frac{1.41 \times 8.0 \times 10^{-11}}{n} = \frac{1.13}{n} \times 10^{-10}$〔m〕

図 1 の波長範囲で適合するのは $n = 1$ の場合だけで，$\lambda = \mathbf{1.1 \times 10^{-10}}$〔m〕

3 原子核

KEY POINT 原子核の質量は，それを構成する陽子と中性子の質量の総和より小さい(**質量欠損** $\varDelta m$)。$\varDelta mc^2$ を**結合エネルギー**という。両者は $\boldsymbol{E = mc^2}$ で結ばれる。

不安定な原子核では崩壊が起こる。α，β，γ の 3 種類がある。各崩壊の知識のほかに，半減期の公式が扱えること。

原子核反応式では，質量数の和と原子番号の和がそれぞれ両辺で等しくなる。エネルギー保存則では **反応で失われた質量 $\boldsymbol{\varDelta m}$ に注目する。$\boldsymbol{\varDelta mc^2}$ (発生したエネルギー)の分だけ全体の運動エネルギーが増加する。** また，運動量保存則にも注意する。

149 (1) ローレンツ力 f が向心力となり，円の中心を向くことから，放射線は正電荷をもつ α 線と分かる。よって $^{4}_{2}$**He 原子核**あるいは **$\boldsymbol{\alpha}$ 粒子**。 なお，β 線(電子)や γ 線(電磁波)は点線のように進む。

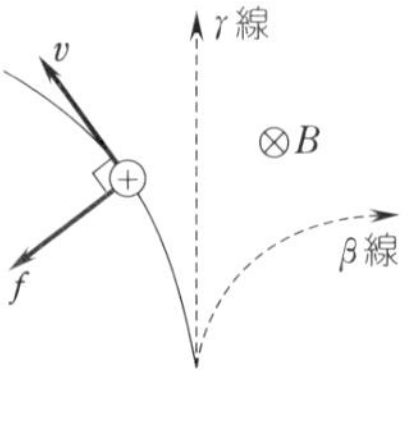

(2) α 崩壊は原子核から $^{4}_{2}$He 原子核が高速で飛び出す現象で，原子番号は 2 減り，質量数は 4 減る。よって X の原子番号は

$86 - 2 = \mathbf{84}$　　質量数は　$222 - 4 = \mathbf{218}$

(3) $\frac{1}{4}=\left(\frac{1}{2}\right)^2$ の指数2より半減期 T が2度経過していることが分かる。

$$2T=8 \qquad \therefore \quad T=4〔日〕$$

$\frac{1}{64}=\left(\frac{1}{2}\right)^6$ より　$6T=6\times4=\mathbf{24}$〔日〕

$\boldsymbol{N=N_0\left(\frac{1}{2}\right)^{\frac{t}{T}}}$ で $N=\frac{1}{100}N_0$ とおき，両辺の常用対数をとると

$$-2=\frac{t}{T}\cdot(-\log_{10}2) \qquad \therefore \quad t=\frac{2T}{\log_{10}2}=\frac{2\times4}{0.30}\fallingdotseq\mathbf{27}〔日〕$$

150 (1) 質量数 A は　$1+14=A+14$　より　$A=1$

原子番号 Z は　$0+7=Z+6$　より　$Z=1$　　$\therefore$ $^1_1\mathrm{H}$ **または陽子**

(2) β 崩壊は原子核中の1つの中性子が陽子に変わると同時に，電子が生成され高速で飛び出す現象である。そのため原子番号が1増し，質量数は変わらない。したがって　$^{14}_7\mathbf{N}$

Z＝1～8の元素名は覚えておく

(3) $^{14}_7\mathrm{N}$ の中性子数は　$14-7=\mathbf{7}$

(4) $0.25=\frac{1}{4}=\left(\frac{1}{2}\right)^2$ 　$\therefore$　$2T=2\times5.7\times10^3\fallingdotseq\mathbf{1.1\times10^4}$ 年前

「放射線」はふつうは α 線，β 線，γ 線の3種を表すが，広い意味では，高速で飛ぶ粒子(陽子，中性子，原子核など)に対しても用いられている。

151 (1) α，β，γ 崩壊での質量数 A，原子番号 Z の増減は右の表のようになる。質量数は α 崩壊だけで変わり，4ずつ減少するので　$(235-207)\div4=\mathbf{7}$ 回

	A	Z
α	4減	2減
β	不変	1増
γ	不変	不変

(2) 原子番号に目を向ける。α 崩壊で2ずつ減り，β 崩壊で1ずつ増えるので，求める回数を n とすると

$$92-2\times7+1\times n=82 \qquad \therefore \quad n=\mathbf{4}\ 回$$

まず α の回数から次に β の回数へ

(3) $^{235}_{92}\mathrm{U}\to{}^{231}_{90}\mathrm{Th}$ は A，Z の減り方から α 崩壊。

よって　X は $^4_2\mathbf{He}$

(4) $^{231}_{90}\mathrm{Th}\to{}^{x}_{91}\mathrm{Pa}$ は Z が1増しているので β 崩壊。　$\therefore$　$x=\mathbf{231}$

(5) $^{231}_{91}\mathrm{Pa}\to{}^{y}_{89}\mathrm{Ac}$ は Z が2減っているので α 崩壊。　$\therefore$　$y=231-4=\mathbf{227}$

(6) Th と He の質量を M と m，速さを V と v とすると，運動量保存則より　$MV=mv$

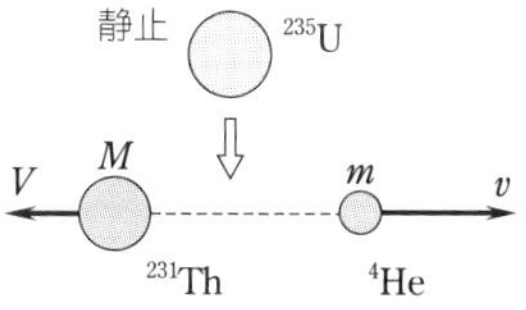

$$\therefore \quad \frac{\frac{1}{2}MV^2}{\frac{1}{2}mv^2}=\left(\frac{MV}{mv}\right)^2\cdot\frac{m}{M}=\frac{m}{M}$$

このように，**静止状態(運動量0)から分裂すると，運動エネルギーは質量の逆比になる。**質量の比は質量数の比で代用してよいので，前式より

核反応では保存則が大切

$$\frac{1}{2}MV^2=\frac{m}{M}\cdot\frac{1}{2}mv^2=\frac{4}{231}\times7.0\times10^{-13}\fallingdotseq\mathbf{1.2\times10^{-14}}\,〔\mathrm{J}〕$$

152 ア，イ　α 崩壊では質量数が4減少し，原子番号は2減少するから

アは 208，　イは 81

ウ　1〔eV〕$=e$〔C〕$\times1$〔V〕$=e$〔J〕 より

$$h\nu=4.5\times10^5〔\mathrm{eV}〕=4.5\times10^5\times1.6\times10^{-19}〔\mathrm{J}〕=7.2\times10^{-14}〔\mathrm{J}〕$$

$$\therefore\quad \nu=\frac{7.2\times10^{-14}}{6.6\times10^{-34}}\fallingdotseq\mathbf{1.1\times10^{20}}\,〔\mathrm{Hz}〕$$

エ　静止しているTlが光子を放出すると(γ 崩壊)，Tl自身も反動で動く。運動量保存則よりTlの運動量の大きさは光子のそれに等しい。

$$\frac{h}{\lambda}=\frac{h\nu}{c}=\frac{7.2\times10^{-14}}{3.0\times10^8}=\mathbf{2.4\times10^{-22}}\,〔\mathrm{kg\cdot m/s}〕$$

オ　エネルギー保存則より

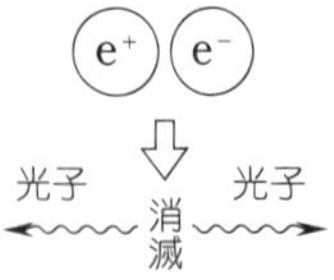

$$2m_ec^2=2h\nu$$

$$\therefore\quad h\nu=m_ec^2=\frac{9.1\times10^{-31}\times(3.0\times10^8)^2}{1.6\times10^{-19}\times10^6}$$

$$\fallingdotseq\mathbf{0.51}\,〔\mathrm{MeV}〕$$

電子と陽電子が静止状態で消滅(対(つい)消滅という)した場合には，運動量保存則から2つの光子は180° 反対向きに飛び出すことになる。また，運動量の大きさが等しいことから，2つの光子の振動数も等しくなる。つまり，エネルギーが等しくなる。

153 (1)　重水素原子核 $^2_1\mathrm{H}$ は陽子1個と中性子1個からできているので

$$(1.0073+1.0087)-2.0136=\mathbf{0.0024}\,〔\mathrm{u}〕$$

(2)　1〔u〕が931〔MeV〕に相当するから　　$0.0024\times931\fallingdotseq\mathbf{2.2}$〔MeV〕

0.0024が有効数字2桁であるため，答えも2桁としている。

(3)〜(7)　まず(5)は水素Hより1　(7)はHeより2　このHeが2個生じていることから(6)は2　右辺は $^4_2\mathrm{He}+{}^4_2\mathrm{He}$ と同じこと。

LiのA，Zは　$A+2=4+4$　より　$A=6$　また　$Z+1=2+2$　より　$Z=3$　(Liだから3と決めてもよい)　結局，次のようになる。

$$^6_3\mathrm{Li}+{}^2_1\mathrm{H}\rightarrow{}^4_2\mathrm{He}+{}^4_2\mathrm{He}\,(=\mathbf{2}\,{}^4_2\mathrm{He})$$

(8)　反応で失われた質量は，(反応前の全質量)−(後の全質量)として求める。そ

の分が $\boldsymbol{E=mc^2}$ の関係を通してエネルギー(運動エネルギー)に転化していく。

$$(6.0135+2.0136)-2\times4.0015=\mathbf{0.0241}\ \text{〔u〕}$$

(9)　$0.0241\times931 \fallingdotseq \mathbf{22.4}$〔MeV〕　　反応前の ^{6}Li，^{2}H の全運動エネルギーより，反応後の 2 個の ^{4}He の全運動エネルギーの方が 22.4 MeV だけ多い。その分を，原子核反応により「放出されたエネルギー」，「解放されたエネルギー」あるいは「発生したエネルギー」などとよんでいる。

154　(1)　反応の前後での総質量の差(失われた質量)$\varDelta m$ は

$$\varDelta m=(2.0136+2.0136)-(3.0150+1.0087)=0.0035\ \text{〔u〕}$$

$$\therefore\quad \varDelta mc^2=0.0035\times1.7\times10^{-27}\times(3.0\times10^8)^2\times\frac{1}{1.6\times10^{-13}}\fallingdotseq\mathbf{3.3}\ \text{〔MeV〕}$$

ここまでで〔J〕

(2)　反応前，2 つの ^{2}H は逆方向に同じ速さで動いているので全運動量は 0 であることに注意する。反応後の質量を右のようにおくと，運動量保存則より

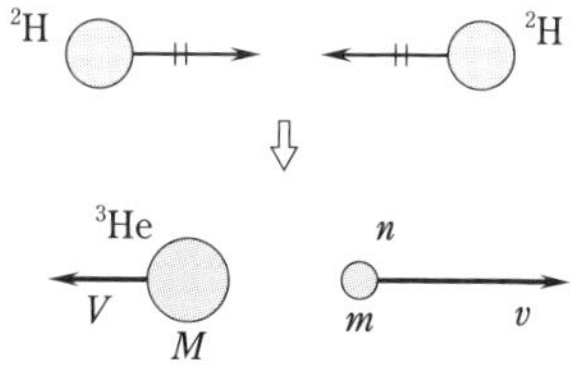

$$MV=mv\qquad\therefore\quad\frac{V}{v}=\frac{m}{M}=\frac{\mathbf{1}}{\mathbf{3}}\fallingdotseq\mathbf{0.33}$$

(3)　運動エネルギーの比は　$\dfrac{\frac{1}{2}MV^2}{\frac{1}{2}mv^2}=\dfrac{MV}{mv}\cdot\dfrac{V}{v}=\dfrac{V}{v}\left(=\dfrac{m}{M}\right)=\dfrac{1}{3}$　…①

反応前の全運動エネルギー $0.26\times2=0.52$ MeV と反応で発生した(解放された)エネルギー 3.3 MeV の和 3.82 MeV が ^{3}He と ^{1}n の運動エネルギー(の和)となる。それを ① のように質量の逆比で配分すればよいから

$$3.82\times\frac{M}{M+m}=3.82\times\frac{3}{3+1}\fallingdotseq\mathbf{2.9}\ \text{〔MeV〕}$$

問題 **151** と同じこと

(2)と(3)で質量比は質量数の比で代用したが，問題文に与えられた数値を用いてもよい。

論述問題

以下は解答例である。アンダーラインはキーポイントとなる部分を示す。★は解説である。指定文字数が多い出題の場合には解説に記したことを書き加えていけばよい。解説の説明が長くなる場合には「物理のエッセンス」の参照ページを記している。(☞エッセンス(上)p　)は「力学・波動」編を，(下)は「熱・電磁気・原子」編を示している。

［力　学］

A　**水平面からの垂直抗力が増し，最大摩擦力が増すから。**(25 字)

★　垂直抗力 N は鉛直方向のつり合いより，$N=mg+$(外力)　そして，最大摩擦力は $\boldsymbol{F}_{\max}=\boldsymbol{\mu N}$ (μ：静止摩擦係数)　この性質を応用した工具に万力(まんりき)がある。

B　**複数の力はつり合っている。**(13 字)

C　**エレベーターと同じ位の質量のおもりを滑車により反対側につるす。**(31 字)

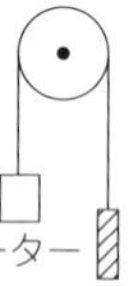

★　つり合わせれば，わずかな力で(わずかなエネルギーで)エレベーターを上げられる。おもりはカウンターバランスとよばれる。

D　**浮力は物体の上面と下面との圧力差で生じる。水深とともに圧力が増すので上向きの力となる。**(43 字)

★　深さ h とともに圧力 P が増すのは，その上にある水の重さ(単位面積あたりの重力)を支えることによる。$\boldsymbol{P=P_0+\rho gh}$ (P_0：大気圧，ρ：液体の密度)

E　**全体の重心が支点より下にあるため，傾いても元に戻すモーメントが生じるから。**(37 字)

F　**慣性力が下向きにはたらくから。**(15字)

★　上向きに動いていたエレベーターが停止しようとして，減速を始めれば，加速度は下向きで，慣性力は上向きとなるため，体重計の値は本来より小さくなる。

電車が動き出したとき，床に落ちていた缶(かん)ジュースが後方にコロコロところがるのも慣性力のせいである。

G　**実験室を自由落下させると，重力に等しい慣性力が鉛直上向きにはたらくため無重力状態となる。**(44字)

★　真空中なら理想的だが，空気中であっても，実験室を鉛直下向きに g に等しい加速度で動かせばよい。また，飛行中の飛行機のエンジンを止めて放物運動に入らせてもよい。放物運動は重力加速度 g の運動であり，機内では慣性力 mg が上向きに働く。この方法がよく用いられているが，空気抵抗が働くため，飛行機の加速度は g からいくらかずれるので，厳密には無重力に近い状態である。

H　**空気に比べてはるかに大きな質量をもつ水を後方へ噴射するため，運動量保存則によりロケットの速さが増すから。**(52字)

★　静止状態からの瞬間的な噴射という理想化したケースで言えば，$MV = mv$
大文字はロケットの，小文字は噴射物の運動量の大きさ。空気に比べて水の方がはるかに mv が大きい。

I　**速度の向きが変化しているから。**(15字)

★　速度ベクトル $\vec{v}$ は円の接線方向を向き，常に変化している。微小時間 Δt の間の変化を $\Delta\vec{v}$ とすると，加速度は $\vec{a} = \Delta\vec{v}/\Delta t$

J　**縦軸は T^2 とし，実験データが原点を通る直線上に並ぶことを確かめる。**(32字)

★　公式 $T = 2\pi\sqrt{l/g}$ のまま，縦軸を T とすると，$\sqrt{l}$ の形になっているかどうかが分かりにくい。$T^2 = (4\pi^2/g)l$ としてみれば，原点を通る直線となって，見た目で分かる。

K　**赤道では遠心力が万有引力と逆向きにはたらくため。**(24字)

★　重力 mg は万有引力と，地球の自転による遠心力の合力である。赤道以外でも遠心力のため重力は万有引力より小さくなる。(☞エッセンス(上)p 90)

L　**地球の自転速度を活用するため。**(15字)

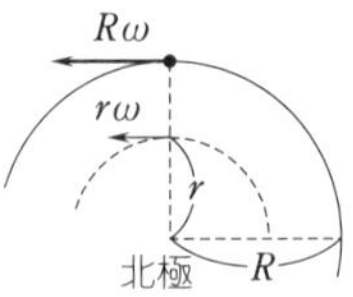

★　自転の速さは赤道上が最大 $R\omega$ である(R：地球半径，ω：自転の角速度)。打ち上げ時の地面に対する速度と自転速度の合成が実際の速度となる。地球は西から東に向かって自転しているので，東に向かって打ち上げることになる。

M　**物体にはたらく遠心力が万有引力とつり合うから。**(23字)

★　宇宙ステーションの質量を m_S，速さを v，円軌道の半径を r とし，地球の質量を M とすると，

$$m_S\frac{v^2}{r}=\frac{GMm_S}{r^2} \qquad \therefore\ \frac{v^2}{r}=\frac{GM}{r^2}$$

ステーション内の人は，円運動をしている観測者であり，遠心力が働く。そこで，ステーション内の任意の物体の質量を m とすると，上式より　$m\frac{v^2}{r}=\frac{GMm}{r^2}$

この式は（遠心力）=（万有引力）を表している。

N　**ばねを付けて単振動させたとき，周期の長い方が質量が大きい。**(29字)

★　$T=2\pi\sqrt{m/k}$ より，m が大きい方が T が大きい。ばね振り子に限らず，要は「動かしてみる」ことである。質量が大きく違えば，手で動かしてみただけで区別できる。$ma=F$ より，質量の大きな方が動きにくい。2物体をばねで結び，両手で引き伸ばして，同時に手を離し，動きを比較してもよい。

O　**横軸を a^3 とし，縦軸を T^2 としたグラフを作る。**(21字)

★　第3法則は $T^2/a^3=$ 一定 と表される。$T^2=ka^3$ としてみれば(一定値を k)，T^2 と a^3 の関係は，$y=kx$ と同様，原点を通る直線となって分かりやすい。横軸と縦軸は逆にしてもよい。

(参考)　指数が不明のときは，両対数方眼紙にプロットして調べる。2つの量 x と y の間に $y=kx^n$（n は実数）の関係があれば，グラフは直線となり，傾きから指数 n が分かる($\log y=n\log x+$ 定数)。

[熱]

A　**水が蒸発し，蒸発熱を奪うから。**(15字)

★　暑い時に汗をかくのも，水を蒸発させて体を冷やすため。暑い国では素焼きの土器に水を入れてふたをしておくだけで，微細な無数のすき間から水が蒸発し，中の水を冷やしている。

B　**分子の速さは変わらないが，ピストンに衝突する回数が2倍になるから。**
(33字)

★　温度が一定なので分子の(平均)運動エネルギーは変わらない。つまり，速さvと1回の衝突でピストンに与える力積の大きさ$2mv$は変わらない。しかし，衝突してから次に衝突するまでに動くべき縦方向の距離が半分になり，単位時間あたりの衝突回数が2倍になるので，全力積が2倍になり，圧力が2倍になる。

C　**圧力が増してAが圧縮され，体積が減る。そのため浮力が減るから。**
(31字)

★　膜を押すとガラス容器内の空気が圧縮され，圧力が増す。するとAの位置での水の圧力も増し，Aを縮ませる。重力は一定だが，それにつり合っていた浮力が減るためAは下降し，ガラス容器の底まで達する。なお，ゴム膜を下へ押したからAは下へ動くという理解は誤り。ガラスでなくペットボトルの容器なら強く握れば，やはりAは下へ動く。

D　**大気に対して仕事をするから。**(14字)

★　ピストンの力のつり合いより　$PS = Mg + P_0S$　(P：気体の圧力，P_0：大気圧)
ピストンをhだけ持ち上げるとき気体がする仕事は　$W = PSh = Mgh + P_0Sh$
P_0Shの部分が大気(圧)に対してする仕事である。

E　**定圧変化では気体が膨張し，仕事をするため。**(21字)

★　温度を1K上げるのに，定積変化では内部エネルギーの増加に等しい熱量を与えればすむが，定圧変化ではその間に気体が膨張して仕事をする分を加えた熱量を与える必要がある。

F　**熱力学第１法則より，気体がされた仕事の分だけ内部エネルギーが増加する。それは温度の上昇を意味している。**(51 字)

★　第１法則は　$\varDelta U = 0 + W$　　圧縮なので　$W > 0$　　よって　$\varDelta U > 0$
U は T に比例するので温度は上昇する。

G　**上空ほどその上にある空気の量が少なくなるから。**(23 字)

★　大気圧はその上にある空気の重さ(単位面積あたりの重力)に等しい。深さ h での水の圧力 ρgh を求めるときと同じ考え方である。水深 h が増すほど水圧は増す。大気の場合，我々は大気圏の底にいることに注意。つまり，大気圧が最も高く，それが１気圧である。富士山頂では約 0.6 気圧と上空に向かって下がっていく。

H　**高所ほど大気圧が低くなるので，空気は断熱膨張をし，温度が下がる。すると水蒸気が無数の細かい水滴に変わる。それが雲の発生である。**(63 字)

★　空気は断熱性がよいので，断熱膨張とみなしてよい。

I　**山脈を上がると大気圧が減少し，空気は断熱膨張して温度が下がり雲を発生する。その際，蒸発熱と同じだけの熱量をまわりの空気に与え，空気を暖める。このため平地に戻ったときに温度が高くなる。**(91 字)

★　もしも空気が乾燥していれば，山を上る際の断熱膨張と，山を下る際の断熱圧縮が逆過程となり，温度は元の値に戻るだけである。フェーン現象では途中での雲や雨の発生と放置が要点で，「打ち水」と反対に空気を暖め，かつ乾燥させる。

［波　動］

A　**音波は縦波だから。**(９字)

★　音が伝わる方向(管の方向)で空気が振動するが，底の位置の空気は振動できない。そのため常に変位が０となる節になる。底板による反射は固定端反射である。

B　右へ移動させる。　　理由：**温度が上がると音速が増す。おんさの振動数は変わらないので，波長が長くなるから。**(39 字)

★　定常波(固有振動)のパターンは変わらないが，波長が長くなるため閉管の長さを増す必要が生じる。

C　**波面は海岸線とほぼ平行になる。**(15字)

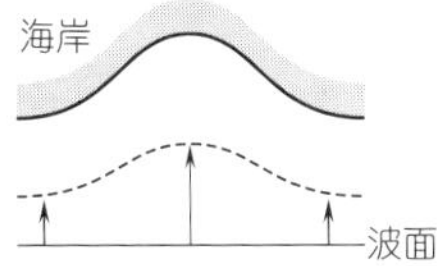

★　一般に，海岸から離れるに従って深くなっているので，岸から遠い波ほど速く伝わり，波面は，海岸の形に近づいてくる。

D　**空気中から水中へ伝わるとき。**　理由：**音速は空気中より水中の方が速いから。**(18字)

★　波の速さがより速い媒質に向かうとき全反射が起こり得る。音速は気体中より液体中の方が速い。固体中ではさらに速くなる。これに対して，光の場合には空気中の方が水中より速いので，水中から空気中へ伝わるとき全反射を起こすことがある。

E　**音速が変わらないので波長が短くなる。その結果，振動数が増すから。**
(32字)

★　音源が動く場合のドップラー効果の原因が問われている。(☞エッセンス(上)p 119)

F　**音波の波長に比べて光の波長ははるかに短いから。**(23字)

★　スリットや小穴などを通ると波は回折する。ただし，すき間の大きさが波長と同程度かそれ以下にならないと回折が目立たない。

G　**Dでの位相をそろえるため。**(13字)

★　Sで回折させることにより，Dには位相のそろった波が届く。Sがないと，光源の各所から位相のそろわない波がDに届いてしまう。(☞エッセンス(上)p 138)

光源が十分に小さければSがなくてもよい(光源ランプをDから十分に遠ざけてもよい)ので，Sでの回折は絶対的な条件ではない。そこで，答えは「小さな光源にするため」としてもよい。

H　**青い光が空気中の分子などで散乱されやすいから。**(23字)

★　波長の短い光ほど散乱されやすい。逆に，波長の長い赤い光は散乱されにくいことが，夕日が赤い原因になっている。

I　**水滴によって光が分散されるから。**(16字)

★　光の屈折率は波長によりいくらか異なっているので，屈折の際，色が分かれる。波長が短いほど屈折率は大きい。

J　**分散のため色によって焦点距離が異なるから。**(21字)

★　前問Iと同じことであり，波長つまり色によって屈折率がいくらか異なることが原因である。波長が短いほど屈折率が大きく，焦点距離 f が短くなる。たとえば，次図のように青色の光の焦点位置Fにスクリーンを置くと，黄と赤は点ではなく，円形のぼやけた像となり，色づくことになる。

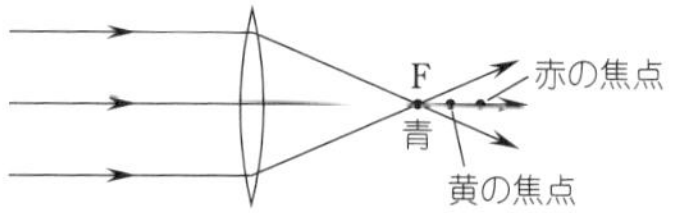

[電磁気]

A　**誘電分極が起こり，帯電体に近い側に生じる引力が勝**(まさ)**るから。**(28字)

★　静電誘導の一種である誘電分極が起こり，帯電体に近い側には異種の，遠い側には同種の電荷が現れる。近い側の引力が遠い側の反発力を上回るので引きつける。

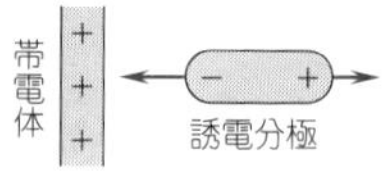

B　**陽イオンの熱振動が激しくなり，自由電子の運動を妨げるから。**(29字)

★　電流は数多くの自由電子の流れに基づく。陽イオンは移動しないが，温度が増すと激しく振動するようになる。

C　**電池には内部抵抗があり，電位降下を生じるため。**(23字)

★　電圧計につなぐと，わずかながら電流 I が流れてしまう。電圧計の値(端子電圧)は起電力より rI だけ小さく出てしまう(r：電池の内部抵抗)。

D　**ローレンツ力は仕事をしないから。**(16字)

★　ローレンツ力は速度 $\vec{v}$ に垂直にかかり，仕事をしない。したがって，運動エネルギーを増やしも減らしもしない。つまり，速さを変えない。ただ，速度の向きを変えるので，曲線軌道になる。

E　**ばねが縮んだり伸びたり振動する。**(16字)

★ スイッチを入れるとばねに電流が流れ，電磁力によりばねは縮み(☞エッセンス(下)p 99)，水銀から離れ電流は止まる。するとばねは自然長に戻り，水銀に入り電流が流れる。

F　**ボール紙製に比べ金属製の方がゆっくり落下する。**(23字)

★ 電磁誘導が起こるためである。金属製の円筒はリングの集合体でもある。N極が近づくと点線の向きの磁場を生じる誘導電流(うず電流)Iが生じる。このときのリングは上面がN極(下面がS極)の磁石とみなせ，反発力を生じる。なお，落とす磁石のN，S極を逆にしてもゆっくり落下することに変わりはない。

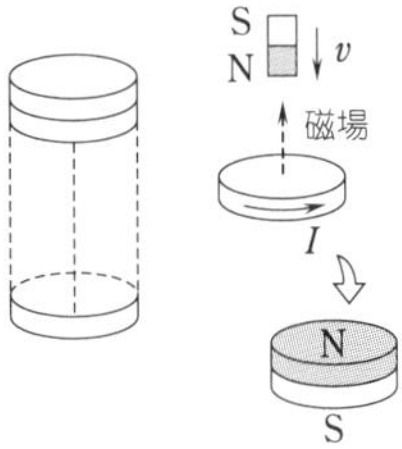

G　**コイルが自己誘導により電流を維持しようとするから。**(25字)

★ コイルは自己誘導により電流の変化を妨げる。スイッチを切ると電流は急激に減り，コイルには大きな電圧が発生して雷のように火花を飛ばして放電する。

H　**コンデンサーは放電を始めるが，コイルは自己誘導により電流を維持しようとするので，コンデンサーを再び充電してしまい，同じことがくり返される。**(69字)

★ 再び充電したときは＋，－が入れ替わった状態で，電気振動の半周期($\pi\sqrt{LC}$)にあたる。

I　**抵抗によるジュール熱の発生と電磁波の放出のため。**(24字)

★ 導線とはいえ，現実には抵抗値は0ではない。また，固有周波数$f=1/(2\pi\sqrt{LC})$の電磁波(電波)が出され，振動は減衰していく。この回路はfの電波を通信用に用いるのが目的であるが，電波を出し続けるには周波数fの交流電源につなぐ必要がある。

［原　子］

A　　**第１象限**　　理由：**運動量保存則とエネルギー保存則が成り立つから。**

(23 字)

★　はじめ y 方向の運動量はないので，運動量保存則より衝突後の電子の速度の y 成分は正，つまり電子は第１象限か第２象限を進んでいる。一方，エネルギー保存則より $h\nu_0 > h\nu$ したがって運動量も $h\nu_0/c > h\nu/c$ 図は運動量ベクトルの保存を表すが，電子(赤点線)は右上へ向かっている。

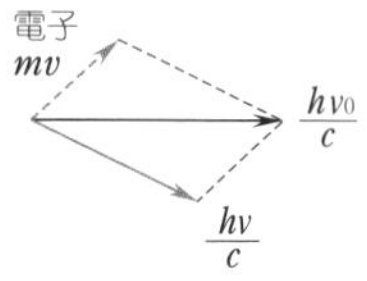

赤は衝突後

B　　**電子が波動性をもつため。**(12 字)

★　光についてのヤングの実験と同じで，電子は波動としてふるまい(波長は h/mv)，スリットで回折し，蛍光板上で干渉する。１つ１つの電子がすでに波となっていて，２つのスリットを通った後干渉している。

C　　**原子核はプラスの電荷をもち，反発し合うので，核反応を起こさせるために大きな運動エネルギーを与えて接触させる必要があるから。**(61 字)

★　原子核どうしが接触するほど近づくと，核力が働き始め，核反応が起こる。

D　　**運動量保存則が成り立つから。**(14 字)

★　γ 崩壊は原子核が光子を放出する現象だが，光子は運動量をもつ。よって，原子核は光子と反対方向に動いてしまう。

E　　**１つだと運動量保存則に反するから。**(17 字)

★　全運動量が０の状況である。光子は運動量をもつので１つだけでは無理である。２つの光子なら正反対の方向へ飛べば，全運動量を０に保てる。なお，２つの光子の運動量の大きさ $h\nu/c$ は等しい。つまり，振動数 ν は等しい。

この本を終え，さらに難度の高い
入試問題に挑戦してみたい人は，
「名問の森・物理」（河合出版）へと
進んでみてください。

24920